普通高等学校"十四五"规划生命科学类创新型特色教材

动物生物学实验

（第二版）

主　编　王文彬　朱宝长　刘良国

副主编　闫春财　王　莉　杨　海

谭　娟　姜吉刚　陆娟娟

华中科技大学出版社

中国·武汉

内容简介

本教材包括5章共38个实验项目，内容涵盖无脊椎动物和脊椎动物的细胞组织、形态结构、系统分类、生理生态及个体发育等方面。作为普通高等学校"十四五"规划生命科学类创新型特色教材，其适用面广、可选择性强，可供全国各综合、师范和农林院校的生物科学、动物科学、动物医学、水产养殖、生物技术等专业师生使用，也可作为科技工作者和中学生物学教师的参考书。

图书在版编目(CIP)数据

动物生物学实验/王文彬，朱宝长，刘良国主编. —2版. —武汉：华中科技大学出版社，2023.3（2025.1重印）
ISBN 978-7-5680-9180-0

Ⅰ. ①动… Ⅱ. ①王… ②朱… ③刘… Ⅲ. ①动物学-实验-高等学校-教材 Ⅳ. ①Q95-33

中国国家版本馆CIP数据核字(2023)第026705号

动物生物学实验（第二版） 王文彬 朱宝长 刘良国 主编
Dongwu Shengwuxue Shiyan(Di-er Ban)

策划编辑：罗 伟
责任编辑：罗 伟
封面设计：廖亚萍
责任校对：张会军
责任监印：周治超
出版发行：华中科技大学出版社（中国·武汉） 电话：(027)81321913
武汉市东湖新技术开发区华工科技园 邮编：430223
录 排：华中科技大学惠友文印中心
印 刷：武汉开心印印刷有限公司
开 本：787mm×1092mm 1/16
印 张：18.5
字 数：479千字
版 次：2025年1月第2版第2次印刷
定 价：58.00元

普通高等学校“十四五”规划生命科学类创新型特色教材

编　委　会

普通高等学校“十四五”规划生命科学类创新型特色教材

组 编 院 校

（排名不分先后）

北京理工大学
广西大学
广州大学
哈尔滨工业大学
华东师范大学
重庆邮电大学
滨州学院
河南师范大学
嘉兴学院
武汉轻工大学
长春工业大学
长治学院
常熟理工学院
大连大学
大连工业大学
大连海洋大学
大连民族大学
大庆师范学院
佛山科学技术学院
阜阳师范大学
广东第二师范学院
广东石油化工学院
广西师范大学
贵州师范大学
哈尔滨师范大学
合肥学院
河北大学
河北经贸大学
河北科技大学
河南科技大学
河南科技学院
河南农业大学
石河子大学
菏泽学院
贺州学院
黑龙江八一农垦大学
华中科技大学
南京工业大学
暨南大学
首都师范大学
湖北大学
湖北工业大学
湖北第二师范学院
湖北工程学院
湖北科技学院
湖北师范大学
汉江师范学院
湖南农业大学
湖南文理学院
华侨大学
武昌首义学院
淮北师范大学
淮阴工学院
黄冈师范学院
惠州学院
吉林农业科技学院
集美大学
济南大学
佳木斯大学
江汉大学
江苏大学
江西科技师范大学
荆楚理工学院
南京晓庄学院
辽东学院
锦州医科大学
聊城大学
聊城大学东昌学院
牡丹江师范学院
内蒙古民族大学
仲恺农业工程学院
宿州学院
云南大学
西北农林科技大学
中央民族大学
郑州大学
新疆大学
青岛科技大学
青岛农业大学
青岛农业大学海都学院
山西农业大学
陕西科技大学
陕西理工大学
上海海洋大学
塔里木大学
唐山师范学院
天津师范大学
天津医科大学
西北民族大学
北方民族大学
西南交通大学
新乡医学院
信阳师范学院
延安大学
盐城工学院
云南农业大学
肇庆学院
福建农林大学
浙江农林大学
浙江师范大学
浙江树人学院
浙江中医药学院
郑州轻工业大学
中国海洋大学
中南民族大学
重庆工商大学
重庆三峡学院
重庆文理学院
辽宁大学
燕山大学
临沂大学
山西医科大学
宁夏大学
重庆第二师范学院
齐鲁理工学院
六盘水师范学院
河西学院
广西贵港工业学院
衡阳师范学院
怀化学院
湖南应用技术学院

第二版前言

我国正处在"新时代高等教育高质量发展"时期,推动高等教育内涵式发展的关键在于课程教学。同时,生命科学的不断发展,对基础学科和实验教学都提出了更新更高的要求。动物学是普通高校相关本科专业的主干基础课程,其中的实验教学是连接动物学理论教学与野外实习的重要中间环节,对于落实"立德树人"的根本任务和培养创新创业的能力素养极其重要。《动物生物学实验》作为普通动物学或动物生物学等相关课程的配套实验教材,需要进一步加强其先进性和启发性,提高使用的实效性,发挥基础实验课程应有的作用。为此,我们在总结第一版存在的不足和广泛收集教材使用反馈信息的基础上,进行了修订工作。

《动物生物学实验》(第二版)主要进行了以下修订:①对部分实验内容进行了增删或调整;②完善了部分实验的内容、方法或操作细节;③依据动物分类学的研究进展,修订了昆虫纲(成虫)分目检索表;④增补了神经生理和消化生理等实验内容;⑤丰富了示范与拓展实验内容,补充了一些彩色图版。修订后的教材共 38 个实验项目,内容涵盖无脊椎动物和脊椎动物的细胞组织、形态结构、系统分类、生理生态及个体发育等方面。拓展性实验和研究性实验可启发学生开展创新性课外科技活动,内容全面系统和图片资料丰富等依然是本教材的特点,关注学生实验的安全防护和对实验动物的福利伦理是本教材的情怀。

参与本教材第二版修订的单位和老师有:湖南文理学院王文彬二级教授、刘良国教授和姜吉刚教授,首都师范大学朱宝长二级教授,天津师范大学闫春财教授,河北科技大学王莉副教授,衡阳师范学院杨海教授,怀化学院谭娟副教授,湖南应用技术学院陆娟娟副教授,均为全国地方普通高校教学一线的骨干教师(多为资深教授)。最后由王文彬统稿。这里特别要感谢首都师范大学张子慧教授为第一版教材提供了高质量的动物形态解剖彩色照片图版。

限于编者水平,教材中缺点和错误在所难免,恳请各位读者指正。

编　者

2023 年 1 月

第一版前言

进入21世纪以来，我国完成了第八次基础教育课程改革。在这次课程改革过程中，我国借鉴了美国自19世纪末就开始的，现正被其大、中、小学大力提倡的“以问题为中心的学习”和“以项目为中心的学习”的成功经验，引入了“研究性学习”这一新课程。这种学习方式的改变，最主要的是引导学生关注人类面临的大问题，以培养学生的创新精神与实践能力以及对人类、对社会的责任感。与此同时，高等教育尤其是高等师范教育的教学内容和课程体系也相应地进行了比较大的调整和改革。动物学作为高校生物类专业一门传统的专业基础主干课程，随着高等教育改革的不断深入和微观生物学的快速发展，同时为适应国家素质教育的要求，高等学校人才培养模式改革向“宽口径、厚基础、重能力”的方向发展，动物学课程的学时被一再压缩，课程的名称也逐渐演变成“动物生物学”。

动物生物学实验是动物生物学教学中一个重要组成部分，对于提高学生的学习兴趣、实验技能和独立工作能力，培养学生的科学思维能力和创新意识，从而全面提高学生的综合素质等方面都具有重要意义。在创新与科学发展的大背景下，为了提高实验教学质量，许多高校对实验课程体系和教学方式进行了深入的改革。目前比较普遍的做法是，将实验部分与理论课相对独立出来，单独开设“动物生物学实验”课程，并根据不同地域的动物资源优势，各自编写具有一定地方特色的实验教材。本书是由华中科技大学出版社组编，召集全国各地方普通高校教学一线的骨干教师（大多为教授或博士），根据高校各自的教学实际和多年的实践经验，并汲取各高校同类教材特点编写而成的一本适合各地普通高校的全国“十二五”规划通用实验教材。

本书的编写理念是，从“加强基础、培养能力、提高素质”出发，更多地发挥学生的主体作用，有利于学生在课余时间参加开放性实验、科学研究和各类社会活动。本书具有以下四个特点。①系统性：内容全面系统，涵盖无脊椎动物和脊椎动物的细胞组织、形态、结构、分类、生理、生殖、发育、生态等各个方面；按照实验基本知识与技能、动物形态与结构实验、动物系统与分类实验、动物生理与生态实验、动物生物学研究性实验五个章节编排。②实用性：选入的实验切实可行，且多具有一定的应用价值，旨在培养学生观察、采集、分类、制作标本等各方面的技能，初步掌握动物学野外研究的基本方法。③易行性：选入的实验力求简单、材料易得、有代表性，且容易操作；多数实验项目在“课内必做”内容后面，还安排了示范与拓展实验部分，供学有余力的学生选做。④灵活性：选入的实验项目尽可能多，其类型包括基础性实验、综合性实验和研究性实验等，以利于各高校根据不同专业和具体条件安排实验。

本书第1章1.1、1.2、1.11、1.13、1.14和第3章3.6、3.7由河北科技大学王莉编写；第1章1.3和第4章4.3、4.4、4.5由首都师范大学朱宝长编写；第1章1.4，第2章2.6、2.10、2.11，第3章3.8和第4章4.1由天津师范大学闫春财编写；第1章1.5、1.8、1.12，第2章2.1、2.12、2.14、2.15，第3章3.3、3.4和第4章4.8由湖南文理学院王文彬编写；第1章1.6、1.9和第3章3.1、3.2、3.5由湖南文理学院姜吉刚编写；第1章1.7和第2章2.9、2.12、2.13、2.16由首都师范大学张子惠编写；第1章1.10和第4章4.2、4.6、4.7、4.9、4.10、4.11和第5章5.1由湖南文理学院刘良国编写；第2章2.2、2.3、2.4、2.5、2.7、2.8由佛山科学技术学院陈志胜编写。全书由王文彬统稿,并做适当修改和补充。

本书的编写是适于全国各地普通高校通用实验教材的初步尝试,限于编者水平,书中纰漏和错误在所难免,恳请各位同仁和读者批评指正。

编　者

2015 年 5 月

目录

第1章 实验基本知识与技能

动物生物学是一门实践性很强的专业基础课程，一般在大学一、二年级开课。有关动物生物学实验中的一些基本知识和技能，应事先让学生有所了解和熟悉，并进行初步训练，以便更有效地开展后续实验项目。

1.1 显微镜的构造、使用和保养

显微镜是实验室常用的仪器之一，只有很好地了解显微镜的结构和成像原理才能正确使用和维护，并充分发挥其性能。

一、普通光学显微镜

（一）构造与原理

普通光学显微镜一般由一组光学放大系统和支持及调节它的机械系统组成，有的还带有光源部分。其结构见图 1.1-1。

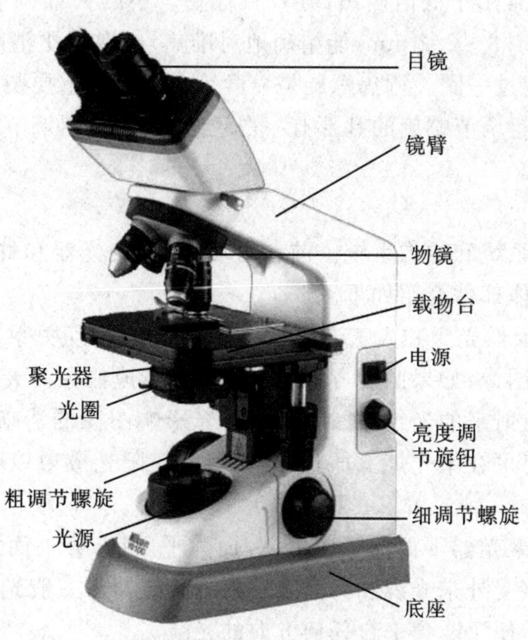

图 1.1-1　普通光学显微镜的结构

1. 机械系统

机械系统是固定、调节光学系统和移动标本的装置。

(1) 镜座和镜柱　镜座是显微镜底部的沉重部分,支撑整个显微镜,它使显微镜重心较低,使之不致倾倒,内装变压器、照明光源、聚光镜和反光镜,为显微镜提供光源。其上直立的短柱部分为镜柱,支持镜臂和镜台。

(2) 镜台　又名载物台,是放置玻片标本的平板。其中央有一通光孔,以便从下方来的光线由此通过。镜台上有压片夹用于固定标本。目前的显微镜都装有标本移动器(或称推进尺),既可固定载玻片又可转动螺旋前后左右移动标本。有的标本移动器上还带有标尺,可利用标尺上的刻度寻找所要观察的标本位置。

(3) 镜臂　为镜柱之上弯曲的部分,以便于持握,能够支撑镜筒和连接镜座,分固定式和倾斜式。有些老式显微镜的镜臂与镜柱之间有一个能活动的倾斜关节,可使镜身向前、后倾斜,便于观察。新式显微镜的镜筒已是倾斜的,而且能转动,没有倾斜关节。

(4) 镜筒　双目镜筒斜位于镜臂上方,镜筒上有一个突出的圆环,为视度圈,旋转视度圈可使目镜镜筒升降。其顶端安置目镜,在每个目镜筒上有一圈凹槽,为基准线(屈光度调节装置便于双眼视力不同的观察者使用),在目镜筒基部各有一块瞳距调节板,左右移动该板可调节目镜间距,以适应不同观察者眼间距的差别。直筒式目镜和物镜同轴,为单筒型;斜筒式目镜和物镜光轴成45°角,转折处有棱镜使光线转折45°角,有单筒和双筒两种类型。

(5) 物镜转换器　是镜筒下端一个可绕中心轴旋转的圆盘。其上可装置数个物镜,以便观察时换用不同倍数的物镜。物镜按放大倍数顺序排列,旋转转换器,物镜可被转到合轴时的位置上,转换器上各种不同放大倍数的物镜基本上处于同一焦平面上。

(6) 调焦螺旋　在镜臂上有两组旋钮,用于升降镜筒,从而调节聚光器的焦距及物镜和观察材料间的距离,以得到清晰的图像。大的称为粗调节螺旋,其升降镜筒的距离较大,转动一周,镜筒约升降50 mm,常用于低倍调焦,寻找目标物。小的为细调节螺旋,其升降的幅度较小,转动一周,镜筒升降1.8～2.2 mm,能精确地对准焦点,取得更清晰的物像,多用于高倍调焦,使用时一般拧动不超过一圈。调焦螺旋是显微镜上的一个重要装置,因为对不准焦距就看不清被观察的物体。在粗调节螺旋的基部有一白色金属圈,为粗调节螺旋松紧调节环,可用于调节粗调节螺旋的松紧。

2. 光学系统

光学系统包括照明系统和成像系统。前者由反光镜、聚光器和虹彩光圈组成。后者由接物镜和接目镜组成。具体部件介绍如下。

(1) 照明光源　分天然光源和人工光源,跟成像质量有密切关系,只有强度适中而均匀的照明度才能看到清晰的图像,如果照明方法不当还可能造成假象。天然光源:不可直接利用太阳直射光(最好是白云反射来的光线),因为直射日光影响图像的清晰,损坏光源装置和镜头,而且有害眼睛,不得已时可在聚光灯下加乳白色玻片,使阳光散射以降低强度。人工光源:显微镜灯和日光灯。

(2) 反光镜　位于聚光器下面的镜座上,一面为平面镜,另一面为凹面镜,可以在水平与垂直方向上任意旋转,接受外来光线和将光线反射到聚光器。一般光线强时用平面镜,光线较暗时用聚光强的凹面镜,便于收集来自任何方向的光线。

(3) 聚光器　位于载物台的下方,聚光器可以升降,由一片或数片凸透镜和可变光阑所组成。其作用是聚集来自反光镜的光线,使光线增强并集合成光束,射入镜筒中,把光线集中到所要观察的标本上，并通过调节可变光阑的开放程度，调节不同的数值孔径而适应不同的物镜需求，并使整个物镜所包括的视野均匀受光，提高物镜的鉴别能力。在使用高倍镜时，必须配以聚光器。位于聚光器下面的可变光阑（虹彩光圈）由许多金属片组成，犹如照相机的快门，缩小或扩大孔径可改变入射光量。推动操纵光圈的调节杆，可调节光圈的大小。光圈开大则光线较强，适用于观察色深的物体；光圈缩小则光线较弱，适用于观察透明或无色的物体。为了充分发挥显微镜的性能，在使用时聚光镜和物镜两者的数值孔径应一致。有调节轮可使聚光镜连同光阑上下升降，调节透过标本进入物镜的光强度。

(4) 滤光片　是改变光线的光谱成分或减弱光强度的有色玻片。其支架为可变光阑下的圆形结构，用以支持不同颜色的滤光片。乳白色玻片使阳光散射降低光强度；绿色或蓝色吸收白光中的长光波，利用透过短光波照明可提高分辨率，单色标本和无色标本（如活细胞）可用绿光片，显示最为清楚，增大了明暗反差。平时观察时，可选用一个颜色与标本颜色互补的滤光片进行观察。

(5) 接物镜（物镜）　因为它靠近被观察的物体所以称接物镜。一般实验室用的是消色差物镜，由数组透镜组成，可放大物体，它决定着显微镜的关键性能，即分辨率的高低。透镜的直径越小，放大倍数越高。每架显微镜均备有几个倍数不同的物镜，其上放大40倍（40×）以下的称低倍镜，一般为10倍（10×）；放大40倍（40×）以上的称高倍镜；10×和40×的物镜统称干燥物镜。放大100（100×）倍以上的称油镜（浸液物镜），特别注明了“HI”“oil”字样，并在物镜上标有一白色圈。物镜是显微镜取得物像的主要部件，其作用为聚集来自任何一点的光和利用入射光对被观察的物体做第一次放大的造像。

每个物镜上通常标有表示物镜主要性能的参数。如10倍物镜上标有10/0.25和160/0.17，10为物镜的放大倍数（即10×）；0.25为数值孔径（N. A）；160为镜筒长度（160 mm）；0.17为所要求的盖玻片厚度（mm）。

显微镜的分辨率是指显微镜能够辨别两点之间最小距离的能力。它与接物镜的数值孔径成正比，与光波长度成反比，因此，接物镜的数值孔径愈大，光波长度愈短，则显微镜的分辨率愈大，被检物体的细微结构也愈能区别。一个高的分辨率意味着一个小的分辨距离，二者成反比关系。

$$\text{能辨别的两点之间的最小距离}=\frac{\text{光波长度}}{2\times\text{数值孔径}}$$

人肉眼所能感受的光波平均长度为0.55 μm，假如用数值孔径为0.65的接物镜（高倍镜），它可分辨的两点之间最小距离为0.42 μm，而在0.42 μm以下的两点距离就分辨不出了，即便使用倍数更高的接目镜，增加显微镜的总放大率，也仍然分辨不出。只有改用数值孔径更大的接物镜，增加其分辨率才行。因此，显微镜的放大倍数与其分辨率是有区别的。

用干燥物镜观察标本时，在物镜和标本之间不加任何液体介质，以空气为介质。使用油镜时，物镜与载玻片之间仅隔一层油性物质（折射率大于1.0）。由于香柏油的折射率等于1.52，与玻璃相同，所以当光线通过载玻片后，可直接通过香柏油进入物镜而不发生折射，可使视野光线充足。相反，玻片与物镜之间的介质为空气时，当光线通过玻片后，受到折射发生散射现象，进入物镜的光线明显减少，减低了视野的照明度，影响分辨率。

(6) 接目镜（目镜）　因为它靠近观察者的眼睛，故称接目镜。它是一个金属的圆筒，上端装有一块较小的透镜，下端装有一块较大的透镜，其作用是将物镜所放大和鉴别了的物像进行再放大，相当于一个放大镜，并不增加显微镜的分辨率。目镜内可附加指针和测微尺。每架显微镜常备有几个倍数不同的目镜，其上也刻有5×、10×、12.5×等放大倍数。显微镜的放大

倍数即是所用的目镜放大倍数与所用物镜的放大倍数的乘积。不要随意取下目镜,以防尘土落入物镜。

(7) 载玻片和盖玻片　显微镜对载玻片和盖玻片的厚度有一定要求:标准载片为(1.1±0.04) mm;标准盖片为(0.17±0.02) mm。

3. 成像原理

光学显微镜是利用光学的成像原理,观察生物体的结构。首先利用反光镜将可见光反射到聚光器中,把光线汇聚成束,穿过生物制片(观察物),进入到物镜的透镜上。因此所观察的制片都很薄(一般为 8~10 μm),光线才能够穿透制片,经过物镜将制片上的结构放大为倒立的实像。这一倒立的实像经过目镜的放大,映入眼球便成为放大的倒立的虚像。生物显微镜的光路图及其成像原理图见图 1.1-2。

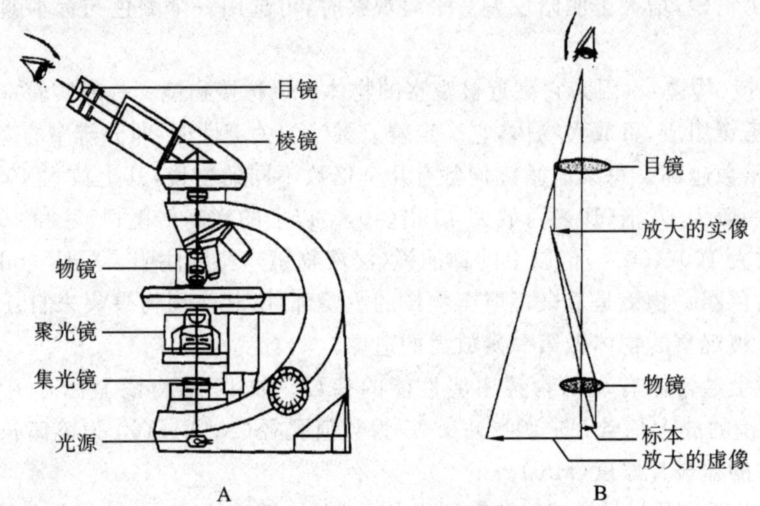

图 1.1-2　生物显微镜的光路图及成像原理图

A. 显微镜光路图;B. 显微镜成像原理图

(二) 使用方法

1. 安放

在室内搬动显微镜动作要轻稳。打开镜箱,右手紧握镜臂,左手平托镜座,镜身保持直立(禁止单手提动),轻放桌上使镜臂正向或反向朝着观察者的左胸,不要靠近水槽或加热器及桌边、桌脚,应在距实验台边缘 10 cm 处,以免碰撞或零件脱落。除去防尘罩。

2. 检查

检查各部分部件是否完好,镜身、镜头必须清洁。

3. 对光

对光时,首先将光圈的孔径调至最大,将其升到最高点,再将低倍镜对准镜台孔,镜头离载物台约有 2 cm。使聚光器、物镜和目镜的中心同轴。这时,一方面把反光镜转向光源,一方面用左眼(两眼睁开)从目镜中观察,宜用平面镜;光线过弱时,宜用凹面镜。对好光后不要再移动显微镜,否则又需要重新对光。此外,在镜检全过程中,根据所需光线的强弱,还可通过扩大或缩小光圈、升降聚光器和旋转反光镜进行调节。聚光器的聚光焦点应正好落在标本上方能发挥物镜的分辨率,对一般显微镜来说,用平行光照明时聚光器的聚焦点在透镜中心上方约 1.25 mm 处(仅稍低于载物台平面的高度),这样聚光焦点能落到标准厚度 1.1 mm 载片的标本上。每一个聚光器有一个最大的镜口率,改变光阑开启程度可改变镜口率,聚光器和物镜的镜口率一致时显微镜的分辨率最高。或插上电源插头,打开显微镜电源开关,通过拨动旋钮调节光线亮度。

4. 调焦

光线对好后,就可将载片放在载物台上,有盖片的一面朝上,被检物体对准圆孔正中,用压夹压紧,或用标本移动器卡紧,开始调焦。先用低倍镜观察,因为低倍数视野范围较大,易于全面地观察材料和寻找材料中需要重点观察的部分。转动粗调节螺旋,使镜筒缓缓下降,这时必须由侧面仔细观察,右眼也要睁开。这样,不仅便于绘图,而且眼睛也不易疲劳。同时转动粗调节螺旋,使镜筒缓缓上升(注意:拧动调节器的方向,切勿弄错,以免物镜与载玻片碰撞,否则,会压碎玻片、损坏镜头),直至看清标本物像。然后,再轻轻转动细调节螺旋,以便得到更清晰的物像。

观察时一般用左眼看目镜(左眼视力太差可用右眼),两眼同时睁开以免疲劳,初学者可以慢慢练习。用直筒显微镜时最好不要使镜臂倾斜,因为载物台也会随着倾斜,当遇到含液体的标本时就会影响观察效果。记录纸放在显微镜的右边。观察过程中尽量避免不必要和过快的移动,特别是用高倍镜或油镜时,易引起疲劳、眩晕和恶心等不适反应。

5. 低倍镜观察

低倍镜下调焦距找物像时,若被检物体不在中央,可用标本移动器略微移动玻片,使物像恰好位于视野中央。若光线不适,可拨动可变光阑的操纵杆调节光线至物像最清晰为止。转动粗调节螺旋,使镜筒下降至低倍镜距盖片 0.5 cm 左右,然后边用目镜观察、边反向转动粗调节螺旋提升镜筒,直到视野内的结构清晰呈现,然后再用细调节螺旋调节。

6. 高倍镜观察

低倍镜观察完毕转换为高倍镜时,应先将要详细观察的部分移到视野正中央。推动转换器,将高倍接物镜头转至镜筒正下方(转换时切勿动调节器)。这时,只要将细调节螺旋向反时针方向轻轻转动,就可看清楚被检物。把用低倍镜观察时的光圈开大。★注意:此时不可用粗调节螺旋,否则会压碎玻片或损伤镜头。由于显微镜所观察的生物材料是立体的,故在观察时必须随时转动细调节螺旋,才能了解不同光学平面的情况。

在低倍镜下,将制片中的被检物按从上到下、从左到右的顺序移动,观察一遍。然后将需观察的位置移到显微镜视野的中央,将高倍镜换入即可。用高倍镜观察完后,若有必要,可再换用油镜观察。★注意:应在低倍物镜下放上和取下载玻片,不可直接用高倍镜,以免擦伤透镜。

7. 油镜观察

用粗调节螺旋将镜筒拉起 1.5~2 cm,将油镜头转至镜筒下方。滴加一滴香柏油于载玻片上,移动镜筒使油镜头与香柏油相接触,但注意不能与玻片相碰,以免压碎玻片和损伤镜头,然后从目镜中观察。首先调节光圈与聚光器,使光亮适当加大,用粗调节螺旋缓慢地提升镜筒至出现物像为止,再用细调节螺旋调至物像清晰。如果镜头已提升出香柏油面而未见物像时,应按上述过程重复操作。使用完毕,取下载玻片,用擦镜纸擦去镜头上的香柏油,再取擦镜纸蘸取少量镜头清洁液(乙醚 7 份,加无水乙醇 3 份)擦镜头,然后用干净擦镜纸擦去镜头上残留的清洁液。

8. 测微尺及其使用

测微尺是测量显微镜下微小物体的一种显微镜的附属工具。需由台式测微尺和目镜测微尺 2 种配合起来使用(图 1.1-3)。

(1) 台式测微尺是一种特殊的载玻片,中央有标尺,有直线式和网格式两种,其上标有刻度,每小格长度为0.01 mm。

(2) 目镜测微尺是一圆形玻片,装在目镜中使用,也分直线式和网格式。其上有刻度,但在不同观察条件下所测得的长度是不同的,是一个相对值,因此需要用台式测微尺确定目镜测微尺每格的实际长度。

图 1.1-3　测微尺

(3) 测量方法如下:令两种测微尺的刻度重合,选其成整数重合的一段,记下两者的数值。按下式计算:

$$\text{目镜测微尺每格长度}=\frac{\text{两重合线间台式测微尺的格数}\times 10\ \mu\text{m}}{\text{两重合线间目镜测微尺的格数}}$$

9. 复原

显微镜使用完毕,应将载物台置于最低位置,将镜筒升高,取下玻片标本。一定要及时清除油镜上的油,擦净物镜和载物台,将各部分还原,反光镜垂直于镜座(或拔掉电源),以减少落上灰尘;转动镜头转换器,将物镜从镜台孔挪开,成八字形,不可使物镜正对着聚光器,并将镜筒降至最低处,同时把聚光镜降下,盖上防尘罩。最后装镜入箱,填写使用登记表。

(三) 保养与使用注意事项

(1) 按照规程操作。操作过程中,如发现故障和问题,应立即向指导教师报告,不可自行拆卸。

(2) 保持清洁,注意防尘。水滴、酒精或其他药品切勿接触镜头或镜台,如果污染应立即用擦镜纸擦净。

(3) 注意防潮。可将镜头取下,放入干燥器中。干燥器中应加入烘干的硅胶,还要经常将变成粉红色的硅胶烘干。

(4) 临时制片的标本上要加盖玻片。各种临时装片的上、下面不应有水溢出。放置玻片标本时要对准通光孔中央,且不能反放玻片,防止压坏玻片或碰坏物镜。

(5) 显微镜的清洁方法:可用软布擦拭机械部分的灰尘。光学和照明部分只能用擦镜纸擦拭,切忌口吹手抹或用布擦拭。积灰多时,先用洗耳球吹掉灰尘或用专用的镜头刷轻轻拂去灰尘,以免灰尘微粒磨损透镜。用镜头清洁液擦掉镜头上的油污。具体操作是用棉棒蘸清洁液,从中心向外螺旋状擦拭(图1.1-4)。切勿用手、较粗的布或纸擦拭镜头,以防划伤镜头。

防止酸碱等腐蚀性液体沾污显微镜。一旦机械部分沾上酸碱等腐蚀性液体时,应及时用吸水纸吸走,并用潮湿的布反复擦洗。一旦镜头沾上酸碱等腐蚀性的液体,需用擦镜纸吸走后再用清洁液擦洗。

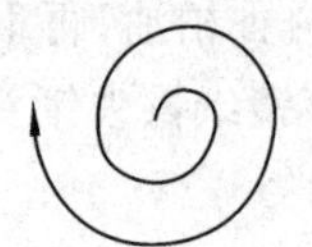

图 1.1-4　镜头清洁需从中心向外螺旋状擦拭

(6) 正确使用单目显微镜的方法。用一只眼睛观察,另一只眼睛睁开。养成左眼观察视野、右眼用于绘图的习惯。

(7) 使用物镜转换器旋转物镜,不能用手直接推转物镜,否则容易使光轴歪斜。

二、体视显微镜

1. 构造与原理

体视显微镜又称立体显微镜、实体显微镜、解剖镜，是一种具有正像立体感的目视仪器。其构造如图 1.1-5 所示，其工作距离很长。可以观察不透明物体表面的立体结构，常用于解剖较小标本或观察玻片标本的全貌。它具有多种形式的外加光源，也有镜体内同轴垂直照明，使光线投射到所观察的物体上。还有些兼具投射光照明器、荧光照明器等其他照明系统，应用范围较广。

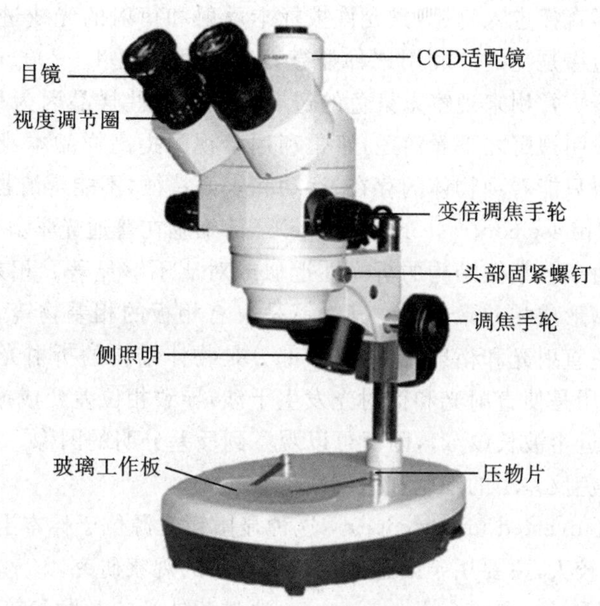

图 1.1-5　体视显微镜

其原理是由一个共用的初级物镜，对物体成像后的两个光束被两组中间物镜（亦称变焦镜）分开，并组成一定的角度，称为体视角（一般为 12°～15°），再经各自的目镜成像，它的倍率变化是由改变中间镜组之间的距离而获得的：利用双通道光路，双目镜筒中的左、右两光束不是平行的，而是具有一定的夹角，为左、右两眼提供了一个具有立体感的图像。实质上是两个单镜筒显微镜并列放置，两个镜筒的光轴构成相当于人们用双目观察一个物体时所形成的视角，以此形成三维空间的立体视觉效果。

2. 使用方法

(1) 根据所观察的标本，选好台板（观察透明标本时，选用毛玻璃台板；观察不透明标本，选用黑白台板），装入底座台板孔内，并锁紧。

(2) 松开调焦滑座上的紧固螺钉，调节镜体的高度，目测工作距离在 80 mm 左右（使其与所选用的物镜放大倍数大体一致的工作距离），调好后锁紧托架，将安全环紧靠调焦托架并锁紧。

(3) 装好目镜，先将目镜筒上的螺钉松开，装好目镜后再将此螺钉拧紧（目镜放进目镜筒时，要特别小心，不要用手触摸镜头透镜表面）。

(4) 调好瞳距，当使用者通过两个目镜观察视场时发现视野中不是一个圆形视场时，应扳动两棱镜箱，改变目镜筒的出瞳距离，使之成为一个完全重合的圆形视场（说明瞳距已调好）。

(5) 观察标本（对标本调焦）。先将左目镜筒上的视度圈调至 0 刻线位置。通常情况下，先从右目镜筒(即固定目镜筒)中观察,将变倍筒(有变倍装置机型时)转至最高倍位置,转动调焦手轮对标本调焦,直至标本的像清晰后,再把变倍筒转至最低倍位置,此时,用左目镜筒观察,如不清晰则沿轴向调节目镜筒上的视度圈,直到标本的像清晰,然后再双目观察其调焦效果。

三、其他常用显微镜

光学显微镜是研究生物学的常用工具,除一般常见的生物显微镜外,还有暗视野显微镜、相差显微镜、倒置显微镜等。几种常见的显微镜介绍如下。

(1) 暗视野显微镜(darkfield microscope)　它与普通显微镜的区别在于聚光镜中央有挡光片,可使照明光线不直接进入物镜,只允许被标本反射和衍射的光线进入物镜,因而视野的背景是黑的,物体的边缘是亮的。利用这种显微镜能见到小至 4～200 nm 的微粒子,分辨率比普通显微镜高 50 倍。常用来观察未染色的透明样品。这些样品因为具有和周围环境相似的折射率,不易在一般明视野之下看清楚,于是利用暗视野提高样品本身与背景之间的对比。虽然其分辨率很高,但只能看到物体的存在、运动和表面特征,不能辨清物体的细微结构。

(2) 相差显微镜(phase contrast microscope)　活细胞在普通光学显微镜下一般不能分辨其细微结构,主要是由于各细微结构的折光性近似或对比不够显著。相差显微镜则是在聚光器下装一个环状光阑,形成相差聚光器。其物镜是安有相板的相差物镜。环状光阑的作用是造成空心的光线锥,使直射光和衍射光分离(一部分是物体结构的折射光,另一部分是受物体影响的光);相板的作用是使直射光和衍射光发生干涉,导致相位差变成振幅差(即明暗差),由于两束光的相移位接近半波长($\lambda/2$),因而可以观察到反差分明的图像。相差显微镜适于观察较透明的活细胞或染色反差小的细胞和微细结构。

(3) 倒置显微镜(inverted microscope)　这种显微镜光源位于标本上方,而物镜位于标本的下方。其工作距离较大,主要用于细胞或组织培养时的观察研究。

(4) 荧光显微镜(fluorescence microscope)　通过紫外光的激发和较高能级的电子跃迁可释放出一些具有特定能量的光子形成荧光。显微镜以紫外线为光源,用以照射被检物体,使之发出荧光,然后在显微镜下观察物体的形状及其所在位置。荧光显微镜用于研究细胞内物质的吸收、运输、化学物质的分布及定位等。细胞中有些物质,如叶绿素等,受紫外线照射后可发荧光(初级荧光),但大部分生物材料本身不能发荧光,需用荧光染料或荧光抗体染色后,经紫外线照射才可发荧光(次级荧光)。荧光显微镜就是对这类物质进行定性和定量研究的工具之一,它可以鉴定极少量的物质,具有较高的敏感性和特异性,通过选择滤光器,能高度特异性地鉴定特定的荧光染料。大量的组织化学、免疫细胞化学的研究都采用荧光染料进行特异性染色。

(5) 电子显微镜(electronic microscope)　简称电镜,是利用电子与物质作用所产生的变化来鉴定微区域晶体结构、微细组织、化学成分、化学键和电子分布情况的电子光学装置。与光学显微镜相比,电子显微镜根据电子光学原理,用电子束代替了可见光,用电磁透镜代替了光学透镜并使用荧光屏将肉眼不可见电子束成像。电子显微镜最大放大倍率超过 300 万倍,而光学显微镜的最大放大倍率约为 2000 倍,所以通过电子显微镜就能直接观察到某些重金属的原子和晶体中排列整齐的原子点阵。电子显微镜按结构和用途可分为透射式电子显微镜、扫描式电子显微镜、反射式电子显微镜和发射式电子显微镜等。透射式电子显微镜常用于观察那些用普通显微镜所不能分辨的细微物质结构;扫描式电子显微镜主要用于观察固体表面的形貌,也能与 X 射线衍射仪或电子能谱仪相结合,构成电子微探针,用于物质成分分析;发射式电子显微镜用于电子表面的研究。

四、作业与思考题

(1) 如何正确使用显微镜观察生物标本？使用时应注意什么？

(2) 前后左右轻轻移动玻片，物像的移动方向如何？为什么？

示范与拓展实验

1. 使用普通显微镜观察永久玻片标本(如动植物的组织切片、微小动物整体装片等)。

2. 使用体视显微镜观察细小动植物标本(如植物的种子、茎叶刺毛，小昆虫、毛发等)。

※观察显微玻片标本应注意的事项：

(1) 首先应了解该显微玻片标本是取自什么动物或人体的什么器官、组织作为制片材料的。

(2) 其次应了解它是用什么方法制作的，是装片、涂片、分离片、伸展片(平铺片)，还是切片。

(3) 如果是切片，则还需进一步了解该切片是纵切还是横切，切片通过什么部位。

(4) 另外，还要了解该显微玻片标本是用什么染色方法染色的。这样，在观察时才能根据染色反应的不同来区分各种不同组织、细胞以及细胞核与细胞质。

(5) 在观察时，若发现一些特异结构，应联系制片过程或病理因素，以辨别是制片时的人工产物造成的还是病理现象所造成的。

(6) 由于切片只是切到一块儿组织或一个器官的一个平面的一小部分，同时又切得很薄，而器官或组织内结构是有各种各样形态和排列方向的，它并非完全整整齐齐地排列在同一个平面上。所以，虽然这张切片是纵切面或横切面，但在观察时，要时刻想到切到的是什么地方、什么部位，而且要多加思考，从平面上建立立体的概念，这样才能理解透彻这张切片，认识一个结构的全貌。

(7) 此外，我们还应该明确，动物体在不同的生长状态以及不同的发育阶段时，相同部位的材料虽然来源近似，但可能有较大的组织结构差异性。比如青壮年时期和老年时期的肠道横切面，形态和排列就会有很大的差异性。另外，同一器官在活跃期和相对安静期，在组织切片上的形态也会有所不同。

1.2 动物解剖器械的种类与使用

一、实验室常用动物解剖器械的种类

玻璃分针、眼科镊子、尖头镊子、圆头镊子、手术刀、毁髓针、剪毛剪、手术剪、眼科剪、动脉夹、气管插管、动脉插管、直止血钳、弯止血钳、持针器、金冠钳、骨钳、颅骨钻、咬骨剪与咬骨钳等(图 1.2-1)。

二、解剖器械的使用方法

(1) 手术刀　刀片锋利，可更换，用于切开皮肤和脏器。有四种执刀法：执弓式、执笔式、握持式和反挑式(图 1.2-2)。前两种用于切开较长或用力较大的伤口；后两种用于较小切口，

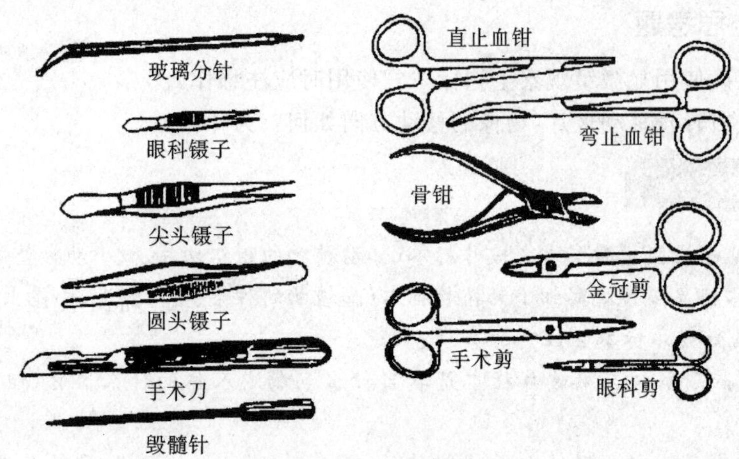

图 1.2-1　常用解剖器械

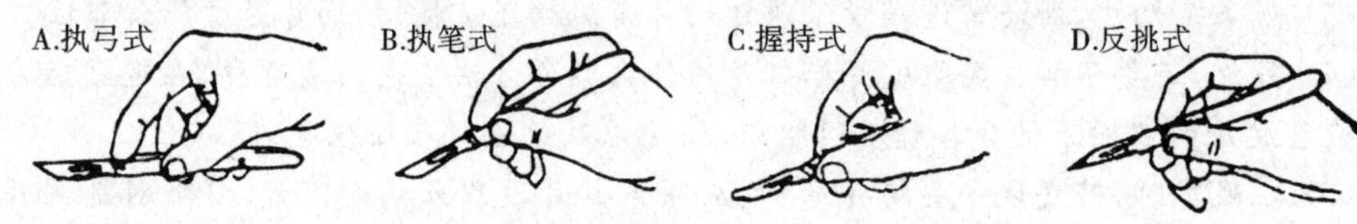

图 1.2-2　四种执刀方式

如解剖血管、神经等组织。使用时注意不要用力过猛，以免损伤所要观察的组织或器官。切勿用手术刀切割较硬的骨骼等结构。

(2) 解剖刀　较钝，刀片与刀柄连为一体，用于分离、剥离或切割组织。

(3) 手术剪　用于剪开皮肤肌肉等粗硬组织。两个剪刀刃一般为一尖一钝，使用时应将钝侧置于下方，以免伤及所要观察的结构。切勿用来剪坚硬物体。

(4) 眼科剪　用于剪神经、血管和输尿管等细软组织；组织剪用于剪肌肉等软组织。

(5) 手术镊　用于夹持、提起、分离组织或器官，剪开皮肤和皮下组织、筋膜和肌肉等。有尖头和圆头两种类型，前者用于精细组织的操作，勿用来提拉坚韧组织或夹持坚硬物体，以免镊尖变形；后者对组织的损伤性小，用于夹捏较大的或较厚的组织和牵拉皮肤切口处的皮肤。正确的持镊姿势为，拇指对食指与中指，把持两个镊脚的中部，稳定而适度地夹住组织。

(6) 眼科镊　用于夹捏细软组织。

(7) 玻璃分针　用于分离神经和血管等组织。免于划伤血管，并能保护神经的活性。

(8) 毁髓针　用于破坏蛙脑和脊髓。

(9) 止血钳　止血钳分为直、弯、全齿和平齿等不同类型，用于夹持血管或出血点，起止血作用。有齿的还可用于提起皮肤，无齿的用于撑开并分离皮下组织。蚊式止血钳较小，适用于分离小血管和神经周围的结缔组织。也可用于分离组织、牵引缝线、协助拔针等。使用方法：止血钳柄环间有齿，可咬合锁住；放开时，插入钳柄环口的拇指和无名指相对挤压后，无名指和中指向内、拇指向外旋开两柄。止血钳的握持方法如图 1.2-3 所示。

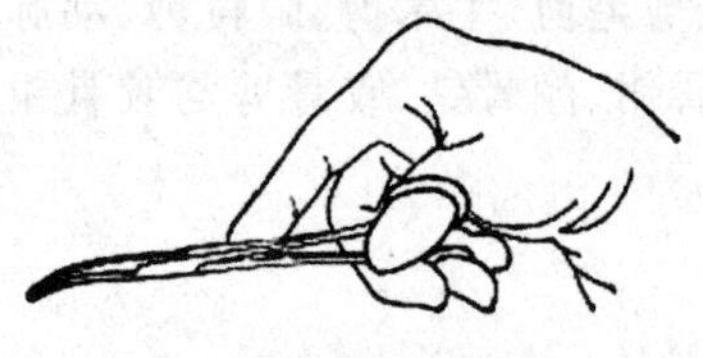

图 1.2-3　止血钳的握持方法

(10) 持针器　主要用于夹持缝合针，也可用于器械打结。前端齿槽床部短、柄长，钳叶内有交叉齿纹，使夹持缝针稳定、不易滑脱。使用方法：将持针器的尖端夹住缝针的中后 1/3 交界处，并将缝线重叠部分也放于内侧针嘴内。若夹在齿槽床的中部，则容易将针折断。

(11) 骨钳　用于打开骨髓腔和颅腔。可按动物大小选择相应型号。使用时，使钳头稍微仰起咬切骨质。切勿撕拉、扭拧，以防残骨及损伤骨内组织。

(12) 颅骨钻　用于开颅钻孔，然后用骨钳扩大手术范围。使用方法：右手握钻、左手固定骨头，钻头与骨面垂直，顺时针方向旋转，到内骨板时要小心慢转，防止穿透骨板而损伤脑组织。

(13) 咬骨剪与咬骨钳　具有较厚的刃，用于打开骨髓腔、颅腔和暴露脊髓时咬剪骨质，以及开胸时修剪肋骨的断端。

(14) 气管插管　实验中用于保护动物的呼吸畅通。使用方法：先在动物气管上剪一倒"T"形剪口，然后将插管有斜面的一头朝肺脏的方向插入器官中，用手术线将其结扎固定于气管上，防止滑出，并保持它在实验中始终与气管平行，以免阻塞动物的呼吸。

(15) 血管插管　用于动、静脉插管。使用方法：血管插管可用 16 号输血针磨平针头（或相应口径的输液器剪去针头留一斜切面代替）。记录动脉血压时，将其中先注满肝素等抗凝剂，防止血凝块堵塞插管。将有斜面的一头经血管剪口处插入动脉，另一端开口借橡皮管或塑料管连接于压力换能器或水银检压计以测量和记录血压变化。插管插入动脉后，把它用手术线结扎固定于血管上，并保持插管在实验中始终与血管平行，以免刺破血管。

1.3 实验常用溶液及试剂的配制

一、常用固定液和保存液

固定液能把有生命的材料迅速杀死，并尽可能保持它原有的形态和结构，具有防腐和保存的作用。它可分为单一液和混合液。

1. 酒精

酒精(ethanol)即乙醇(C_2H_5OH)，为固定液与保存液兼用的药品。以 80%～95%的浓度为固定液，以 70%～80%的浓度为保存液。乙醇有较强的脱水作用，因此，单纯用乙醇固定的材料会产生硬化和收缩，而使体积变小。对含水量多的材料，固定应从低浓度开始，逐步转入高浓度。从经济和效果来考虑，乙醇宜与甲醛等固定液混合使用。但它保存组织中的核酸强于中性甲醛，故常用于有核酸操作的实验或检查，如用于证明尿酸结晶和保存糖原，可用 100%乙醇固定组织。

梯度酒精的配制方法：用 95%酒精 x mL，加蒸馏水($95-x$)mL，即为需要配制的相应浓度的酒精溶液。如欲配制 30%酒精，即取 30 mL 95%酒精，加蒸馏水 65 mL 即成。

2. 福尔马林

福尔马林(formalin)为甲醛(HCHO)40%的饱和水溶液，常用作固定液和保存液。其防腐性强，固定速度快，效果好。缺点是固定后可使材料少许膨胀，浓度过高时能使材料发硬发脆，因此对于精细的解剖标本，最好用甲醛与甘油、乙醇、石炭酸等混合液。凡含钙盐成分的标本不宜用甲醛保存，应用酒精，如贝类、甲壳动物和棘皮动物等都使用 70%酒精保存。

配制方法：用市售约 40%的甲醛原液 x mL，加水($100-x$)mL，即为所需要配制的相应浓

度的福尔马林溶液。如欲配制10%福尔马林溶液,取10 mL 40%的甲醛原液,加蒸馏水90 mL即成。固定常用5%~10%,保存标本常用4%~5%,消毒常用3%。

3. 波因(Bouin)固定液

配方:苦味酸饱和水溶液(约1.22%)75 mL,甲醛25 mL,冰醋酸5 mL。Bouin液固定时间为24 h或4~6 h。水洗或70%酒精洗去过剩的固定液。各种动物组织皆可使用,对组织固定较均匀,收缩很少,不会使组织变硬变脆。

4. FAA固定液

FAA固定液又称标准固定液、万能固定液。配方:70%酒精90 mL,福尔马林(40%甲醛)5 mL,冰醋酸5 mL。此液可兼做固定与保存用。

二、常用染色液

1. 碘液

碘液又称卢戈氏(Lugol)液。称取碘1 g、碘化钾2 g,蒸馏水300 mL,先将碘化钾溶解在少量水中,再将碘溶解在碘化钾溶液中,最后用水稀释至1000 mL,储存在棕色试剂瓶内。

2. 甲基绿-派洛宁染液(Unna试剂)

派洛宁0.25 g,甲基绿0.15 g,95%乙醇20 mL,甘油20 mL。将以上试剂混合溶解后用0.5%苯酚水溶液稀释至100 mL。可用作纤毛虫的临时核染色剂。

3. 詹纳斯绿(Janus Green)B染液

用5.18 g詹纳斯绿溶入100 mL蒸馏水中,配成饱和水溶液。用时再将0.9%生理盐水溶液配制成0.02%的染液。生物活体染色剂,能进入细胞特异性地显示线粒体。

4. 中性红甲基蓝试剂

配制的方法:先分别配制1%中性红溶液和1%甲基蓝溶液,这两种溶液各取1份混合,用来鉴定细胞的死活。该试剂可使活细胞的液泡染上红色,而使死细胞全部染成蓝色。

5. 吉姆萨(Giemsa)染液

将吉姆萨粉末1 g先溶于少量甘油中,在研钵内研磨30 min以上,到看不见颗粒为止,再将剩余甘油(总共66 mL)倒入,于56 ℃温箱内保温2 h。然后再加入甲醇66 mL,搅匀后保存于棕色瓶中。母液配制后放入冰箱可长期保存,一般刚配制的母液染色效果欠佳,保存时间越长越好。临用时,用pH 6.8的磷酸盐缓冲液稀释10倍。

6. 醋酸洋红染液

将洋红粉末1 g倒入100 mL 45%醋酸溶液中,边煮边搅拌,煮沸(沸腾时间不超过30 s),冷却后过滤,即可使用。也可再加入1%~2%铁明矾水溶液5~10滴,至此液变为暗红色而不发生沉淀为止。如制作永久标本染色时,可加入饱和氢氧化铁或醋酸铁(媒染剂)溶液数滴,至染色液呈浅蓝色为止。

7. 苏木精-伊红染液

苏木精-伊红染色法(hematoxylin-eosin staining),简称HE染色法,是动物组织石蜡切片技术里常用的染色法之一。苏木精染液为碱性,主要使细胞核内的染色质与细胞质内的核糖体染为紫蓝色;伊红为酸性染料,主要使细胞质和细胞外基质中的成分染为红色。

(1) 埃利希(Ehrlich)苏木精溶液的配制　先将苏木精2 g溶于100 mL乙醇中,再加入冰醋酸约10 mL(冰醋酸的量关系到苏木素的染色能力。冰醋酸多,苏木素选择性强,背景干净,但着色能力弱,反之亦反),混合后加蒸馏水100 mL和100 mL甘油,然后加硫酸铝钾(约10

g)至饱和,搅拌均匀,倒入瓶中。将瓶口用1层纱布包着小块棉花塞上,放在暗处通风的地方,并经常摇动促进“成熟”,直到液体颜色变为深红色为止。成熟时间2～4周。若加0.4 g碘酸钠可加快成熟。

(2) 伊红染液的配制　配制伊红,有许多种方法,根据情况,使用不同种类的伊红。

市售的伊红有两种:一是水溶性伊红,二是醇溶性伊红,水溶性伊红亦用低浓度的酒精来配制。先将1 g伊红用蒸馏水(少许)调成浆糊状,再加入酒精(40%～75%),边加边搅拌,直到彻底溶解,此时试剂有些混浊,取少许冰醋酸,加入到试剂中去,试剂逐渐转变为清亮,呈鲜红色。

目前也有许多已经配制好的商业伊红染液产品可供使用,可加快实验进度。

8. 瑞氏(Wright)染液

称取瑞氏染料粉末0.1 g于研钵内研细后,加入少量甲醇再反复研磨,最后将全部甲醇(总共60 mL)加入研匀,染料全部溶解后,将染液保存于棕色瓶内备用。

9. 血管注射标本色剂

红色色剂:银珠3 g,明胶15 g,蒸馏水100 mL。

蓝色色剂:普鲁士蓝1 g,明胶15 g,蒸馏水100 mL。

将银珠和普鲁士蓝分别在研钵内研细,加入温水少许搅和,将明胶和蒸馏水倒入250 mL烧杯内,置水浴锅中隔水加热沸腾使明胶完全熔化,过滤后分别倒入盛有银珠和普鲁士蓝的研钵内搅拌均匀。

最后分别倒回烧杯中,并置入水浴锅内保温。水温视明胶浓度而定。亦可用代用品进行配制:淀粉(2份)、甲醛(1份)、甘油(1份)、水(6～8份)和其他红、蓝色染料。先将淀粉、甲醛和甘油混匀,再加入染料进行搅拌,逐渐加水调匀。

10. 台盼蓝(Trypan Blue)染液

4%台盼蓝母液配制:称取4 g台盼蓝,加入少量蒸馏水研磨,加0.9% NaCl溶液至100 mL,用滤器过滤,4 ℃保存。使用时可用生理盐水或者PBS稀释为0.4%的使用液。

台盼蓝是一种用于区分活细胞和死细胞的染料。它是一种不会被健康的活细胞所吸收但会对细胞膜受损的细胞进行染色的重要染料,这样仅有死细胞会被计数。这种方法有时也被称为染料排除方法。

三、脱水、透明和封固等试剂

1. 脱水剂

材料中含有水分,就会降低透明度。脱水剂的种类很多,最常用的是乙醇。在用乙醇脱水时,为了避免材料萎缩、僵硬,应从低到高使用不同的浓度逐渐脱水,有时还用无水乙醇脱水。

一般组织(除神经组织、柔软组织外)可从70%乙醇开始经80%、95%、100%乙醇,使它逐步脱水。

对一些柔软组织如胚胎组织、低等无脊椎动物组织,要从50%或30%或20%乙醇开始,否则组织收缩较严重。

2. 透明剂

材料经脱水后,须经透明剂透明,方能浸蜡包埋或在树胶中封藏。其目的在于使组织中的乙醇或丙酮被透明剂所替代,使石蜡能很顺利地进入组织和增强组织的折光系数,便于显微镜的观察,并能和封藏剂混合进行封藏。透明剂的种类很多,常用的有二甲苯、甲苯、苯、氯仿和香柏油。

二甲苯是应用最广的透明剂。易溶于乙醇又能溶解石蜡，能与封藏剂树胶混合，但不能和水混合，透明力强，作用较快。用二甲苯透明时，先经纯乙醇和二甲苯等量混合浸 1～2 h，以置换材料中的乙醇，再置于纯二甲苯中透明，全部时间不宜超过 3 h。如是染色后的制片，在二甲苯中经过 5～10 min 即可透明。

3. 封藏剂

材料经脱水、透明或染色后，须经封藏才能长期保存。常用的封藏剂如下。

(1) 加拿大树胶　半透明的固体树脂，溶于二甲苯或苯里，用以封片，透明度很好，干后坚硬牢固，可长期保存。

(2) 甘油　临时封片常用的封藏剂，材料先用 10%的甘油浸润数日，待水分蒸发，浓缩成纯甘油时，再加盖玻片。

(3) 松香　取纯松香，将其磨碎，放入烧杯内，置于 80～100 ℃处加热 1～2 h 后，待松香熔化时，其中挥发性杂质和气泡外逸，加入约为松香重量一半的二甲苯，搅拌均匀即成松香封藏剂。本品原料易得，效果与加拿大树胶相同。缺点是材料不纯或调制不好时，易发生结晶和褪色。

4. 防腐剂

防腐剂多用于剥制标本，最简单的无毒防腐剂是用硼酸(粉)130 g、明矾(粉)60 g 和樟脑(粉)60 g，三种粉末混合后撒在动物皮内，虽效果一般，但使用安全。

5. 密封剂

常用来封标本瓶口。①石蜡：取石蜡（熔点 52 ℃）1 份＋松香 1 份＋甘油数滴，熔化后趁热使用。②赛璐咯：取赛璐咯，如碎、废乒乓球剪碎后，浸入乙醚、丙酮或氯仿等有机溶剂中加盖后静置两三天，等溶化成糊状时，涂在瓶口和瓶塞外面，形成不透气的薄膜。

四、常用生理溶液

生理溶液为代体液，用于维持离体的组织、器官及细胞的正常生命活动。它必须具备下列条件：①渗透压与组织渗透压相等；②应含有组织、器官维持正常机能所必需的比例适宜的各种盐类离子；③酸碱度应与血浆相同，并具有充分的缓冲能力；④应含有氧气和营养物质。脊椎动物实验中常用的生理溶液有生理盐水、任氏(Ringer)溶液、乐氏(Locke)溶液和台氏(Tyrode)溶液四种，其成分各异(表 1.3-1)。其配制方法：一般先将各种成分分别配制成一定浓度的母液，然后依表 1.3-2 中所示方法混合。

表 1.3-1　常用生理溶液成分表　(单位：g)

成　分	任氏溶液 两栖类用	乐氏溶液 哺乳类用	台氏溶液 哺乳类胃肠用	生理盐水	
				两栖类	哺乳类
NaCl	6.5	9.0	8.0	6.5～7.0	9.0
KCl	0.14	0.42	0.2	—	—
$CaCl_2$	0.12	0.24	0.2	—	—
$NaHCO_3$	0.20	0.1～0.3	1.0	—	—
NaH_2PO_4	0.01	—	0.05	—	—
$MgCl_2$	—	—	0.1	—	—
葡萄糖	2.0 或 0	1.0～2.5	1.0	—	—
加蒸馏水至	1000 mL	1000 mL	1000 mL	1000 mL	1000 mL
pH	7.2	7.3～7.4	7.3～7.4	—	—

表 1.3-2　配制生理溶液所需的母液及其容量

成　分	母液质量/(%)	任氏溶液/mL	乐氏溶液/mL	台氏溶液/mL
NaCl	20	32.5	45.0	40.0
KCl	10	1.4	4.2	2.0
$CaCl_2$	10	1.2	2.4	2.0
$NaHCO_3$	1	1.0	—	1.0
NaH_2PO_4	5	—	—	0.05
$MgCl_2$	5	4.0	2.0	0.1
葡萄糖	2.0 g	—	1.0～2.5 g	1.0 g
加蒸馏水至	—	1000 mL	1000 mL	1000 mL

★注意：$CaCl_2$不能先加，必须在其他基础溶液混合并加蒸馏水稀释之后，方可边搅拌边滴加 $CaCl_2$，不然溶液将产生沉淀。葡萄糖应在临用时加入，否则溶液不能久置。

五、常用血液抗凝剂

1. 肝素

肝素是一种强效凝血剂，常用作全身抗凝剂，特别适用于进行微循环方面的动物实验。

纯的肝素 10 mg 能抗凝 100 mL 血液(按 1 mg 等于 100 个国际单位，10 个国际单位能抗凝 1 mL 血液计算)。如果肝素的纯度不高或过期，所用剂量应增大 2～3 倍。

用于试管内抗凝时，一般可配成 1%肝素生理盐水溶液，取 0.1 mL 加入试管内，加热 80 ℃烘干，每管能使 5～10 mL 血液不凝固。作全身抗凝时，一般剂量为大鼠(2.5～3) mg/(200～300) g 体重，兔或猫 10 mg/kg，狗 5～10 mg/kg。如果肝素的纯度不高或过期，所用剂量应增大 2～3 倍。

2. 草酸盐

称取草酸铵 1.2 g、草酸钾 0.8 g，加蒸馏水至 100 mL。为防止霉菌生长，可加 40%甲醛溶液 1.0 mL。用前根据取血量将计算好的抗凝剂加入玻璃容器内烤干备用。如取 0.5 mL 于试管中，烘干后每管可使 5 mL 血不凝固。此抗凝剂量适用于做红细胞比容测定。能使血液在凝固过程中所必需的钙离子沉淀而达到抗凝的效果。

每 1 mL 血需加 1～2 mg 草酸钾。如配制 10%水溶液，每管加 0.1 mL 则可使 5～10 mL 血液不凝固。

3. 柠檬酸钠

柠檬酸钠又称枸橼酸钠，常配成 3%～5% 蒸馏水溶液，也可以直接用粉剂。

柠檬酸钠可使钙失去活性，故能防止血液凝固。但其抗凝作用较差，其碱性较强，不适于做化学检验。一般用 1∶9(即 1 份溶液 9 份血)用于红细胞沉降和动物急性血压实验(用于连接血压计时的抗凝)。不同动物其使用浓度也不同：狗 5%～6%，猫为 2%(加硫酸钠 25%)，兔为 5%。

4. EDTA 溶液

EDTA 是一种钙离子螯合剂，通过将血液中钙离子的螯合达到抗凝作用。其作为抗凝剂浓度是 15 g/L，10 mL 血液需要 0.8 mL 即可，为不影响体积可干燥后使用。

六、常用麻醉药物

1. 勒布妥麻醉剂(Nembutal 注射液)

混合麻醉剂，配方为戊巴比妥钠 5 g，丙二醇 40 mL，乙醇 10 mL，加蒸馏水至 100 mL。其有效成分是戊巴比妥钠,可抑制脑干网状结构上行激活系统而产生催眠和麻醉作用,加入的乙醇和丙二醇延长了麻醉时间,增强了麻醉效应。该药可采用腹腔或静脉注射,兔参考用量 0.5 mL/kg 体重,对猪、狗、鸭、鼠等效果也好。由于戊巴比妥钠对心肌、血管平滑肌和呼吸中枢有抑制作用,一般不用于心、血管和呼吸机能方面的研究。麻醉时需有尼可刹米注射液作为麻醉过度的解救备用药。

2. 氨基甲酸乙酯(乌拉坦)

可导致较持久的浅麻醉,对呼吸无明显影响,安全系数大。兔对其较敏感,狗、猫、鸟类(1.25 g/kg)、蛙类(2 g/kg)等均可用。兔、狗、猫用量每千克体重 0.75～1 g,配成 20%或 25%溶液耳缘静脉注射。但该药长期接触有致癌作用,近年少有生产。目前仅用于血压测定等麻醉要求较高的实验中。

3. 酒精生理合剂

有效成分为乙醇,用生理盐水配成 35%～55%的溶液,成年兔参考用量为 8 mL/kg 体重。适用于 2 h 左右的手术。但个体间差异较大,注射量也较大,且过量易因抑制呼吸中枢而使兔致死,故静脉注射时应缓慢并随时注意动物的反应。

4. 乙醚

无色有强烈刺激味的液体,极易挥发,其蒸气比空气重 2.6 倍,易燃易爆。乙醚是小白鼠等中、小型动物的全身麻醉药,行吸入麻醉途径。乙醚吸入麻醉时抑制中枢神经系统,但会刺激呼吸道分泌物增多,甚至导致窒息死亡。术前可应用阿托品抑制分泌活动,术中保持动物呼吸道通畅。乙醚麻醉性很强,安全范围广,麻醉深浅和持续时间易掌握。恢复快,动物在停止吸入乙醚 1 min 内可苏醒。

5. 局部麻醉药类

常用盐酸普鲁卡因这一合成局部麻醉药,用于中、小外科手术,麻醉方法有表面麻醉、局部浸润麻醉、区域阻滞麻醉和神经干(丛)阻滞麻醉等,可消除局部疼痛。如羊腮腺瘘手术中配成 0.3%的溶液,在术部周围由深层至浅层做浸润麻醉等。

麻醉药物的给药量见表 1.3-3。

表 1.3-3 几种动物不同注射途径的最大注射剂量

给药途径	家兔 /(mL/kg)	狗 /(mL/kg)	豚鼠 /(mL/只)	小鼠 /(mL/10 g)	大鼠 /(mL/100 g)
皮下	0.5～1.0	3～10	0.5～2.0	0.1～0.2	0.3～0.5
肌内	0.1～0.3	2～5	0.2～0.5	0.05～0.1	0.1～0.2
腹腔	2～3	5～15	2～5	0.1～0.2	0.5～1.0
静脉	2～3	5～15	1～5	0.1～0.2	0.3～0.5

1.4 动物玻片标本的制作方法

一、材料与用品

材料:干制的或浸泡的或活体的小型动物标本,如吸虫、昆虫等。

药品：95%乙醇、无水乙醇、聚乙烯醇、水合氯醛、甘油、香柏油、沥青胶、苯酚、二甲苯、NaOH、KOH、加拿大树胶、阿拉伯树胶。

工具：解剖镜、显微镜、载玻片(7.5 mm×2.5 mm)、盖玻片、玻璃刀、解剖针(2支)、解剖镊(2支)、培养皿、标签纸。

二、原理与方法

将小型动物或动物体的一部分或组织器官制成玻片标本，易于保存又便于在显微镜下观察。玻片标本可分为临时玻片标本和永久玻片标本。临时玻片标本方法简单，不再赘述。永久玻片标本可永久保存，制作方法比较复杂，下面详细介绍整体封片标本、涂布玻片标本和切片标本的制作。

(一) 沥青封固整体标本法

将微小动物不经切片，制成玻片标本为整体标本。整体装片制法适用于小型动物整体和动物部分组织器官。操作方法和所用药品、仪器都比较简单。但不同材料的整体玻片方法各不相同。一般要经过以下步骤：取材→杀死→固定→冲洗→保存(70%乙醇)→染色→褪色→脱水→透明→封片。

将昆虫的触角、翅、鳞片、毛、卵等取下制成干制整体装片，方法如下。

(1) 取干净的载玻片一块。

(2) 将载玻片放在转盘上，使载玻片的中心位于转盘的中心。然后用转盘上的压片夹将载玻片固定好。

(3) 然后左手按顺时针方向转动转盘，右手拿毛笔蘸沥青胶少许(切勿使沥青太多而滴下)并将笔尖放在转动载玻片上，画一圆圈，圆圈大小要与圆形盖玻片的边缘吻合，在转盘上有数个圆圈，可选几个与圆形盖玻片一样的圆，彼此画圆圈，所画的圆圈即为所要的圈。画出的圈要求薄而均匀。初画者不易画好，需多次练习。画得不好的也可用棉花蘸少量二甲苯，将其擦掉重画。

(4) 画完后放在载玻片板上置于无尘处，使其自然干，需2～5天。若圆圈太薄，干后按上述步骤再画上一层。

(5) 将材料放在一张干净的载玻片上，放在酒精灯上略烤，使其完全干燥。

(6) 将烤干的材料放在画好的圈中央，放在酒精灯上略烤，使圈内充水气，而沥青略呈黏性。

(7) 加圆形盖玻片于圈上，略加压力，使其与沥青黏合。

(8) 将载玻片再放在转盘上，按步骤(3)，在盖玻片四周加上一圈沥青，使其封固。

(9) 粘贴标签：将制成玻片一端贴上标签，在标签上应写明材料名称，所用固定液及染色液的名字及日期。

(二) 加拿大树胶(或中性树胶)封片法

以摇蚊成虫为例，其制作方法如下。

(1) 将保存于70%乙醇中的标本取出，转入95%乙醇中脱水5～10 min。

(2) 100%乙醇脱水5～10 min。

(3) 二甲苯-苯酚混合液(1份苯酚晶体+3份二甲苯)透明3～5 min。透明时间不可过长。如果虫体透明度不够，常常是由于脱水不彻底或透明时间不足引起的，需要重复步骤(1)、(3)。

(4) 100%的乙醇中清洗1～2次。

(5) 丁香油中进一步透明并解剖。将成虫解剖为头、胸(具足)、腹、足和翅五个部分(图1.4-1)。

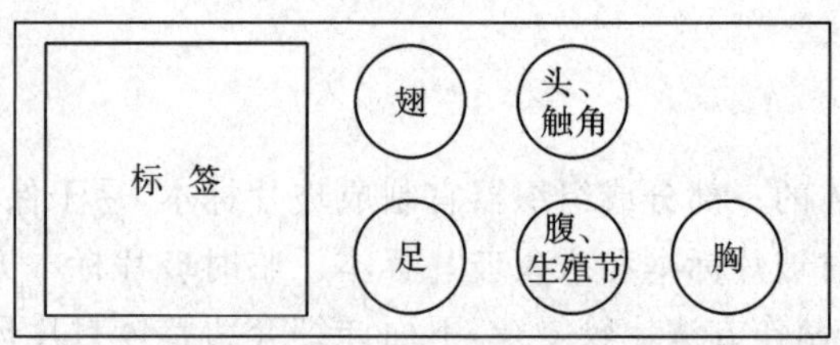

图1.4-1 玻片标本示意图

(6) 封片:在载玻片上每次滴一滴树胶,分别取虫体的一部分置于胶中,整姿,用切割好的1/4大小的盖玻片封好。依次完成四部分封片。整姿时,使头部正面向上,触角伸向背侧;腹部背面朝上,以便雄性外生殖器和雌虫产卵器对称地展示出来;胸部侧面向上,以展示出足;翅平展。

(7) 将采集数据完备的标签贴于载玻片左侧,放入35～40 ℃干燥箱中烘干48 h以上或自然干燥1周左右。

实验步骤(3)常可省去,将完成脱水的标本直接放入丁香油中透明,时间稍延长。这样可避免二甲苯透明后标本硬脆造成标本破损。

对于个体较大的标本,可用浓度为5%～12%的NaOH或KOH溶液处理。方法如下:首先将标本置于装有50%乙醇的培养皿中,将标本解剖为头、胸、腹、足、翅五部分,然后将其中胸、腹两部分移至装有浓度为5%～12%的NaOH溶液的坩埚于微火或水浴上短时处理,见身体各部分肌肉离析出即可;然后将胸、腹及其余各部分移至装有75%乙醇的培养皿中脱水10 min;然后按照上述处理程序制备玻片标本。需注意的是翅不可在KOH溶液中处理。

(三) 阿拉伯胶封片法

阿拉伯胶为水溶性封片剂,折光率优于加拿大胶,标本无须脱水,可从70%乙醇保存液中取出,分为五部分后直接解剖封片,可减少实验步骤,节省时间,并可减少转移次数和标本破损的可能。但阿拉伯胶易吸湿返潮,因此制好的玻片标本需在干燥条件下保存或在盖玻片周围涂树胶封固保护。此法制片可从上述加拿大树胶封片法步骤(5)开始,在此之前,如有必要也可进行KOH处理。

单殖吸虫等小型虫体,张剑英(1999)用阿拉伯胶配制成布氏胶(Berlease's fluid)直接封片,风干或慢慢烘干后用中性树胶封边,效果好。这种封片法可清晰地显示虫体内部的几丁质结构,但不能长期保存。布氏胶的配制如下。

甲液:阿拉伯胶5 g+蒸馏水10 mL。乙液:水合氯醛10 g+甘油4 mL。

将阿拉伯胶溶于水,静置一夜,待吸水溶化成甲液,再加入乙液(不溶可加热),混合后静置数天过滤,即可使用。

(四) 聚乙烯醇封片法

国内,蒲蛰龙和利翠英(1951)最早用聚乙烯醇封存小昆虫整体和部分器官构造。尹文英(1954)用它封固鱼类寄生虫单殖吸虫和甲壳动物。伍惠生(1956)用它处理寄生线虫的口囊、交合刺等坚硬的结构都取得了很好的效果,并用它封固鱼类寄生虫的效果也很好。

1. 聚乙烯醇的配制

将聚乙烯醇原粉溶解在乳酸和石炭酸的等量合剂中，其浓度视需要而定，通常使用4%、5%和10%的浓度(称取10 g原粉，溶解于50 mL乳酸和50 mL石炭酸合剂中即成10%的浓度)。聚乙烯醇原粉是很难溶解的，先配好乳酸酚(Lactophenol)液，将所需的原粉放在烧杯中，加入少量乳酸酚液，用玻棒研搅原粉成浆糊状再加入少量乳酸酚，继续研搅，反复多次，务必把原粉小粒研碎成胶体状。最后在水浴锅中加温，4～5 h后，才能成为半透明的稠黏胶状液，冷却后就可以使用。

如果封固较小而极透明的标本，或者单殖吸虫、线虫的某些坚硬而复杂的无色构造，可以在配成的4%～10%聚乙烯醇中加入少量的染料(每30 mL溶液中约加1粒芝麻大的染料)，如木素粉红(lignin pink)或酸性品红(acid fuchsin)，但前者的颜色不如后者持久。

2. 聚乙烯醇封固方法

使用聚乙烯醇封固标本，手续简单，不需经过去水和透明的过程。方法是将标本放在载玻片上，将多余的液体尽量吸去，滴上适量的配制好的聚乙烯醇，用针拨正标本的位置，然后用盖玻片盖好(最好用圆形盖玻片)，即可在显微镜下观察、测量和绘图。如果需要保存时间长些，待聚乙烯醇干了以后(或置温箱中低温烘干)，再用沥青胶或油漆将盖玻片四周密封即可。使用聚乙烯醇不仅对新鲜标本效果很好，就是对已经用乙醇、福尔马林等药物固定过的标本，也同样可以得到很好的结果。

这一封固剂的优点是对甲壳动物的细刺、刚毛和附肢等都能很好地伸展开来；对于单殖吸虫、寄生线虫和棘头虫的坚硬器官(角质、几丁质的构造)能溶掉其周围的肌肉和结缔组织，使坚硬的构造更为透明和染上颜色；对于原生动物中的黏孢子虫的孢子，能使极囊中的极丝放出来。其缺点是不能长期保存，因为封固时间过久，在标本上就有结晶出现。

(五) 涂布玻片制作法

血液、精液、精巢等液体、半液体及疏松的材料，可在载玻片上涂布呈一薄层，然后经固定与染色等程序，制成涂布标本。这种标本不仅制作迅速，而且可以用来观察完整的细胞。涂布法有两种，即干涂布法与湿涂布法。

(1) 干涂布法是将材料涂布完毕，在空气中摇动，使其干燥，然后固定、染色，晾干即可。常用树胶封片。

(2) 湿涂布法适用于某些材料晾干后，细胞形状及其结构容易改变的情况。湿涂片时，要考虑材料能否黏在玻片上，如果不黏，可先在玻片上涂以蛋白质或在材料中加入蛋白质；当材料已经黏附在玻片上而尚未干燥前，加以固定，染色再逐步制成标本。

下面简述蜚蠊血液涂片制作法。

① 将蜚蠊足自基节处折断，在足断口处即可看到渗出的血液。

② 将血液滴于载玻片上，然后加盖玻片，压一下，使血液在玻片上呈一薄层。在空气中晾干。

③ 将制作的玻片放在培养皿中，血膜向上，玻片下再垫一根火柴梗。

④ 在玻片上滴数滴瑞氏(Wright)染色液，盖上培养皿，静置一分钟固定。

⑤ 加蒸馏水，与染色液混合，静置两分钟。蒸馏水呈弱酸性或中性，不影响染色。

⑥ 用蒸馏水洗3～5次，吹干即可。封片时，最好用人工树胶，因用加拿大树胶封时，染色会褪色。

(六) 切片制作法

切片法制作玻片标本,主要有以下15个步骤。

(1) 取材　为了保持细胞和组织处于自然状态,处死动物要迅速。麻醉用药应不影响细胞和组织原状,然后立即固定。

(2) 固定　固定时,应根据所固定的组织类型、组织大小和与染色液匹配等因素选择固定液。常用的固定液如下。

① 卡诺固定液:无水乙醇∶冰醋酸为3∶1,固定2～4 h。

② 布恩氏固定液:苦味酸饱和液∶40%甲醛∶冰醋酸为15∶5∶1,固定12～24 h,有软化组织的作用。

(3) 冲洗　使用布恩氏固定液固定后,需要用流水冲洗12 h,直至组织完全脱色。

(4) 脱水　采用不同稀释浓度的乙醇逐级脱水,如30%、50%、70%、80%、90%、95%、100%乙醇脱水,每级2～3 min。

(5) 透明　由于脱水剂不能与石蜡互溶,使用透明剂的目的在于除去脱水剂以便浸蜡。常用的透明剂有二甲苯、氯仿和香柏油等。组织块分别浸入100%乙醇∶透明剂(1∶1)和两次浸入纯透明剂中,每次5～10 min。

(6) 浸蜡　包埋剂石蜡填充到整个组织中的过程为浸蜡,动物组织通常选用熔点为52～56 ℃的石蜡。浸蜡时,组织块浸入透明剂∶石蜡(1∶1)和两次浸入纯石蜡中,温度控制在蜡的熔点范围内并保持恒温,每次30～120 min。

(7) 包埋　选择合适的容器(通常用较硬的纸叠成小盒作为容器),快速放入组织块和掺有少许蜂蜡的石蜡,冷凝后的蜡块应为匀质半透明的。

(8) 切片　之前应做好修整蜡块、固定蜡块和磨刀等一系列工作,按照要求调节切片的厚度。

(9) 贴片　贴片用的载玻片要十分洁净,在载玻片上滴加一滴水,用蘸水的毛笔轻轻粘起切下的蜡片置于水滴上,将载玻片放到35 ℃左右的展片板上。待蜡片伸展后,倒掉多余的水分并进一步干燥。

(10) 脱蜡　将载玻片浸入二甲苯中10～15 min即可脱蜡。

(11) 复水　按照脱水相反的浓度梯度向细胞和组织中加水。方法是将载玻片依次浸入95%、90%、80%、70%和50%乙醇中复水,每级2～3 min。

(12) 染色　使组织按其结构染成一定的颜色,便于显微镜下鉴别。染色的时间一般为2～5 min,染色后用加有少量盐酸的70%乙醇,分色数秒至数小时不定。常用的染料如下。

醋酸洋红:将1 g或2 g洋红加入到煮沸的100 mL的45%冰醋酸中,加盖继续煮沸1～2 h,冷却后过滤。

醋酸地衣红:配制方法同醋酸洋红。该染料不易褪色,染色后反差强。

海瑞氏苏木精:100 mL水中加入10 g硫酸铝钾(明矾)煮沸溶解,加入溶于5 mL乙醇的0.45 g苏木精,继续煮沸30 s,加入一氧化汞0.25 g,搅拌使之氧化为深紫色,快速冷却,第2天过滤。

(13) 脱水　与(4)中的脱水方法相同,可从70%乙醇开始脱水。

(14) 透明　与(5)中的透明方法相同。

(15) 封片　滴加适量的加拿大树胶,加洁净的盖玻片封片。

1.5 动物浸制标本的制作与保存

许多无脊椎动物及鱼类、两栖类、爬行类动物的整体及其解剖标本，常用浸制的方法制成。浸制标本可保持动物形态结构的完整性，可长期保存。

一、无脊椎动物整体浸制标本的制作

无脊椎动物种类繁多，有的躯体柔软，有的躯体具较强的伸缩性。其制作方法依特征不同而有所不同。

（一）躯体柔软的动物

躯体柔软的动物如扁形动物涡虫和吸虫等，为防止其身体发生卷曲，可先用 1%铬酸处死及固定，再将固定后的标本用毛笔挑到培养皿中的一张湿滤纸上，放开展平。其上再加一张滤纸，把动物夹在中间，纸上放几片载玻片，再加入 10%福尔马林，经 12 h 后去掉滤纸，最后移入 5%福尔马林中保存。

（二）身体容易伸缩的动物

为防止动物因浸制而产生收缩，常采用下列方法进行制作。

1. 麻醉法

一般采用薄荷脑、酒精、硫酸镁、乙醚等麻醉剂先行麻醉，待动物深度麻醉后浸制保存。

(1) 薄荷脑麻醉法　如腔肠动物水螅和海葵等，可先将其放入盛有水的玻璃容器内，使动物距离水面 1 cm 左右，待动物全部伸展后，将薄荷脑轻轻洒在水面上成一薄层（或以纱布将薄荷脑包起，用细线缠成直径约 1 cm 的小球，将纱布球轻轻放在水面上），放置一段时间后（约 1 h），待动物已完全处于麻醉状态（用解剖针触动动物的触手，触手完全不动时），即可向容器中倒入纯福尔马林，使其浓度达 7%时为止。最后将已固定的标本转入 5%福尔马林中保存。

(2) 酒精麻醉法　如线形动物及环节动物等，可用 95%乙醇一滴一滴地加入到养有动物的水中，使其达到 10%左右的浓度，经一至几个小时，用针刺动物，当其无反应时，迅速将其浸入 80%乙醇或 10%福尔马林中固定保存。

2. 窒息法

如螺类等，可先将其放入玻璃瓶中，加满清水不留空隙，再盖紧瓶盖，瓶中没有空气存留而使其窒息死亡。经数小时后，可见螺类的头部与足部伸出壳口，如触之不动，即用 10%福尔马林或 80%乙醇固定保存。

（三）体被坚硬外壳的动物

对软体动物中的瓣鳃类，为促使其外壳张开，使固定液迅速浸入动物体内，可先将动物浸泡在开水内，待动物死亡贝壳自开后，取出并用清水冲洗干净（★注意在开水中将其烫死时，不能放置太久（数分钟即可），否则其内部柔软组织易被损坏）。如需长久保存、壳较厚且没有光泽的标本，可用 10%福尔马林保存，而有光泽的种类最好用 80%乙醇固定保存，以免贝壳失去光泽。

二、脊椎动物浸制标本的制作

（一）鱼类浸制标本制作

(1) 整理姿态　将新鲜的鱼用纱布包好，干燥致死，然后用清水将鱼体表的黏液冲洗干净

(勿损伤鳞片)。用注射器从腹部向鱼体内注射10%的福尔马林溶液,以固定内脏,防止腐烂。然后,将鱼的背鳍、臀鳍和尾鳍展开,用纸板及曲别针加以固定。把整理好的标本侧卧于解剖盘内。鱼体向解剖盘一侧适量放些棉花衬垫,特别是尾柄部要垫好,以防标本在固定时变形。

(2) 防腐固定 加入10%的福尔马林溶液至浸没标本,作为临时固定,待鱼硬化后取出。

(3) 装瓶保存 用适当大小的标本瓶(标本瓶要长于鱼体6 cm左右,以便贴上标签后仍能从瓶外看到标本全貌),将固定好的鱼类标本,头朝下放入。或根据标本瓶的内径和高度截胶瓶塞或软木塞刻好小槽做成4个玻片固定脚,分别嵌在玻片两侧,将玻片和标本缓缓装入标本瓶内。最后,将10%福尔马林倒入瓶内至满,盖严瓶盖。

(4) 贴标签 将注有科名、学名、中文名、采集地、采集时间的标签贴于瓶口下方。标签贴好后,可在标签上用毛笔刷一层液状石蜡,以防字迹褪色。

(二) 两栖类、爬行类浸制标本制作

(1) 整理姿态 把活的蛙、蜥蜴、蛇、龟等动物放入大小适宜的标本缸或厚塑料袋内,用脱脂棉浸透乙醚或氯仿放入其中,盖严缸盖、封紧袋口,使动物麻醉。待致死后,立即进行整形,按它们生活的姿态,用大头针固定在蜡盘上。体型大的标本应事先在体内注射10%的福尔马林溶液。

(2) 固定保存 与鱼类标本的固定保存方法相同。个体中等或较小的标本应头朝上绑于玻璃板上,再放入瓶中保存,使外形结构更易观察且展示性更强。

(三) 解剖标本的浸制制作

解剖标本的制作目的是观察内脏,应按解剖的一般方法除去体壁,以露出内脏。如果展示某一器官系统时,还须小心地除去不需要的部分,展示部分的各器官仍保持其自然位置,然后浸泡于10%福尔马林液中。如要标明各器官名称,可用打印好的名词签(或用铅笔书写),用水胶贴在器官上,待粘牢晾干后,浸入保存液中即可。

三、浸制标本长期保存时应注意的问题

(1) 某些新制作的浸制标本,经过一段时间,溶液会变黄或混浊,这是动物体内的浸出物所造成的。标本在浸泡1～3个月后,可根据情况更换固定液2～3次,直到浸液不再发黄为止。

(2) 瓶口应密封,以防药液挥发。当标本不能全部淹没在保存液中时,应及时添加药液,否则露出部分会变干、变形,甚至发霉变质。

(3) 要注意浸制液的浓度。当打开标本瓶,可嗅到较强烈的气味时,表示浓度恰当,若无任何气味,则表示浸制液的浓度不够,须立即更换。

1.6 昆虫展翅标本制作技术

一、实验材料与用具

常见的昆虫各类群标本、野外采集的有翅昆虫标本。

镊子、剪刀、白色幕布、黑光灯;捕虫网、采集袋、采集箱、采集伞、挖土工具;昆虫针(0、1、2、3、4、5号)、三级板、展翅板、整姿台、大头针、昆虫盒;透明纸条、采集标签;毒瓶。

二、标本制作方法与技术

(一)昆虫针及其使用方法

昆虫针是制作昆虫标本必要的工具,主要用它来固定虫体的位置。虫体身体大小不同,使用昆虫针的型号也不同,虫体越大,使用的昆虫针就越粗。按照昆虫针的粗细、长短,从细到粗依次可分为00、0、1、2、3、4、5等7种型号(图1.6-1)。0号至5号针的长度为38.45 mm;0号最细,直径为0.3 mm,每增加1号,粗度直径也随之增加0.1 mm,5号针直径为0.8 mm。其中以直径为0.6 mm的3号针最为常用。00号昆虫针,是将0号昆虫针自尖端向上三分之一处剪断,因此又把这种针称为00号短针或二重针。昆虫针用优质的不锈钢丝做成,再用细铜丝做成针帽,便于针插时用手握住。为了将不同型号的昆虫针分开存放,使用时方便,且不易使针损坏,可将昆虫针存放在用木材特制的昆虫针盒中。

图1.6-1 昆虫针型号

1. 昆虫针的使用方法

一般是将昆虫针直刺虫体胸部中央。为保证分类上的重要特征不受损伤,并使同一大类的昆虫标本制作规格化,针插甲虫时,要避开胸部腹面的胸足基节窝,将针穿刺在右翅鞘的内前方,使针正好穿过右侧中足和后足之间。蝽科等半翅目昆虫,虫针应穿插在小盾片(棱状部)略偏右方,这不但保护了小盾片的完整,而且也不会损坏胸部腹面的喙及喙槽。直翅目昆虫,如蝗虫,要将虫针插在前胸背板的后方,背中线的偏右侧,这样不会破坏前胸背板及腹板上分类特征的完整性。膜翅目及鳞翅目昆虫,是从中胸背板的正中央插入,通过中胸足基节的中间穿出。针插昆虫标本的位置如图1.6-2所示。

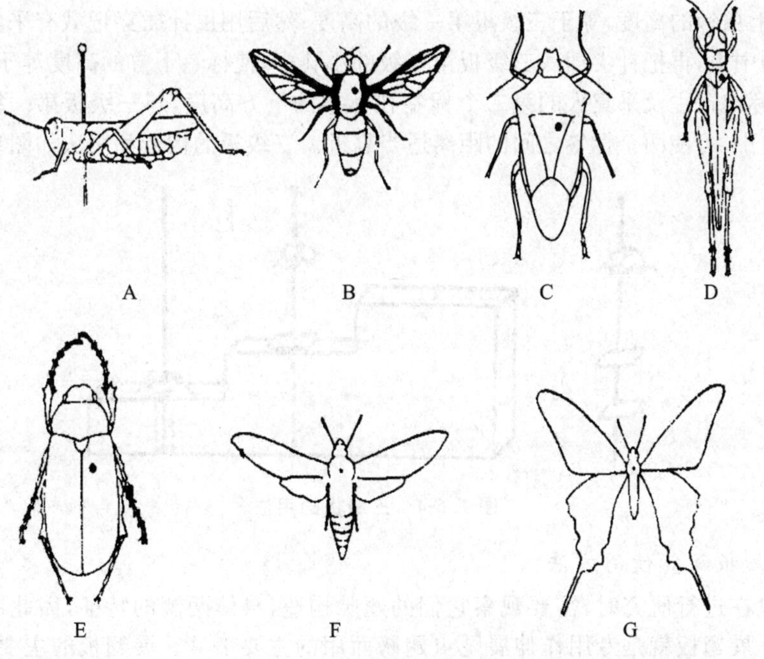

图1.6-2 各类昆虫的针插部位

2. 短针(二重针)的使用方法

在一根长针上先插上用硬白纸或透明胶片特制的,长 7.65 mm、宽 1.8 mm 的小三角纸,或一段长 10 mm 的火柴棍,再将 00 号短针刺在三角纸或火柴棍上(针尖向上),最后将昆虫标本插在短针尖上。这种针插方法是专门为制作微小昆虫标本设计的。制作微小的不需要展翅的微小昆虫还有一种方法,是把特制的小三角纸插在昆虫针上,然后在尖端粘上透明胶,将虫体的右侧面粘在上面,这样的制作方法既不会因虫体太小针插易碎,也不影响在镜下观察身体各部位的分类特征。二重针插法如图 1.6-3 所示。

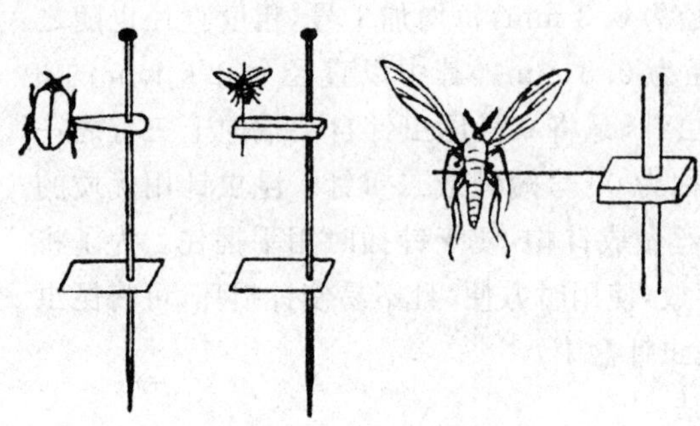

图 1.6-3　二重针插法

(二) 三级板及其使用方法

三级板又称平均台。要想使昆虫标本或虫体下方的标签在昆虫针上的高度一致,符合国内外标本交换的要求,又方便插入标本盒中保存,并增加整齐美观,使用三级板作为尺度最为适宜。它是用三块长短不同,但厚度相等的优质木板或有机透明玻璃黏合在一起或钉在一起做成的。每一级是 0.8 cm,三级共厚 2.4 cm,每级的中央钻上一个与 5 号针帽粗细相同的小孔。

使用方法:将昆虫针刺穿虫体后,再反向穿过来,将有针帽的一端插入三级板的第一级小孔中,使虫体背上虫针的高度,等于三级板第一级的高度;然后用虫针插穿记载有采集地点、时间的第一个标签的中央,再把针尖插入三级板第二级的小孔中,使标签下方的高度等于三级板第二级的高度;记载标本寄主及采集人的第二个标签在标本的下方高度,与三级板第一级的高度相等。身体较大的昆虫,可使两个标签之间的距离适当靠近。三级板的构造和用法如图1.6-4所示。

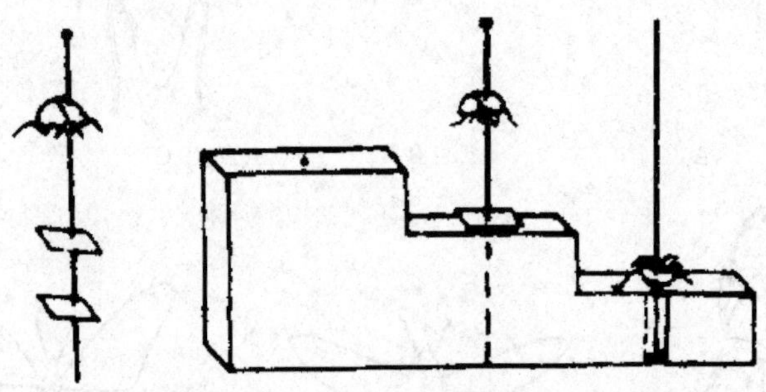

图 1.6-4　三级板的用法

(三) 展翅板及其使用方法

有些昆虫在进行研究时,需要观察它们的翅脉构造,身体两侧的特征,因此制作标本时,必须把翅展开。展翅板就是专用作伸展昆虫翅膀而用的主要工具。展翅板的主要部分是当中的沟槽,与沟旁的两块板。沟槽的底部要铺上一层软塑料板。沟槽两边的两块板中的一块,能根据虫体的大小自然移动。使用时先把固定板的两端螺丝旋松,调整好沟槽所需要的宽度后,再把螺丝旋紧。

展翅时把用虫针刺穿好的虫体(利用三级板),插在展翅板沟内的软板上。比较大的昆虫先用其他昆虫针,将左右两翅拨到适当位置并固定在展翅板上,然后以表面光滑的纸条或玻璃条压在翅上,并用虫针固定好纸条或玻璃条。身体较小的昆虫,特别是较小的蛾类,展翅时不能用虫针拨动,必须用小毛笔轻轻拨动翅的腹面,使其托伏在展翅板上后,再用无色透明玻璃纸压平,用虫针固定住纸条。展翅板的形状及使用如图 1.6-5 所示。

除上面介绍的展翅板外,还可根据需要及标本的大小,制作出不同形状的展翅工具,如展翅方木块(图 1.6-6)等。

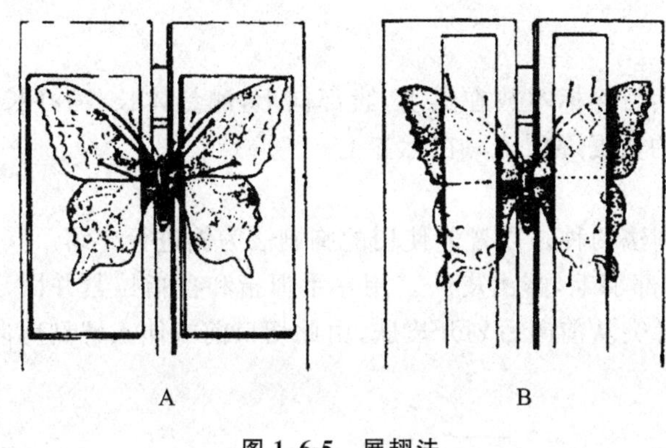

图 1.6-5 展翅法

A. 玻片压翅;B. 纸条压翅

图 1.6-6 展翅方木块

(四) 整姿和展翅

针插后,鞘翅目、半翅目、直翅目、双翅目和膜翅目等目的昆虫以及身体细小的昆虫将触角和附肢稍加整理即可。大型的昆虫应取出其腹部内含物并整姿。以蝗虫为例,沿腹部侧板剪开约 1.5 cm 的开口,取出内脏,用棉花清洁一下,再用洁净的棉花填充。在整姿台上将附肢依次摆放好,用大头针固定,再用大头针将其头部、触角和腹部架起。当虫体干燥后可与其生活状态相似,也便于观察和分类等工作。

(五) 鳞翅目和蜻蜓目的展翅方法

这两个目的昆虫翅较发达,需要展翅。方法如下。

(1) 将虫体固定在展翅板的槽中,使其翅基部与展翅板平行。

(2) 用昆虫针轻轻分别挑起前、后翅基部粗大的翅脉使翅展开,展开的原则是两前翅后缘成一直线并与虫体的长轴垂直。

(3) 边展翅边用透明纸条将翅压住,并用大头针固定(注意不要将大头针扎在翅上)。

(4) 大型的蝶蛾最好在其腹部下面垫一棉球,以免干燥过程中腹部下垂。

(5) 蜻蜓的腹部细长,干燥时易变曲或折断,可在展翅之前从其基部的节间将腹部断开,插入一细棍,前端达其胸部,后端近其腹部末端,插好后将断开处轻轻套叠即可。

1.7 鸟兽剥制的标本制作技术

一、材料与用具

家鸽、鹌鹑、雏鸡、小鼠、大鼠等外形完整无损的活体或死后不久的新鲜材料。

解剖盘、解剖器、防腐剂、滑石粉、脱脂棉、针线、竹签、标签等。

二、标本制作技术

根据不同要求和标本材料情况，剥制标本有三种类型：真剥制标本、假剥制标本和半剥制标本。真剥制标本又称陈列标本、姿势标本或生态标本，供陈列或展览使用，要制成生活时的姿态。假剥制标本又称研究标本或教学标本，按统一要求剥制装填，不装仪眼，平躺放置，便于集中收藏和保存。半剥制标本则因标本损坏，剥皮后只涂抹防腐剂，不进行填充和整形。各种标本的剥皮方法相同。现以假剥制标本制作为例详细介绍实验步骤、方法及注意事项。

(一) 鸟类假剥制标本的制作

1. 测量与记录

剥制前称量鸟体重量(以 g 为单位)，然后将标本放在桌上，腹部向上，测量体长、嘴峰长、翼长、跗跖长、尾长(以 mm 为单位)，测量的数据逐项填写在标签上。

2. 剥皮

根据开刀部位的不同，有胸剥法和腹剥法两种。以普遍使用的胸剥法为例进行介绍。

(1) 切口部位　用手或解剖刀分离胸部羽毛，露出皮肤。用左手拇指和食指拉紧并固定住龙骨突两侧的皮肤，右手持解剖刀沿龙骨突从前向后划开皮肤，由此切口前端伸入解剖剪向前剪开皮肤至颈基部(图 1.7-1)。

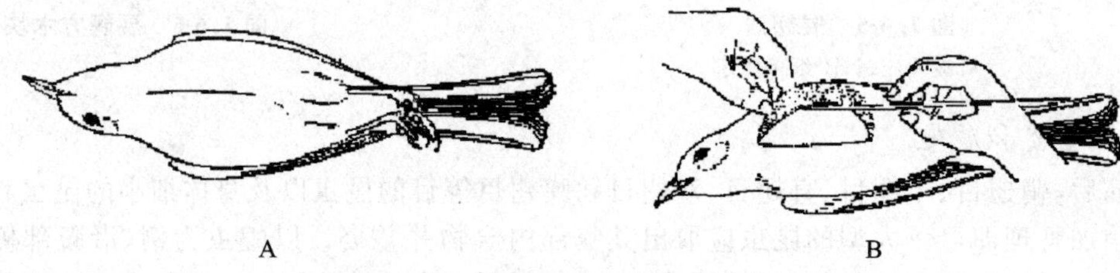

图 1.7-1　鸟类胸剥法之切口部位

(2) 分离并取出躯干部　由如上切口向两侧小心分离皮肤至腋部(图 1.7-2)。剥皮过程中如遇出血或脂肪过多可撒少量滑石粉于皮肤内侧。接着在距颈基部 1～2 cm 处剪断颈部、食管和气管。左手拎起连接躯干的颈部，右手分离肩部和肱骨之间的皮肤，用剪刀从肱骨中部剪断两侧的肱骨。继而由肩部向后剥离皮肤至腹部和大腿部露出，于股骨中部剪断股骨与肌肉。再向尾部剥离，在靠近泄殖腔处将直肠剪断，紧贴尾综骨基部剪断游离尾椎(切勿剪断尾综骨，以免造成尾羽脱落)。至此，鸟类躯干部已与皮肤分离并取出。剖开腹部观察性别，并记录于标签上。

(3) 翼部清理　一手拉住肱骨，另一手剥皮，尺骨处的剥离较难，可用拇指指甲或工具紧贴尺骨将皮肤推下，一直剥至腕关节处，然后剔除肱骨、尺桡骨上的肌肉。

(4) 腿部清理　一手拉住股骨，另一手分离皮肤至跗间关节处。去除股骨和胫部肌肉。用解剖刀切开脚掌中部的厚层皮肤，用镊子将数根屈肌腱抽出并剪断，以免虫蛀。

(5) 头颈部清理　左手捏住脱离躯干的颈部，右手分离颈部皮肤使其外翻。待膨大的头部暴露时应以拇指按着头部皮缘慢慢剥离，以免皮肤破裂(图 1.7-3)。剥至灰褐色耳道显现时，用刀紧贴耳道基部割断。剥至眼窝时，沿眼窝边缘细心剪开皮肤，用镊子伸入眼眶底部将眼球完整取出。最后在枕骨大孔处剪下颈部。脑、舌及残留于上下颌部的肌肉尽量去除干净。

3. 防腐处理

剥制后应及时在皮肤内侧以及头骨上涂抹防腐剂。比照眼球大小制作 2 个脱脂棉球塞入

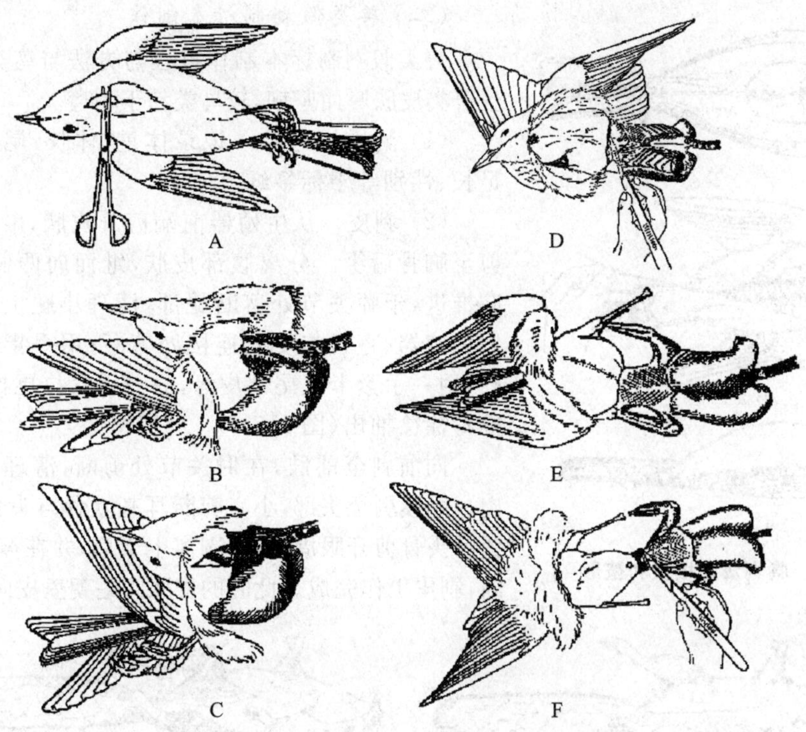

图 1.7-2　胸剥法之分离躯干部及剥皮步骤

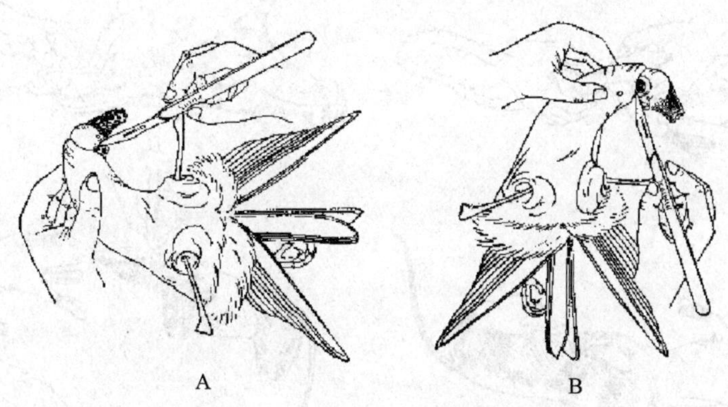

图 1.7-3　胸剥法之头颈部处理方法

眼眶，然后将头部和颈部皮肤翻回。

4. 填装

取一根长约自嘴基至尾基的竹签，一端用刀纵切一小口，使呈分叉状，从分叉基部缠以少许棉花，另一端逐步削尖。将竹签尖细的一端从尾综骨的腹面穿出，分叉端从枕骨大孔插入直达上颌。取 4 长条脱脂棉，分别以一端缠绕固定于肱骨和股骨上，另一端拉至竹签之下将其压好。用棉花依次充填颈部、胸部和腹部后进行缝合(图 1.7-4)。

5. 整形

用镊子将羽毛调顺，用少许棉花缠绕固定上下喙，将两翼按自然状态摆好，两腿交叉摆平整，最后用一薄层脱脂棉将整个标本包裹起来直至完全干燥。制成的标本应背面平直，胸部饱满，颈部稍短，脚趾舒展。标签系于一侧跗跖骨上即可(图 1.7-4)。

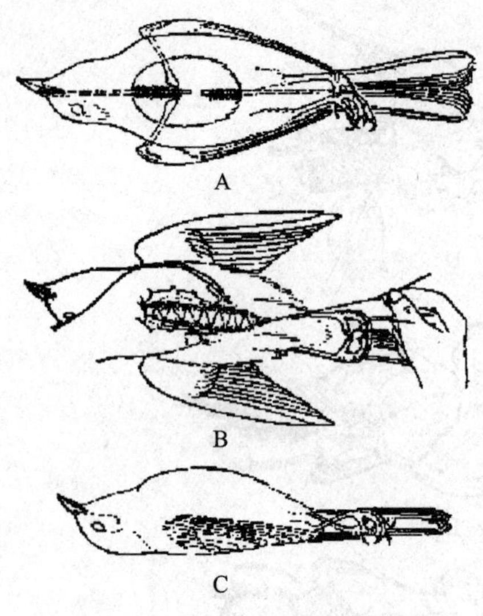

图 1.7-4　胸剥法之填装和整形

（二）兽类假剥制标本制作

兽类假剥制标本制作过程与方法与鸟类大同小异。且兽类皮肤厚而坚韧，较鸟类易于剥离。

(1) 测量与记录　记录体重、体长、尾长、耳长、后足长、性别等于标签纸上。

(2) 剥皮　从生殖器前端剪开皮肤，沿腹中线向前剪至胸骨后缘。分离腹部皮肤，继而向两侧、背部和后肢推进，于膝关节处剪断腿部，清理小腿上的肌肉。再把生殖器、直肠与皮肤连接处剪断；用手指轻轻揉搓尾巴，用一手紧卡住尾部皮缘，另一手紧拉尾椎，即可将尾椎骨徐徐抽出(图 1.7-5)。

向前剥至前肢，在肘关节处剪断，清理前壁上的肌肉。继续剥至头部，小心剪断耳基软骨与头骨的连接处，紧贴头骨剪开眼周皮肤，剥离上下唇，并在鼻尖软骨处剪断，剥皮工作完成。此时的皮张为毛朝里皮向外的皮筒。

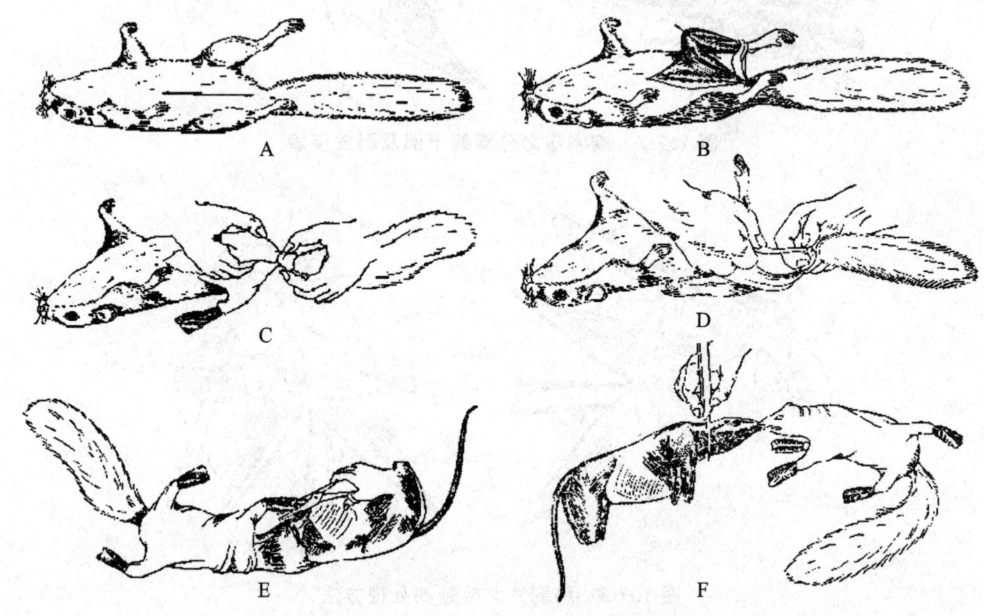

图 1.7-5　兽类剥制标本的剥皮步骤

(3) 防腐处理　清理皮下的脂肪和肌肉后涂抹防腐剂。

(4) 填装　取一根与体长相近的细竹签，依据头、胸部、腹部的大小与粗细缠以棉花制成假体，皮上保留的四肢骨骼上也缠上棉花。将假体前端和皮筒的头部相对，翻转鼠皮以包住假体。再削制一根比抽出尾椎稍长、稍细的竹签，涂以防腐剂并裹以薄层棉花插入尾巴内；尾基多余的竹签置于腹腔假体之上。检查身体各部使填充均匀、饱满、对称，最后缝合切口。

(5) 整形　将标本置于硬纸板上，整理前肢使足背向上，将双后肢平行向后拉直，足背向下；用针线将四足缝于硬纸板上、固定姿态(图 1.7-6)。

(6) 头骨处理　取下头骨，于清水中煮沸 5～10 min，去除全部肌肉和脑髓，晾干后装于标本袋中，连同标签一起系于左后腿上。

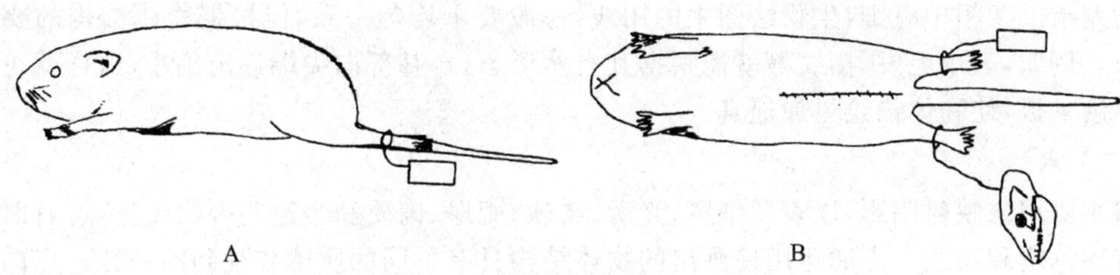

图 1.7-6　兽类剥制标本的整形

A. 侧面观；B. 腹面观

1.8 动物学绘画及图片处理

生物学绘画简称生物绘画，又称生物绘图，是生物科学专业中的一项素质技能。通过动物学绘画及图片处理技能训练，对于同学们今后从事科学研究、生物教学和科技推广等方面的工作起着非常重要的作用。

一、生物绘画的主要技法

生物绘画中主要且常见的是线点图，一般采用手工绘制，也有运用专业软件如 CorelDRAW 10.0 和 Illustrator 10.0 进行电脑绘制的。下面介绍手工绘制线点图的主要技法。

（一）线

在黑白线点图中，约有 70% 是运用不同的线条来表现生物体的轮廓、特征、层次和明暗的。对线条的要求如下：①线条均匀，一般不可时粗时细；②圆润而光滑，线条边缘不能毛糙不整；③行笔要流畅，不能中间顿促凝滞。

常用的线条可分以下几种类型。

（1）长线　延长而连贯的线条，用它来表现物体的外围轮廓、主要的脉纹、大型的皱褶等部位。长线的操作要点是：①图纸下面垫以塑料板或玻璃台板，务必使纸面平整，以免造成线条中途停顿或不匀，影响长线连续、光滑的效果。②用力须均匀，可以一笔绘成的线条，力求一气呵成，防止线条粗细不均。③运笔时必须顺着手势，由左向右做较大幅度的运动，方能顺利地绘成较长的线条。④由多段线条连接完成的长线条，衔接必须准确无误，防止错位或首尾衔接粗细不匀。为使线条衔接准确，可执笔先稍离纸面，顺着原来线段末端的方向，以接线的动作，空笔试接几次，待手势动作有了把握后，再将线段接上。

（2）短线　运笔起落频繁、线段短促的线条，用于表现细部特征，如网状的脉纹、鳞片、细胞壁、纤毛等。生物绘图中，短线比较容易掌握，但往往会造成画面杂乱、轻率毛糙的现象，一般下笔时不可先重后轻，造成粗细不匀或拖尾现象，应用力均匀地从头移动到尾再挪开笔尖。

（3）曲线　指运笔时随着物体的转折、方向多变、弯曲不直的线条。用于勾画物体的形态轮廓，表现内部构造，区分各部分以及表现毛发、脉纹、鳞甲等。与直线相比，描绘曲线比较自由，可以根据各种生物体的不同形态作相应的变换，给人以灵动、自然的感觉。运用好曲线，主要有三条原则。①变而不乱：曲线具有弯曲多变、描画自由等特点。在运用曲线表现结构时，应随时注意从变化中找规律，从繁杂中抓主流，线道数要适宜，不可信手勾画，造成画面零乱不堪。②曲而得体：以弯曲的线条描绘物体，并非可以随心所欲，必须按照所观察的结构上每条线的弯曲和方向准确描绘。观察不细，曲线的弯度不当，不仅使画面形象失真，还可能导致科

学性的差错。③粗中有细:生物绘图中的用线,一般要求均匀一致,但根据物体结构的要求也有例外。例如,表现毛发、褶纹等就需根据其自然形态,自基部向尖端逐渐细小,这样就可避免用线生硬呆板,使物体描绘更加逼真。

(二) 点

点主要用来映衬阴影,以表现细腻、光滑、柔软、肥厚、肉质和半透明等物质特点,有时也用点来表现色块和斑纹。点的运用使画出的物体结构具有不同的质感和独到的韵味。点的一般要求如下。

(1) 点形圆滑光洁　组成画面的每个小点必须呈圆形、周边界线清晰、边缘不毛不缺,切忌"钉头鼠尾"和边缘过于凸凹的点出现,这就要求使用的铅笔尖而圆滑,打点时必须直上直下,不可倾斜打点。

(2) 排列匀称协调　映衬阴影时,由明到暗的过渡要渐变,即点是由全无→稀疏→浓密的有计划的布点,且点不能重叠。

(3) 大小疏密适宜　点的大小和密度须适宜。暗处和明处的点可适当有大小变化,但又不能明显地相差太多,更不可在同一明暗阶层中夹入过于粗大的点,且不可盲目地一处浓、一处稀,或有堆积现象。

常见点的运用有以下几种类型。

①粗密点:点子的面积较大,且点与点之间的距离较近,一般用来表现背光、凹陷或色彩浓重的部位,故一般粗点是伴随紧密的排列而出现的。

②细疏点:与粗密点相反,即细小稀疏的点,主要用来表现受光或色彩淡的部分。

③连续点:点与点之间按照一定的方向、均匀地连接成线的点,主要用来取代线条的作用,以显示物体轮廓和各部分之间的边界线。

④自由点:点与点之间的排列没有一定的格式和纹样,操作比较自由。这种点适宜表现明暗渐次转变成具有花纹斑点的各种物体。

(三) 起稿

生物绘画的一般步骤大致包括准备→起稿→修改→成图→修饰→标注六个主要步骤。在绘图之前,必须对被画的对象(如动植物的各个组织、器官等)作细心的观察,对其外部形态、内部构造及各部分的位置关系、比例、附属物等特征有完整的感性认识。同时要把正常、一般的结构与自然、人为的一些"结构"区分开,然后选择有代表性的典型的部位起稿。

起稿就是构图、勾画轮廓。可根据所观察对象的需要,把必须在画幅上表现的内容适当地组织起来,构成一个协调完整的画面,给人以层次清楚、美观大方的感觉。

所画对象的主要部分,应尽可能安排在图幅的主要位置,一般应尽可能把图画大一些,如画细胞图,为了清楚地表现细胞内部结构,所画细胞不宜过多,只画 1～2 个即可。如画轮廓图或图解图,也不一定把全部切面画出,只画 1/8～1/6 部分即可。

起稿一般用 HB 铅笔,起稿时落笔要轻,线条要简洁,要求尽可能少改不擦。为了生物绘画作品的科学准确,可采取一些特殊起稿方法,如九宫格实物起稿法、玻璃板透视起稿法、拓印起稿法、透图桌直接起稿法和灯光投影起稿法等。显微结构图则应用显微描绘仪起稿描绘。

画好后,要再与(显微镜下的)实物对照,检查是否有遗漏或错误。

(四) 定稿

对起稿的草图进行全面的检核和审定,经修正或补充后便可定稿,一般用硬铅笔(2H 或 3H)以清晰的笔画将草图描画出来。定稿后可用橡皮将草图轻轻擦去,然后将图的各个结构部位作简明图注。图解注字一般用楷体横写,注字最好在图的右侧或两侧排成竖行,并用水平标引线(用直尺画、不能交叉)标示,上下尽可能对齐。绘放大或缩小的生物图时,要标注比例尺或放大缩小的倍数。图题一般在图的下面中央,实验题目在绘图纸上中央,在纸右上角注明姓名、学号、日期等。

二、生物图像(片)的处理方法

通过绘画、扫描、拍照及搜索等途径获取图片后,一般还需要使用计算机进行一些简单的处理,进行图像控制、删除多余部分、调节大小和亮度等,以使图形大小适度、线条清楚、对比度和亮度明显等。

(一) 使用"图片"工具栏

打开 Word,单击"插入"菜单中"图片"子菜单中的"剪贴图"或"来自文件",将获取的图形插入 Word 文档。另外,也可以通过复制,粘贴到 Word 文档。利用单击图片,拖动控制点,改变图片,达到合适大小,以便对图片进行处理。然后,右击图片,选择"显示'图片'工具栏",显示出"图片"工具栏(图 1.8-1)。

图 1.8-1 "图片"工具栏

(二) 使用画图软件处理

如果使用 Word 的"图片"工具栏处理后,如还有不理想的地方,像要删除一些细节部分或要添加引线、标号和文字等,则可以将 Word"图片"工具处理后的图片在"开始"菜单的"程序"中的"附件"的"画图"软件中打开(图 1.8-2),来编制这些细节。

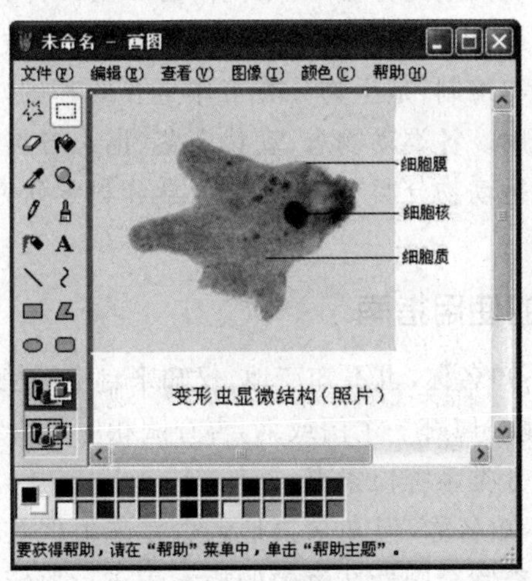

图 1.8-2 "画图"软件

(三) 使用专业软件处理

在科学实验中,使用实验仪器设备拍下的图像,可以使用专业软件处理。Image Tool (IT) 3.0 是免费科学用途的图像处理与分析软件(图 1.8-3),可以显示、编辑、分析、处理、压缩、打印灰度图形或彩色图形;Volocity Demo 6.2.1 是免费显微图像处理软件,用来处理显微图像;CellC v1.2 是微生物显微图像处理软件;Band Leader 3.0 是凝胶图像处理软件。

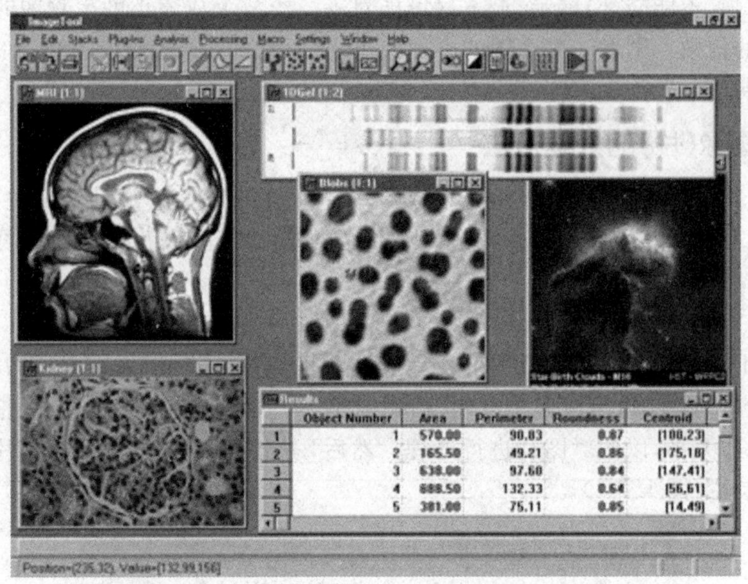

图 1.8-3 Image Tool (IT) 3.0 图像处理分析软件

1.9 动物学分类检索工具书的使用

分类检索表(identification key)是鉴定生物种类的工具,广泛应用于各分类阶元的鉴定。检索表的编制是用对比分析和归纳的方法,从不同阶元(纲、目、科、属或种)的特征中选出比较重要、突出、明显而稳定的特征,根据它们之间的相互绝对性状,做成简短的条文,按一定的格式排列而成。检索表的运用和编制,是生物分类工作重要的基础,学习和研究生物分类,必须熟练掌握检索表的制作和使用。各类动物志、动物图鉴(谱)、各类系统检索和动物学记录(英国)等是动物学工作者,特别是动物分类工作者,在教学和科学研究中查找文献资料方面重要而不可少的检索工具书。

一、分类检索工具书的使用指南

(1) 当一份动物标本,不知名称,也不知产地,仅知来自中国境内时,则需要查阅全国性文献。先根据其形态特征,推测隶属哪一个门或纲,再查阅相应门或纲的《中国动物志》、《中国动物图鉴》、《中国动物图谱》及分类系统检索书。

(2) 当一份动物标本,不知名称,但知采集地。也是先根据其形态特征,推测隶属哪一个门或纲,再结合地方动物志,查阅全国性文献中的检索表进行鉴定。例如,采自湖南某地的一份鱼类标本,可使用《湖南鱼类志》、《中国动物志·硬骨鱼纲》、《中国鱼类系统检索(上、下)》《中国淡水鱼类检索》、《中国淡水鱼类原色图集》等进行鉴定。

(3) 某种动物,知其中文名或英文名、不知其拉丁学名及所属分类阶元,或者知其拉丁学名而不知其所属分类阶元。都可使用《新拉汉无脊椎动物名称》、《拉汉脊椎动物名称》及各门(纲)动物的拉汉英名称书籍,也可使用中国及地方动物志、图鉴(谱)等书后的名称索引查对。还可以上互联网的国内外学术期刊数据库查询。中文名常有不统一的现象,查找时须慎重甄别。

(4) 查某个种的历史文献,可在《中国动物志》及地方动物志中,找到某个种下面列举的原发表该新种的文献(称原始文献)及其他重要文献,或在国内外学术期刊文献中的参考文献中查找。也可上互联网,在国内外一些专门数据库中查找,如:

中国生物多样性数据库索引 http://monkey. ioz. ac. cn/division/database1. htmlhttp://monkey. ioz. ac. cn/division/database1. html

中国动物模式标本数据库 http://monkey. ioz. ac. cn/division/typespecimen1. htmlhttp://monkey. ioz. ac. cn/division/typespecimen1. html

世界动物名称数据库 http://vzd. brim. ac. cn/division/fauna/index. asphttp://vzd. brim. ac. cn/division/fauna/index. asp

动物学记录数据库 http://www. biosis. org/products_services/zoorecord. htmlhttp://www. biosis. org/products_services/zoorecord. html

蠕虫文献索引 http://elegans. swmed. edu/wli/http://elegans. swmed. edu/wli/

二、动物分类检索表的编制和使用

(一) 分类检索表的编制

动物分类检索表是用来鉴定动物种类或所属类群的工具。应用动物分类检索表能比较迅速地查对和鉴定欲知动物的名称或归属类群。

动物分类检索表常采用二歧归类方法(二叉法)编制而成。即选择某些动物与另一些动物的主要区别特征编列成相对的项号,然后又分别在所属项下再选择主要的区别特征,再编列成相对应的项号,如此类推编项,直到一定的分类阶元。根据动物分类检索表的编制形式的不同,二歧式动物分类检索表分为定距式检索表、平行式检索表和连续平行式检索表三种,其中常用的是平行式检索表。

1. 定距式(级次式)检索表

将每一对互相区别的特征分开编排在一定的距离处,标以相同的项号,每低一项号退后一字。如青鱼、草鱼、鲢鱼、鳙鱼、鲤鱼、鲫鱼、团头鲂7种鲤科鱼类的检索表如下。

1. 鳃上方具有呈螺形鳃上器,眼的位置稍偏在头纵轴的下方;左右鳃膜彼此连接而不与峡部相连 …………………………………………………… (鲢亚科)
  2. 腹棱不完全,仅存在腹鳍基部至肛门之间,鳃耙互不相连 ………………… 鳙鱼
  2. 腹棱完全,存在胸鳍基部下方至肛门之间的整个腹部,鳃耙互相连接,形成多孔的膜质片 …………………………………………………… 鲢鱼
1. 鳃上方不具螺形鳃上器,眼的位置稍偏在头纵轴的上方;左右鳃膜与峡部相连 …………………………………………………… 3
    3. 臀鳍和背鳍皆具有后缘带锯齿的硬刺;臀鳍分支鳍条通常5根………… (鲤亚科)
        4. 下咽齿1行,铲形,齿式4-4;无口须 ………………… 鲫鱼
        4. 下咽齿3行,臼齿形,齿式1.1.3-3.1.1;具2对口须 ………………… 鲤鱼
    3. 臀鳍无硬刺,如果有,则背鳍硬刺的后缘光滑无锯齿;臀鳍分支鳍条通常在7根以上
        5. 体菱形;有腹棱;背鳍具硬刺,口上位…………… (鲌亚科)团头鲂
        5. 体长条形;无腹棱;背鳍无硬刺,口端位…………… (雅罗鱼亚科)
            6. 体青黑色;下咽齿1行,臼齿形 ………………… 青鱼
            6. 体褐黄色;下咽齿2行,梳形 ………………… 草鱼

由于动物种类繁多,而定距式检索表有篇幅的限制,所以编制动物分类检索表时往往不方便使用。

2. 平行式检索表

将每一对互相区的特征编以同样的项号,并紧接并列,项号虽变但不退格,项未注明应查的下一项号或查到的分类等级。平行式检索表其实是最典型的二歧式检索表。如:

1 鳃上方具有呈螺形鳃上器,眼的位置稍偏在头纵轴的下方;左右鳃膜彼此连接而不与峡部相连 ……………………………………………… 2(鲢亚科)
1 鳃上方不具螺形鳃上器,眼的位置稍偏在头纵轴的上方;左右鳃膜与峡部相连 …… 3
2 腹棱不完全,仅存在腹鳍基部至肛门之间,鳃耙互不相连 ………………… 鳙鱼
2 腹棱完全,存在胸鳍基部下方至肛门之间的整个腹部,鳃耙互相连接,形成多孔的膜质片 ……………………………………………… 鲢鱼
3 臀鳍和背鳍皆具有后缘带锯齿的硬刺;臀鳍分支鳍条通常5根 ………… 4(鲤亚科)
3 臀鳍无硬刺,如果有,则背鳍硬刺的后缘光滑无锯齿;臀鳍分支鳍条通常在7根以上 ……………………………………………… 5
4 下咽齿1行,铲形,齿式4-4;无口须 ………………… 鲫鱼
4 下咽齿3行,臼齿形,齿式1.1.3-3.1.1;具2对口须 ………………… 鲤鱼
5 体菱形;有腹棱;背鳍具硬刺,口上位 ………………… 团头鲂(鲌亚科)
5 体长条形;无腹棱;背鳍无硬刺,口端位 ………………… 6(雅罗鱼亚科)
6 体青黑色;下咽齿1行,臼齿形 ………………… 青鱼
6 体褐黄色;下咽齿2行,梳形 ………………… 草鱼

在动物分类研究中,常常使用平行式检索表,此类检索表没有格式和篇幅的限制,结构简单明了,编写和使用方便。

3. 连续平行式检索表

将一对互相区别的特征用两个不同的项号表示,其中后一项号加括弧,以表示它们是相对比的项目,如下列中的1(4)和4(1),排列按1、2、3、…的顺序。查阅时,若其性状符合1时,就向下查2。若不符合1时就查相对比的项号4,如此类推,直到查明其分类等级。如:

1(4)鳃上方具有呈螺形鳃上器,眼的位置稍偏在头纵轴的下方;左右鳃膜彼此连接而不与峡部相连 ……………………………………………… (鲢亚科)
2(3)腹棱不完全,仅存在腹鳍基部至肛门之间,鳃耙互不相连 ………………… 鳙鱼
3(2)腹棱完全,存在胸鳍基部下方至肛门之间的整个腹部,鳃耙互相连接,形成多孔的膜质片 ……………………………………………… 鲢鱼
4(1)鳃上方不具螺形鳃上器,眼的位置稍偏在头纵轴的上方;左右鳃膜与峡部相连
5(8)臀鳍和背鳍皆具有后缘带锯齿的硬刺;臀鳍分支鳍条通常5根 ………… (鲤亚科)
6(7)下咽齿1行,铲形,齿式4-4;无口须 ………………… 鲫鱼
7(6)下咽齿3行,臼齿形,齿式1.1.3-3.1.1;具2对口须 ………………… 鲤鱼
8(5)臀鳍无硬刺,如果有,则背鳍硬刺的后缘光滑无锯齿;臀鳍分支鳍条通常在7根以上
9(10)体菱形;有腹棱;背鳍具硬刺,口上位 ………………… (鲌亚科)团头鲂
10(9)体长条形;无腹棱;背鳍无硬刺,口端位 ………………… (雅罗鱼亚科)
11(12)体青黑色;下咽齿1行,臼齿形 ………………… 青鱼
12(11)体褐黄色;下咽齿2行,梳形 ………………… 草鱼

4. 怎样编制简单的二歧检索表

在编制检索表时，首先将所要编制在检索表中的动物进行全面细致地研究，而后对其各种形态特征进行比较分析，找出各种形态的相对性状(注意一定要选择醒目特征)，然后再根据所拟采用的检索表形式，按先后顺序，分清主次，逐项排列起来加以叙述，并在各项文字描述之前用数字编排。最后到检索出某一等级的名称时，应写出具体名称(目名、科名、属名和种名)。在名称之前与文字描述之间要用“……”连接。例如，在昆虫纲这一大类群中，有些在胚胎发育过程中没有蛹的发育过程，有些则在发育过程中有蛹的出现，于是可以根据这一对立特征及其他一些特征将昆虫纲分为二大类。按平行式排列编出简单的二歧检索表：

1. 胚胎发育过程中只经历卵、幼虫、成虫三个时期 ………………………………… 不全变态类
1. 胚胎发育过程中要经历卵、幼虫、蛹、成虫四个时期………………………………… 全变态类

(二) 分类检索表的使用

根据动物分类级别的不同，将动物分类检索表分为分门检索表、分纲检索表、分目检索表、分科检索表、分属检索表、分种检索表。其中常用的主要是分目检索表、分科检索表、分属检索表和分种检索表。

当遇到一种不知名的动物时，应当根据动物的形态特征，按检索表的顺序，逐一寻找该动物所处的分类地位。首先确定是属于哪个门、哪个纲和目的动物，然后再继续查其分科、分属以及分种的动物检索表。

在运用动物检索表时，应该详细观察动物标本，按检索表一项一项地仔细查对。对于完全符合的项目，继续往下查找，直至检索到终点为止。

使用检索表时，首先应全面观察标本，然后才进行查阅检索表，当查阅到某一分类等级名称时，必须将标本特征与该分类等级的特征进行全面的核对，若两者相符合，则表示所查阅的结果是准确的。

(三) 使用分类检索表的注意事项

使用动物分类检索表鉴定动物是否准确，客观上取决于标本的质量和数量，参考书和动物分类检索表编写的水平；主观上受限于使用者对于动物形态名词术语理解的准确性，以及观察事物的方法和能力，使用动物分类检索表时应注意以下几点。

(1) 动物标本必须比较完备且具有代表性。稍高等的无脊椎动物及高等的脊椎动物往往有性别的区分，鉴别时最好有雌雄性标本；动物标本的鉴定不使用幼体标本，所以最好能区分幼体和成体，使用成体进行鉴定。标本还应附有野外采集原始记录。对于无脊椎动物标本，往往个体数量多，鉴定时可以多参考不同的个体，确保分类鉴定的准确性。

(2) 需有必要的解剖用具，如普通显微镜、体视镜、镊子、解剖针、酒精、测量尺，参考书如《中国动物志》、《中国动物图鉴》或各类各地方动物志。

(3) 使用动物分类检索表的人必须准确理解动物形态名词术语的含义，并且要认真细致地观察动物的形态特征。

(4) 对于尚不知属于何种类群的动物，要按照分类阶层由大到小的顺序检索，即先检索动物分门检索表，依次再查动物分纲、分科、分属和分种检索表。由于多数动物工作者都能凭掌握的动物学知识和经验判断出动物所属的门和纲，因此，动物分类中最常用的检索表是动物分科检索表、分属检索表和分种检索表，初学动物分类的工作者则往往需要分门、分纲、分目等检索表。

(5) 动物分类检索表中动物出现的顺序取决于编制检索表的人所选取动物特征的先后，并不能反映动物间的亲疏关系。

1.10 生物信号采集处理系统的使用

生物信号采集处理系统是以计算机为核心,结合可扩展的软件技术,集成生物放大器与电刺激器,并且具备图形显示、数据存储、数据处理与分析等功能的电生理学实验设备。对生物信号采集系统的了解和使用,是完成生理学实验的数据和图形采集、储存和处理所必须具备的基本技能之一。

一、基本原理及组成

基本原理:首先将原始的生物机能信号,包括生物电信号和通过传感器引入的生物非电信号进行放大(有些生物电信号非常微弱,比如减压神经放电,其信号为微伏级信号,如果不进行信号的前置放大,根本无法观察)、滤波(由于在生物信号中夹杂有众多声、光、电等干扰信号,这些干扰信号的幅度往往比生物电信号本身的强度还要大,如果不将这些干扰信号滤除掉,那么可能会因为过大的干扰信号致使有用的生物机能信号本身无法观察)等处理,然后对处理的信号通过模数转换进行数字化并将数字化后的生物机能信号传输到计算机内部,计算机则通过专用的生物机能实验系统软件接收从生物信号放大、采集硬件传入的数字信号,然后对这些收到的信号进行实时处理,一方面进行生物机能波形的显示,另一方面进行生物机能信号的实时存储,另外,它还可根据操作者的命令对数据进行指定的处理和分析,比如平滑滤波、微积分、频谱分析等(图 1.10-1)。对于存储在计算机内部的实验数据,生物机能实验系统软件可以随时将其调出进行观察和分析,还可以将重要的实验波形和分析数据进行打印。

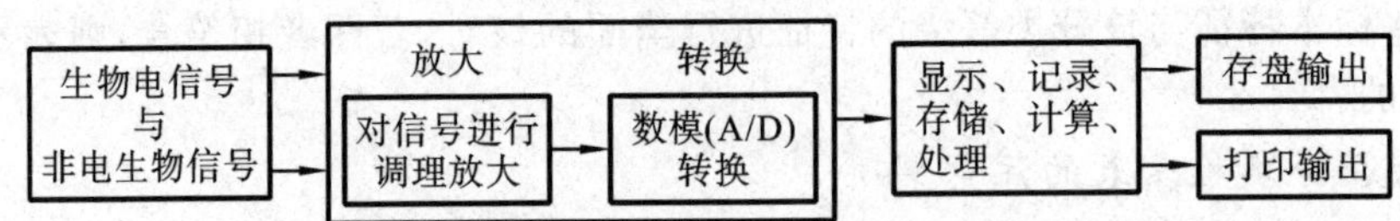

图 1.10-1　生物信号采集处理系统工作模式图

基本组成:包括硬件和软件两大部分。硬件主要完成对各种生物电信号(如心电、肌电、脑电)与非生物电信号(如血压、张力、呼吸)的采集。并对采集到的信号进行调整、放大,进而对信号进行模/数(A/D)转换,使之进入计算机。软件主要用来对已经数字化的生物信号进行显示、记录、存储、处理及打印输出,同时对系统各部分进行控制,与操作者进行对话。

生物信号采集处理系统在功能上基本可替代原来的刺激器、放大器、记录仪、示波器等。此外,引进模拟实验系统软件还可以演示简单重复的印证性实验,在动手前预习实验,甚至代替部分实验。微机生理系统已成为生理实验教学与研究的一个发展方向。

二、认识与使用

(一) 生物信号放大器使用介绍(以 Pclab-UE 为例)

硬件放大器分前后两个面板,前面板用来做常用操作,后面板主要用来连接线路,其中前面板的各部分功能如图 1.10-2 所示。

其中,电源开关用来打开或关闭硬件设备,注意在采样的过程当中不要关闭此电源。

通道 1、通道 2、通道 3、通道 4 分别是四个独立的放大器通道,其中,通道 3 是专用的心电通道,不能进行其他信号的采集。

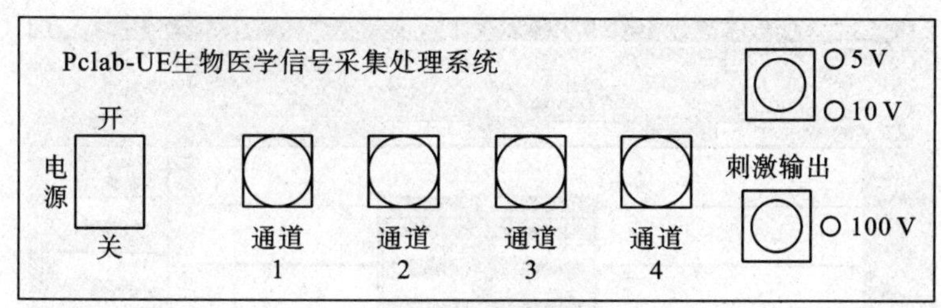

图 1.10-2 Pclab-UE 生物医学信号采集处理系统

刺激输出有两个插口，上方的是 0～5 V 档输出和 0～10 V 档输出，选择不同档刺激输出指示灯会随之变化。

★下方是 0～100 V 档输出，红色标记是提醒实验人员注意高压危险！

后面板各部分的功能如图 1.10-3 所示。

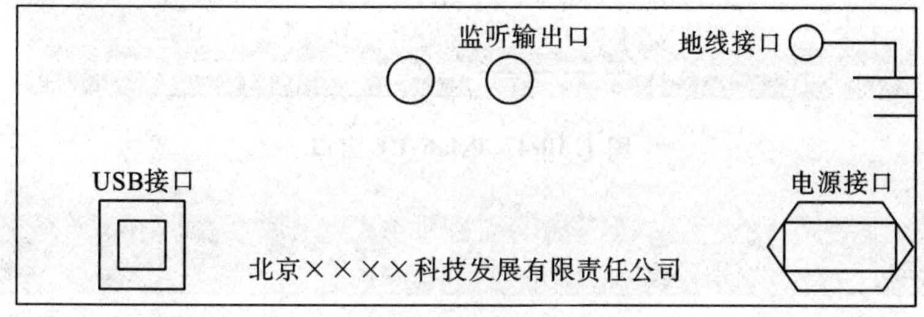

图 1.10-3 后面板各部分的功能

其中，USB 接口用来插接 USB 线的小方端口，USB 线的另一端接入计算机的 USB 接口。

监听输出口是与音箱的音频线相连，它是用来监听神经放电的声音。

监听输出口旁边的口是与串口线连接，它是用来传输刺激命令的。

地线接口用来接地线以减少外界环境对有效信号的干扰。

电源接口用来接入电源线，要求使用交流电：220 V，50 Hz。

★若前面的板电源灯不亮，通常是保险管烧了。

(二) Pclab-UE 应用软件窗口界面功能介绍

Pclab-UE 应用软件运行时的窗口如图 1.10-4 所示。

窗口中各部分的功能如下。

(1) 标题栏　用于提示实验名称、文件存盘路径、文件名称及“最小化”、“还原”、“关闭”按钮。

(2) 菜单栏　用于按操作功能不同而分类选择的操作。包含如下主菜单名称。

文件：包含所有文件操作，如打开、存盘、打印等。

编辑：包含对信号图形的编辑功能，如复制、清除等。

视图：包含对可视部分的控制及信号反相、锁定等。

设置：对系统运行有关的设置功能进行选择。

数据处理：对采集后的数据进行滤波处理、导入 Excel、微分、积分等。

帮助：包括帮助主题、版权信息与公司网址等。

(3) 工具栏　提供了最常用的快捷工具按钮，依次为新建、打开、记录存盘、选择存盘、打印预览、复制、取消、采样、记录、刺激、面板切换、测量、锁定(图 1.10-5)。

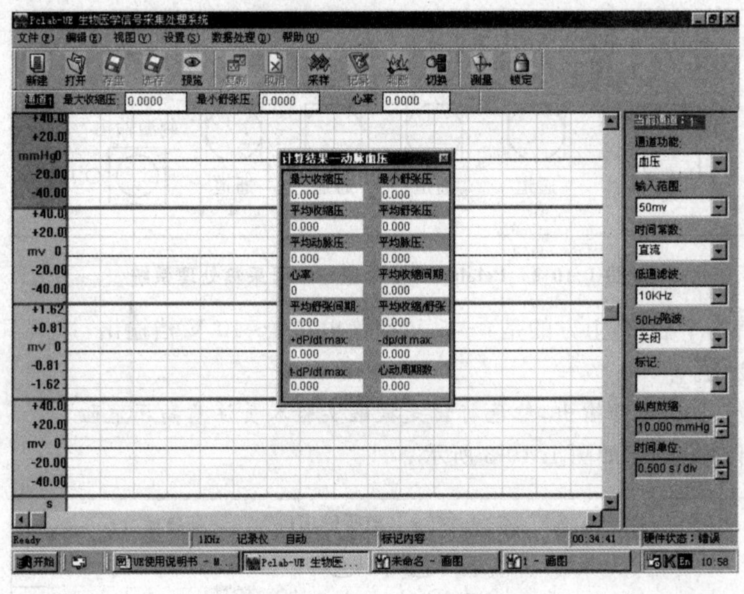

图 1.10-4 Pclab-UE 窗口

图 1.10-5 工具栏

(4) 实时计算工具栏 提供了实时计算数据的结果(图 1.10-6)。

图 1.10-6 实时计算工具栏

(5) 采样窗 四个采样窗分别对应放大器的四个物理通道,用于采样时的波形显示、数据处理、标记、测量等功能,这是主要的显示区域。

(6) 状态栏 从左到右依次为命令提示区、状态提示区、标记或帧数提示区、采样时间、硬件状态提示区(图 1.10-7)。

图 1.10-7 状态栏

(7) 控制面板 位于整个界面的最右侧,是各通道的控制中心,针对当前通道进行不同的控制调节,如图 1.10-8 所示。

(8) 计算结果显示面板 浮于整个窗口的上方,用于对选定的波形进行计算分析并显示结果,如图 1.10-9 所示。

(三) 一般生物信号采集的软件设置操作

用 Pclab-UE 生物医学信号采集处理系统做好电生理实验的第一步就是在开始实验之前要做好信号采样的软件设置工作。这就相当于使用传统仪器开始实验前,要将仪器面板上的所有重要开关打开,具体操作如下。

1. 第一步

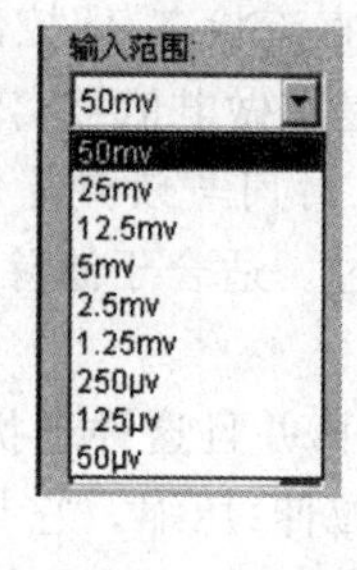

图 1.10-8　控制面板

图 1.10-9　计算结果显示面板

执行“设置”菜单中的“采样条件”菜单项，打开采样条件设置窗口，如图 1.10-10 所示。

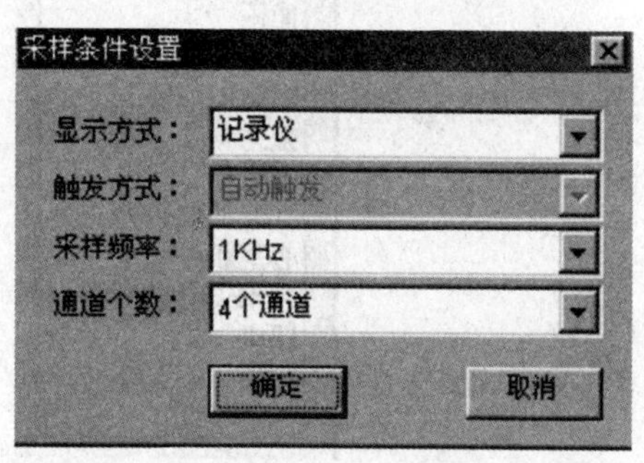

图 1.10-10　采样条件设置窗口

该窗口中有四个下拉列表框，分别用来设置显示方式、触发方式、采样频率、通道个数。

(1) 采样频率　可以根据实验做出选择，通常是变化快的选择较高的采样频率，例如减压神经放电实验可以选择 10 kHz 的频率，变化慢的选择较低的采样频率，例如血压、呼吸、张力等实验可以选择 1 kHz 的频率。

(2) 通道个数　用来确定实验中使用通道的个数。选择 1 个通道，则是第一通道；选择 2 个通道，则是第一和第二通道；选择 3 个通道，则是第一、二和第三通道；选择 4 个通道，则是全部的通道。

(3) 显示方式　有记录仪方式和示波器方式两种，可根据实验的需求来选择显示方式。

①“记录仪”方式　用来记录变化较慢，频率较低的生物信号。如电生理实验中的血压、呼吸、张力、心电等。它的扫描线的方向是从右向左，连续滚动，与传统仪器的二导记录仪相一致。其采样频率从 20 Hz 到 50 kHz，有 11 档可选。一般上述典型实验选择 1 kHz 左右。此时无触发方式选择。

②“示波器”方式　用来记录变化快、频率高的生物信号。如电生理实验中的神经干动作电位、AP 传导速度、心室肌动作电位等。其扫描方向是从左向右，一屏一屏地记录，与传统的示波器相一致。其采样频率从 1 kHz 到 200 kHz。★200 kHz 采样频率只允许单窗口运行。

(4) 触发方式　有自动触发和刺激器触发，当使用记录仪方式显示时，此功能自动关闭(变成灰色)；若使用示波器方式，还可以进一步选择是自动触发还是刺激器触发，如果是刺激器触发则 的启停由 按钮来控制。

2. 第二步

为每个通道在控制面板的通道功能(图 1.10-11)列表框中选择对应的实验类别，同时确定要计算的内容。

3. 第三步

适当调节输入范围、时间常数(图 1.10-12)、低通滤波、陷波、纵向放缩、时间单位等参数。

(1)“输入范围” 也称“放大倍数”或“增益”,它是对输入的生物信号进行放大。

(2)“时间常数” 有两重功能:一是用来控制交直流状态,即控制电信号与非电信号,非电信号(如血压、呼吸、张力等)时它处于“直流”状态;二是在做电信号实验时它相当于高通滤波。

★高通滤波是指高于某种频率的波形可以通过(时间与频率是倒数关系)。

(3)“低通滤波” 低于某种频率的波形可以通过。适合于滤除含有某种固定频率的周期性干扰信号。

(4)“50 Hz 陷波” 当采样曲线中有干扰出现时,并且这种干扰有一定频率的周期性。

(5)“纵向放缩” 对当前通道的波形进行纵向拉伸、压缩。它与“时间常数”是有区别的,它是对采样后的波形进行人为地放大、压缩,对生物信号本身没有真正的放大。

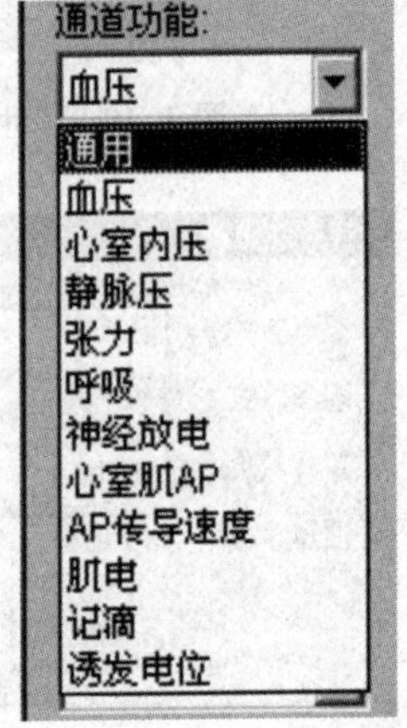

图 1.10-11 通道功能窗口

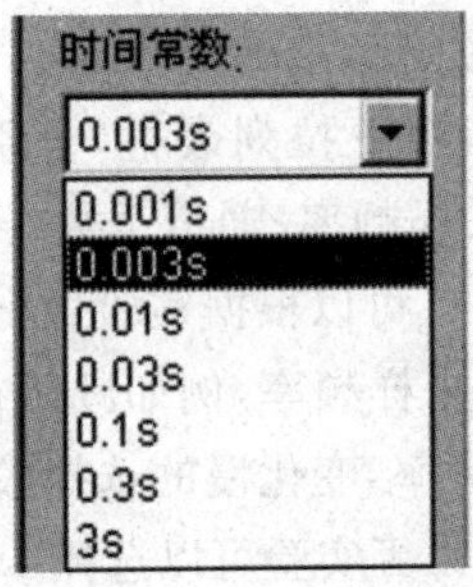

图 1.10-12 时间常数窗口

(6)“时间单位” 对当前通道的波形进行横向拉伸、压缩,同时也对当前走纸通道速度进行调节。

4. 第四步

如果使用直流状态,即使用传感器进行非电信号实验时,要对通道进行调零,执行“设置”菜单中的“当前通道调零”菜单项进行自动调零。

5. 第五步

对非电信号如血压、张力等可以进行定标,执行“设置”菜单中的“当前通道定标”进行定标。

6. 第六步

单击工具栏上的 采样 按钮开始采样,在采样的过程中可以实时调整输入范围、低通滤波、纵向放缩等各项指标以使波形达到最好的效果,再次单击此按钮则可停止采样。

(四)刺激器的设置与调整

为了方便电生理实验,Pclab-UE 系统内置设了一个由软件程控的刺激器,该刺激器所提供的功能与性能指标完全能够满足实验的要求,且工作稳定、可靠。恒压源设计,刺激输出电压不会因刺激对象阻抗变化而变化,共分为 0~5 V、0~10 V、0~100 V 三档,其中每一档的输出电压的步长都不相同。共有七种不同的刺激方式,分别为单刺激、串刺激、周期刺激、自动幅度、自动间隔、自动波宽、自动频率。不同的实验选择不同刺激方式和刺激幅度会令实验效果十分理想。为了正确使用刺激器可进行如下设置。

1. 第一步

打开刺激面板(图 1.10-13)，可以通过“设置”菜单下的“刺激器设置”菜单项来实现，也可以通过工具栏上的 按钮在控制面板和刺激面板间进行切换，此时刺激面板就会代替放大器控制面板以方便实验者进行刺激器的参数设置。

2. 第二步

选择适当的刺激模式，调整相应的波宽、幅度、周期、延时、间隔等参数，然后单击工具栏上的“刺激”按钮即可发出所要的刺激。

3. 第三步

刺激标记想要显示在哪个通道上，就在相对应的通道上打钩，这样在当前通道上就可以显示相应的刺激幅度、波宽与标记。

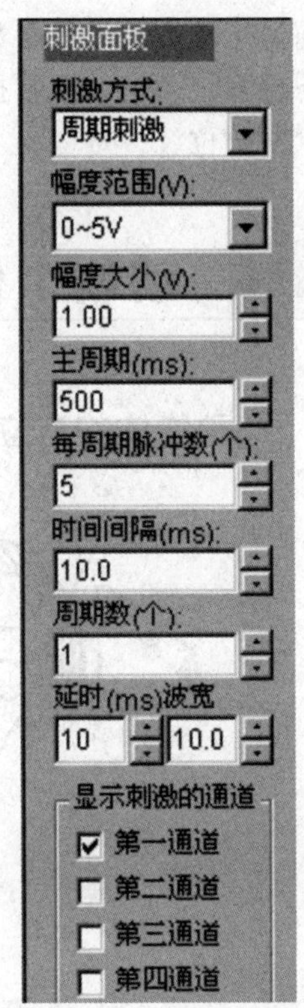

图 1.10-13　刺激面板窗口

（五）实验结果的存盘及打印输出

1. 实验结果(图 1.10-14)的保存方式

(1) 全部数据保存　从开始波形采样时就对整个实验过程中所采集的全部波形数据进行保存，其目的是在实验结束后可再现实验过程。这个保存机制与 Word、Excel 软件一致。一是可通过停止采样后“文件”菜单中的“所有实验数据保存”菜单项来实现；二是在“新建实验”或关闭 Pclab-UE 界面时系统只需要输入一个文件名即可，文件将被自动存放在本系统安装后的 UserData 文件夹中以便集中管理。

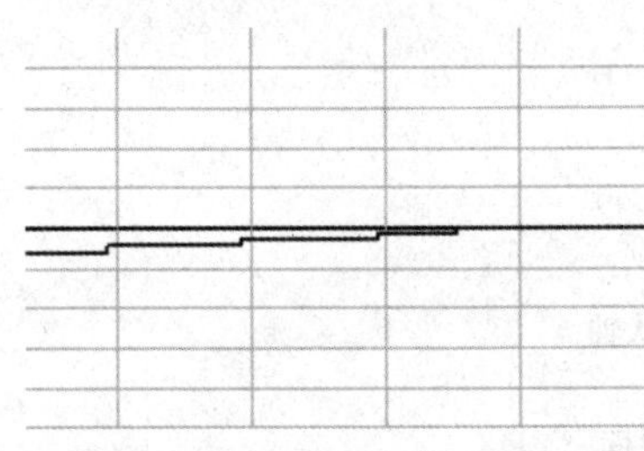

图 1.10-14　实验结果(样式)

(2) 记录保存　针对实验过程中出现的稳定而平滑的波形进行保存，它可以保存一段时间内的较好的波形。操作方法是当出现较好的或我们认为需要记录的波形时按下工具栏上的“记录”按钮，从此刻开始的波形将会被记录下来，直到再次单击此按钮停止记录为止。在采样过程中可以多次通过此按钮来记录数据，当停止采样后，可通过工具栏上的“存盘”按钮或“文件”菜单中的“实验记录保存”菜单项来保存所记录下来的文件，只需要输入文件名即可，文件将被自动存放在本系统安装后的 UserData 文件夹中以便集中管理。

(3) 选择保存　这是对做完实验后未及时通过记录保存，采取事后保存的一种方式。它对采样后的波形进行涂黑，若实验者按工具栏上的“选存”按钮，就会弹出一个对话框让实验者输入文件名。接下来再涂黑按“选存”时就不会出现对话框，因为它是将后面涂黑的波形与前面涂黑的波形保存在同一个文件名下的。

2. 采样波形的打印输出

可以先通过工具栏上的“预览”按钮或“文件”菜单中的“打印预览”菜单项来进行波形的预览，然后通过“文件”菜单中的“打印”菜单项直接打印输出，也可以通过打印预览中的“打印”直接进行打印输出。

三、基本操作流程

连接实验对象和换能器或记录电极→启动计算机→连接换能器或记录电极至相应数据输入通道接口→双击 Windows 桌面数据处理软件的图标，打开软件主程序→根据实验类型选择当前通道功能→设置参数→开始记录→根据实验具体要求,添加实验过程中的标记→停止记录→保存记录→记录数据的后期处理→保存并打印数据→退出系统→关闭计算机→拆卸连接装置并归位。

1.11 动物个体方位和切面

一、动物体的方位(图 1.11-1, 图 1.11-2)

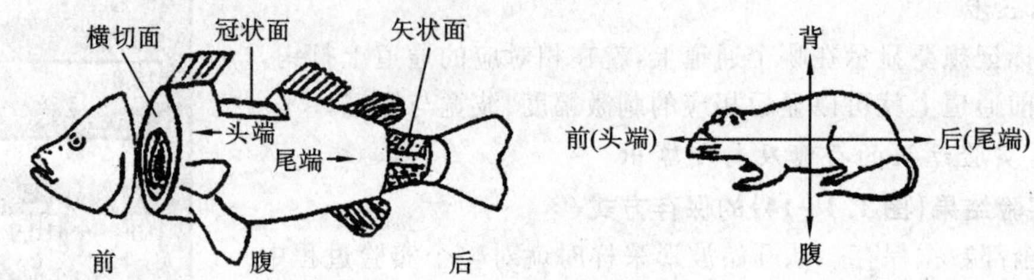

图 1.11-1 鱼和鼠的方位与切面示意图

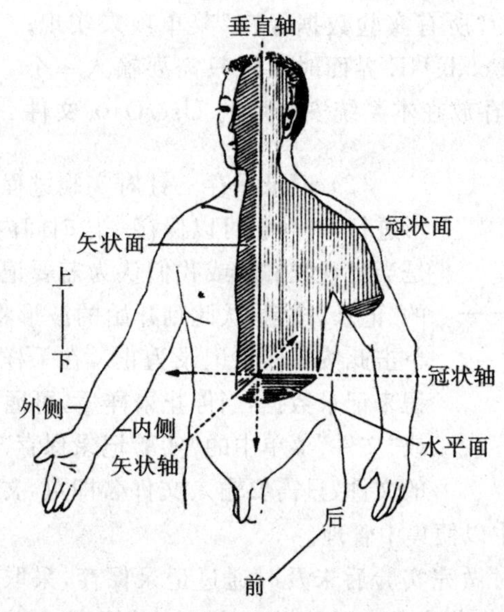

图 1.11-2 人体方位与切面示意图

(1) 背侧(dorsalis)和腹侧(ventralis) 脊椎动物四肢着地时,向着地面的一侧为腹面(侧),相反一侧为背面(侧)。在人体解剖学中有时用前(anterior)、后(posterior)两词代替腹侧和背侧。

(2) 头端(cranialis)和尾端(caudalis) 朝向头部的一端称头端,或称前端;朝向尾部的一端称尾端,或称后端。在人体解剖学中头端称为上方(superior)。

(3) 内侧(medialis)和外侧(lateralis) 更靠近正中矢状切面者称内侧;相反,距正中矢状切面较远者称外侧。

(4) 近端(proximalis)和远端(distalis) 距离身体中心较近的称为近端,反之则称为远端。

(5) 深层(profundus)和浅层(superficialis) 距体表或器官表面较近者为浅层,而位于较深部位者为深层。

(6) 左侧(left)和右侧(right)　动物本身的左右,并非指解剖者的左右。若被解剖的动物腹面向上仰卧,则解剖者的右侧正是动物的左侧,左侧为动物的右侧。

(7) 近侧端(proximal end)和远侧端(distal end)　应用于动物体向外延伸的部分。就附肢而言,近侧端是指靠近附肢的基部或附着端。远侧端是指靠近附肢的游离端。

(8) 中枢(the central system)和外围(the peripheral system)　中枢是指一个系统的主要部分,由此发出的结构属外围。如脑和脊髓为神经系的中枢部分,脑神经和脊神经属外围部分。

二、动物体的切面(图 1.11-1,图 1.11-2)

脊椎动物一般都具有两侧对称的体制,在身体上可以作出三个相互垂直的平面,可分为纵切面和横切面。纵切面:沿个体或器官的长轴所作的切面为纵切面,包括矢状面和冠状面。

(1) 矢状面(sagittal section)　由吻至尾的垂直切面,换言之,沿身体前后正中线,将身体垂直地分为左右相等的两半,此为正中矢状切面(midsagittal section),与这一切面相平行的任何切面均为矢状切面。

(2) 冠状面(或称额切面)(frontal section)　从头至尾,将身体分为相等或不相等的背、腹两部分,并与矢状切面垂直的切面,称为冠状面或额切面。换言之,由身体的左右轴和纵轴所确定的切面。

(3) 横切面(transverse section)　与矢状切面相垂直,将身体分为相等或不相等的前、后两个部分的切面,即为横切面。换言之,由身体的左右轴和背腹轴所确定的切面。

1.12 动物实验的伦理准则

一、动物实验的伦理准则

动物实验是生命科学研究中必须采用的重要手段之一,对动物学研究及生物医学的发展起着十分重要的作用,但随着社会的发展、科技的进步和人类道德水准的提高,实验动物的福利及伦理问题引起了人们广泛的关注。欧盟、加拿大、美国、澳大利亚等不仅建立了比较完善的动物福利法律体系,而且执法严格。现在凡涉及动物实验的科研论文若要在国际刊物上发表,就必须出示由"动物伦理委员会"提供的证明,证明该实验研究符合动物福利准则。

我国自 1988 年科技部发布《实验动物管理条例》以来,在生物医学和动物科技领域的研究取得了许多重要成果,为保证国家生物安全和人民健康提供了重要支撑。随着涉及实验动物的前沿科技领域国际合作和规范治理的现实需要,科技部在 2006 年发布了《关于善待实验动物的指导意见》,中国疾病防控中心于 2012 年发布了《关于非人灵长类动物实验和国际合作项目中动物实验的实验动物福利伦理审查规定》,这些规范性文件的颁布对保障实验动物福利改善、促进实验动物科学研究的规范化管理和伦理治理等都产生了积极影响。

关注和维护实验动物福利,开展动物实验伦理审查是现代生命科学研究支撑条件中不可或缺的两个基本要素,也是人类文明、社会进步和经济发展以尊重生命、善待动物、物我相融的方式在生命科学等研究领域中的一种体现。因此应该遵循以下准则。

1. 实验者应该知道(了解、承认)动物生命的价值

只有为了改善人和动物生存(生命、生活)质量,和(或)为了科学进步而又没有其他相等或更好的选择前提之下,才能使用动物进行实验研究。

2. 实验者应该清楚使用最少数量动物时所获结果的准确性

在选择适宜遗传背景和高质量的实验动物、合理的实验程序以及实验操作技术的基础上，试验者应该知道如何选用最少数量的动物仍能达到科研项目最终目标的方法。

3. 使用野生动物必须遵守野生动物保护法和有关规定

为了科学的目的而又不能用其他动物替代时，可以使用野生动物，但必须遵守野生动物保护法和有关规定。

4. 实验者必须把动物看作和人一样的有机体

实验者应该知道，动物和人一样具有感受疼痛的能力，能够对周围环境做出反应。要为动物的运输和饲养提供最佳条件，改善环境条件，防止疾病发生，在动物实验中采取适宜的实验技术，避免给动物造成应激、疼痛和苦痛。

5. 实验者必须将所有的动物实验数据和记录详细地保存下来

实验者必须严格按照实验计划书进行实验操作，要将实验过程详细地记录下来，有利于发表文章和任何时候的查询。

总之，在教学与科研的过程中，凡涉及实验动物的项目都应该遵循以下三方面的原则：

(1) 实验动物的保护原则　审查动物实验的必要性，对实验目的、预期利益与造成动物的伤害、死亡进行综合评估。禁止无意义滥养、滥用、滥杀实验动物。禁止没有科学意义和社会价值或不必要的动物实验。

(2) 动物的福利原则　保证实验动物生存时享有最基本的权利，享有免受饥渴、惊恐、折磨、疾病和痛苦，保证动物能够实现自然化行为，享有良好的饲养和生活环境，符合该种实验动物的操作技术规程。

(3) 伦理原则　应该充分考虑动物的利益，善待动物，防止或减少动物的应激、痛苦和伤害，尊重动物的生命，杜绝针对动物的野蛮行为，采取适当的方法处置动物；实验动物项目保证从业人员的安全；动物实验方法和目的符合人类的道德伦理标准和国际惯例。

二、动物实验时的伦理要求

为了解决生命伦理学与动物实验需求的冲突，动物实验替代方法被提出。1959 年，英国的动物学家 W. M. S. Russell 和微生物学家 R. L. Burch 出版了《人道主义实验技术原理》一书，在书中他们最早系统地提出了以实验动物的减少(reduction)、替代(replacement)与优化(refinement)作为目标的实验动物伦理法则，即确保动物实验具有科学与社会意义的前提下的“3R”理论。根据各国动物福利法的基本原则，结合国内动物福利的现状，在进行动物实验时应遵守以下要求。

(1) 实验在设计时要遵循“3R”原则，优化实验方案，减少实验动物的数量。

(2) 不进行没有必要的动物实验，任何动物实验都要有正当的理由和有价值的目的。

(3) 善待实验动物，不随意使动物痛苦，尽量减少刺激强度和缩短实验时间。

(4) 实验过程中应给予动物镇静、麻醉剂以减轻和消除动物的痛苦，发现不能缓解时，要迅速人道地实施“安乐死”。

(5) 对于可能引起动物痛苦和危害的实验操作，应小心进行，不得粗暴。

(6) 凡需对动物进行禁食和禁水的研究，只能在短时间内进行，不得危害动物的健康。

(7) 对清醒的动物应进行一定的安抚，以减轻它们的恐惧和不良反应。

(8) 实验外科手术中应积极落实实验动物的急救措施，对术后或需淘汰的实验动物实施“安乐死”。

为保证上述要求，实验室的操作人员和实验教员都必须进行动物福利的相关培训，因为他们是实验动物运输、饲养、管理及动物实验后照料处理的主要承担者。具体操作细节可参考《实验动物管理与使用委员会工作手册(第 2 版)》(J. 西尔弗曼、M. A. 苏科、S. 默西，2013 年，科学出版社)。

1.13 动物实验的生物安全与防护

一、前言

目前，动物实验造成的生物危害，已引起微生物学、生物医学工作者的极大关注，我国政府和部分专家已逐渐认识到实验室生物安全的重要性，世界卫生组织(WHO)对生物医学实验室的生物安全也比较重视。实验室相关疾病感染、动物性气溶胶和人兽共患病是形成动物实验生物危害的三大重要因素。生物安全措施包括实验室标准操作规程的制定、实验设备的设置(一次隔离)、实验设施的规划(二次隔离)、个人防护用品的准备、感染动物的饲养和管理以及生物危害的评估等。动物实验生物安全实验室与一般微生物学生物安全实验室相比，既有相同之处，又有不同特点。

1987 年，为了研究流行性出血热的传播途径，军事医学科学院和天津一家生物净化公司合作修建了我国第一个国产三级生物安全防护水平(biosafety level 3，BSL-3)实验室，并制定了比较系统的操作规程。为了开展艾滋病研究，我国有关单位(原中国预防医学科学院，现中国疾病预防控制中心)进口了少数 BSL-3 实验室。我国也建造了一批此种防护水平或接近 BSL-3 水平的生物安全实验室。为了规范我国实验室的生物安全工作，20 世纪 90 年代后期，一些专家开始酝酿和建议制定我国实验室生物安全准则或规范。经卫生部批准，首先在原中国预防医学科学院启动实施这个课题，2000 年完成了送审稿，2002 年 12 月，卫生部批准并颁布了行业标准《微生物和生物医学实验室生物安全通用准则》(WS 233 — 2002)，这是我国生物安全领域的一项开创性工作。但是，真正让人们意识到实验室生物安全的重要性的还是"炭疽粉末攻击事件"、SARS 疫情和 SARS 实验室感染事故。

在 2003 年 SARS 流行期间，专家们一再呼吁制定国家实验室生物安全标准。于是，从当年 8 月开始，在科技部、卫生部、农业部等的支持下，由国家实验室认证认可委员会(China National Accreditation Board for Laboratories，CNAL)牵头，组织生物安全专家开始起草国家标准《实验室生物安全通用要求》。2004 年 5 月，中华人民共和国质量监督检验检疫总局和中华人民共和国标准化管理委员会正式颁布了该标准(GB 19489—2004)。这是我国第一部关于实验室生物安全的国家标准，从此翻开了我国实验室生物安全新的一页。此后，2004 年 9 月 1 日中华人民共和国建设部与国家质量监督检验检疫总局又联合发布了《生物安全实验室建设技术规范》(GB 50346—2004)，提出了生物安全实验室建设的技术标准。

当前，各国对实验室生物安全防护的要求基本一致，但在严格性方面和具体先进技术的运用上存在某些区别。总的来讲，我国在实验室生物安全方面与发达国家还有一定差距。国外专家认为，中国的大部分 BSL-3 实验室硬件是比较好的，差距主要是在于人员素质和管理。我们还没有 BSL-4 实验室，这就在某种程度上限制了某些工作的开展。我们应该处理好生物安全与发展的关系。各种等级实验室的建设应该有一个适当比例，应该普及推广 BSL-2 实验室，根据需要适当建设 BSL-3 实验室，特殊需要的建设 BSL-4 实验室，要有一个合理的宏观布局。

二、化学试剂的安全操作

(一) 防止中毒

(1) 一切药品瓶必须有标签;剧毒药品必须有专门的使用、保管制度。在使用过程中如有毒药品撒落时,应马上收起并洗净毒物接触的桌面和地面。

(2) 严禁试剂入口,严禁以鼻子接近瓶口鉴别试剂。

(3) 严禁食具和仪器互相代用,离开实验室、喝水及吃食品前一定要洗净双手。

(4) 使用或处理有毒物品时应在通风橱内进行,且头部不能进入通风橱内。

(二) 防止燃烧和爆炸

(1) 挥发性药品应放在通风良好的地方,存放易燃药品应远离热源。

(2) 室温过高时使用挥发性药品应设法先进行冷却再开启,且不能使瓶口对着自己或他人的脸部。

(3) 在实验中除去易燃、易挥发的有机溶剂时应用水浴或封闭加热系统进行,严禁用明火直接加热。

(4) 身上或手上沾有易燃物时,不能靠近灯火,应立即洗净。

(5) 严禁氧化剂与可燃物一起研磨。

(6) 易燃易爆类药品及高压气体瓶等,应放在低温处保管,移动或启用时不得激烈振动,高压气体的出口不得对着人。

(7) 易发生爆炸的操作不得对着人进行。

(8) 装有挥发性药品或受热分解放出气体的药品瓶,最好不用石蜡封瓶塞。

(三) 防止腐蚀、化学灼伤、烫伤

(1) 取用腐蚀性、刺激性药品时应戴上橡皮手套;用移液管吸取有腐蚀性和刺激性的液体时,必须用洗耳球操作。

(2) 开启大瓶液体药品时,须用锯子将石膏锯开,严禁用物体敲打。

(3) 在压碎或研磨苛性碱和其他危险固体物质时,要注意防范小碎块溅散,以免灼伤眼睛、皮肤等。

(4) 稀释浓硫酸等强酸时须在烧杯等耐热容器内进行,且必须在搅拌下将酸缓慢地加入水中;溶解氢氧化钠、氢氧化钾等发热固体药品时也要在烧杯等耐热容器内进行。如需将浓酸或浓碱中和,则必须先进行稀释。

(5) 从烘箱、马弗炉等仪器中拿出高温烘干的仪器或药品时应使用坩埚钳或戴上手套,以免烫伤。

三、电气设备的安全操作

(1) 在使用电气动力时,必须事先检查电器开关、马达和机械设备的各部分是否正常。

(2) 开始工作或停止工作时,必须将开关彻底扣严或拉下。

(3) 在实验室内不应有裸露的电线头,不能用它接通电灯、仪器等。

(4) 电器开关箱内不准放任何物品,以免导电燃烧。

(5) 凡电气动力设备发生过热现象时应立即停止使用。

(6) 在实验过程中出现突然停电时,必须关闭一切加热仪器及其他电气仪器。

(7) 禁止在电气设备或线路上洒水,以免漏电。

(8) 实验室所有电气设备不得私自拆动及随便进行修理。

(9) 有人受到电流伤害时，要立即用不导电的物体把触电者从电线上挪开，同时采取措施切断电流。

四、高压气瓶的安全操作

(1) 氧气瓶及其专用工具严禁与油类接触，操作人员不能穿用沾有各种油脂或油污的工作服、手套，以免引起燃烧。

(2) 高压气瓶必须分类保管，直立，固定，远离热源，避免暴晒及强烈振动。

(3) 氧气瓶、可燃性气体气瓶与明火的距离应不小于 10 m。

(4) 高压气瓶上使用的减压器要专用，安装时螺扣要上紧。

(5) 开启高压气瓶时，操作者须站在侧面，操作时严禁敲打，发现漏气须立即停用并修理。

(6) 气瓶不得用尽，应留有一定残压。

(7) 高压气瓶应定期检验，一般气瓶每 3 年检验一次，腐蚀性气瓶每 2 年检验一次，如发现有严重腐蚀或其他严重损伤应提前进行检验。

五、高压灭菌锅的使用

(一) 高压灭菌锅的使用参考数据

134 ℃，3 min；126 ℃，10 min；121 ℃，15 min；115 ℃，25 min。

(二) 高压灭菌器使用注意事项

(1) 应由受过良好培训的人员负责高压灭菌器的操作和日常维护。

(2) 由有资质人员定期检查灭菌器柜腔、门的密封性以及所有的仪表和控制器。

(3) 应使用饱和蒸汽，并且其中不含腐蚀性抑制剂或其他化学品，这些物质可能污染正在灭菌的物品。

(4) 所有要高压灭菌的物品都应放在空气能够排出并具有良好热渗透性的容器中；灭菌器柜腔装载要松散，以便蒸汽可以均匀作用于装载物。

(5) 当灭菌器内部加压时，互锁安全装置可以防止门被打开，而没有互锁装置的高压灭菌器，应当关闭主蒸汽阀并待温度下降到 80 ℃以下时再打开门。

(6) 当高压灭菌液体时，由于取出液体时可能因过热而沸腾，故应采用慢排式设置。

(7) 即使温度下降到 80 ℃以下，操作者打开门时也应当戴适当的手套和面罩来进行防护。

(8) 在进行高压灭菌效果的常规监测时，生物指示剂或热电偶计应置于每件高压灭菌物品的中心。最好在“最大”装载时用热偶计和记录仪进行定时监测，以确定灭菌程序是否恰当。

(9) 应当注意保证高压灭菌器的安全阀没有被高压灭菌物品中的纸等堵塞。

六、个体防护装备(表 1.13-1)

表 1.13-1 个体防护装备

装备类型	避免的危害	安全性特征
实验服、隔离衣、连体衣	污染衣服	背面开口 罩在日常服装外
塑料围裙	污染衣服	防水
鞋袜	碰撞和喷溅	不露脚趾
护目镜	碰撞和喷溅	防碰撞镜片(必须有视力校正或外戴视力校正眼镜) 侧面有护罩

续表

装备类型	避免的危害	安全性特征
安全眼镜	碰撞	防碰撞镜片(必须有视力校正) 侧面有护罩
面罩	碰撞和喷溅	罩住整个面部;发生意外时易于取下
防毒面具	吸入气溶胶	在设计上包括一次性使用的,整个面部或一半面部空气净化的,整个面部或加罩的动力空气净化(powered air purifying, PAPR)的以及供气的防毒面具
手套	直接接触微生物划破	得到微生物学认可的一次性乳胶、乙烯树脂或聚腈类材料;保护手;网孔结构

七、局部环境的污染清除

(1) 清除表面污染时使用次氯酸钠(NaClO)溶液;含有1%有效氯的溶液适用于普通的环境卫生设备,但是当处理高危环境时,建议使用高浓度(5 g/L)溶液。用于清除环境污染时,含有3%过氧化氢的溶液也可以作为漂白剂的代用品。

(2) 可通过加热多聚甲醛或煮沸福尔马林所产生的甲醛蒸气熏蒸来清除房间和仪器的污染。产生甲醛蒸气前,房间的所有开口(如门窗等)都应用密封带或类似物加以密封。熏蒸应当在室温不低于21 ℃且相对湿度70%的条件下进行。清除污染时气体需要与物体表面至少接触8 h。熏蒸后,该区域必须彻底通风后才允许人员进入。在通风之前需要进入房间时,必须戴适当的防毒面具。可以采用气态的碳酸氢铵来中和甲醛。这是一项需要由专门培训的专业人员来进行的非常危险的操作。

示范与拓展实验

实验室有毒、有害物品标准管理规程

一、目的

建立实验室有毒、有害物品的安全管理规程,防止试剂或药品的丢失以及人员中毒,保障人员安全。

二、危险物品的范围

(一) 致癌物质

黄曲霉素 B_1、亚硝胺、3,4-苯并芘等(以上为强致癌物质);2-乙酰氨基芴、4-氨基联苯、联苯胺及其盐类、3,3-二氯联苯胺、二甲氨基偶氮苯、1-萘胺、2-萘胺、4-硝基联苯、N-亚硝基二甲胺、β-丙内酯、4,4-甲叉(双)-2-氯苯胺、乙撑亚胺、氯甲甲醚、二硝基萘、羰基镍、氯乙烯、间苯二酚、二氯甲醚、溴化乙锭(EB)、焦碳酸二乙酯(DEPC)、放线菌素D、放射性物质(同位素标记时)等。

(二) 剧毒药品

六氯苯、羰基铁、氰化钠、氢氟酸、氢氰酸、氯化氰、氯化汞、砷酸汞、汞蒸气、砷化氢、光气、氟光气、磷化氢、三氧化二砷、有机砷化物、有机磷化物、有机氟化物、有机硼化物、铍及其化合物、丙烯腈、乙腈等。

(三) 高毒药品

氟化钠、对二氯苯、甲基丙烯腈、丙酮氰醇、二氯乙烷、三氯乙烷、偶氮二异丁腈、黄磷、

三氯氧磷、五氯化磷、三氯化磷、五氧化二磷、溴甲烷、二乙烯酮、氧化亚氮、铊化合物、四乙基铅、四乙基锡、三氯化锑、溴水、氯气、五氧化二钒、二氧化锰、二氯硅烷、三氯甲硅烷、苯胺、硫化氢、硼烷、氯化氢、氟乙酸、丙烯醛、乙烯酮、氟乙酰胺、碘乙酸乙酯、溴乙酸乙酯、氯乙酸乙酯、有机氰化物、芳香胺、叠氮黄砷化钠、叠氮化钠等。

（四）中毒药品

苯、四氯化碳、三氯硝基甲烷、乙烯吡啶、三硝基甲苯、五氯酚钠、硫酸、砷化镓、丙烯酰胺、环氧乙烷、环氧氯丙烷、烯丙醇、二氯丙醇、糠醛、三氟化硼、四氯化硅、硫酸镉、氯化镉、硝酸、甲醛、甲醇、肼（联氨）、二硫化碳、甲苯、二甲苯、一氧化碳、一氧化氮、氯仿、吉姆萨（Giemsa）染料、十二烷基硫酸钠（SDS）、Trizol 等。

（五）低毒药品

三氯化铝、钼酸铵、间苯二胺、正丁醇、叔丁醇、乙二醇、丙烯酸、甲基丙烯酸、顺丁烯二酸酐、二甲基甲酰胺、己内酰胺、亚铁氰化钾、铁氰化钾、氨及氢化铵、四氯化锡、氯化锗、对氯苯铵、硝基苯、三硝基甲苯、对硝基氯苯、二苯甲烷、苯乙烯、二乙烯苯、邻苯二甲酸、四氢呋喃、吡啶、三苯基膦、烷基铝、苯酚、三硝基酚、对苯二酚、丁二烯、异戊二烯、氢氧化钾、盐酸、氯磺甲、乙醚、丙酮、乙酸（浓的）、过硫酸铵等。

（六）易爆药品

叠氮化钠、硝酸铵、过氧乙酸、过氧化氢（双氧水）等。

（七）易自燃物品

黄磷、硝化纤维、胶片等。

（八）易燃物品

红磷、镁粉、醚、醇、汽油等。

三、操作规程

（一）有毒、有害物品的购买

（1）依据实际使用情况，由实验人员填写计划单，报实验室负责人批准。

（2）经实验室负责人批准后，送交采供部购买。

（3）采购此类药品需向所在地省、自治区、直辖市食品药品监督管理部门或行政部门提出申请，经批准后从经营单位购买。

（4）采供部门二人持“毒品购买证”或麻醉、精神药品购买证件到指定单位购买，运送途中需实行有效的防范措施，安全交至仓库管理部门。有限购买证件严禁转借他人。

（二）有毒、有害物品的接收

（1）此类药品保管员应由二人担任，负责有毒、有害物品的管理工作。

（2）此类药品保管员须具备较高的素质和品质，工作认真负责，有一定专业知识和安全知识。

（3）保管员验收：①二位保管员先后核对实物与购买计划单是否一致。②检查有毒、有害物品包装完好，封口严密，标签清晰，文字完整，易于辨认，无污染、无渗漏、无破损、无混杂、无启封痕迹。③精密称定（未开口状态）重量，四人（两位保管员，两位采购员）核对确认。以上有一项验收不合格，保管员拒绝接收，报主管领导进行调查，直至符合规定。④验收合格，填写接收记录，四人签名。⑤瓶外贴上标签，内容包括编号、购进日期、重量、有毒标志。

(三) 有毒、有害物品的储存保管

(1) 此类物品须置于保险柜中储存,分类码放整齐,有存放编码记录。建立出入库账目,及时盘点,做到账物相符。账目至少保存两年备查。

(2) 储存环境及条件:严格按《化学试剂管理规程》中的要求进行储存;特殊品种按其产品说明书规定的要求进行储存。

(3) 保险柜要双人、双锁保管,二人各有一把锁的钥匙。

(4) 保管员对化学性质不够稳定的药品每月检查一次,性质稳定的每季检查一次。做到账、卡、物相符,并做好记录,发现问题及时采取措施,并报告主管负责人。

(5) 不准在有毒、有害物品存放室内休息、饮食,严禁吸烟。

(6) 严禁无关人员进入有毒、有害物品存放室内。

(四) 有毒、有害物品的发放

(1) 使用者需二人领用并在收发记录上签名。

(2) 实验室负责人批准签名。

(3) 二位保管员(发料人)核对后签名,二人开锁,取出试剂,交给领用人。

(4) 领用人复核原包装重量(在分析天平上称重),应与原包装验收重量相符,否则不准开封,并立即报告实验室主管和采供部负责人调查处理,直至符合规定。

(5) 检查原包装的完整性,封口严密,封条完好,标签完整,外标识完整无误后方可开封取样。

(6) 取样完毕后加贴封口条,注明封口人、封口日期、剩余毛重等,退回保管员处。

(7) 保管员填写发放记录、注明剩余量(毛重),两人签字确认。

(8) 未经批准领用的试剂不得发放。

(9) 所有的记录均保存至有毒、有害物品用完后五年方可销毁。

(五) 有毒、有害物品的销毁

(1) 凡超过有效期或使用期的有毒、有害物品均应销毁。

(2) 因某种原因致使其改变化学性质的有毒、有害物品应销毁。

(3) 使用完毕后的有毒、有害物品内包装材料严禁擅自丢弃,必须交保管员统一管理,统一销毁。

(4) 此类药品的销毁需登记造册,经所在地县级以上食品药品监督管理部门批准并监督销毁。

(六) 有毒有害废液及废旧化学试剂的收集

(1) 实验室的废弃化学试剂和实验产生的有毒有害废液、废物,严禁向下水口倾倒或随垃圾丢弃,不可将废弃的化学试剂放在楼道、阳台、庭院等公共场合,违者将受到严格追查和处罚。

(2) 有毒有害废液及废弃化学试剂应按下述规定放置:固体,一般应保存在(原)旧试剂瓶中,并注明是废弃试剂,暂存在试剂柜中。液体,应统一购置塑料桶(分三类并印有标志),用以分别收集含卤素有机物、一般有机物、无机物的废液。废液收集桶应随时盖紧,并放于实验室较阴凉的位置。

(七) 实验室废物、废液的处理

污染物的一般处理原则为分类收集、存放,分别集中处理。尽可能采用废物回收以及固化、焚烧处理，在实际工作中选择合适的方法进行检测，尽可能减少废物量、减少污染。废弃物排放应符合国家有关环境排放标准。

(1) 化学类废物：一般的有毒气体可通过通风橱或通风管道，经空气稀释排出。大量的有毒气体必须通过与氧充分燃烧或吸收处理后才能排放。废液应根据其化学特性选择合适的容器和存放地点，通过密闭容器存放，不可混合储存，容器标签必须标明废物种类、储存时间，定期处理。一般废液可通过酸碱中和、混凝沉淀、次氯酸钠氧化处理后排放，有机溶剂废液应根据性质进行回收。

(2) 生物类废物：生物类废物应根据其病原特性、物理特性选择合适的容器和地点，专人分类收集进行消毒处理，日产日清。

液体废物一般可加漂白粉进行氯化消毒处理。固体可燃性废物分类收集、处理。固体非可燃性废物分类收集，可加漂白粉进行氯化消毒处理。满足消毒条件后作最终处置。

可重复利用的玻璃器材如玻片、吸管、玻瓶等可以用消毒液浸泡2～6 h，清洗后重新使用。

盛标本的玻璃、塑料、搪瓷容器可煮沸15 min，或者用消毒液浸泡2～6 h，消毒后用洗涤剂及流水刷洗、沥干；用于微生物培养的，用压力蒸汽灭菌后使用。

微生物检验接种培养过的琼脂平板应压力灭菌30 min，趁热将琼脂倒弃处理。

1.14 动物实验报告及论文的撰写

一、实验报告

(一) 实验报告的内容与形式

实验报告是对实验情况真实、科学的记录，必须在认真做好实验的基础上进行描述、分析、比较、综合而得出结论。不得抄袭教材、参考书和其他同学的实验结果，实验报告包括文字描述、绘画、作图和制表。

1. 文字描述

用钢笔或中性笔书写，行间留有空隙。文字工整、简洁明了、条理清楚，反映实验的真实情况，要求准确无误。要正确使用标点符号。

2. 绘画

绘画是形象地描绘生物外形、结构和行为等的一种重要的科学记录方法。原则上要求对所描绘生物对象进行深入细致的观察，从科学的高度充分了解有关形态结构特征，在此基础上，准确、严谨地绘制。所绘图形要具有真实性，并且简要清晰。

(1) 绘画的主要工具　HB及2H(或3H)铅笔、无颜色的软橡皮、有刻度的量尺、铅笔刀等。

(2) 绘画的基本要求　①认真、准确、典型，符合科学性，画面要如实、准确地反映所观察的标本各部分结构的层次、形状、大小、长短比例等；不要夸张、凭设想，也不要仿书本照抄照画。②铅笔应保持尖细，纸张平整，运用“点”和“线”的技巧，精细描绘，点线组成的画要整齐、干净、朴素，力求达到准确、美观。

(3) 绘画注意事项　①图一般应画于纸的中央略偏左侧，右侧留作引线及注字。②绘图时，一定要注意各部分比例，先用软铅笔(HB)轻轻描出轮廓，然后添加各部分详细结构，再加以修改,最后用尖的硬铅笔(2H)以清晰、流畅的笔画绘出全图。③结构轮廓应为明晰的单线,各部分结构的深浅和明暗用不同疏密、粗细均匀的黑点表示,不能涂抹阴影,更不准着色。④注字时,先用引线水平地从要注明部位引出,引线要上下平整,各引线不能交叉;然后用硬铅笔以楷书注字;图题应写在图的下面中央,必要时标出图的方位和比例。

3. 作图

实验报告中用图形可以表达信息,图形有多种,如曲线图、柱形图、三维图、扇形图等。图形经常表明两种变量(x 和 y)之间的关系,两个数轴是相互垂直的。横轴为横坐标(x 轴),纵轴为纵坐标(y 轴)。通常,x 轴表示自变量(如某实验处理),y 轴表示因变量(如生物效应)。每个数轴都要有说明性的标注及合适的测量单位。每个数轴都要有刻度和参照标记。

4. 制表

表格通常是简洁、准确、有条理地表示数值型数据的合适方式,它能有效地压缩和展示实验结果,并有助于详尽地对数据进行比较。表格包括的内容如下。

(1) 标题　必要时写上参考标注和日期。

(2) 行和列的表头　附上合适的测量单位。将相关数据或特性按类别垂直列出,用行展示不同的实验处理、生物类型等。对照值常放在表格的开头,相互比较的列要靠在一起。

(3) 数据值　引用有意义的有效数据,根据需要列出统计参数。

(4) 脚注　解释缩写符号、修饰符号及某个细节。

(二) 实验报告的格式与要求

1. 实验报告的基本格式

首页是实验报告的各项信息(包括姓名、班级、组别、日期等)。从第 2 页开始为正文内容。抬头是实验名称及类型。正文内容依次如下。

(1) 实验目的。

(2) 实验原理或内容。

(3) 实验材料及用品。

(4) 实验方法及步骤。

(5) 实验结果　应将实验过程中所观察到的现象,真实无误地记录下来,根据实验记录写出实验报告,不可单凭记忆,否则易发生错误或遗漏。

(6) 分析讨论　根据现有理论知识并查阅相关参考资料对实验结果进行客观深入的解释和分析,是富有创造性的工作,应开动脑筋、积极思考,严肃认真地对待。可以在同学间开展小组讨论,加深对本次实验的理解,可以提出并论证自己的观点,以及实验改进方面的合理建议。判断实验结果是否为预期结果,如果出现非预期结果,应分析原因。学生应该用自己的语言描述,而不能生硬地抄录书本的内容,在此环节可以考察学生的综合分析问题的能力、想象力、文字表达能力等。

(7) 结论　最后总结并归纳出一般性、概念性的判断,即本次实验所验证的概念、原则或理论。结论部分不应是实验结果的简单罗列。另外,在实验中没有得到充分证明的理论分析也不应写入结论中。

★上述(1)～(4)部分内容应要求学生在实验课前预习完成。

2. 实验报告的书写要求

(1) 实验报告(包括实验记录)必须使用标准格式的实验报告纸。

(2) 每人均需独立完成实验报告。

(3) 实验报告内容要完整,各部分的具体内容要根据实际实验过程书写,实验数据、图表等应是实际所见所得。

(4) 实验报告中的作业部分以老师指定内容为准。

(5) 凡属于测量性质的结果，例如高低、长短、快慢、轻重、多少等，均应以正确的单位及数值定量地写出，不能简单笼统地加以描述，如心跳的变化不能只写心跳频率加快或减慢，而要写出心跳加快或减慢的具体数值。

(6) 有曲线记录的实验，应尽量用原始曲线记录实验结果。在曲线上应有刺激记号、时间记号并加以必要的标注或文字说明。

二、科研论文的撰写

科研论文是对科研工作的总结。它概括科研工作过程，反映科研成果，体现科研水平和价值，以及科研工作者的严谨科学态度。科研(实验)论文是完全根据自己的实验经历所撰写的，除小部分引用他人的文献之外，都必须是实实在在的实验结果与过程的记录。科研论文不能像文学作品带有虚拟及夸张，必须依据从实验中所获得的实验结果、论证所提出的假说。

科研论文种类很多，体裁各异，主要有论著、简报、简讯、病例报告、综述等，都具有科学性、实用性、论点明确、资料可靠、数据准确、文字通顺简练等特点，其中最基本、最具代表性的是论著。

论著现已形成了一种固定的四段式格式，即前言、材料和方法、结果(和分析)、讨论。除此之外，在论文中还应该包括中英文摘要、关键词、参考文献等内容，篇幅一般在 5000 字左右。如在设计、研究性实验中获得了一些创新性的实验结果，可以撰写成科研论文在相关的专业期刊上发表。

第2章 动物形态与结构实验

动物的种类繁多，形态和结构极其多样。通过实验，认识动物体的细胞组织结构、器官系统组成及外部形态特征等基本知识，掌握从单细胞到多细胞动物进化过程中形态结构的变化特点，理解结构与功能相适应的特征，并提高学生的显微观察、动物解剖等基本操作技能。

2.1 动物的细胞组成和四大基本组织

一、实验目的

(1) 学习动物细胞平铺临时装片的一般制作方法，熟练使用普通光学显微镜。

(2) 认识动物细胞的基本结构，掌握动物的四类基本组织结构特点及其结构与机能的密切关系。

二、实验内容

(1) 人口腔上皮细胞临时装片的制作与观察。

(2) 动物四类基本组织玻片标本观察，包括蝗虫横纹肌的制作与观察。

三、实验材料与用品

蝗虫浸制标本，动物四类基本组织玻片标本。

普通光学显微镜、解剖剪、解剖针、小镊子、载玻片、盖玻片、滴管、无菌牙签、碘酊、0.9%生理盐水、0.1%亚甲蓝、0.1 mol/L 碘液、0.02%詹纳斯绿 B 染液、蒸馏水、吸水纸等。

四、实验方法与步骤

(一) 人体口腔上皮细胞临时装片的制备与观察

(1) 滴一滴0.9%生理盐水于洁净的载玻片中央，用无菌牙签粗的一头在口腔颊部轻轻地刮两下，将其放入载玻片中央的液滴中涂抹几下，使白色黏性物质分散均匀；用镊子夹住一块洁净的盖玻片的一边，使另一边与载玻片上的液滴边缘接触，然后缓慢放下，以防产生气泡，用吸水纸从盖玻片边缘吸去多余的液体。

(2) 置低倍镜下寻找轮廓较清楚的单个细胞并移至视野中央，再转高倍镜观察。可见口腔黏膜上皮细胞呈扁平多边形或扁圆形，仔细辨认细胞核、细胞质和细胞膜等基本结构。观察时，光线应暗些。★为什么？

(3) 如细胞结构观察不够清楚，可在盖玻片一侧滴一滴 0.1 mol/L 碘液(也可采用 0.1%亚甲蓝或 0.1%中性红染液)，在盖玻片另一侧用吸水纸吸引，使碘液通过细胞进行染色，再置于显微镜下观察，细胞质染成浅黄色，而细胞核染成深黄色。

(4) 口腔黏膜细胞活体染色显示线粒体　将从口腔黏膜刮下的白色黏性物薄而均匀地涂在载玻片上，加一滴0.02%詹纳斯绿B染液，染色20 min，盖上盖玻片，置于显微镜下观察，高倍镜下可见细胞质无色，在细胞质中散布一些蓝绿色短杆状和圆形颗粒，即为线粒体。★如果整个细胞全为蓝色，说明了什么？

(二) 动物四类基本组织玻片标本的制片与观察

1. 上皮组织(图版1)

1) 单层扁平上皮(蛙肠系膜整装片)

将玻片置于显微镜下，观察肠系膜的间皮细胞和肠系膜内毛细血管的内皮细胞。它们均为单层扁平上皮(图2.1-1)。

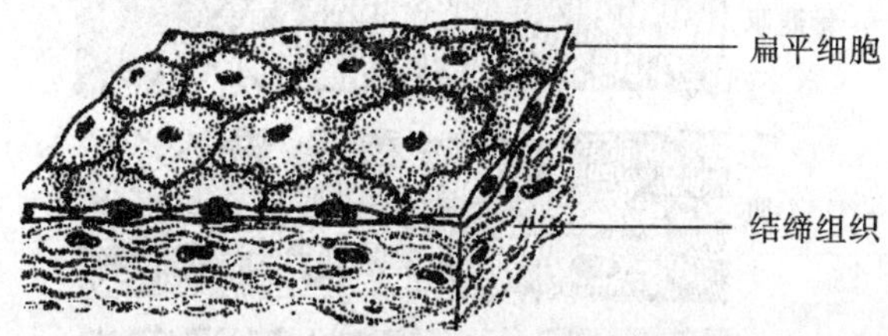

图2.1-1　单层扁平上皮(自黄诗笺)

先在低倍镜下选择标本最薄的部分观察，可见黄色或淡黄色的背景上显现出黑棕色或黑色的波形线，这是细胞之间的边界。高倍镜观察，可以看到细胞为多边形，细胞边缘呈锯齿状，相邻细胞彼此相嵌。细胞核扁圆形，无色或淡黄色，位于细胞中央。

2) 单层立方上皮(兔甲状腺切片)

低倍镜观察，可看到许多大小不等、圆形或椭圆形的红色甲状腺滤泡。

高倍镜观察，滤泡壁由1层立方体形上皮细胞构成，核圆形、蓝紫色，位于细胞中央，细胞质粉红色。

3) 单层柱状上皮(猫小肠横切片)

低倍镜观察，可见黏膜面形成许多指状突起，突向管腔，突起表面覆有1层柱状上皮。

高倍镜观察，可见上皮细胞为柱状，核长椭圆形、蓝紫色，靠近细胞的基底部。把虹彩光阑缩小，减少光量，可见细胞的游离面有1层较亮的粉红色膜状结构，称为纹状缘。在柱状细胞之间散有杯状细胞，此细胞上端膨大、下端细小，核呈三角形或半圆形，位于细胞基底部。在杯状细胞上端的细胞质内积有大量不着色的黏液，在切片上呈卵形空泡状结构，细胞尖端无纹状缘。

4) 假复层纤毛柱状上皮(兔气管横切片)

高倍镜观察，可见气管内表面的细胞排列紧密，彼此挤压，细胞形状很不规则。细胞一端都与基膜相连，但另一端，有的细胞达上皮游离面，有的未达游离面，细胞核位置高低不等，以致整个上皮似复层细胞组织。注意观察锥形细胞、梭形细胞、具纤毛的柱状细胞以及杯状细胞的排列位置。

5) 变移上皮(兔膀胱收缩时和充盈时切片)

高倍镜观察，可见收缩状态的膀胱上皮有多层细胞，表层细胞较大，呈宽立方体形，游离面呈弧形，靠游离面的细胞质着色深，核大，卵圆形，有的细胞可看到双核。中间几层为多角形或倒梨形细胞。基部细胞小，呈矮柱状，排列较密。

膨胀状态的膀胱上皮变薄，细胞层次减少，有时只有2层，细胞呈扁平形或梭形。

2. 肌肉组织(图 2.1-2,图版 2)

1) 蝗虫骨骼肌装片的制作与观察

用尖头镊子取蝗虫浸制标本胸部的一小束肌肉,置于载玻片上的水滴中,用解剖针仔细分离肌纤维(越细越好),用 0.1%亚甲蓝染色,加盖玻片后,置显微镜下观察。

先用低倍镜观察,可见骨骼肌为长条形肌纤维,在肌纤维间有染色较淡的结缔组织。在高倍镜下,单个骨骼肌纤维呈长圆柱形,其表面有肌膜,肌膜内侧有许多染成蓝紫色的卵圆形的细胞核。缩小光圈,可避免视野过亮,可见到每条肌纤维内有很多纵行的细丝状肌原纤维。肌原纤维上有明暗相间的横纹,即明带(I 带)和暗带(A 带)。★为什么?

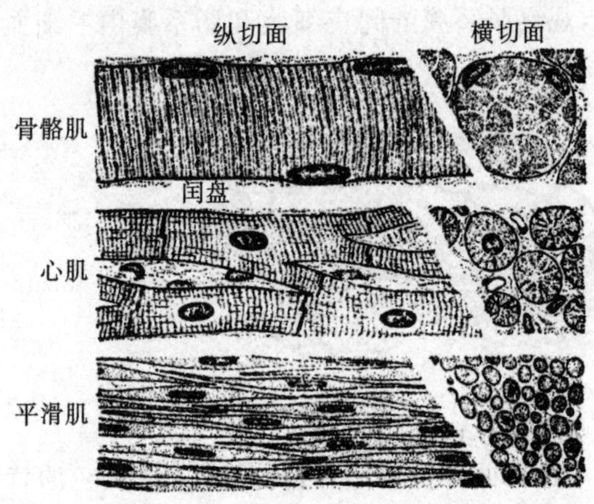

图 2.1-2　三类肌肉组织(纵、横切面)(自姜乃澄等)

2) 骨骼肌(猫骨骼肌横切片)

先低倍镜,后高倍镜观察:肌纤维呈多边形或不规则圆形,外有肌膜,细胞核卵圆形,紧贴肌膜内侧;肌原纤维呈小红点状,在肌浆内排列不均匀,所以在横切面上呈现小区。

3) 心肌(狗心肌切片)

高倍镜观察,在纵切面上,心肌纤维彼此以分支相连,核卵圆形,位于心肌纤维中央。把虹彩光阑缩小,光线放暗一些,可看到心肌纤维的横纹,但不及骨骼肌的明显。在心肌纤维及其分支上,可见到染色较深的梯形横线,即闰盘。在横切面上,由于切片的关系,有的有核,有的无核。

4) 平滑肌(蛙的平滑肌分离装片,猫的小肠横切片)

高倍镜观察蛙的平滑肌分离装片,可见分离的平滑肌纤维呈长梭形,核长椭圆形,位于细胞中部,在常规染色标本上肌原纤维看不清楚。

高倍镜观察猫的小肠横切片,可见小肠壁平滑肌横切面呈大小不等、不规则的红色圆点,有的中央有染成蓝紫色圆形的核,有的见不到核。

3. 结缔组织(图版 3)

1) 血液组织(人血涂片标本,瑞氏染色)(图 2.1-3)

(1) 红细胞　数量最多,小而圆,无细胞核,其中央部分着色较周围淡。★原因何在?

(2) 白细胞　慢慢移动标本,观察各种白细胞,白细胞数量比红细胞少,但胞体大,细胞核明显,极易与红细胞区别开。

①中性粒细胞:数量较多,占白细胞总数的 50%~70%。胞质淡红色,并充满细小、分布均匀的淡紫红色颗粒。核紫色,通常分为 2~5 叶,叶间有细丝相连。如核呈杆状,则为中性粒细胞的幼稚型。

②嗜酸性粒细胞:数量较少,占 7%以下。较中性粒细胞略大,胞质中充满橘红色的大小

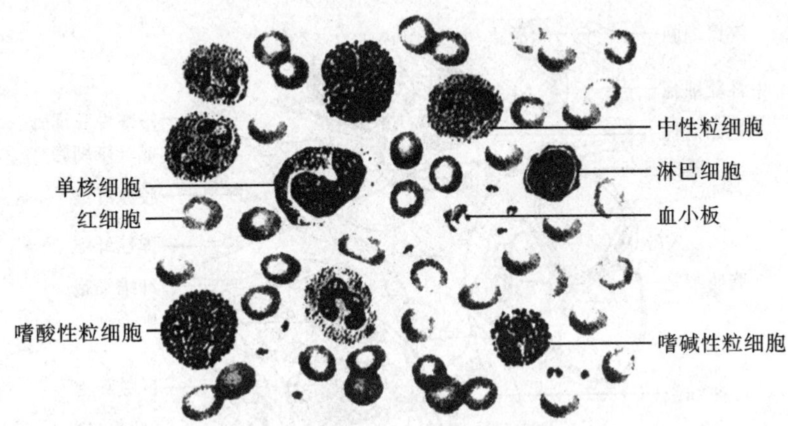

图 2.1-3 人的各种血细胞(自黄诗笺)

一致的粗大、圆形颗粒。核紫色,通常分为 2 叶。

③淋巴细胞:数量较多,占 20%～40%,可见中、小型淋巴细胞。小淋巴细胞一般略大于红细胞,核球形,占细胞体积的大部分,染成深蓝紫色;胞质极少,只有一薄层,围在核的周围,染成淡蓝色;中淋巴细胞比红细胞小,胞质较小淋巴细胞的稍多,着色较浅,核圆形或卵圆形,位于细胞中部,也染成深蓝紫色。

④嗜碱性粒细胞:数量极少,占 1%以下,在一般血涂片上不易找到。细胞体积比上述两种白细胞稍小,胞质中分散着许多大小不等的深紫蓝色颗粒。核形状不定,圆形或分叶,也染成紫色,但染色略浅,一般都被颗粒遮盖,形状不清。

⑤单核细胞:数量少,占 2%～8%,是血液有形成分中最大的细胞。胞质淡灰蓝色,核多呈肾形或马蹄形,常在细胞的一侧,着色比淋巴细胞核浅。

(3) 血小板　为形状不规则的细胞小体,其周围部分为浅蓝色,中央有细小的紫色颗粒,常聚集成群,分布于红细胞之间。高倍镜下一般只能看到成堆的紫色颗粒,在油镜下才能看到颗粒周围的浅蓝色胞质部分。

对比观察兔、大鼠和鸡的血涂片。★注意观察其粒细胞的特点与人的有何不同。

兔的中性粒细胞的胞质颗粒被曙红染成红色。大鼠的嗜酸性粒细胞核呈环状。鸡的红细胞呈椭圆形,具核。凝血细胞(代替血小板功能)呈椭圆形,有核,胞质淡蓝色。中性粒细胞(又称假嗜酸性粒细胞)的颗粒呈梭形,染色较红。

2) 脂肪组织(猫气管横切片)

低倍镜观察,在气管最外面一层的疏松结缔组织中可看到密集成群的圆形或多角形的空泡,即脂肪细胞(胞质内的脂肪滴在制片过程中被酒精及二甲苯溶解)。在成群脂肪细胞之间有疏松结缔组织分隔。

高倍镜观察,可见核为扁圆形或半月形,偏于细胞的一侧。

3) 疏松结缔组织(小白鼠皮下疏松结缔组织铺片)

先低倍镜,后高倍镜观察。可见疏松结缔组织由 2 种纤维(胶原纤维和弹性纤维)、4 种细胞(成纤维细胞、巨噬细胞、肥大细胞和浆细胞)组成(图 2.1-4)。

4) 致密结缔组织(猫的尾腱纵切片)

高倍镜观察,可见胶原纤维束粗而直,彼此平行排列。腱细胞在纤维束间排列成单行,切面上呈长梭形,核椭圆形或杆状,蓝紫色,2 个邻近细胞的核常常靠近,细胞质不易显示。

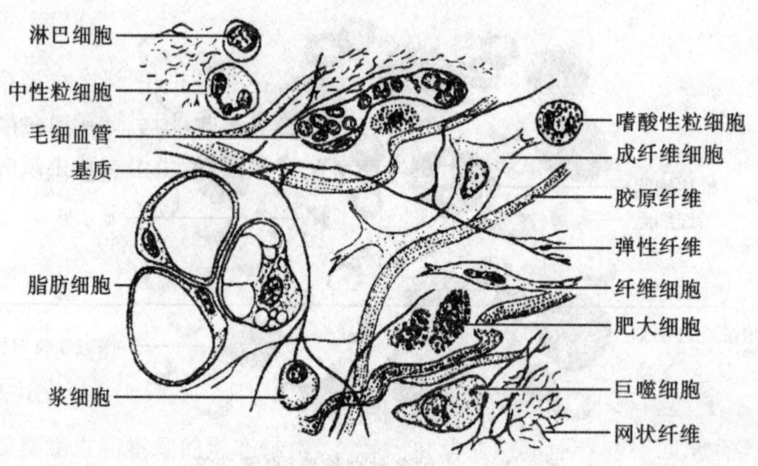

图 2.1-4 疏松结缔组织(自黄诗笺)

5) 网状组织(猫淋巴结纵切片)

高倍镜观察,网状纤维呈黑色,粗细不等,分支交织成网,网状细胞为星状有突起的细胞,相邻细胞以突起相连成网状。

4. 神经组织(图版 4)

1) 脊髓(兔脊髓横切片)

肉眼观察:脊髓横切片中央为蝴蝶状的灰质,其中心有一孔为中央管,灰质较狭的一端为后角,较宽的一端为前角;包围在灰质周围染色较淡的部分是白质。

低倍镜观察:将玻片置于显微镜下,脊髓灰质前角移至视野中央,观察神经元。在前角内有许多较大的多突起细胞即脊髓前角运动神经元,为多极神经元。神经元胞体上的突起包括树突和轴突,但不易区分,一般可根据轴突基部的轴丘处染色较浅(无尼氏体)来识别轴突。选择一个胞体较大、突起较多、核较清晰的神经元移至视野中央。

高倍镜观察:核大,呈囊泡状,居细胞中央,核内有染色较深的核仁。

2) 骨骼肌运动终板(兔肋间肌撕片装片)

低倍镜观察:可见骨骼肌平行排列成束,有的呈蓝紫色,有的呈紫红色。传出神经纤维染成黑色,形似树枝,分布到骨骼肌纤维上,当它们接近肌纤维时,其末端再分支成爪形小球,附着于肌纤维表面。

高倍镜观察:神经纤维终末的爪状分支端膨大,它与肌纤维附着处形成椭圆形板状隆起时,即为运动终板。

示范与拓展实验

1. 马蛔虫受精卵有丝分裂玻片标本的示范观察

用低倍镜找到马蛔虫(*Ascaris megalocephala*)子宫横切面——多为圆形或椭圆形,内有圆形的受精卵。在低倍镜下观察细胞,找到前期、中期、后期和末期的有丝分裂图像,再分别用高倍镜观察,辨认染色体、中心粒及纺锤体。(★注意分裂各时期的特点。)

2. 海胆或文昌鱼早期胚胎装片标本的示范观察(图 2.1-5)

观察处于不同平面的胚胎细胞时,宜在低倍镜下观察,并不时转动细调节螺旋,切不可转动粗调节螺旋。仔细分辨卵裂(2 细胞期→4 细胞期→8 细胞期→16 细胞期→32 细胞期)、囊胚(中有囊胚腔)、原肠胚(中有囊胚腔、原肠腔,原肠腔和外界相通的小孔称胚孔)等不同发育时期的胚胎。

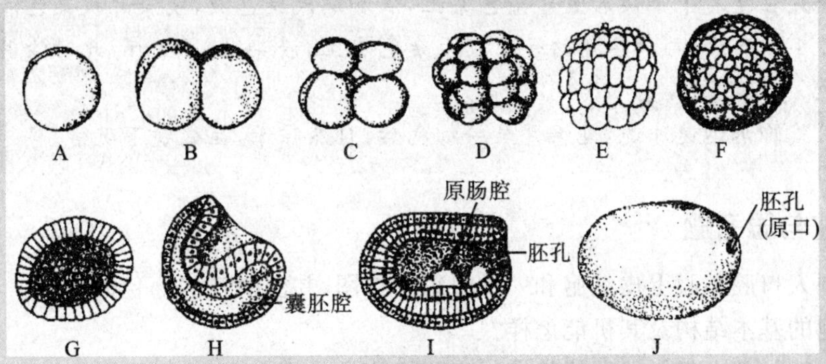

图 2.1-5 文昌鱼的早期胚胎发育(自 Romer)

A～D. 卵裂期;E. 桑椹期;F～G. 囊胚及其剖面;H～I. 原肠胚的剖面;J. 原肠胚后期外观

3. 动物的细胞、组织及多细胞动物早期胚胎发育的多媒体演示

(1) 动物细胞的电子显微照片及细胞分裂过程的多媒体演示。

(2) 动物四类组织图片的多媒体演示。

(3) 多细胞动物(文昌鱼和蛙)早期胚胎发育过程的多媒体演示。

4. 人血涂片实验(图 2.1-6)

(1) 用酒精棉球擦拭消毒指尖,用采血针刺破指尖,从采血针眼处挤出绿豆大小血滴,用清洁玻片面的一端轻轻接触血滴,使血滴附于玻片面上(注意勿触及皮肤,否则血在玻片上就不能成滴)。

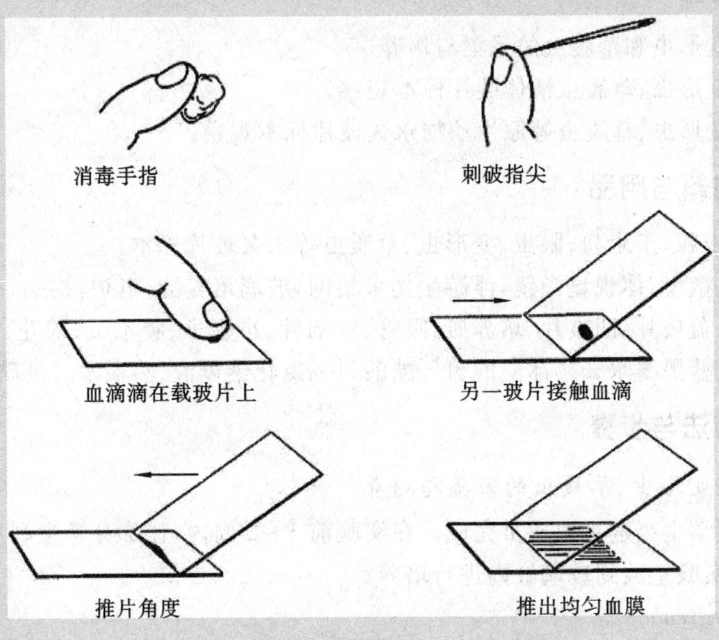

图 2.1-6 人血涂片的制作方法与步骤

(2) 以左手拿该片的两端,迅速用右手拿住另一载玻片的一端,在左手载玻片上由前向后接触血滴,使两载玻片约成45°角,轻轻移动,使血滴成一直线,然后由前向后推为一均匀的薄片。

(3) 涂片在空气中干燥后置于染色架上,滴加瑞氏染色液,使涂片被染色液覆盖。

(4) 染1 min后,再加等量的缓冲液于染色液上,浸染5~8 min,此时涂片表面呈现一层古铜色。

(5) 用蒸馏水迅速冲洗,见涂片呈粉红色后,自然晾干,显微镜下观察。

五、作业与思考题

(1) 绘制人口腔黏膜上皮细胞和一种组织结构图,并注明各部分名称。

(2) 细胞的基本结构及其机能怎样?

(3) 动物四类基本组织的结构特点与主要机能是什么?

2.2 眼虫、变形虫和草履虫等原生动物

一、实验目的

(1) 了解眼虫、变形虫和草履虫等的生活环境和生活习性,知道怎样采集和培养这些动物。

(2) 学习活体原生动物临时装片的制作方法,认识眼虫、变形虫、草履虫等的运动、摄食和形态结构。

二、实验内容

(1) 眼虫、变形虫和草履虫的采集与培养。

(2) 眼虫、变形虫、草履虫活体装片标本观察。

(3) 眼虫、变形虫、草履虫等原生动物永久玻片标本观察。

三、实验材料与用品

稻草秆、小麦粒、玉米粉;眼虫、变形虫、草履虫等永久玻片标本。

普通光学显微镜,体视显微镜,浮游生物采集网,玻璃培养缸,电炉,铝锅,广口瓶、三角瓶、锥形瓶、载玻片、盖玻片、凹玻片、培养皿、吸管、解剖针、小镊子、吸水纸、棉花、牙签;pH试纸、洋红粉末、琼脂、蓝黑墨水、5%冰醋酸、1%醋酸、1%氯化钠母液、蒸馏水、1%碘液。

四、实验方法与步骤

(一) 眼虫、变形虫、草履虫的采集与培养

由老师带领学生兴趣小组成员完成。在实验前1~2周内,让部分学生利用课外时间进行户外采集,带回实验室放到玻璃缸内进行培养。

1. 眼虫(*Euglena*)

(1) 采集　在不流动、腐殖质较多或排有生活污水的小河沟、池塘或临时积有污水的水坑中,尤其是带有臭味、发绿色的水中常可采到眼虫。眼虫大量繁殖时,水呈绿色。

(2) 培养　将富含腐殖质的泥土少许，置于三角瓶中，加水至瓶容积的 2/3 处，以棉花轻轻塞住瓶口，煮沸 15 min，室温放置 24 h。由于多数情况下采到的水样混杂有其他动物，因此接种时，应在解剖镜下用微吸管将眼虫吸出，反复多次。再将眼虫接种到三角瓶中，置于向光处(避免阳光直射)纯培养，1 周后眼虫大量繁殖。

2. 变形虫(*Amoeba*)

(1) 采集　变形虫常常生活在较为洁净、缓流的小河或静水的池塘中，通常集中在水底泥渣烂叶中或水生植物水下部分的茎叶上，主要取食硅藻等藻类，也取食腐败的水生植物叶片等。采集时可捞取水底物质，用粗吸管吸取呈黄褐色的碎屑(硅藻较多)，或水面上漂浮着的灰褐色似胶状物，或水生植物如荷叶下面的黏稠物，往往可以得到很多变形虫。还可在水边或潮湿处挖取带根的禾本科植物(不要去除根上的土)带回实验室。

(2) 培养　选用池塘水过滤、煮沸，放入数粒小麦粒，室温下放置 1～2 天，使细菌繁殖起来。接种变形虫时，将含有变形虫的池塘水滴加在载玻片上，并滴加水 1 滴，放置 1～2 min，使变形虫贴附于玻片上，倾斜玻片使水流出，并用水缓缓冲洗玻片，尽量去除其他微小动物。将该玻片放入培养液，约 2 周后，可有大量的变形虫出现。亦可将根上带土的禾本科植物直接浸入培养液中培养。

3. 草履虫(*Paramecium*)

(1) 采集　草履虫多生活在湖沼、池塘、水田以及城市生活用水的污水沟中，以细菌、藻类和其他腐败的有机物为食。在水底沉渣表面浮有灰白色絮状物、有机物质丰富的水中，有大量草履虫生活。采集方法是将广口瓶系上绳，沉入水底连同沉渣一块捞起。特别是食堂附近污水沟底部淤泥的表面一层白膜下分布多，可用大吸管吸取或用勺刮取。

(2) 培养　常用 1% 稻草水培养草履虫。将 5 g 无霉烂的稻草秆切成小段放入锥形瓶中，加清水 500 mL，瓶口塞上棉花，煮沸 30 min，过滤放凉后接种产气杆菌属(*Aerobacter*)的细菌，放入 30 ℃下培养 3 天，稻草汤变混浊后即可使用(如无产气杆菌，也可在空气下暴露 3 天后使用)。接种草履虫(方法同于眼虫)，置 25 ℃室温下 1 周左右可见瓶中有大量的草履虫。可在培养液中加少量玉米粉等物，促进草履虫的繁殖。

(二) 眼虫、变形虫、草履虫活体装片标本观察

1. 眼虫的观察

先观察含有绿眼虫 *Euglena viridis* 的水体颜色(★*水体呈现何种颜色？这种颜色在水中是均匀分布还是集中在某一区域，这与光线照射方向有何关系？*)，然后，用滴管吸取颜色较深部位水样，滴一滴在载玻片中央，盖上盖玻片后，放在显微镜下观察。先用低倍镜观察，注意滴的水样应尽量少些，使眼虫活动减慢，便于观察。眼虫的鞭毛不经染色也可看到，但需将光线调暗一些，仔细观察，常可见到鞭毛摆动。

1) 绿眼虫的形态结构(图 2.2-1)

(1) 体形　前端钝圆，后端尖，整个身体略呈梭形。

(2) 表膜　质膜被于体表的一层薄膜，富有弹性，上有很多斜纹。

(3) 细胞质　在表膜之内的胶状物质。

(4) 胞口　体前端的一个漏斗状的开口。

(5) 胞咽　连接胞口之后的一细小管道，用以排出来自储蓄泡内的代谢废物。

(6) 储蓄泡　连接在胞咽之后，呈圆而透明的囊状空泡。

(7) 伸缩泡　在储蓄泡附近的一个空泡，其周围有几个小型的收集泡。伸缩泡能做周期

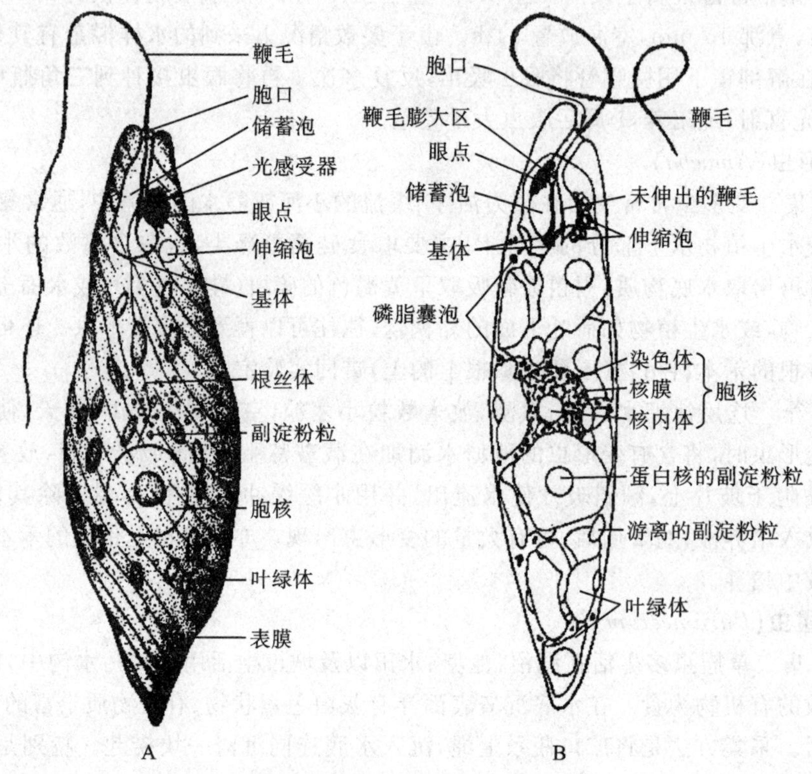

图 2.2-1　眼虫(自刘凌云等)

性的收缩,起到排除代谢废物、多余水分和维持渗透压的作用。

(8) 眼点　位于胞咽旁边的红色小点。眼点有感光的功能,因而绿眼虫具有趋光性。

(9) 色素体　分散在细胞中的许多含叶绿素的梭形小体,能进行光合作用,制造有机物。

(10) 副淀粉粒　分散在细胞内的闪光颗粒状小体。用0.02%中性红做活体染色,即成小红点。

(11) 鞭毛　从胞口中伸出的一根细长的丝状体。从盖玻片的一侧加一小滴碘液染色后,鞭毛及细胞核染成褐色,容易观察。

有时在视野内可看到圆形不动的个体,外面形成一层较厚的包囊。★形成包囊有何意义?

2) 绿眼虫的运动

(1) 游动　依靠鞭毛不停地摆动,使身体作螺旋状的摇摆前进。

(2) 眼虫式运动　当虫体活动不多时,常由虫体收缩而出现的一种特殊的蠕动。注意虫体蠕动的情形。

2. 变形虫的观察

用滴管吸取水面上的胶状物或用镊子刮取水草等物体上的黏稠物,放在载玻片上,然后加盖玻片。先在低倍镜下观察,一般变形虫的虫体较小,且几乎透明,呈极浅的蓝色;当变形虫缓慢移动时,身体不断地改变形状。根据这两个特点在显微镜下仔细寻找,把显微镜的光线调暗一些,找到大变形虫 *Amoeba proteus*(图 2.2-2)后,再换高倍镜仔细观察。观察时为使变形虫在视野内,要随变形虫运动而移动玻片。

(1) 质膜　虫体表面的一层薄膜。

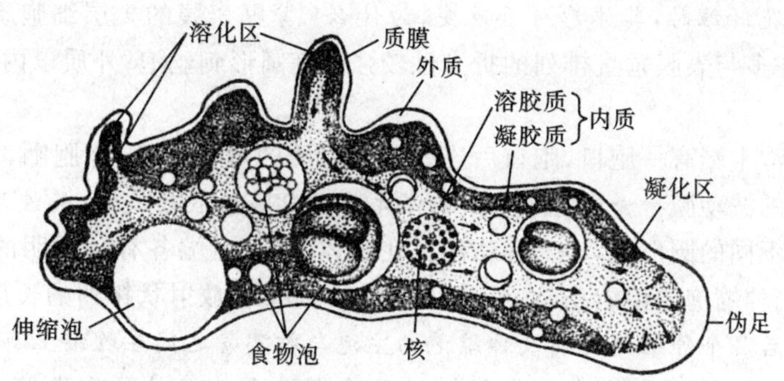

图 2.2-2 大变形虫的构造(自江静波等)

(2) 细胞质 分外层较明亮、无颗粒的外质和里面较暗淡、多颗粒的内质。

(3) 食物泡 分布在内质中,大小不一。如果发现一变形虫正在摄食,应仔细观察变形虫的吞噬作用和食物泡的形成过程。有时还可观察到食物泡中不能消化的残渣,在运动时排出体外的过程。

(4) 伸缩泡 一个在内质中呈透亮圆形的泡状结构。伸缩泡每当移至身体后端时就收缩一次,注意观察它每次收缩的间隔时间。★*伸缩泡的功用如何?*

(5) 伪足 数目不定,呈指状或叶状。仔细观察变形虫的运动方向,以及体内细胞质的流动与伪足形成的过程。

(6) 细胞核 1个,在内质的中央,呈椭圆形。生活时,核一般不易见到。在盖玻片的一侧加一滴1%的碘液或2%的冰醋酸,待几分钟后,核就清晰可见了。

3. 草履虫的观察

1) 临时装片的制备

为限制草履虫的迅速游动,以便观察,先将几根棉花纤维放在载玻片中部,再用滴管吸取草履虫培养液,滴1滴在棉花纤维之间,盖上盖玻片,在低倍镜下观察。如果草履虫游动仍很快,则用吸水纸在盖玻片的一侧吸去部分水(注意不要吸干),再进行观察。

2) 外形与运动(图 2.2-3)

在低倍镜下,将光线适当调暗点,使草履虫与背景之间有足够的明暗反差。可见草履虫形似倒置的草鞋底,前端钝圆,后端稍尖,体表密布纤毛,体末端纤毛较长。从虫体前端开始,体表有一斜向后行直达体中部的凹沟,称口沟,口沟处有较长而强的纤毛。

游泳时,草履虫全身纤毛有节奏地呈波浪状依次快速摆动,由于口沟的存在和该处纤毛摆动有力,而使虫体绕其中轴向左旋转,沿螺旋状路径前进。★*当遇到阻挡物时,虫体如何游动?*

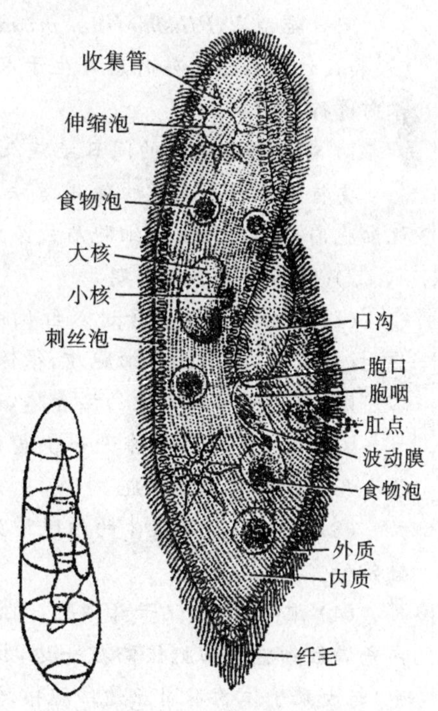

图 2.2-3 草履虫的构造(左,立体观)(自江静波等)

3) 内部构造(图 2.2-3)

选择1个比较清晰而又不太活动的草履虫,转高倍镜观察其内部构造。虫体的表面是表膜。★*注意,*

当草履虫穿过棉花纤维时,其体形可否改变,为什么?紧贴表膜的 1 层细胞质透明无颗粒,称外质,外质内有许多与表膜垂直排列的折光性较强的椭圆形刺丝泡;外质以内的细胞质有许多颗粒,称为内质。

虫体腹面口沟末端有一胞口,胞口后连一深入内质的弯曲短管,称胞咽,胞咽壁上生有由长纤毛联合形成的波动膜。★注意观察口沟纤毛和胞咽波动膜的波动,其波动有何功用?

内质内大小不同的圆形泡,多为食物泡。在虫体的前、后端各有一透明的圆形泡,可以伸缩,为伸缩泡。当伸缩泡主泡缩小时,可见其周围有 6~7 个放射状排列的长形透明小管,即收集管。★注意前后 2 个伸缩泡之间及伸缩泡的主泡与收集管之间在收缩上有何规律。

大草履虫 *Paramecium caudatum* 有大、小 2 个细胞核,位于内质中央,生活时小核不易观察到。在盖玻片一侧滴 1 滴 5 %冰醋酸,另一侧用吸水纸吸引,使盖玻片下的草履虫浸在冰醋酸中。将光线适当调亮,1~2 min 后,草履虫被杀死。在低倍镜下可见到虫体中部被染成浅黄褐色、呈肾形的大核;转高倍镜调焦后,可见大核凹处有一点状的小核。

4) 食物泡的形成及变化

取 1 滴草履虫培养液于另一载玻片中央,用牙签蘸取少许洋红粉末,掺入草履虫液滴中,混匀,再加少量棉花纤维,并加盖玻片。立即在低倍镜下寻找:被棉花纤维阻拦而不易游动,但口沟未受压迫的草履虫,转至高倍镜下,仔细观察食物泡的形成、体积变化及在虫体内环流和排遗的过程。

示范与拓展实验

1. 间日疟原虫装片标本示范观察

间日疟原虫 *Plasmodium vivax* 隶属孢子虫纲的血孢子虫,其生活史中有 2 个宿主(人和按蚊),裂体生殖时期寄生于人体的肝细胞和红细胞内,配子生殖和孢子生殖在按蚊体内进行。

1) 观察油物镜下的间日疟病人血液染色涂片标本

要特别注意油物镜的使用方法,切勿损坏玻片标本。涂片中红色圆形的是红细胞。红细胞内各期疟原虫的细胞质被染成蓝色,细胞核被染成红色。

2) 仔细观察下列各期

(1) 滋养体　裂殖子进入红细胞后,首先发育成环状体,个体很小,中间有一大的空泡,核偏在一边,周围有细胞质,很像戒指,因而也称环状滋养体,然后再逐渐发育成形态不规则、较大的阿米巴状的滋养体,即大滋养体。

(2) 裂殖体　滋养体进一步发育,细胞核分裂成几块,而细胞质尚未分裂。此期的疟原虫几乎充满整个红细胞。

(3) 裂殖子　裂殖体的细胞质分裂,包围在每个核的周围,这些卵圆形的小个体称为裂殖子。

(4) 配子体(即配子母细胞)　也是由裂殖子发育而来的。大配子体(大配子母细胞)内充满红细胞。细胞核偏在一边,核质较紧密,疟色粒比较粗大;小配子体(小配子母细胞)与大配子体的不同点是细胞核疏松,位于中部。疟色粒比较细小。

2. 其他原生动物标本的示范观察

利用多媒体演示或永久玻片标本观察示范其他原生动物标本(根据实验室条件选用)。

(1) 鞭毛虫纲 Mastigophora　如盘藻 *Gonium*、团藻 *Volvar*、利什曼原虫 *Leishmania*、锥体虫 *Trypanosoma* 等属种。

(2) 肉足虫纲 Sarcodina　如表壳虫 *Arcella*、砂壳虫 *Difflugia*、太阳虫 *Actinophrys*、痢疾内变形虫 *Entamoeba histolytica* 等属种。

(3) 孢子虫纲 Sporovoa　如艾美球虫 *Eimeria*、恶性疟原虫 *P. falciparum* 等属种。

(4) 纤毛虫纲 Ciliata　如钟虫 *Vorticella*、喇叭虫 *Stentor*、车轮虫 *Trichodina*、小瓜虫 *Ichthyophthirius* 等属种。

3. 草履虫染色装片标本的制作

(1) 澄清　取 100 mL 草履虫培养液加入 4%钾明矾(硫酸铝钾)水溶液 0.4～0.6 mL，搅匀静止后，虫体中的胶体状物质便沉淀下来，取用富含草履虫的上清液进行固定，可使制成的装片标本清洁干净和虫体分散而不堆积。

(2) 预固定　为克服大量的虫液因加入固定液后使虫体受刺激而变形，先在每 100 mL 虫液中加入 30%冰醋酸 10 mL，再加入氯化钠 0.85 g，搅匀静止数分钟即可。

(3) 再纯化　用 250 目滤筛进行筛选，可淘汰比草履虫体型小的其他原生动物，得到纯净草履虫体，且将草履虫留于筛中实现浓缩密集。

(4) 固定　固定液由纯酒精 70 mL、饱和氯化汞水溶液 20 mL、冰醋酸 10 mL 组成。固定时先将再次纯化后留有浓集虫体的滤筛底取下，用镊子夹放在一定量的固定液中反复抖动，或用滴管反复冲洗，使虫体落入固定液中，固定 30 min 至数小时。可入 75%酒精中长期保存。

(5) 脱汞　将虫体固定液倒入 250 目小型滤筛中滤去固定液，置于盛有适量 95%酒精的大型称量瓶或广口瓶中，滴入碘液数滴。氯化汞与碘液发生反应，可消耗碘使棕红色碘液褪色，同时也消耗汞的含量，当失去碘液颜色时再继续适当地滴入碘液，至碘液开始不再褪色时为止，即脱汞完毕。

(6) 染色　采用希夫试剂固绿染色法。按常规法做福尔根反应、希夫试剂染色及漂洗。

(7) 脱水　经梯度酒精 30%→50%→70%→85%→95%，逐级脱水各 30 min 以上，至 95%酒精时，在 95%酒精配制的 0.2%～0.5%固绿复染液中复染数秒钟。

(8) 继续脱水与透明　复染后直接用无水酒精脱水两次，各 10 min。透明时先用等量纯酒精和二甲苯混合液半透明 10 min，再用纯二甲苯透明两次，各 15 min。

(9) 浸胶与封存　透明后先用滴管吸弃二甲苯，再加入由二甲苯溶解好的光学树脂胶液，待树脂胶渗入虫体后，用细小吸管吸取适量虫体胶液滴于载玻片中央，盖上盖玻片封存。

如需显示草履虫的纤毛，则不能使用含有二甲苯的封固剂，采用溶解于无水酒精的"柏油"(柏树上分泌的天然树脂，黏稠度自行掌握)渗胶封片。

上述染色、脱水、透明等制片程序，均可用 250 目的小型滤筛在玻瓶中操作。

五、作业与思考题

(1) 绘制草履虫的形态结构详图，并标注其名称。

(2) 根据观察到的原生动物，总结单细胞动物有哪些细胞器的分化，各有什么功能？

2.3 水螅和涡虫的比较

一、实验目的

(1) 比较观察水螅和涡虫的形态结构,了解腔肠动物和扁形动物的主要异同。

(2) 学习水螅和涡虫的采集与培养方法。

二、实验内容

(1) 水螅和涡虫的采集与活体观察。

(2) 水螅横、纵切片标本的显微观察。

(3) 涡虫整体及横切面玻片标本的显微观察。

三、实验材料与用品

水螅、涡虫整体及切面玻片标本。

普通光学显微镜、体视镜,解剖蜡盘、大头针、刀片、解剖剪、镊子、解剖针、放大镜,培养皿、吸管,5%福尔马林、乙醚等。

四、实验方法与步骤

(一) 水螅和涡虫的采集与培养

1. 水螅的采集与培养

在缓流、清澈且富有水草的小河或池塘中,可采到水螅 *Hydra* sp.。它附着在水生植物、石块或水中其他物体上。伸展时体色较淡,收缩或离开水则呈褐色的小粒状。采集时可直接在水中的附着物上寻找,或采集大量水草,放在大型玻璃缸中,置于实验室向阳处,次日检查,可能获得水螅。

水螅可在室内培养,水要消毒,水温在 20～25 ℃之间,每周喂 2～3 次水蚤,次日须除去水底的死水蚤及其他污物。每周换水一次(换一半水即可)。最好用池水、井水,若用自来水,须先放些水草置向阳处 1～2 天再用。亦可用较大的鱼缸,底部铺细泥沙,加入曝晒过的自来水,种些水草,养数条小鱼和螺蛳,形成一个小生态系统。将水螅接种进去,定期饲喂水蚤,并不断补充蒸发的水分,可不换水。

2. 涡虫的采集与培养

涡虫 *Euplanaria* sp. 喜生活在隐蔽阴凉流动的溪流、水沟中,以活的或死的小型蠕虫、甲壳类动物及昆虫的幼虫等为食。涡虫避强光,昼间潜伏于石块、落叶下。发现有涡虫时,将石块、树叶捞起翻转,用毛笔蘸水将涡虫刷入瓶内水中。也可将新鲜动物肝脏(或肌肉)切成小块,系上细绳吊放入水中,1～2 h 后会诱来较多的涡虫附着在诱饵上,提起诱饵放入装有水的广口瓶中。可同时在附近多设几处诱饵,以采到更多涡虫。

培养涡虫最好是用洁净的池塘水、井水和泉水,如用自来水培养,须把自来水放置几天,经阳光直接曝晒过的更好。培养缸内可放些瓦块、卵石以便于涡虫隐蔽。涡虫喜欢的水温是 16～18 ℃,温度过高时会自行解体,所以夏季应特别注意降温。食物以动物肝脏或肌肉、熟蛋白等为主。如需涡虫加快生长,可每周投食 3 次;如保种,则 2 周或更长时间投食 1 次(涡虫有较强的耐饥饿能力)。注意每次投食几小时后应将剩余的食物移出,以免水质变坏。换水时间视水质的清浊情况而定。当缸内水质混浊时，可用毛笔将缸内的水旋转搅动，使沉渣泛起、涡虫卷缩下沉，然后倾去上部陈水，补充进新水。如用稍大些的培养缸，可种植少量水生植物，这样有利于保护水质。

（二）水螅和涡虫的观察

1. 水螅的活体观察

用体视镜观察玻璃皿中的活水螅。水螅身体呈圆柱形，有的个体一侧生有侧枝，是无性生殖的芽体；有的个体具 1～2 个丘形突起，这是生殖腺（精巢或卵巢）。固着在物体上的一端称为基盘，相对的一端为一圆锥形突起，称垂唇，口即位于其顶端，不取食时，口往往关闭。垂唇周围有一圈细长的触手（一般 6～10 个）。触手可以伸出很长，向四周搜捕食物。★水螅这种体型属于哪种对称形式？用解剖针轻轻触动一条触手，观察有何反应？再稍微用力触动一下，又有何反应？

在玻片上滴加少许 5% 的冰醋酸溶液，加盖玻片在低倍镜下观察，可见到水螅的刺细胞略呈圆形，端部放出一丝，即为刺丝。转高倍镜可见到刺丝囊。★注意观察刺细胞的结构和刺丝囊的几种类型。

2. 水螅玻片标本观察

1）水螅整体玻片标本的观察

分别取水螅带芽整体装片、水螅具精巢和卵巢的整体装片，在低倍显微镜下观察芽体、精巢和卵巢在体壁上的生长位置。★水螅的无性生殖和有性生殖会同时进行吗？

2）水螅纵切片和横切片的观察

显微镜下观察水螅纵切片，先在 4× 物镜下辨认水螅的口、垂唇、触手、消化循环腔和基盘等部位（图 2.3-1）。如触手被纵切，里面的腔与消化循环腔相通吗？如芽体被纵切，芽体的体壁与母体的体壁的关系如何？★在同一张切片上常常不能同时观察到上述结构，为什么？再在 10× 物镜下，辨认水螅的外胚层、中胶层和内胚层。然后观察水螅横切片，联想纵切片，辨认内、外胚层，中胶层和消化循环腔。再将水螅纵切或横切片体壁的一部分移到视野中部，换高倍镜观察体壁结构（图 2.3-2）。

（1）外胚层（皮层）　在体壁外侧见到的较大且细胞核清晰、数目最多的柱状细胞，是外皮肌细胞。在皮肌细胞之间靠近中胶层处，有些小型的且数个堆在一起的细胞，是间细胞。★它们有何功用？还有一种中央包含有染色较深的圆形或椭圆形囊的细胞，是刺细胞，其囊称刺丝囊。此外还有感觉细胞，它们与神经细胞相连。神经细胞在外胚层基部，紧贴中胶层，因较为稀疏，需仔细寻找。

（2）中胶层　薄而透明，夹在内、外胚层之间，是由内、外胚层细胞分泌的一层非细胞结构的胶状物质。

（3）内胚层（胃层）　内皮肌细胞数目最多、细胞大、核清晰，细胞内常含有许多染色较深的食物泡。还有数目较多的腺细胞，它们散布在皮肌细胞间，长形，游离端常膨大并含有细小的深色分泌颗粒。此外，还有少数的感觉细胞和间细胞。

3. 水螅精巢和卵巢横切片的观察

在显微镜下观察成熟水螅精巢的横切片，切面上精巢近似圆锥形，由内向外依次是精母细胞、精细胞和成熟的精子。再取成熟水螅卵巢的横切片观察，卵巢为卵圆形，成熟的卵巢里一般只有 1 个卵细胞，其余的是营养细胞。但处在不同发育期的精巢和卵巢，其内部生殖细胞发育程度亦有不同。★精巢和卵巢是从哪个胚层分化出来的？

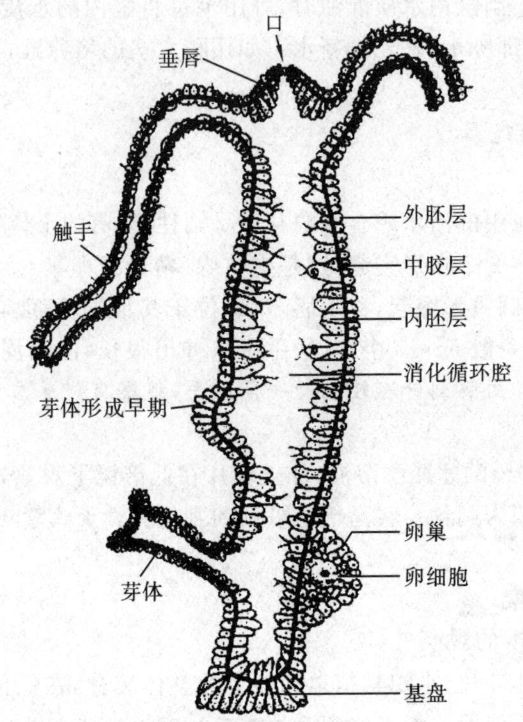

图 2.3-1 水螅的纵剖面图(自刘凌云等)

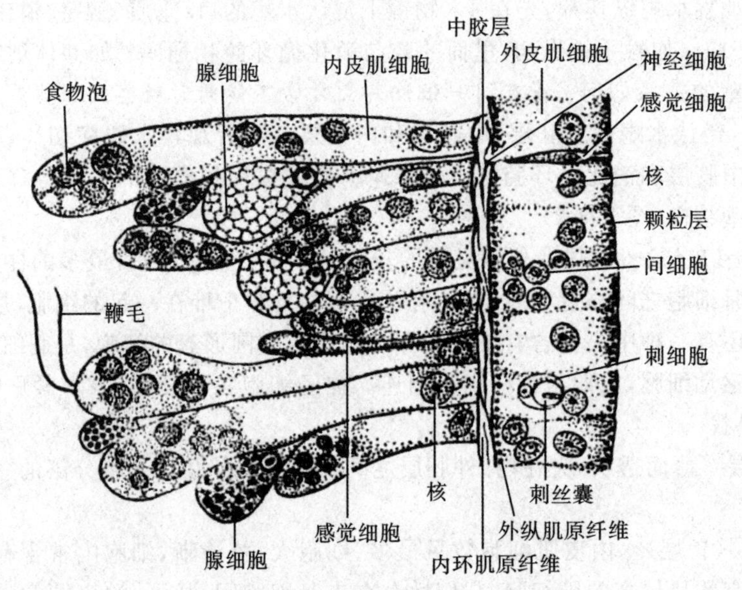

图 2.3-2 水螅的纵切面局部(自江静波等)

4. 涡虫的活体观察

吸取一活涡虫放在盛有清水的玻璃皿中,凭肉眼、放大镜和用体视镜观察涡虫的外形、运动、取食、趋性和对刺激的反应(图 2.3-3),以及消化系统、焰细胞等原肾结构。

(1) 外形 真涡虫身体两侧对称,背腹扁平。前端钝圆呈三角形,两侧各有一个具有嗅觉功能的小叶,称为耳突。前端背面两侧近前缘处各有一肾形的眼点。体后端钝尖,在腹面中央

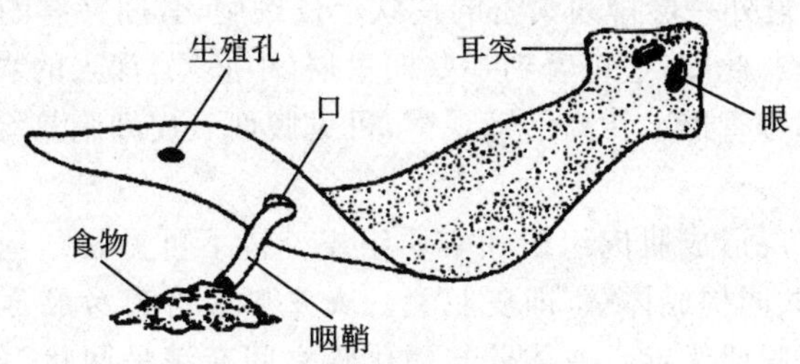

图 2.3-3 涡虫的外形与取食(自方展强,肖智)

距后端约 1/3 处有一短管状的咽鞘,内藏有肌肉质的咽,其尖端向外开口即涡虫的口。

(2) 运动与取食 真涡虫是借体表的腺体分泌黏液协助纤毛运动、向前滑行的。当涡虫仰卧水面滑行时,用放大镜对光观察其腹面,可见其纤毛做波浪状的伸缩运动。将半段水丝蚓放入培养皿中,则可见到涡虫的取食情况,其吻部从口孔伸出,吃完水丝蚓后,其体内颜色发生了变化。

5. 涡虫玻片标本观察

1) 涡虫整体玻片标本的观察

(1) 神经系统 低倍镜下观察神经系统的涡虫整体装片,可见体前端有 1 对神经节组成的"脑",由此沿身体两侧后行有 2 条纵神经索,索间有许多横神经连接,似梯形,"脑"发出神经到眼、耳突各部。★涡虫神经系统和感觉器官比较集中和发达,与其生活方式及两侧对称体型有何相关性?

(2) 生殖系统 雌雄同体。取显示生殖系统的涡虫整体玻片标本,置显微镜下观察。

①雌性生殖器官 虫体前端两眼点后方有 1 对卵巢,深色,圆形。两卵巢各有 1 条输卵管沿身体两侧向后行,在咽后方汇合通入生殖腔。生殖腔前方有一椭圆形的受精囊也通入生殖腔。两输卵管外侧还有许多颗粒状的卵黄腺。

②雄性生殖器官 虫体两侧与输卵管平行,有许多圆球形精巢,每精巢由一输精小管(不易看清)通入 1 对输精管,输精管在咽两侧膨大成储精囊;储精囊在生殖腔前方汇合成阴茎,阴茎通入生殖腔。生殖腔有生殖孔通体外。★固定生殖腺和生殖导管的形成有何进化意义?

2) 涡虫横切面玻片标本的观察(图 2.3-4)

取涡虫横切面玻片标本置显微镜下观察。涡虫横切面背面隆起,腹面扁平,为三胚层无体腔动物。

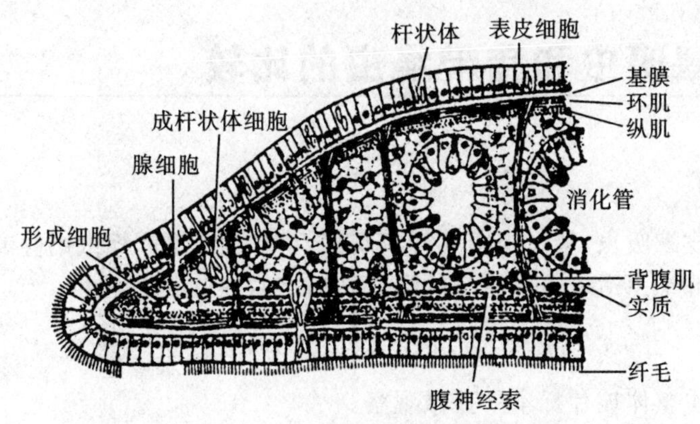

图 2.3-4 涡虫的横切面(自刘凌云等)

(1) 外胚层　体壁最外一层排列紧密的柱状上皮细胞，其间夹有的色深、条状结构为杆状体。★杆状体有何功用？此外，还可看到一些向里层(中胚层)深入的囊状、含深色颗粒的单细胞腺及其通向体表的部分管道。转高倍镜观察，可见腹面表皮细胞具纤毛，表皮细胞的基底为一薄层膜。

(2) 中胚层　中胚层形成肌肉组织和实质组织。镜下可见紧贴基膜内侧的环肌，环肌内侧为纵肌，它们与表皮共同构成体壁，即皮肌囊。★皮肌囊有何功能意义？此外，在横切面的背腹体壁间还可见到背腹肌纤维。在体壁与消化管之间充满呈网状、含有许多黄色小泡的结构，为中胚层实质组织，无体腔。★实质组织有何功能？中胚层的出现有何意义？

(3) 内胚层　切片中间可见到几个小空腔，即为肠腔，肠壁为单层柱状上皮细胞，是内胚层形成的消化管。★根据横切面上所见到的肠断面的数目，能否确定所观察的涡虫横切面取材于身体的何部位？说明理由。

示范与拓展实验

1. 腔肠动物门示范标本观察

(1) 水螅纲　桃花水母 *Craspedacusta* sp.、薮枝螅 *Obelia* sp. 等。

(2) 钵水母纲　海月水母 *Aurelia aurita* sp.、海蜇 *Rhopilema* sp. 等。

(3) 珊瑚纲　海鸡冠 *Alcyonium* sp.、海仙人掌 *Cavernularia* sp.、棘海鳃 *Pteroeides* sp.、笙珊瑚 *Tubipora* sp.、红珊瑚 *Coralliun* sp.、海葵 *Sargartia* sp.、鹿角珊瑚 *Madrepora* sp.、石芝 *Fungia* sp.、脑珊瑚 *Meandrina* sp. 等。

2. 涡虫纲示范标本观察

平角涡虫 *Planocera* sp.、微口涡虫 *Microstomum* sp.、土蛊 *Bipalium* sp.、笄蛭涡虫 *Bipalium* sp. 等。

(以上示范观察根据实验室条件选用)

五、作业与思考题

(1) 绘水螅和涡虫的横切面详图，并标注各部分结构名称。

(2) 总结水螅的体制、生活方式、摄食消化过程、刺激反应及生殖过程。

(3) 涡虫的皮肤肌肉囊组成如何？

2.4　华支睾吸虫和猪带绦虫的比较

一、实验目的

(1) 通过对华支睾吸虫、猪带绦虫等标本观察，了解吸虫纲和绦虫纲等的主要异同。

(2) 理解吸虫和绦虫适于寄生生活的形态结构上的各自变化。

二、实验内容

(1) 华支睾吸虫整体玻片标本的显微观察。

(2) 猪囊蚴头节、猪带绦虫的成熟节片和孕卵节片等玻片标本的显微观察。

三、实验材料与用品

华支睾吸虫、猪带绦虫等永久玻片标本和浸制标本。

普通光学显微镜、体视显微镜；解剖蜡盘、大头针、解剖剪、小镊子、解剖针、放大镜等。

四、实验方法与步骤

1. 华支睾吸虫整体玻片标本观察(图 2.4-1)

1）外形　华支睾吸虫 *Clonorchis sinesis* 体扁平，呈柳叶状，生活时体半透明，淡红色。体后端宽于前端，通常大小为(10～25) mm×(3～5) mm。口位于前端肌肉质的口吸盘上，距身体前端约 1/5 处有腹吸盘。

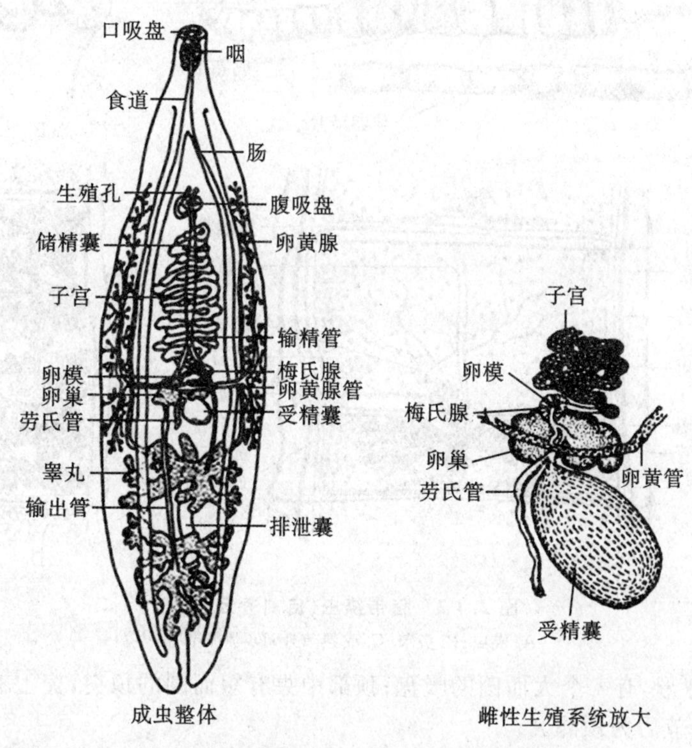

图 2.4-1　华支睾吸虫的构造(自江静波等)

2）内部结构

(1) 消化系统　口位于口吸盘之中央；口吸盘后的球形肌肉部分为咽；咽后的短管为食管；食管后分出的 2 条肠管，位于体两侧，通往体后端，无侧支，末端封闭。

(2) 排泄系统　排泄管为 2 条略弯曲而有许多分支的管子；2 条排泄管汇合而成 1 条微曲的粗管，位于体后端中央，称排泄囊；排泄囊开口于身体的末端。

(3) 生殖系统　雌雄同体。

①雄性　精巢位于体后端，2 个，分支状，前后排列；从每个精巢的中央部，向前各通出 1 根细管，为输精小管(或称输出管)；在中部汇合成输精管；输精管前方的膨大部分为储精囊；生殖孔开口于腹吸盘前。

②雌性　卵巢略呈三叶状，位于精巢之前、体中线处；从卵巢通出的短管为输卵管；位于卵巢之后的长圆形囊为受精囊；卵黄腺为位于身体两侧的泡状腺体；在身体 1/2 稍后的地方，借卵黄总管通入输卵管；输卵管后段有梅氏腺围绕的部分称为成卵腔；梅氏腺是包围在成卵腔四

周的单细胞腺体;在受精囊之前,由输卵管通出的管子称为劳氏管;子宫迂曲于卵巢与腹吸盘之间,内藏卵;可见开口于腹吸盘之前方的雌性生殖孔。

★注意生殖系统各器官之间的连接关系。

2. 猪带绦虫玻片标本的观察(图 2.4-2)

猪带绦虫 *Taenia solium* 成虫为白色带状,全长为 2～4 m,有 700～1000 个节片。虫体分头节、颈部和节片三个部分。

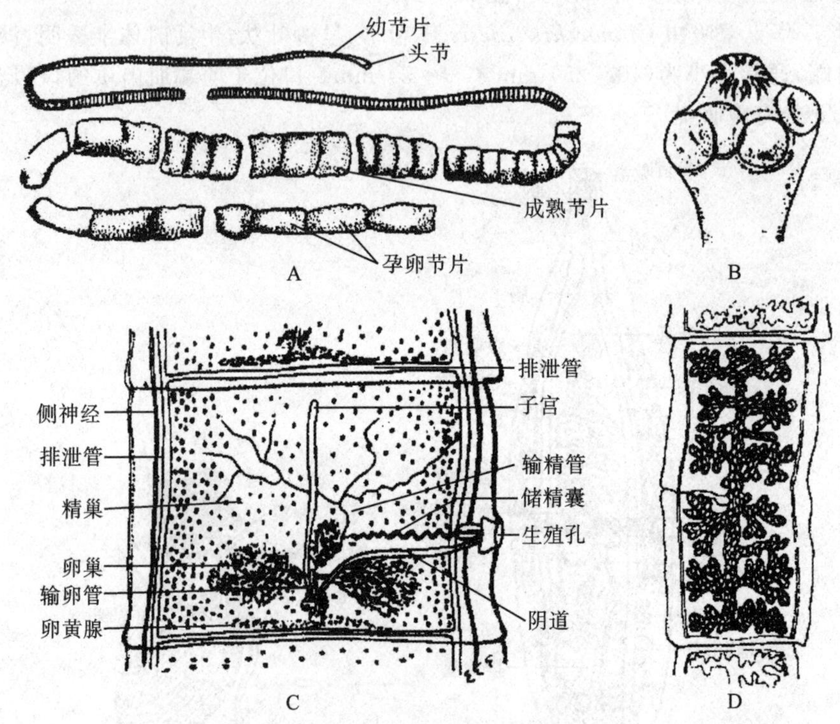

图 2.4-2 猪带绦虫(自刘凌云等)

A. 成虫;B. 头节;C. 成熟节片;D. 孕卵节片

(1) 头节 球形,有 4 个大而圆的吸盘;顶部中央有短而圆的顶突,突上有两圈小钩,一般有 25～50 枚。头节后为颈部。

(2) 未成熟节片 颈部以后的节片,生殖器官未发育成熟,仅可见到两侧的纵排泄管。

(3) 成熟节片 宽大于长至近方形,每一节片内有纵横排泄管及雌雄性生殖器官各一套。纵排泄管外侧各有 1 条神经索。

①雄性生殖器官 精巢多个,小球形,分布于体内实质中,每个精巢与一输精小管连接,输精小管汇合为输精管。输精管稍膨大为储精囊,其后为阴茎通入节片一侧的肉质膨大部分阴茎囊内。雄性生殖孔开口于阴茎外侧的生殖腔中。

②雌性生殖器官 卵巢位于节片的后部中央,分左、右两大叶和中间的一小叶,卵巢下端有腺体状的卵黄腺;节片中央还有一盲管状的子宫。卵巢、卵黄腺及子宫均以管道汇入成卵腔。成卵腔被颗粒状的梅氏腺包围,并向侧面通入管道状的阴道。雌性生殖孔亦开口于生殖腔内。

★注意生殖系统各器官之间的连接关系。

(4) 孕卵节片 长大于宽 2 倍以上,整个节片几乎为子宫占据。子宫呈分支状,每侧7～13 支,内充满卵。还可见排泄管和神经索,其他器官均消失。

(5) 猪囊尾蚴 圆形或卵圆形泡状囊,内充满乳白色液体,见于猪肉中,大小为 5 mm×(8～10)mm。头节与钩均已发生,缩陷于囊内。

示范与拓展实验

显微观察下列吸虫和绦虫常见种类标本的形态结构。

1. 日本血吸虫玻片标本的示范观察(图 2.4-3)

日本血吸虫 *Schistosoma japonicum*:雌雄异体。雄虫粗短,体腹面有抱雌沟,精巢 7 个,雄性生殖孔开口于腹吸盘后方。雌虫细长,卵巢椭圆形,不分叶。雌性生殖孔开口于腹吸盘后方。

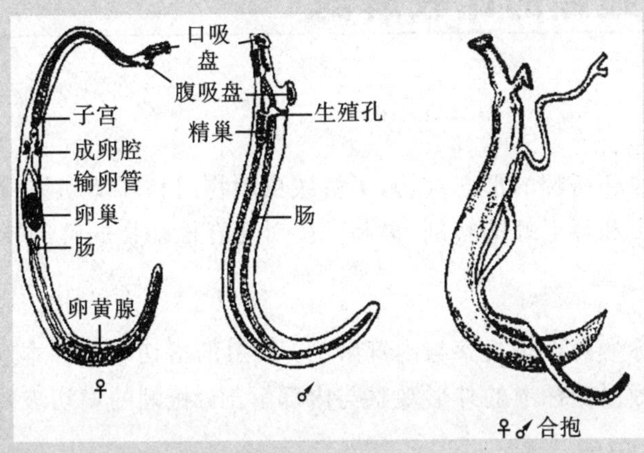

图 2.4-3 日本血吸虫(自方展强等)

2. 布氏姜片虫等浸制标本的示范观察

布氏姜片虫 *Fasciolopsis buski*、肝片吸虫 *Fasciola hepatica*、许氏绦虫 *Khawia* sp.、鲤蠢绦虫 *Caryophyllaeus* sp.、牛带绦虫 *Taeniachynchus saginatus* 等浸制标本的示范观察(图2.4-4)。

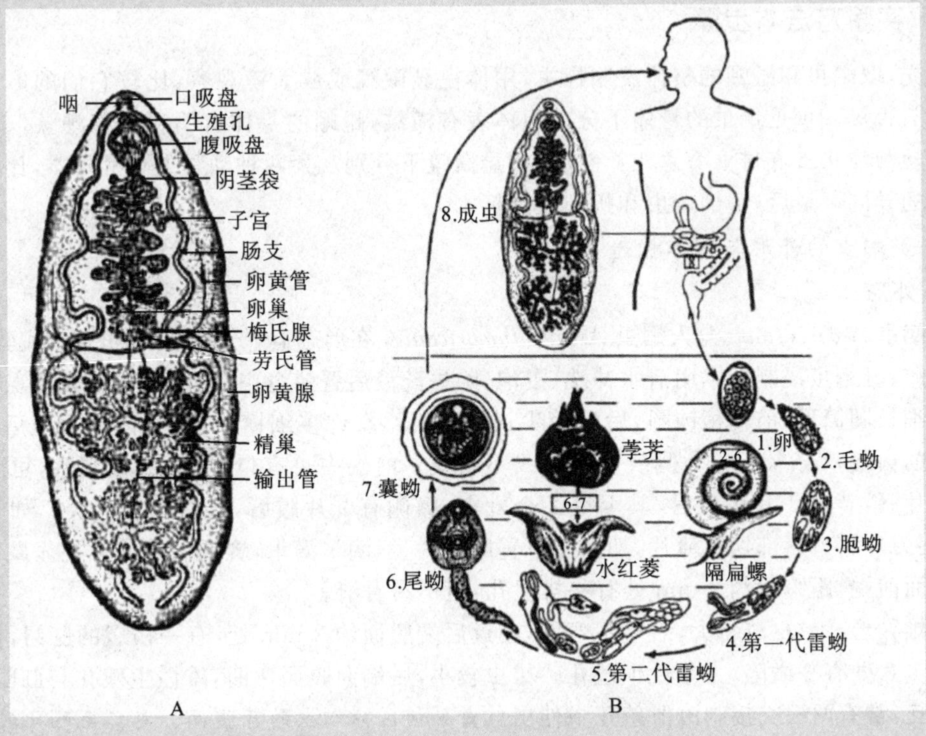

图 2.4-4 布氏姜片虫(自江静波等)

五、作业与思考题

(1) 华支睾吸虫全形图,并标注各部分名称。

(2) 猪带绦虫成熟节片图,并标注各部分名称。

(3) 吸虫和绦虫营寄生生活,其形态结构与涡虫比较发生了哪些变化?

2.5 蛔虫和蚯蚓的比较解剖

一、实验目的

(1) 比较观察蛔虫和蚯蚓的形态结构,了解线虫动物门和环节动物门的主要异同。

(2) 通过对猪蛔虫和环毛蚓的解剖,提高学生对无脊椎动物的解剖技术。

二、实验内容

(1) 猪蛔虫浸制标本的形态观察与内部解剖, 蛔虫的横切玻片标本观察。

(2) 活体及环毛蚓浸制标本的外形观察与内部解剖, 蚯蚓的横切玻片标本观察。

三、实验材料与用品

活体蚯蚓;解剖用的环毛蚓和猪蛔虫浸制标本;蛔虫和蚯蚓的横切玻片标本。

普通光学显微镜、体视镜;解剖蜡盘、大头针、刀片、解剖剪、镊子、解剖针、放大镜;玻璃器皿,如培养皿、吸管等;5%福尔马林、乙醚等。

四、实验方法与步骤

首先,取蛔虫和蚯蚓的整体浸制标本,用体视显微镜或放大镜观察,比较它们的体表特征及分节与否等。可见蛔虫的身体不分节但体表有横纹,蚯蚓的身体有明显分节现象。★分节现象在动物演化上有何重要意义?然后,在显微镜下分别观察两种动物的切片标本,比较其体壁结构的异同。最后,解剖蛔虫和蚯蚓浸制标本。

(一) 蛔虫的外形与内部构造

1. 外形

猪蛔虫 *Ascaris suum* 与人蛔虫 *Ascaris lumbricoides* 在形态上十分相似,均可作为实验材料。

取雌、雄蛔虫浸制标本用清水冲洗、浸泡,除去药液后置蜡盘中,用肉眼和放大镜观察。蛔虫体呈细长圆筒形,前端稍钝圆,后端稍尖;体表光滑,有许多细横纹,从身体前端至后端有4条纵行的白线,2条较粗的为侧线,背、腹线不明显。前端中央有口,用放大镜观察,可见口周围有3片唇,背侧1片为背唇,其上有2个乳突,腹侧有2片腹唇,各有1个乳突。如看不清楚,可用刀片将口唇部切成薄片,切面向下置载玻片上,滴1滴水,置低倍镜或体视显微镜下观察。腹面前端,距腹唇约2 mm处有一排泄孔,但不易看清。

雌雄异形。雌虫较粗大,后端不弯曲,在近后端腹面约2 mm处,有一横裂的肛门,体前端腹面约1/3处有一缢陷,为雌性生殖孔。雄虫较小,后端向腹面弯曲,雄性生殖孔与肛门合一,称泄殖孔,常有两根交接刺由泄殖孔中伸出。★如何区分蛔虫的背腹面。与环毛蚓比较,二者外形有何不同?

2. 内部解剖和观察

分清蛔虫的前、后端，背、腹面，将其腹面向下置蜡盘中。左手轻按虫体，右手用解剖针从虫体前端略偏背中线处向后小心划开体壁直到体末端，解剖针不要刺入太深，以免损坏内部器官；雄虫体后端弯曲，解剖时更须小心。镊子拉开两侧体壁，用大头针将体壁固定在蜡盘中，大头针向外倾斜45°；加清水没过虫体，用解剖针小心将器官稍加分离，切勿弄断。

（1）消化系统　为一条直管。口后接肌肉质咽，咽后为扁管状肠，肠近后端为直肠，但二者界限不分明，肠末端为肛门。★肛门的出现有何意义？与环毛蚓比较，其消化管的分化程度如何？

（2）生殖系统　雌雄异体。用解剖针和镊子仔细分离缠绕在消化管周围的生殖器官，边分离边观察（图2.5-1）。

①雄虫　生殖器官为1条细长管状结构。体中部近前端管的游离端细长而弯曲的部分为精巢，精巢延续为输精管，但二者界限不明显，输精管后是膨大较粗的管状储精囊，储精囊末端连接细直的射精管，射精管进入直肠末端的泄殖腔，由泄殖孔通体外。泄殖腔的背方有一交接刺囊，囊内有1对交接刺，常由泄殖孔伸出体外。

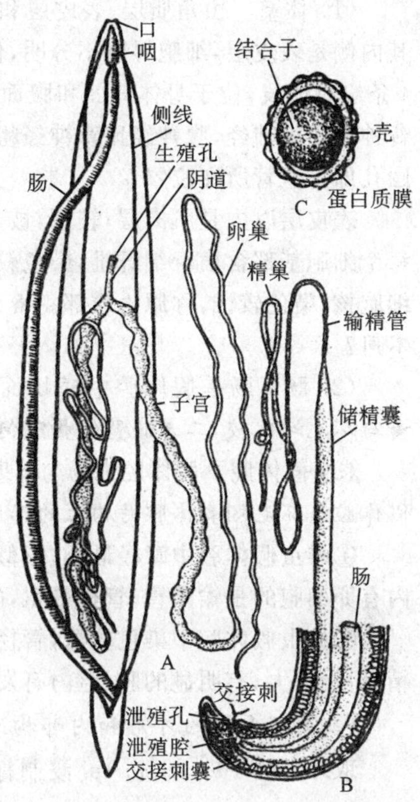

图2.5-1　蛔虫内部解剖图（自江静波）

②雌虫　生殖器官为2条细长的管。体中部后端两管的游离端最细的部分为卵巢，逐渐加粗而半透明的一段是输卵管，输卵管后较粗大、呈白色的部分是子宫，两子宫汇合成一短的阴道，阴道末端的生殖孔开口于体前腹面1/3处。

3. 横切面玻片标本的观察

取蛔虫横切片，置于低倍镜下观察（图2.5-2）。

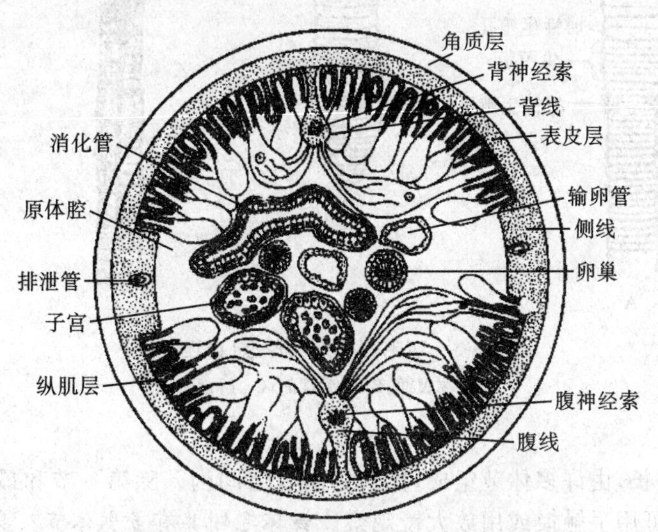

图2.5-2　蛔虫的横切面（♀）（自黄诗笺）

(1) 体壁　由角质层、表皮层和肌肉层组成。最外层为角质层,是 1 层无细胞结构的膜。其内侧是表皮层,细胞界限不分明,仅可见颗粒状的细胞核及纵行纤维。表皮层向内增厚形成 4 条纵行体线,位于身体背面和腹面正中的 2 条分别为背线和腹线,其内侧膨大呈圆形,内含背神经和腹神经,腹神经比背神经粗些,可借此区分背、腹线。侧线位于体两侧,其内侧各有一圆孔即排泄管所在位置。

表皮层以内是肌肉层,较厚,被 4 条体线分隔成 4 个部分,每个部分由许多纵肌细胞组成。每个细胞基部含横行细纤维,染色较深,为收缩部,有收缩机能;端部呈泡状,伸入假体腔,内含细胞核,染色较浅,称原生质部。★虫体以何种方式运动? 比较蛔虫和环毛蚓的体壁结构有何不同?

(2) 肠　肠是假体腔中横切面呈较大的扁圆形的管,管壁由单层柱状上皮细胞组成。★与环毛蚓比较,二者肠壁结构有何不同?

(3) 假体腔　假体腔为肠与体壁之间的空隙,腔内除肠管外,充满生殖器官。★比较蛔虫假体腔与环毛蚓真体腔结构上的不同点。

①雌虫假体腔中管径最小,形似车轮,中央有轴,细胞呈放射状排列的为卵巢;管径较粗,内有卵细胞的是输卵管;管径最粗,内有明显腔的是子宫,腔内充满近成熟的卵。

②雄虫假体腔中染色较深,管径小的是精巢;染色较浅,管较粗,内有颗粒状精细胞的是输精管;管径大,有明显的腔,腔内有发育的条形精子的是储精囊。

(二) 环毛蚓的外形和内部构造

取环毛蚓 *Pheretima* sp. 浸制标本,清水洗去药液,置蜡盘中,用肉眼和放大镜观察(图 2.5-3)。

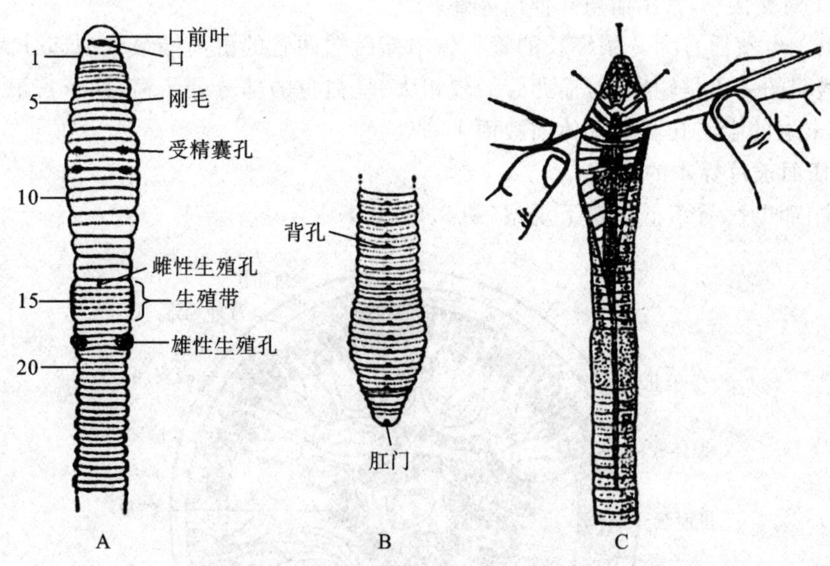

图 2.5-3　环毛蚓的外部形态(自江静波)

A. 前端腹面;B. 后端背面;C. 解剖蚯蚓

1. 外形

环毛蚓身体圆长,由许多体节组成,体节之间有节间沟。除第一节和最后一节外,各节中部生有一圈刚毛,可用手触摸或用放大镜观察。★环毛蚓共有多少体节? 身体分节有何意义? 刚毛有何功用?

身体可分前、后端，背、腹面。性成熟个体有棕红色隆肿环带的一端为前端，前端第Ⅰ节为围口节，其腹面中央是口，口的背侧有肉质的口前叶，环带位于第ⅩⅣ～ⅩⅥ节。★环带有何功用？身体末端的纵裂状开口是肛门。颜色深暗的一面是背面，除前几节外，背中线上每节间处有背孔。将环毛蚓背面擦干，用手指轻捏身体两侧，有液体自节间沟背中线冒出处，即为背孔。★体腔液从背孔不断流出，对蚯蚓的生活有何意义？颜色浅淡的一面为腹面。观察腹面前部，在Ⅴ/Ⅵ～Ⅷ/Ⅸ节间沟两侧有 2～4 对横裂状受精囊孔，在环带的第Ⅰ节，即第ⅩⅥ节腹中线上有 1 个雌性生殖孔，第ⅩⅧ节腹面两侧各有 1 个雄性生殖孔，在受精囊孔和雄性生殖孔附近常有小而圆的生殖乳突。★与蛔虫比较，环毛蚓外形上表现出的进步性特征是什么？有何生物学意义？

2. 内部解剖和观察

用剪刀沿身体背面中线略偏右侧处，避开背血管剪开体壁，从肛门剪到口，注意剪刀尖稍向上挑起，以免损伤内部器官。用镊子在身体前 1/3 处向两侧掀开体壁，可见体腔中相当于体表节间沟处均有隔膜，将体腔分隔成许多小室。★体节的出现在动物演化上有何意义？用解剖针划开肠管与体壁之间的隔膜联系，将剪开的体壁向两侧展平，并在近切口处用大头针将体壁钉在蜡盘的蜡板上，约每五节钉一钉，左右交错，钉的斜度向外。在第ⅩⅨ节往前，注意不要划伤生殖器官；第ⅩⅣ节往前的隔膜越来越厚，需用眼科剪将隔膜剪开。加清水没过环毛蚓，依次观察(图 2.5-4)。

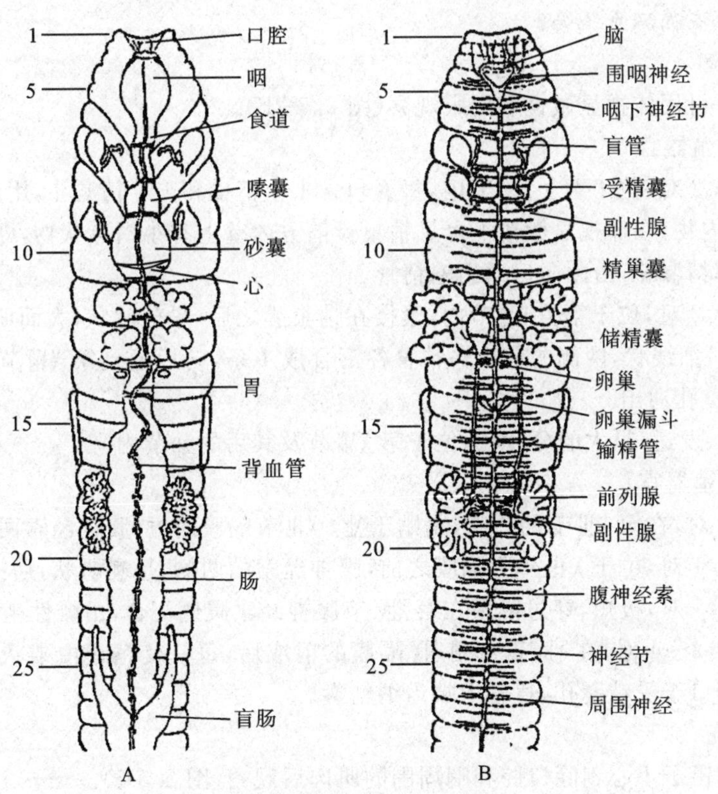

图 2.5-4 环毛蚓的生殖系统(自詹永乐)

A. 内部主要结构；B. 生殖系统

1) 消化系统

体腔中央的一条直管，即消化系统。由前至后依次如下。

(1) 口腔　位于第Ⅱ～Ⅲ节内。

(2) 咽　位于第Ⅳ～Ⅴ节内,梨形,肌肉发达。

(3) 食道　位于第Ⅵ～Ⅷ节内,细长形。

(4) 嗉囊　位于第Ⅸ节前部,不明显。

(5) 砂囊　位于第Ⅸ～Ⅹ节,球状或桶状,囊壁富肌肉,较发达。

(6) 胃　位于第Ⅺ～ⅩⅣ节内,细长管状。

(7) 肠　自第ⅩⅤ节向后均为肠,直通肛门。在第ⅩⅩⅦ节向前伸出1对角状的盲肠。

★消化管的进一步分化有何意义?

2) 循环系统

循环系统呈闭管式,经福尔马林固定后血管常呈紫黑色。观察以下几个主要部分。

(1) 背血管　位于消化管背线中的1条长血管。

(2) 心脏　连接背、腹血管的环血管,共4对,分别在第Ⅶ、Ⅸ、Ⅻ及ⅩⅢ节内(不同种环毛蚓的心脏数目和位置存在差异)。

(3) 腹血管　消化管腹面的1条略细的血管,从第Ⅹ节起有分支到体壁上。

(4) 神经下血管　位于腹神经索下面的1条很细的血管。小心地将肠管和腹神经索掀开,可看到此血管。

(5) 食道侧血管　位于体前端消化管两侧的1对较细的血管。

★蛔虫有血液循环系统吗?

3) 生殖系统

雌雄同体。可用体视显微镜和肉眼观察(图2.5-4B)。

(1) 雄性生殖器官

① 精巢囊　2对,位于第Ⅹ、Ⅺ节内,每囊包含1个精巢和1个精漏斗,用解剖针戳破精巢囊,用水冲去囊内物,在体视显微镜下可见精巢囊前方内壁上有小白点状物,即精巢;囊内后方皱纹状的结构即精漏斗,由此向后通出输精管。

② 储精囊　2对,位于第Ⅺ、Ⅻ节内,紧接在精巢囊之后,呈分叶状,大而明显。

③ 输精管　细线状,两侧的前后输精管各汇合成1条,向后通到第ⅩⅧ节处,和前列腺管汇合,由雄性生殖孔通出。

④ 前列腺　发达,呈大的分叶状,位于第ⅩⅧ节及其后的几节内。

(2) 雌性生殖器官

① 卵巢　1对,在第ⅩⅢ节的前缘,紧贴于Ⅻ/ⅩⅢ节隔膜后方,腹神经索两侧,呈薄片状。

② 卵漏斗　1对,位于ⅩⅡ/ⅩⅣ隔膜之前,腹神经索的两侧,呈喇叭状,后接输卵管。

③ 输卵管　1对,极短,穿过隔膜在第ⅩⅣ节腹神经索腹侧汇合,由雌性生殖孔通出。

④ 受精囊　2～4对,在Ⅵ/Ⅷ～Ⅷ/Ⅸ隔膜的前或后,每一受精囊由梨状坛、坛管和一盲管组成。坛管开口于受精囊孔,盲管末端为纳精囊。

4) 神经系统

用解剖针和镊子小心剥除口腔和咽周围的肌肉后观察(图2.5-5)。

① 脑　白色,在第Ⅲ节内,咽的背面,由双叶神经节构成。

② 围咽神经　脑的两侧,绕过咽穿入腹侧。

③ 咽下神经节　两侧围咽神经在咽下方汇合处的神经节,可用镊子将咽向背后掀起再观察。

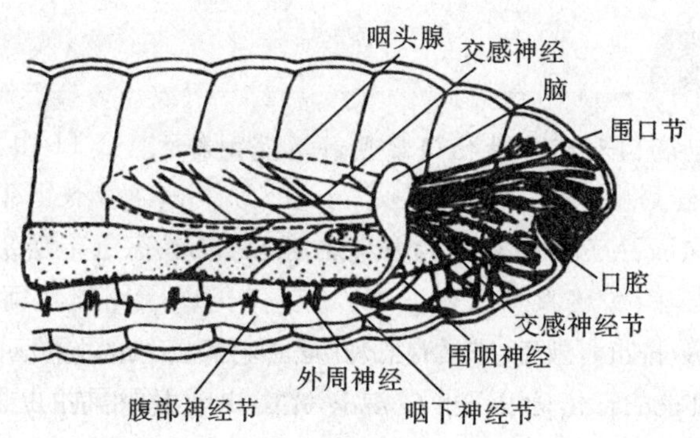

图 2.5-5 蚯蚓的神经系统(自刘凌云等)

④ 腹神经索 链状,由咽下神经节从前向后通出,每体节内有一略膨大的神经节,每神经节发出神经分支到体壁和内脏器官。可将肠管移去后观察。★蛔虫的神经系统也呈链状吗?

3. 横切面玻片标本的观察(图 2.5-6)

(1) 体壁 体表为一薄层非细胞构造的角质膜,其内侧为表皮层,主要由单层柱状上皮细胞组成。表皮之内是体壁肌肉层,可分为外层较薄的环肌和内层较厚的纵肌。紧贴于纵肌层之内的是由扁平细胞构成的壁体腔膜。有时可见到刚毛自体壁伸出体表。★蚯蚓身体能如何运动?为什么?

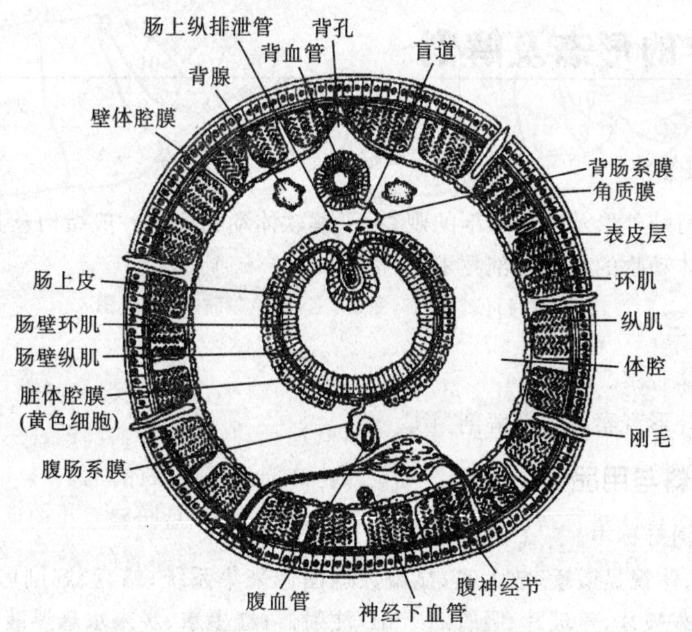

图 2.5-6 环毛蚓中部横切面图解(自黄诗笺)

(2) 肠 位于横切面中央。肠壁最内层由单层柱状上皮组成,紧贴于肠上皮外的是肠壁肌肉层,可分为内环肌和外纵肌。肠壁最外层是一层脏体腔膜(黄色细胞)。★肠壁结构与消化方式和消化效率有何联系?若切片标本是环毛蚓自盲肠以后横切面,则可见肠壁背面下凹形成一槽,称盲道。★盲道的出现有何意义?

(3) 真体腔 为体壁和肠壁之间的腔,壁体腔膜和脏体腔膜,即为真体腔的体腔膜。体腔内,在肠的背面有一背血管,腹面有一腹血管,腹血管之下有一神经索,神经索下有一神经下血管。★真体腔的形成有何意义?

示范与拓展实验

观察下列线虫动物门和环节动物门常见种类浸制标本。

1. 线虫动物门

十二指肠钩虫 *Ancylostoma duodenale*、蛲虫 *Enterobius vermicularis* 等。

2. 环节动物门

(1) 多毛纲 Polychaeta：沙蚕 *Nereis succinea*、毛翼虫 *Chaetopterus variopedatus* 等。

(2) 寡毛纲 Oligochaeta：水丝蚓 *Limnodrilus* sp.、颤蚓 *Tubifex* sp.、日本杜拉蚓 *Drawida japonica*、赤子爱胜蚓 *Eisenia foetida* 等。

(3) 蛭纲 Hirudinea：日本医蛭 *Hirudo japonica*、宽体金线蛭 *Whitmania pigra* 等。

五、作业与思考题

(1) 绘制蛔虫和蚯蚓的单侧横切面详图，并标注各部分结构名称。

(2) 假体腔与真体腔在结构和起源上的有何区别?

(3) 为什么说环节动物是高等无脊椎动物?

2.6 河蚌的形态及解剖

一、实验目的

(1) 通过对河蚌外形及内部解剖的观察，了解软体动物门的一般结构及其特征。

(2) 学习软体动物的基本解剖技术。

二、实验内容

(1) 河蚌活体观察。

(2) 河蚌的外形观察及内部解剖。

三、实验材料与用品

活体及浸制河蚌标本。

普通显微镜、体视显微镜、放大镜；显微数据图像采集系统；蜡盘、解剖剪、手术刀、圆头镊子；玻璃培养缸、载玻片、盖玻片、吸管、10 mL 注射器；红墨水、炭末水悬浮液。

四、实验方法与步骤

(一) 河蚌的外形观察及内部解剖

1. 河蚌活体呼吸与运动观察

将活体无齿蚌 *Anodonta woodiana* 放置于水族箱或玻璃缸中，静置 20 min，待双壳张开后，用吸管向河蚌体后附近的水中轻滴几滴稀释的红色墨汁或炭末水悬浮液，观察墨汁或炭末从哪里吸入、由哪里排出？可看到墨汁或炭末随着水流从近腹侧的入水孔被吸入蚌体内，不久又看到它随着水流从近背方的出水孔排出来。★这种水流是怎样产生的？有何生理作用？

观察河蚌壳的闭合以及钻沙运动。在安静无振动情况下，观察生活在培养缸中的河蚌，可见河蚌左右贝壳被撑开，斧足从壳缝中伸出来。如果振动培养缸，可见河蚌斧足缩回，紧闭双壳。

2. 河蚌外形观察(图 2.6-1A)

河蚌的贝壳分左右两瓣，大小和形状一样，近椭圆形。钝圆的一端是前端，后端稍尖，背缘互相铰合，腹缘分离。壳背方隆起部分为壳顶，略偏向前端，壳表面以壳顶为中心而与壳的腹缘相平行的弧线称为生长线。两壳在背部相连的地方有富有弹性的韧带。★韧带有何功能?

3. 河蚌的解剖与内部构造观察

用左手拿一河蚌，使其腹面朝向解剖者，用手术刀柄自两壳腹面中间合缝处平行插入，扭转刀柄，将壳稍撑开，然后用镊子柄取代刀柄，取出手术刀。将镊子柄用力移近闭壳肌处，撑开缝隙，再以刀锋紧贴左贝壳内表面切断后闭壳肌，同样割断前闭壳肌等肌肉，此时左壳自然张开。★这时左右壳还能自由关闭吗? 为什么? 揭开左贝壳，即可进行实验和观察内部结构(图 2.6-1B、C)。

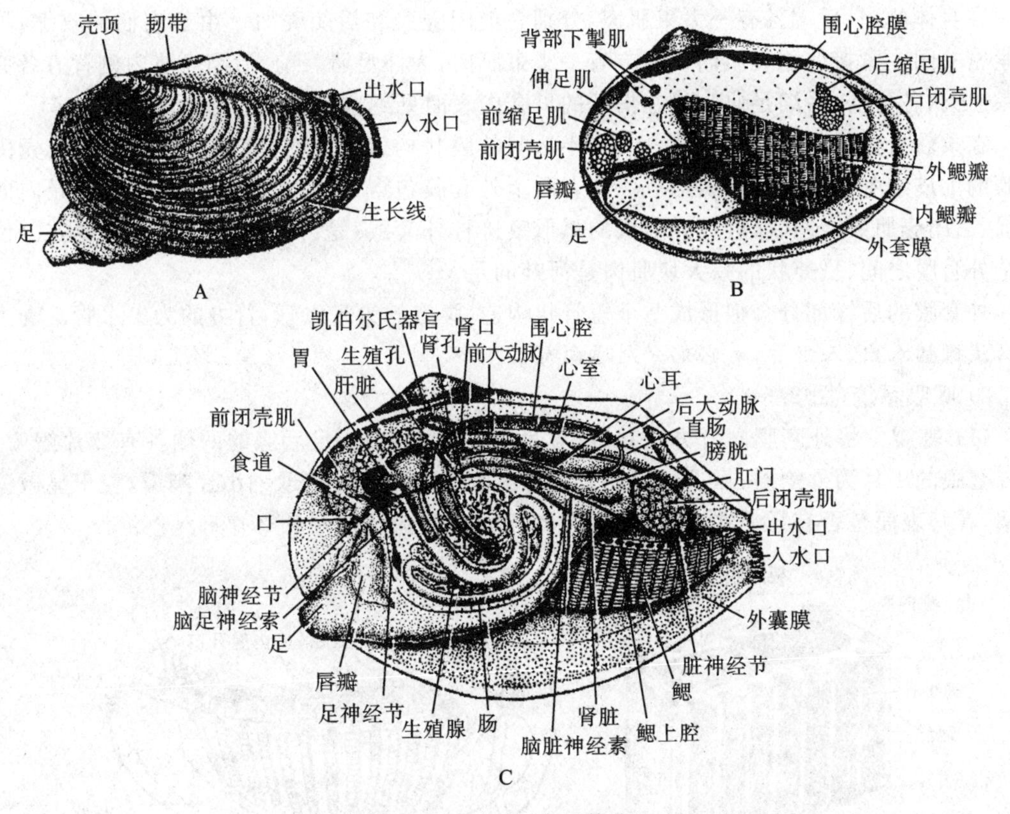

图 2.6-1　河蚌(自江静波)

A. 外形；B. 软体部原位；C. 内部构造

河蚌贝壳内面具珍珠光泽，与贝壳外表面不同。★何故? 用镊子夹取一壳片，在低倍解剖镜下观察其断面。贝壳分为 3 层，最外面灰褐色的一层称为角质层，中间最厚的一层为石灰质结晶体，称棱柱层，这两层是外套膜边缘分泌的，不随河蚌的生长而加厚；最内层具珍珠光泽的为珍珠层，是由整个外套膜表面分泌的，也是石灰质晶体，随河蚌的生长而加厚。

打开河蚌贝壳后，可见由外套膜包围内脏团。内脏团十分柔软，观察时，需要经常用镊子拨开某个器官,才能看到另一个器官。

1) 肌肉、外套膜与水管系统(图 2.6-2)

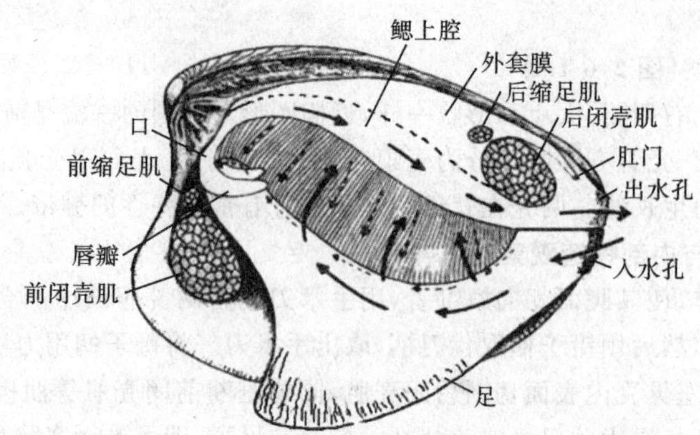

图 2.6-2 河蚌的外套腔与水管系统(自江静波)

在身体的前、后端各有一大束肌肉,分别为前闭壳肌和后闭壳肌。由于它们的收缩,贝壳能紧密关闭。紧接前闭壳肌内侧腹方有一小束肌肉,为伸足肌。前、后闭壳肌内侧背方各有一小束肌肉,各为前、后缩足肌。可在揭开的贝壳内表面见到这几束肌肉的断面痕迹。

在柔软身体外部的左右两侧各有一半透明的膜状构造,称为外套膜。其外侧的贝壳由外套膜的上皮细胞所分泌的物质形成。左右两个外套膜包含的空腔,称为外套腔。贝壳内面跨于前、后闭壳肌痕之间、靠近贝壳腹缘的弧形痕迹称外套线,是外套膜边缘附着的地方。位于两个外套膜之间、呈斧状的一大块肌肉是河蚌的足。

外套膜的后缘部分合抱形成 2 个短管状构造,腹方的为入水管,背方的为出水管。★用解剖针试探插入出、入水管,看它们分别通向哪里?

2) 呼吸系统(图 2.6-3)

(1) 鳃瓣 将外套膜向背方揭起,可见足与外套膜之间、足后缘的两侧各有 2 片鳃瓣,靠近外套膜的 1 片为外鳃瓣;靠近足部的 1 片为内鳃瓣。用剪刀剪取一小片鳃瓣,置于显微镜下观察,看其表面是否有纤毛在摆动?★这些纤毛对河蚌的生活起什么作用?

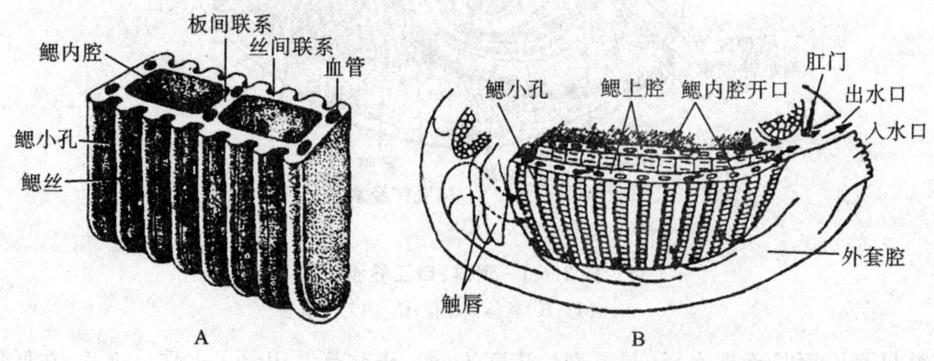

图 2.6-3 河蚌鳃瓣形态模式图(自江静波)

A. 鳃的一部分;B. 水在体内穿行的途径

(2) 鳃小瓣 每 1 鳃瓣由 2 片鳃小瓣合成,外方的为外鳃小瓣,内侧的为内鳃小瓣。内、外鳃小瓣在腹缘及前、后缘彼此相连,中间则有瓣间隔把它们彼此分开。

① 瓣间隔 连接两鳃小瓣的垂直隔膜，它把鳃小瓣之间的空腔分隔成许多鳃水管。

② 鳃丝 用手术刀切取一薄片鳃于载玻片上，置于低倍镜下观察，可见鳃小瓣由许多背腹纵走的细丝组成。转高倍镜下观察，可见到丝间隔。

③ 丝间隔 鳃丝间相连的部分。其间不相连部分形成鳃小孔，水由此进入鳃水管。

(3) 鳃上腔 内、外鳃小瓣之间背方的空腔，用镊子挑开鳃背方的薄膜，即可见到。★水在鳃内如何穿流？有的河蚌外鳃瓣特别肥大，何故？

3) 循环系统

(1) 心脏 位于围心腔内，用眼科镊子轻轻提起围心膜，用眼科剪小心地从背面剪开围心膜，可见心脏由一心室二心耳组成。

① 心室 为1个长圆形富有肌肉的囊，能收缩，其中有直肠贯穿。

② 心耳 在心室腹方左右侧各1个，为三角形薄壁囊，也能收缩。

(2) 动脉干 由心室向前及向后发出的血管，沿肠的背方前行的为前大动脉，沿直肠腹侧后行的为后大动脉。

4) 排泄系统

排泄系统由肾脏和围心腔腺两种器官组成。

(1) 肾脏 1对，位于围心腔腹面左右两侧，由肾体及膀胱构成，由后肾管特化形成，又称鲍雅诺氏器(Bojanus' organ)。沿着鳃的上缘剪除外套膜及鳃，即可见到。

① 肾体 紧贴于鳃上腔上方，为肾脏的腹侧，呈黑褐色、海绵状。其前端以肾口开口于围心腔前部腹面，可用解剖针试探，也可将肾脏取下浸入水中，在体视显微镜下寻找肾口。

② 膀胱 将肾脏浸入水中可见膀胱位于肾体背方，薄膜状，末端有排泄孔，很小，开口于内鳃瓣的鳃上腔，与生殖孔接近并位于其背方(有时膀胱中无尿液，膀胱壁常叠在一起，不易观察到膀胱)。

(2) 围心腔腺 位于围心腔前端两侧，分支状，略呈赤褐色，又称凯伯尔氏器(Keber's organ)。

5) 生殖系统

生殖系统雌雄异体，外形不易区分。

生殖腺均位于足基部内脏团中，以手术刀除去内脏团的外表组织，可见白色的腺体(精巢)或黄色的腺体(卵巢)，即为生殖腺，左右两侧生殖腺各以生殖孔开口于排泄孔的前下方。

6) 消化系统

消化系统包括口、食道、胃、肝脏和肠等部分。

口位于前闭壳肌腹侧，横裂缝状，两侧各有2片内外排列的三角形触唇。★触唇有何功用？口后的1个短管，即为食道；再后稍膨大的部分就是胃；肝脏分布在胃周围，是呈淡黄色的腺体；肠接胃后盘曲在内脏团内。试以眼科剪小心剖开，找寻其走向。直肠从肠延伸，折向背方，穿过心室，最后以肛门开口于后闭壳肌背方的出水管附近。★在出水管附近开口对河蚌的生活有何意义？

4. 钩介幼虫的观察

取雌性河蚌肥厚外鳃瓣的分泌物1滴，滴于载玻片上，置显微镜下观察，可见到河蚌的幼体阶段——钩介幼虫。幼虫生有1对左右对称的小贝壳，贝壳一张一合。贝壳张开时，可看到壳的腹缘有带齿的钩，腹部中央有1条细丝，称为足丝。★钩介幼虫营寄生生活，其钩和足丝有何功用?钩介幼虫是亲蚌的受精卵在雌体外鳃瓣的鳃腔中发育而成的。★精卵如何相遇而受精?依据钩介幼虫所在部位,它们将通过何路径从雌蚌中排出?

示范与拓展实验

1. 三角帆蚌的形态结构和人工育珠原理

三角帆蚌 *Hyriopsis cumingii* 是淡水双壳类软体动物,属真瓣鳃目蚌科帆蚌属。广泛分布于湖南、湖北、安徽、江苏、浙江、江西等省,尤以我国洞庭湖以及中型湖泊分布较多。它是我国特有的河蚌资源,又是育珠的好材料,所育成的珍珠质量好,80～120 个蚌可育成无核珍珠 500 g,还可育有核珍珠、彩色珠、夜明珠等粒大、晶莹夺目的名贵珍珠。

1) 外形

取育珠的三角帆蚌(4 龄左右)。壳大而扁平,壳面黑色或棕褐色,厚而坚硬,长近 20 cm,后背缘向上伸出一帆状后翼,使蚌形呈三角状。后背脊有数条由结节突起组成的斜行粗肋。雌雄异体,但外形上难以区别。

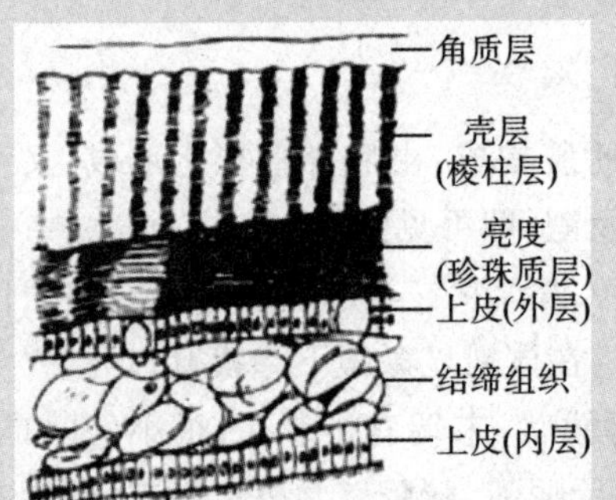

图 2.6-4　贝壳与外套膜的结构

2) 贝壳的结构(图 2.6-4)与年轮生长

(1) 角质层(表层)　壳角蛋白,保护贝壳以免被酸腐蚀,覆盖贝壳最表层。

(2) 棱柱层(中层)　$CaCO_3$基质,三方晶系的长方形方解石。

(3) 珍珠层(内层)　$CaCO_3$基质,斜方晶系的六边形文石(霰石)。

3) 外套膜的结构(图 2.6-4)与育珠原理

外套膜是培育无核和有核珍珠的重要组织和部位。人工培育珍珠,就是切取外套膜外表皮制备"小片"(亦称膜片),然后插入另一只蚌的外套膜结缔组织中,从而形成珍珠囊(图 2.6-5),继而生成珍珠。外套膜的组成如下。

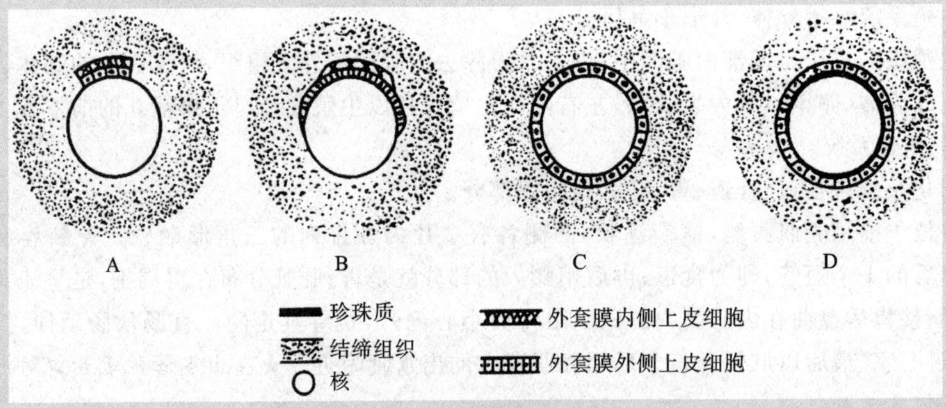

图 2.6-5　珍珠囊形成过程

(1) 外侧上皮　大部分分泌珍珠质。

(2) 内侧上皮　具纤毛,激荡外套腔水流。

(3) 结缔组织
- 纤维：胶原纤维——韧性大、拉力强
  弹性纤维——交织成网，弹性强，保持外套膜形态和位置相对稳定
- 基质：黏蛋白(透明质酸、硫酸软骨素 A、硫酸软骨素 C、硫酸角质素、蛋白质)
- 细胞：成纤细胞——形成纤维与基质
  巨噬细胞——吞食、保护

4) 细胞小片的制备与植片

左右两侧的外套膜按位置和功能划分为边缘膜和中央膜两个部分。外套痕以外的腹缘膜称为边缘膜，它的面积占全膜的 1/5～1/4，较为厚实。制备细胞小片的外表皮主要就是从边缘膜制取。

外套痕以内的上套膜称为中央膜，很厚实，面积占全膜的 3/4～4/5。中央膜是植片或植核的主要位置。

人工育珠在天然水体的蚌生长较慢，但在人工育珠中，三角帆蚌生长速度快，1 龄蚌体长可达 50～70 mm，2 龄蚌可达 80～100 mm。因此，1～2 龄的幼蚌可以进行植珠手术操作，所育珍珠生长速度也较快。成年的三角帆蚌，体长为 160～200 mm，在其外套膜上往往可插植 2 mm 以上的大珠核，可培育出 8 mm 以上的大型有核珍珠。

5) 三角帆蚌的生活史

♂贝 →精子 →♀贝外套腔 →鳃上腔

↓

♀贝 →卵子 →♀贝育儿囊 → 受精 →受精卵在育儿囊内发育 →囊胚 →原肠胚 →钩介幼虫(膜内)→钩介幼虫(具六只钩子，膜外) 离开育儿囊 →出水孔→ 体外 →附着在鱼鳍、鱼鳃上(黄颡鱼、鲶、鳙、麦穗鱼等)→被鱼体所分泌蛋白性黏液裹住 →胞囊 →以胞囊胶的黏性物质为食生长 →变态成仔蚌 →胀破胞囊落入水底 →小蚌(可插片)→大蚌(育珠)。

2. 演示

多媒体演示淡水育珠插片、养殖及珍珠产品情况。

(以上根据当地资源条件和学生个人兴趣选做)

五、作业与思考题

(1) 河蚌的内部构造图，并标注各部分结构名称。

(2) 通过观察，总结河蚌适宜于不大活动生活方式的形态结构特征。

2.7 乌贼的解剖观察

一、实验目的

(1) 通过乌贼的外形观察，了解头足类适宜活泼运动生活方式所具有的特点。

(2) 通过乌贼的内部解剖，了解软体动物内部器官构造特征。

二、实验内容

(1) 乌贼的外形及外部器官观察。

(2) 乌贼的内部解剖及器官系统观察。

三、实验材料与用品

活体及浸制乌贼标本。

体视镜、放大镜、解剖器械、解剖盘、解剖针、玻璃指管、载玻片、盖玻片、培养皿等。

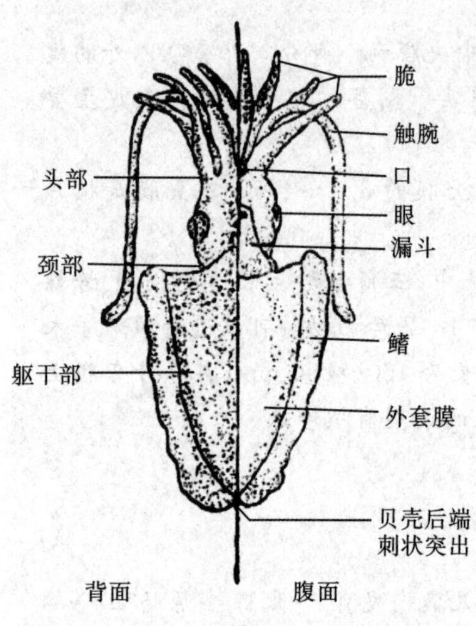

图 2.7-1 乌贼的外形(自江静波)

四、实验方法与步骤

(一) 乌贼的外形观察

取 1 条乌贼(*Sepia* sp.),置于蜡盘中,背面向上(颜色较深),依次观察。乌贼体略呈椭圆形,身体从前向后分为头足部、颈部和躯干部,足特化为腕和漏斗(图 2.7-1)。

1. 头足部

头部扁球状,前方着生腕(由足特化而成),共 10 条。其中 8 条基部较粗,末端尖细,内侧扁平,上面着生有许多吸盘。

第 4 对腕(背正中央为第 1 对,向腹侧依次为第2~5对)细长,称触腕(捕食),末端呈舌状,上面也着生吸盘。触腕基部有一囊状凹陷,触腕不用时可缩入囊内。

雄性左侧第 4 腕特化成生殖腕(茎化腕),生殖时能将精荚送入雌体。

2. 颈部

头足部后方的狭小部分,连接头部和躯干部。颈部腹面有漏斗(运动器官)。漏斗端部为游离的管,称水管。剪开水管,可见腔内有一舌瓣。

3. 躯干部

颈后方的部分,呈囊状,背腹略扁。

外被富有肌肉的外套膜。腹面与内脏团形成宽大的外套腔。外套膜边缘有狭长的结构,称为鳍。

贝壳退化,埋藏在背面外套膜内,石灰质,质地疏松。

(二) 乌贼的内部解剖

用剪刀将外套膜两侧剪开,去除腹面外套膜,观察剪下来的外套膜在其内壁前端有两个钮状突起,可与漏斗基部腹壁两个软骨凹陷相嵌合,形成闭锁器。然后,将乌贼置于蜡盘中,露出内脏团,如果是雌性,可见内脏团腹面中部隆起的 1 对卵形的缠卵腺及其前方的 2~3 个副缠卵腺(箭状,分泌物形成卵壳,并将卵黏成卵群)。用镊子去除缠卵腺和副缠卵腺,依次观察内部构造(图 2.7-2)。

1. 呼吸器官

呼吸器官为 1 对羽状鳃,位于内脏团两侧,基部有肌肉附在外套膜上。

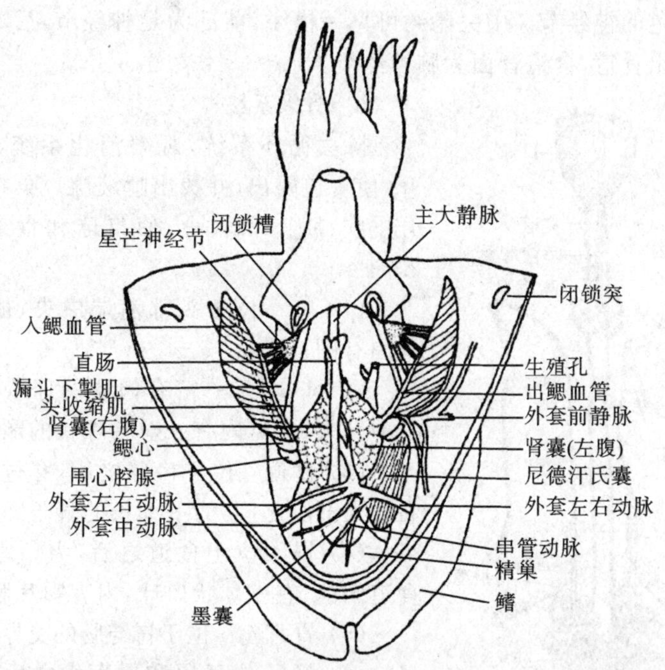

图 2.7-2 乌贼的内部结构(自方展强等)

2. 排泄器官

用镊子去除内脏团腹面的结缔组织,仔细将墨囊分离,并拉向前方,就能看到位于其下的1对薄壁透明的肾脏以及隐约可见的囊内葡萄状排泄组织(肾脏的界限不清楚)。直肠两侧有排泄孔(小乳头状突起),如用注射器从排泄孔注入蓝墨水,可看清肾脏的轮廓。

3. 循环系统

摘除肾脏,撕开围心腔,露出心脏。中央为心室,两侧各有一个薄壁心耳。鳃心1对,位于鳃基部(浅黄色)。在内脏团前部腹面正中线上有一纵行的血管,即前大动脉。后行至肾脏前方分为两支,穿过肾脏,斜行至体侧通入鳃心。在内脏团中后部两侧有后大动脉,从后外侧前行,与前大静脉分支汇合。

(1) 心脏　位于体的腹面,由一心室和二心耳组成。在左右鳃的基部有一膨大的部分称鳃心。其后有一圆形的鳃心附属腺。心耳:1对。紧接于鳃心的前方、在心室两旁、壁薄。心室:1个。位于二心耳之间,壁厚。

(2) 前大动脉　由心室向前发出的一条血管,沿中线与食道平行直至头部。

(3) 后大动脉　由心室向后发出的一条血管,有分支到胃及其他内脏器官。

(4) 前大静脉　1条,与前大动脉平行,是从头部及体前部下行的大动脉。至肾的前端则分成两支,各通过肾脏,分别入左、右两边的鳃心。

(5)后大静脉　2条,将血由体后部分别输送到两边的鳃心。

4. 软骨

集中位于头部中央及眼的基部。用剪刀和镊子剥去头部的表皮和肌肉,即露出半透明的软骨。

5. 神经系统

中枢神经系统包括脑神经节、足神经节和内脏神经节,三者为头软骨包围。剪去头软骨腹面部分,可见乳白色的神经节。中央隐约可见一横缢,前部为足神经节,后部为脏神经节。摘除足、脏神经节露出食道,食道背面为脑神经节。

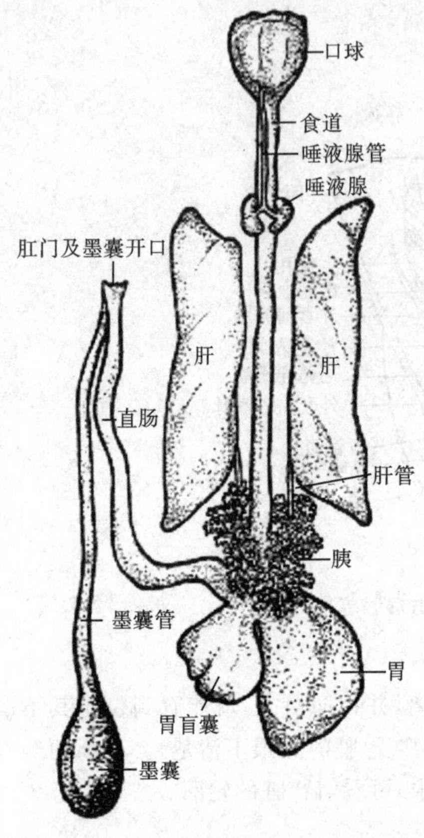

图 2.7-3　乌贼的消化系统(自江静波等)

6. 消化系统

除去循环系统,观察消化系统,将肝脏向两边分开,使食道露出,并找出唾液腺。再在头部腹面中央剪开皮肤、肌肉和软骨,使口球和食道的上端露出(图 2.7-3)。

(1) 口　位于头部前端中央,被腕所包围。口的周围有围口膜。

(2) 口球　一富有肉质的球状物,用剪刀将口球纵剪开来,可见内有一对乌喙状的颚和一个齿舌。

(3) 食道　位于口球之后,穿过头部软骨,夹在左右两大肝脏之间,为一细长的管子。

(4) 胃　位于食道之后,为一厚肌肉质的囊。沿食道向前,有一球状口球,内有颚片和齿舌。

(5) 胃盲囊　位于胃与肠的交界处,是一薄壁的囊。

(6) 肠　位于胃和胃盲囊之后,以肛门开口于外套腔中。

(7) 肝脏　位于食道两侧,较大,为淡绿色或淡褐色长圆锥形的腺体。

(8) 胰脏　为浅黄色葡萄状腺体。附在肝管上。

(9) 唾液腺　位于食道附近,肝脏前端的背侧,为一对白色的豆状的腺体。

(10) 墨囊　位于体后端,胃的腹面、囊状。有墨囊管与肠并行。其末端与肛门共同开口于外套腔中。

7. 生殖系统

(1) 雌性生殖系统　卵巢 1 个,位于内脏团后部中央,由直肠左侧的输卵管通至生殖孔。输卵管末端有 1 个输卵管腺。

(2) 雄性生殖系统　精巢 1 个,位于内脏团后部中央,乳白色,心脏形。由左侧通出的输精管(白色卷曲状)通至储精囊,除去储精囊外的结缔组织可见前列腺。位于储精囊左侧的是瓶状的精荚囊,内含杆状精荚。

五、作业与思考题

(1) 根据观察,绘制乌贼外形图并标出各部分名称。

(2) 通过实验,比较头足类与其他缓慢运动的软体动物的差异,分析其快速运动的原因。

2.8　螯虾和棉蝗的比较解剖

一、实验目的

(1) 通过螯虾和棉蝗的外形观察和内部解剖,了解软甲纲和昆虫纲的主要特征。

（2）通过对螯虾和棉蝗的比较解剖观察，了解水生甲壳类和陆生六足类（亚门）的主要异同。

二、实验内容

（1）螯虾的外形观察和内部解剖。

（2）棉蝗的外形观察和内部解剖。

三、实验材料与用品

活体及浸制螯虾和蝗虫标本。

光学显微镜、体视镜、放大镜、显微互动教学系统。

解剖器械、解剖盘、解剖针、玻璃指管、载玻片、盖玻片、培养皿等。

四、实验方法与步骤

（一）螯虾的外形观察及内部的解剖

螯虾是十足目螯虾次目中淡水虾类的通称。中国大陆原有三种螯虾：原产于东北寒温带区的蝲蛄属，20 世纪 40 年代引进原产于北美的克氏原螯虾（*Procambarus clarkii*）及 80 年代从澳大利亚引进的澳螯虾。

将螯虾浸制标本用清水冲洗、浸泡，除去药液后放解剖盘内进行以下实验。

1. 外形

螯虾身体分头胸部和腹部，体表被以坚硬的几丁质外骨骼，深红色或红黄色，随年龄而不同。

1）头胸部

由头部（6 节）与胸部（8 节）愈合而成，外被头胸甲，头胸甲约占体长的一半。头胸甲前部中央有一背腹扁的三角形突起，称额剑，其边缘有锯齿（日本沼虾的额剑侧扁，上下缘具齿）。头胸甲的近中部有一弧形横沟，称颈沟，为头部和胸部的分界线。颈沟以后，头胸甲两侧部分称鳃盖，鳃盖下方与体壁分离形成鳃腔。额剑两侧各有一个可自由转动的眼柄，其上着生复眼，用刀片将复眼削下一薄片，置载玻片上加甘油制成封片，于显微镜下观察其形状与构造。

2）腹部

螯虾的腹部短而背腹扁（日本沼虾的腹部长而侧扁），体节明显为 6 节，其后还有尾节。各节的外骨骼可分为背面的背板，腹面的腹板及两侧下垂的侧板。观察体节间如何连接？★此连接对虾腹部的伸屈运动有何作用？尾节扁平，腹面正中有一纵裂缝，为肛门。

3）附肢

除第 1 体节和尾节无附肢外，螯虾共 19 对附肢，即每体节 1 对。除第 1 对触角是单枝型外，其他都是双枝型，但随着生部位和功能的不同而有不同的形态结构。

观察时，左手持虾，使其腹面向上。首先注意各附肢着生位置，然后右手持镊子，由身体后部向前依次将虾左侧附肢摘下，并按原来顺序排列在解剖盘或硬纸片上。摘取附肢时，用镊子钳住其基部，垂直拔下。如附肢粗大，可用剪刀剪开其基部与体壁的连接后再拔下，但要注意附肢的完整性，又不损伤内部器官。再用放大镜自前向后依次观察（图 2.8-1）。

（1）头部附肢　共 5 对。

① 小触角　位于额剑下方。原肢 3 节，末端有 2 根短须状触鞭（日本沼虾小触角基部外缘有一明显的刺柄，外鞭内侧尚有一短小的附鞭）。触角基部背面有一凹陷容纳眼柄，凹陷内侧丛毛中有平衡囊。

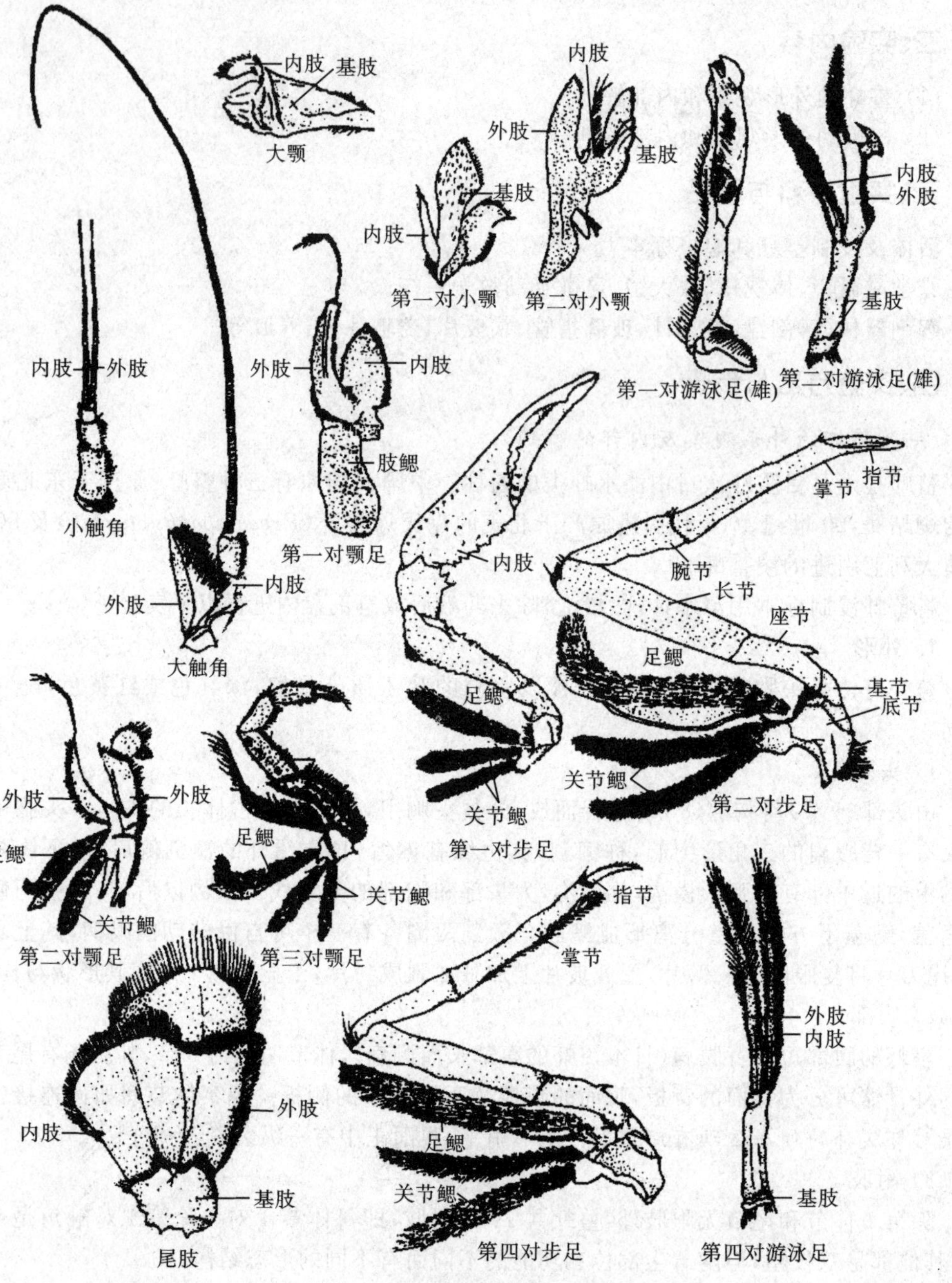

图 2.8-1　螯虾的附肢(自黄诗笺)

② 大触角　位于眼柄下方，原肢 2 节，基节的基部腹面有排泄孔。外肢呈片状，内肢成一细长的触鞭。★大小触角有何功能？

③ 大颚　原肢坚硬，形成咀嚼器，分扁而边缘有小齿的门齿部和齿面有小突起的臼齿部；内肢形成很小的大颚须，外肢消失。

④ 小颚　2 对。原肢 2 节，薄片状，内缘具毛(日本沼虾原肢内缘具刺)。第 1 对小颚内肢呈小片状，外肢退化；第 2 对小颚内肢细小，外肢宽大叶片状，称颚舟叶。★颚舟叶有何功用？

(2) 胸部附肢 共8对,原肢均2节。

① 颚足 3对。第1对颚足外肢基部大,末端细长,内肢细小。外肢基部有一薄片状肢鳃。第2、3对颚足内肢发达,分5节(日本沼虾第3对颚足体肢分3节),屈指状,外肢细长。足基部都有羽状的鳃。3对颚足和头部附肢大颚、小颚参与虾口器的形成。

★颚足有何功能?

② 步足 5对。内肢发达,分5节,即座节、长节、腕节、掌节和指节,外肢退化。前3对末端为钳状,第1对步足的钳特别强大,称螯足;其余2对步足末端呈爪状(日本沼虾前2对步足末端为钳状,其中第2对特别大,尤其是雄虾)。★试分析各步足的功能。雄虾的第5对步足基部内侧各有1雄生殖孔,雌虾的第3对步足基部内侧各有1雌生殖孔。★注意各足基部鳃的着生情况。

(3) 腹部附肢 共6对。第1～5对称腹肢,第6对称尾肢(或尾足)。

① 腹肢 共5对。不发达,为游泳足。原肢2节。前2对腹肢,雌雄有别。雄虾第1对腹肢变成管状交接器,雌虾的退化;雌虾第2对腹肢细小,外肢退化(日本沼虾第1对腹肢的外肢大,内肢很短小;第2对腹肢的内肢有一短小棒状内附肢,雄虾在内附肢内侧有一指状突起的雄性附肢)。第3、4、5对腹肢形状相同,内、外肢细长而扁平,密生刚毛(日本沼虾的内、外肢呈片状,内肢具内附肢)。

② 尾肢 1对。内、外肢特别宽阔呈片状,外肢比内肢大,有横沟分成2节(日本沼虾外肢外缘有1小刺)。尾肢与尾节构成尾扇。★尾扇在虾的运动中起何作用?

★从外形上如何区分雄虾和雌虾?比较螯虾和棉蝗附肢数目和分布的不同,及其附肢形态结构的异同点。

2. 内部结构(图2.8-2)

1) 呼吸器官

用剪刀剪去螯虾头胸甲的右侧鳃盖,即可看到呼吸器官鳃。结合已摘下的左侧附肢上鳃的着生情况,原位用镊子稍作分离并同时观察鳃腔内着生在第2对颚足至第4对步足基部的足鳃、体壁与附肢间关节膜上的关节鳃和着生在第1对颚足基部的肢鳃。螯虾各种鳃的数目

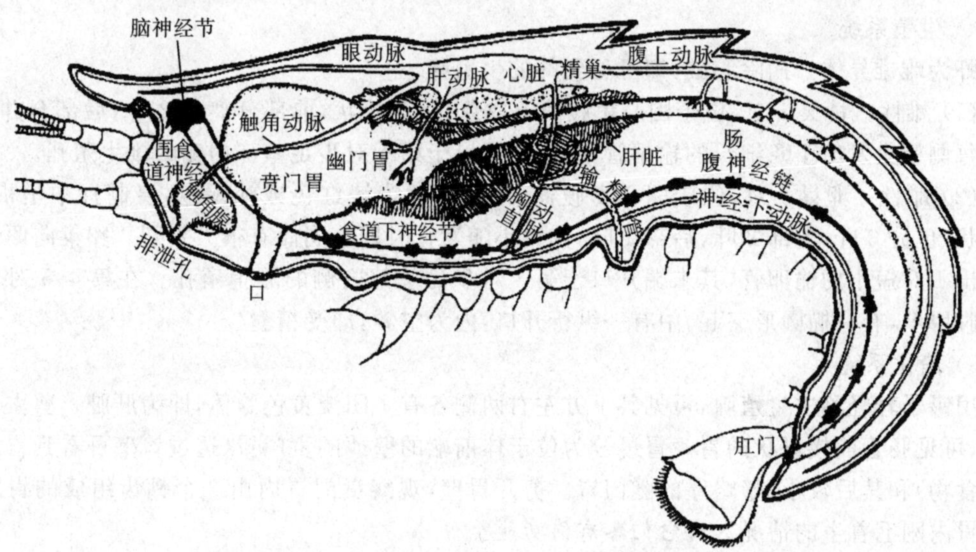

图2.8-2 虾的内部结构模式图(自黄诗笺)

如何？日本沼虾第1、2对颚足各有1个肢鳃，自第2对颚足至第5对步足各有1个足鳃，共9对鳃。★除呼吸作用外，鳃还有何功能？比较螯虾和棉蝗呼吸器官的形态结构和分布。各有何特点？

观察了呼吸系统后，用镊子自头胸甲后缘至额剑处，仔细地将头胸甲与其下面的器官剥离开，再用剪刀自头胸甲前部两侧到额剑后剪开并移去头胸甲。然后用剪刀自前向后，沿腹部两侧背板与侧板交界处剪开腹甲，用镊子略掀起背板，观察肌肉附着于外骨骼内的情况，最后小心地剥离背板和肌肉的联系，移去背板。

2）肌肉

呈束状并往往成对分布。用眼科镊取少许肌肉，参照实验10制片，置显微镜下观察。★虾的肌肉属哪种类型？此类肌肉与虾的运动有何关联？螯虾和棉蝗的肌肉有何共同特征？

3）循环系统

为开管式，主要观察心脏和动脉。

(1) 心脏　位于头胸部后端背侧的围心窦内，为半透明、多角形的肌肉囊，用镊子轻轻撕开围心膜即可见到。用放大镜观察，在心脏的背面、前侧面和腹面，各有1对心孔。也可在看完血管后，将心脏取下置于培养皿内的水中，再在放大镜下观察。★比较螯虾和棉蝗心脏所在位置和结构。有何共同特征？

(2) 动脉　细且透明。用镊子轻轻提起心脏，可见心脏发出7条血管。

由心脏前行的动脉有5条：由心脏前端发出1条眼动脉；在眼动脉基部两侧发出1对(2条)触角动脉；在触角动脉外侧发出1对(2条)肝动脉。

由心脏后端发出1条腹上动脉，在腹部背面，沿后肠(1条贯穿于整个腹部的略粗的管道)背方后行到腹部末端。

在胸腹交接处，腹上动脉基部，心脏发出1条弯向胸部腹面的胸直动脉。剪去第5、6对步足处胸部左侧壁，用镊子将该处腹面肌肉轻轻向背方掀起，即可见到胸直动脉通到腹面。注意此血管极易被拉断，达神经索腹方后，再向前后分为2支，向前的1支为胸下动脉，向后的1支为腹下动脉。★螯虾和棉蝗动脉的复杂程序是否相同？

4）生殖系统

虾为雌雄异体。摘除心脏，即可见到虾的生殖腺。

(1) 雄性　精巢1对，位于围心窦腹面。白色，呈3叶状，前部分离为2叶，后部合并为1叶。每侧精巢发出1条细长的输精管，其末端开口于第5对步足基部内侧的雄生殖孔。

(2) 雌性　卵巢1对，位于围心窦腹面，性成熟时为淡红色或淡绿色，浸制标本呈褐色。颗粒状，也分3叶，前部2叶，后部1叶，其大小随发育时期不同而有很大差别。卵巢向两侧腹面发出1对短小的输卵管，其末端开口于第3对步足基部内侧的雌生殖孔。在第4、5对步足间的腹甲上，有一椭圆形突起，中有一纵行开口，内为空囊，即受精囊。

5）消化系统

用镊子轻轻移去生殖腺，可见其下方左右两侧各有1团淡黄色腺体，即为肝脏。剪去一侧肝脏，可见肠管前接囊状的胃。胃可分为位于体前端的壁薄的贲门胃(透过胃壁可看到胃内有深色食物)和其后较小、壁略厚的幽门胃。剪开胃壁，观察贲门胃内由3个钙齿组成的胃磨及幽门胃内刚毛着生的情况。★它们各有何功能？

用镊子轻轻提起胃，可见贲门胃前腹方连有一短管，即食管，食管前端连接由口器包围的口腔。幽门胃后接中肠，中肠很短，1对肝脏即位于其两侧，各以1肝管与之相通。中肠之后即为贯穿整个腹部的后肠，后肠位于腹上动脉腹方，略粗（透过肠壁可见内有深色食物残渣），以肛门开口于尾节腹面。

6）排泄系统

剪去胃和肝脏，在头部腹面大触角基部外骨骼内方，可见到 1 团扁圆形腺体，即触角腺，为成虾的排泄器官，生活时呈绿色，故又称绿腺。浸制标本的触角腺常为乳白色，它以宽大而壁薄的膀胱伸出的短管开口于大触角基部腹面的排泄孔。

7）神经系统

除保留食管外，将其他内脏器官和肌肉全部除去，小心地沿中线剪开胸部底壁，便可看到身体腹面正中线处有 1 条白色索状物，即为虾的腹神经链，它由 2 条神经干愈合而成。用镊子在食管左右两侧小心地剥离，可找到 1 对白色的围食管神经。沿围食管神经向头端寻找，可见在食管之上，两眼之间有一较大白色块状物，为食管上神经节或脑神经节。围食管神经绕到食管腹面与腹神经链连接处有一大白色结节，为食管下神经节。自食管下神经节，沿腹神经链向后端剥离，可见链上还有多个白色神经节。★这些神经节与腹部体节的位置关系如何？螯虾腹神经链上一共有多少个神经节？与棉蝗的神经系统比较，二者有何共同特点？

（二）棉蝗的外形观察及内部解剖

将棉蝗 *Chondracris rosea*（或稻蝗 *Oxya* sp.）活体或浸制（用清水冲洗浸泡，除去药液）标本置解剖盘内。

1. 外形

棉蝗（与稻蝗的区别在于前胸背板的中隆线较高）一般体呈青绿色，浸制标本呈黄褐色。体表被有几丁质外骨骼。身体可明显分为头、胸、腹三部分。★与螯虾的身体分部有何不同？雌雄异体，雄虫比雌虫小。

1）头部

位于身体最前端，卵圆形，其外骨骼愈合成一坚硬的头壳。头壳的正前方为略呈梯形的额，额下连一长方形的唇基；额的上方为头顶；头的两侧部分为颊；头顶和颊之后为后头。头部具有下列器官（图 2.8-3）。

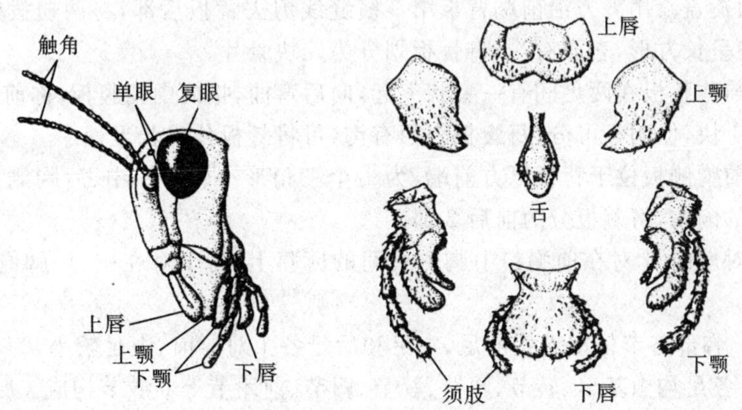

图 2.8-3　蝗虫的头部及口器（自程红）

（1）眼　棉蝗具有 1 对复眼和 3 个单眼。

①复眼　椭圆形，棕褐色，较大，位于头顶左右两侧。用刀片自复眼表面切下一薄片，置载玻片上，加甘油制成封片，于显微镜下观察复眼组成。

②单眼　形小,黄色。1个在额的中央,2个分别在两复眼内侧上方,3个单眼排成1个倒"品"字形。★复眼和单眼各有何视觉功能?

(2) 触角　1对,位于额上部两复眼内侧,细长呈丝状,由柄节、梗节及鞭节组成,鞭节又分为许多亚节。

(3) 口器　典型的咀嚼式口器。左手持蝗虫,使其腹面向上,拇指、食指将其头部夹稳,右手持镊子自前向后将口器各部分取下,摘取方法同螯虾(同时注意观察口器各部分着生的位置),依次放在载玻片上,用放大镜观察其构造。

①上唇　1片,连于唇基下方,覆盖着大颚,可活动。上唇略呈长方形,其弧状下缘中央有一缺刻;外表面硬化,内表面柔软。

②大颚　为1对坚硬棕黑色的几丁质块,位于颊的下方,口的左右两侧,被上唇覆盖。两大颚相对的一面有齿,下部的齿长而尖,为切齿部;上部的齿粗糙宽大,为臼齿部。

③小颚　1对,位于大颚后方,下唇前方。小颚基部分为轴节和茎节,轴节连于头壳,其前端与茎节相连。茎节端部着生2个活动的薄片,外侧的呈匙状,为外颚叶,内侧的较硬,端部具齿,为内颚叶。茎节中部外侧还有1根细长具5节的小颚须。

④下唇　1片,位于小颚后方,成为口器的底板。下唇的基部称为后颏,后颏又分为前后2个骨片,后部的称亚颏,与头部相连,前部的称颏。颏前端连接能活动的前颏,前颏端部有1对瓣状的唇舌,两侧有1对具3节的下唇须。

⑤舌　位于大、小颚之间,为口前腔中央的1个近椭圆形的囊状物,表面有毛和细刺。

★口器各部分各有何功能?

2) 胸部

头部后方为胸部,胸部由3节组成,由前向后依次称前胸、中胸和后胸。每胸节各有1对足,中、后胸背面各有1对翅。

(1) 外骨骼　外骨骼为坚硬的几丁质骨板,背部的称背板,腹面的称腹板,两侧的称侧板。

①背板　前胸背板发达,从两侧向下扩展成马鞍形,几乎盖住整个侧板,后缘中央伸至中胸的背面;其背面有3条横缝线向两侧下伸至两侧中部,背面中央隆起呈屋脊状。中、后胸背板较小,被两翅覆盖。用剪刀沿前胸背板第3横缝线剪去背板后部,将两翅拨向两侧,即可见中、后胸背板略呈长方形,表面有沟,将骨板划分为几块骨片。

②腹板　前胸腹板在两足间有一囊状突起,向后弯曲,指向中胸腹板,称前胸腹板突。中、后胸腹板合成1块,但明显可分;每腹板表面有沟,可将骨板分成若干骨片。

③侧板　前胸侧板位于背板下方前端,为1个三角形小骨片。中、后胸侧板发达,其表面均有1条斜行的侧沟,将侧板分为前后2部。

胸部有2对气门,1对在前胸与中胸侧板间的薄膜上,另1对在中、后胸侧板间以及中足基部的薄膜上。

(2) 附肢　胸部各节依次着生前足、中足和后足各1对。前、中足较小,为步行足;后足强大,为跳跃足。各足均由基节、转节、腿节、胫节、跗节、前跗节等6肢节构成。胫节后缘有2行细刺,末端还有数枚距,注意刺的排列形状与数目。跗节又分3节,第1节较长,有3个假分节,第2节很短,第3节较长,跗节腹面有4个跗垫。前跗节为1对爪,两爪间有一中垫。

★通过螯虾和棉蝗附肢的比较,说明附肢形态结构与其机能的相互联系。

(3) 翅　2对。有暗色斑纹,各翅贯穿翅脉。前翅着生于中胸,革质,形长而狭,休息时覆盖在背上,称为覆翅。后翅着生于后胸,休息时折叠而藏于覆翅之下,将后翅展开,可见它宽大,膜质,薄而透明,翅脉明显,注意观察其脉相。

3) 腹部

与胸部直接相连,由 11 个体节组成。

(1) 外骨骼　几丁质外骨骼较柔软,只由背板和腹板组成,侧板退化为连接背、腹板的侧膜。雌、雄蝗虫第 1～8 腹节形态构造相似,在背板两侧下缘前方各有 1 个气门。在第 1 腹节气门后方各有 1 个大而呈椭圆形的膜状结构,称听器。第 9、10 两节背板较狭,且相互愈合。第 11 节背板形成背面三角形的肛上板,盖着肛门。第 10 节背板的后缘、肛上板的左右两侧有 1 对小突起,即尾须;雄虫的尾须比雌虫的大,2 尾须下各有 1 个三角形的肛侧板。腹部末端还有外生殖器。★比较螯虾和棉蝗外骨骼形态构造的共同点。

(2) 外生殖器

①雌虫的产卵器　雌虫第 9、10 节无腹板,第 8 节腹板特长,其后缘的剑状突起称导卵突起。导卵突起后有 1 对尖形的产卵腹瓣(下产卵瓣);在背侧肛侧板后也有 1 对尖形的产卵瓣,为产卵背瓣(上产卵瓣),产卵背瓣和腹瓣构成产卵器。

②雄虫的交配器　雄虫第 9 节腹板发达,向后延长并向上翘起形成匙状的下生殖板(图 2.8-4)。将下生殖板向下压,可见内有一突起,即阴茎。

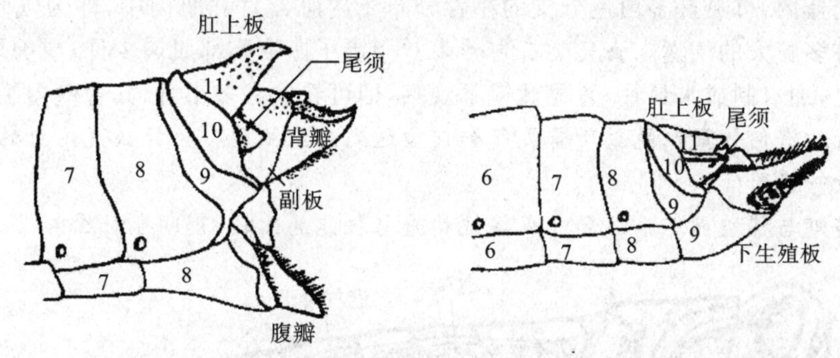

图 2.8-4　棉蝗尾部(左,雌性;右,雄性)(自黄诗笺)

2. 内部解剖

左手持蝗虫,使其背部向上,右手持剪刀剪去翅和足。再从腹部末端尾须处开始,自后向前沿气门上方将左右两侧体壁剪开,剪至前胸背板前缘;再在虫体前后端两侧体壁已剪开的裂缝之间,剪开头部与前胸间的颈膜和腹部末端的背板。剪开体壁时,剪刀尖向上翘,以免损伤内脏。将蝗虫背面向上置解剖盘中,用解剖针自前向后小心地将背壁与其下方的内部器官分离开,最后用镊子将完整的背壁取下。然后可依次观察下列器官系统(图 2.8-5)。

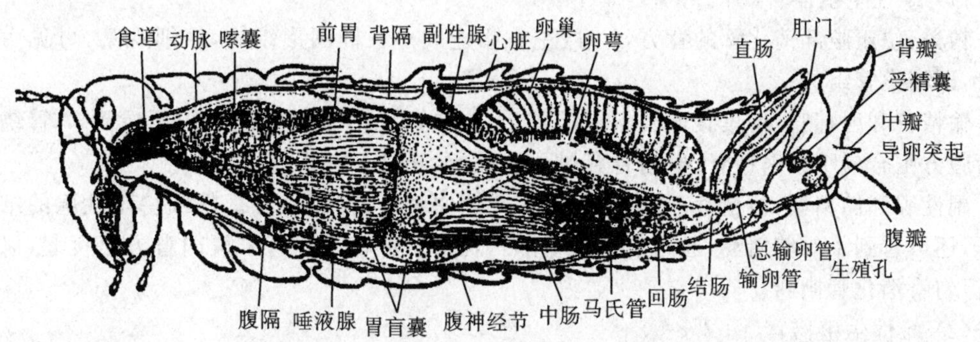

图 2.8-5　棉蝗内部解剖(♀)(自黄诗笺)

1）循环系统

循环系统为开管式。观察取下的背壁，可见腹部背壁内面中央线上有1条半透明的细长管状构造，即为心脏（图2.8-6）。心脏按节有若干略膨大的部分，为心室。★棉蝗有几个心室？各在何腹节？心脏前端连1细管，即大动脉。心脏两侧有扇形的翼状肌。翼状肌有何作用？

★棉蝗和螯虾循环系统的共同特征是什么？

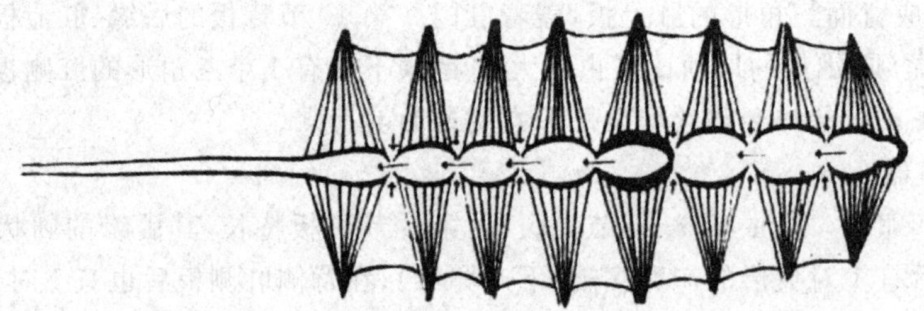

图2.8-6　昆虫背血管（背面观）（自堵南山）

2）呼吸系统（图2.8-7）

自气门向体内，可见许多白色分支的小管分布于内脏器官和肌肉中，即为气管；在内脏背面两侧还有许多膨大的气囊。★气囊有何作用？用镊子撕取胸部肌肉少许，或剪取一段气管，放在载玻片上，加水制成水封片，置显微镜下观察，即可看到许多小管，其管壁内膜有几丁质螺旋纹。★螺旋纹有何作用？昆虫所需氧气如何输送到组织细胞？为什么说昆虫的气管是动物界的一种高效呼吸器官？

★通过螯虾与棉蝗循环系统和呼吸系统构造与机能的比较，说明了什么？

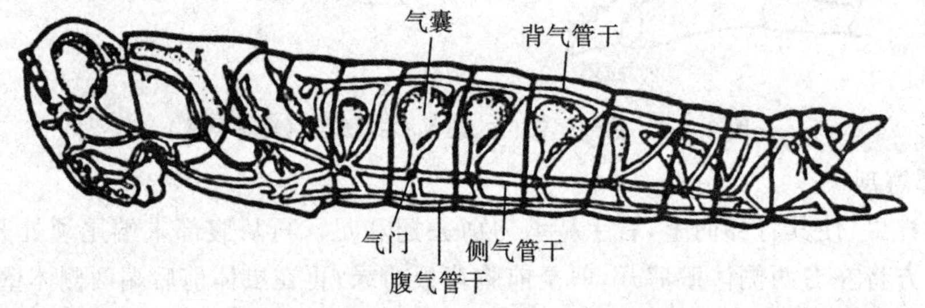

图2.8-7　蝗虫的气管系统（自方展强等）

3）生殖系统

（1）雄性生殖器官（图2.8-8）

精巢：位于腹部消化管的背方，1对，左右相连成一长椭圆形结构，仔细观察，可见由许多小管，即精巢管组成。

输精管和射精管：精巢腹面两侧向后伸出1对输精管，分离周围组织可看到，2管绕到消化管腹方汇合成1条射精管，射精管穿过下生殖板，开口于阴茎末端。

副性腺和储精囊：射精管前端两侧，有一些迂曲细管，即副性腺。仔细将副性腺的细管拨散开，还可看到1对储精囊，通入射精管基部。观察时可将消化管末段向背方略挑起，以便寻找，但勿将消化管撕断。

（2）雌性生殖器官（图2.8-9）

卵巢：位于腹部消化管的背方，1对，由许多自中线斜向后方排列的卵巢管组成。

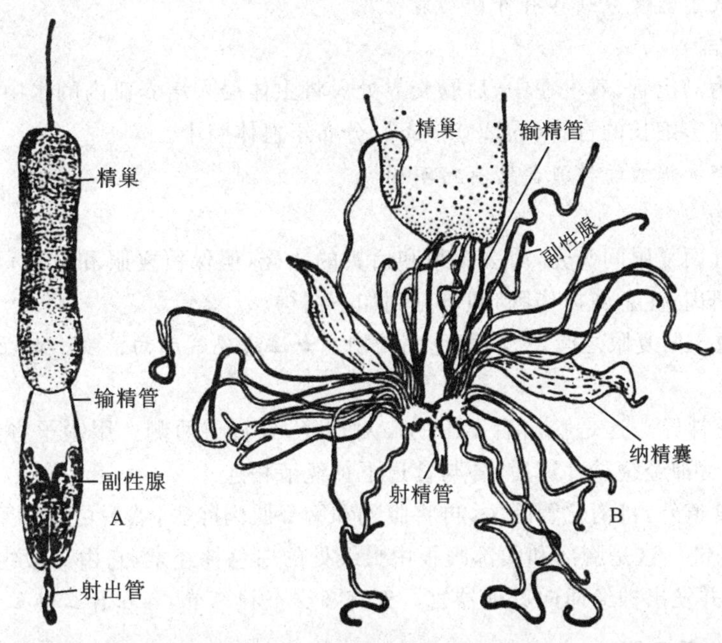

图 2.8-8 棉蝗雄性生殖系统(自江静波等)

卵萼和输卵管:卵巢两侧有 1 对略粗的纵行管,各卵巢管与之相连,此即卵萼,是产卵时暂时储存卵粒的地方,卵萼后行为输卵管。沿输卵管走向分离周围组织,并将消化管末段向背方略挑起,可见 2 输卵管在身体后端绕到消化管腹方汇合成 1 条总输卵管,经生殖腔开口于产卵腹瓣之间的生殖孔。

受精囊:自生殖腔背方伸出一弯曲小管,其末端形成一椭圆形囊,即受精囊。

副性腺:为卵萼前端的一弯曲的管状腺体。

★棉蝗为雌雄异体、异形,实验时可互换不同性别的标本进行观察。

4) 消化系统

消化管可分为前肠、中肠和后肠。前肠之前有由口器包围而成的口前腔,口前腔之后是口。用镊子移去精巢或卵巢后进行观察。

(1) 前肠　自咽至胃盲囊,包括口后的一短肌肉质咽,咽后的食道,食道后膨大囊状的嗉囊,嗉囊后略细的前胃。

(2) 中肠　又称胃,在与前胃交界处有 12 个呈指状突起的胃盲囊,6 个伸向前,6 个伸向后方。

(3) 后肠　包括与胃连接的回肠,回肠之后较细小、常弯曲的结肠和结肠后部较膨大的直肠,直肠末端开口于肛门,肛门在肛上板之下。

(4) 唾液腺　1 对,位于胸部嗉囊腹面两侧,色淡,葡萄状,有 1 对导管前行,汇合后通入口前腔。

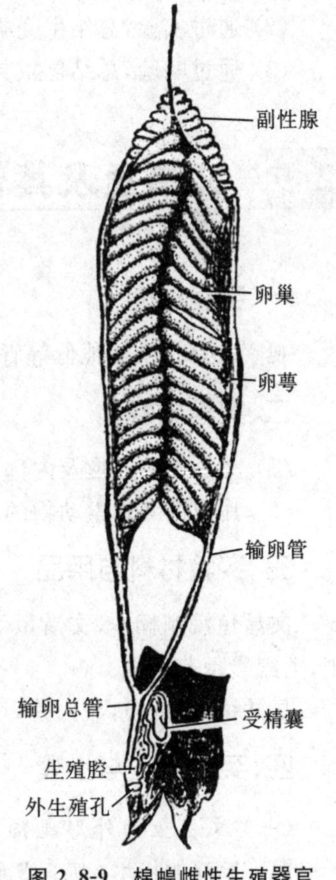

图 2.8-9 棉蝗雌性生殖器官(自江静波等)

★消化系统各器官分别具有什么功能?

5) 排泄器官

排泄器官为马氏管,着生在中、后肠交界处。将虫体浸入培养皿内的水中,用放大镜观察,可见马氏管是许多细长的盲管(约200多条),分布于血体腔中。

★比较螯虾和棉蝗的排泄器官有何不同。

6) 神经系统

用剪刀剪开两复眼间头壳,剪去头顶和后头的头壳,但保留复眼和触角;再用镊子小心地除去头壳内的肌肉,注意勿损伤脑,即可见到如下结构。

(1) 脑　位于两复眼之间,为淡黄色块状物。★注意观察脑向前发出的主要神经,各通向哪些器官?

(2) 围食道神经　这是脑向后发出的1对神经,到食道两侧。用镊子将消化管前端轻轻挑起,可见围食道神经绕过食道后,各与食道下神经节相连。

除留小段食道外,将消化管除去,再将腹隔和胸部肌肉除去,然后可观察到以下结构。

(3) 腹神经链　这是胸部和腹部腹板中央线处的白色神经索,它由2股组成,在一定部位合并成神经节,并发出神经通向其他器官。★有多少个神经节,各在什么部位?

五、作业与思考题

(1) 根据观察,绘螯虾或棉蝗外形图(侧面观),注明各部结构名称。

(2) 通过实验,总结甲壳类具有哪些适应水生生活的形态结构和生理特征?

(3) 通过实验,总结昆虫具有哪些适应陆生生活的形态结构和生理特征?

2.9 文昌鱼及其他低等脊索动物

一、实验目的

观察文昌鱼及其他低等脊索动物的外形及内部结构,掌握脊索动物的基本特征。

二、实验内容

(1) 文昌鱼的外形及内部结构观察。

(2) 其他低等脊索动物的外形及内部结构观察。

三、实验材料与用品

文昌鱼浸制标本,文昌鱼幼体整体装片,文昌鱼过咽部、肠和尾部的横切片。柱头虫、柄海鞘、七鳃鳗示范标本。

显微镜,解剖镜,放大镜,培养皿等。

四、实验方法与步骤

(一) 文昌鱼的外形观察

取一尾浸制标本,置于盛水的培养皿中,用解剖镜或放大镜观察。

文昌鱼 *Branchiostoma lanceolatum* 形似小鱼,全长5～6 cm,无明显头部,两端尖细。前

端腹面可见薄膜构成的漏斗状口笠，口笠边缘的须状突起为触须。皮肤薄而透明，可见皮下"V"形肌节。文昌鱼具背鳍、尾鳍、臀前鳍以及成对的腹褶。生殖腺块状、排列规则，活体或新鲜标本中，雄性生殖腺呈乳白色，雌性的呈淡黄色。腹褶后方中央的开口为腹孔，尾鳍与臀前鳍交界处稍偏左侧的开口为肛门(图 2.9-1)。

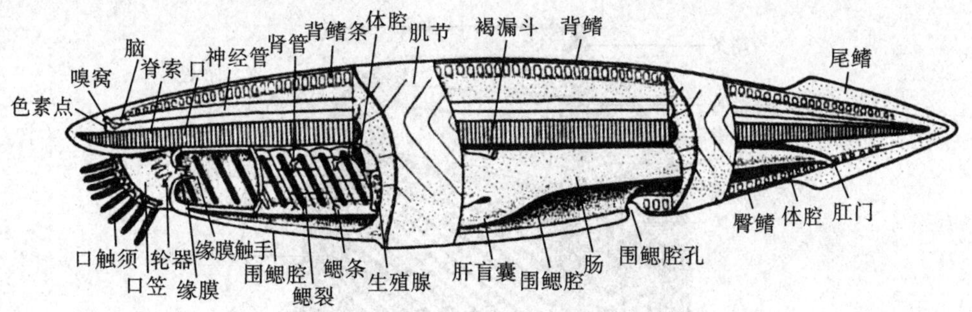

图 2.9-1　文昌鱼纵剖面模式图(自丁汉波)

(二) 文昌鱼幼体整体装片观察

取文昌鱼幼体整体装片于低倍显微镜下观察(图 2.9-2，图版 5)。

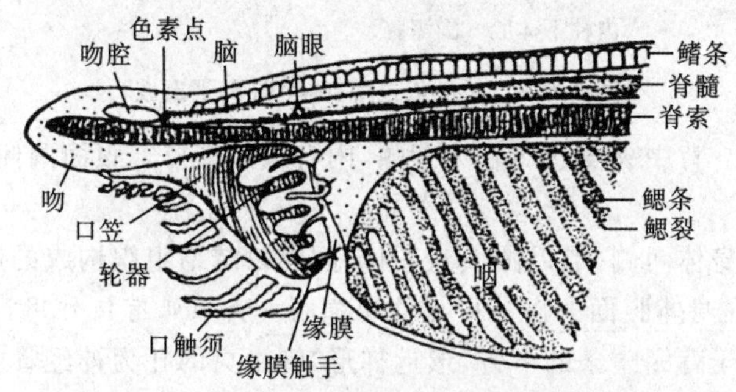

图 2.9-2　文昌鱼体前端纵切面(自丁汉波)

(1) 口笠、触须与轮器　身体前端腹面的漏斗状薄膜为口笠，口笠边缘着生触须，口笠围成的内腔称前庭，口笠内壁上染色较深的 4～5 个指状突起为轮器。

(2) 缘膜和缘膜触手　口笠后方的竖直薄膜为缘膜，其上有 10 余条细而短的突起，即缘膜触手。

(3) 口　位于缘膜的中央，在整体装片上不可见。

(4) 咽与鳃裂　口后为宽大的咽部，几乎占据体长的一半。咽壁上狭长倾斜排列的条状结构为鳃隔，鳃隔间的狭长空隙为鳃裂。咽部被围鳃腔所包围，围鳃腔以腹孔与外界相通。

(5) 肠与肝盲囊　咽后方为肠，前端较粗大，后端渐细，以肛门开口于体外。肠的起始部向前凸出的一条盲管为肝盲囊，可以分泌消化液；它从肠的腹侧伸出后即向前转向咽的右侧，因此，在咽后三分之二部位看到的一条深色管，即肝盲囊。肠管中部有一段染色较深，称为回结环，是消化最活跃的部位。

(6) 脊索　位于消化管背面、略呈黄色的棒状结构，两端稍细；低倍镜下可见密集的暗色横纹。

(7) 背神经管　位于脊索背方，较脊索细；其上可见许多黑色小点，为脑眼，具感光作用。神经管前端有一个比脑眼大的黑色的色素点，称为眼点，可能是退化的平衡器官。

（三）文昌鱼横切片观察

1. 过咽部横切片观察（图版 6，图版 7，图 2.9-3）

（1）皮肤　位于身体最外层，高倍镜下可见表皮为单层柱状上皮细胞组成；表皮下方的薄层胶冻状结缔组织为真皮。

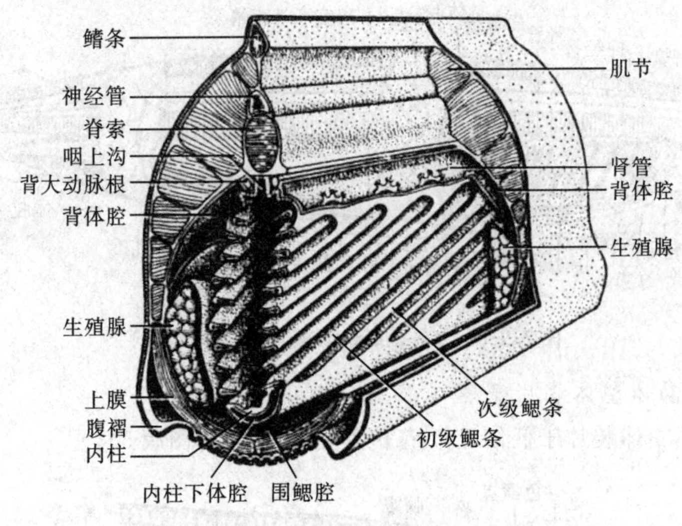

图 2.9-3　文昌鱼过咽部横切（自丁汉波）

（2）背鳍与腹褶　背中央皮肤凸起为背鳍，内有鳍条支持。腹面两侧的皮肤突起为腹褶，内无鳍条。

（3）肌节　位于身体两侧，形近圆块状，肌节间隔以结缔组织构成的肌隔；背部肌节较厚，体侧的较薄。另外，在身体腹面的皮下可见薄层横肌。★该肌有何作用？

（4）神经管　位于背鳍鳍条的下方，形近梯形，管中央的孔为神经管腔。

（5）脊索　在神经管之下可见卵圆形的脊索断面，其外被有结缔组织形成的脊索鞘，此鞘亦向上包围神经管。

（6）咽　长椭圆形，占据脊索下方的大部分；着色很深的咽壁为鳃隔，因鳃隔斜行排列，故横切面上可见鳃隔的横断面。鳃隔之间的空隙为鳃裂。咽的背中线和腹中线上各有一个凹槽，分别称为咽上沟（或背板）和咽下沟（或内柱），它们在食物输送过程中有何功能？

（7）围鳃腔　包围咽部的空腔。

（8）肝盲囊　位于咽右侧，由单层柱状细胞围成的椭圆形结构。

（9）生殖腺　位于身体两侧，形大且着色深。卵巢断面呈团块状，细胞核大而明显；精巢为致密的条纹状。

（10）体腔　由于围鳃腔的扩大和排挤，难以观察体腔全貌。在横切面上仅能见到位于咽部背方两侧之形状不规则的体腔，以及位于内柱下的狭小体腔。

（11）背大动脉根、腹大动脉　文昌鱼的循环系统为闭管式。在咽部可见 2 条背大动脉根和 1 条腹大动脉。背大动脉根位于咽部背方两侧，小的圆圈形结构；腹大动脉位于内柱下的体腔内。

2. 过肠和尾部横切片

文昌鱼过肠部和尾部的横切片结构简单。与过咽部横切相比，结构组成上的异同点有哪些？

示范与拓展实验

1. 柄海鞘成体标本观察(图 2.9-4)

柄海鞘(*Styela clava*)隶属尾索动物亚门海鞘纲,成体营固着生活,体呈囊状,外被坚韧的纤维质被囊。一端有柄,生活时附着在其他物体上;另一端有两个孔,位置稍高的为入水孔,另一为出水孔。

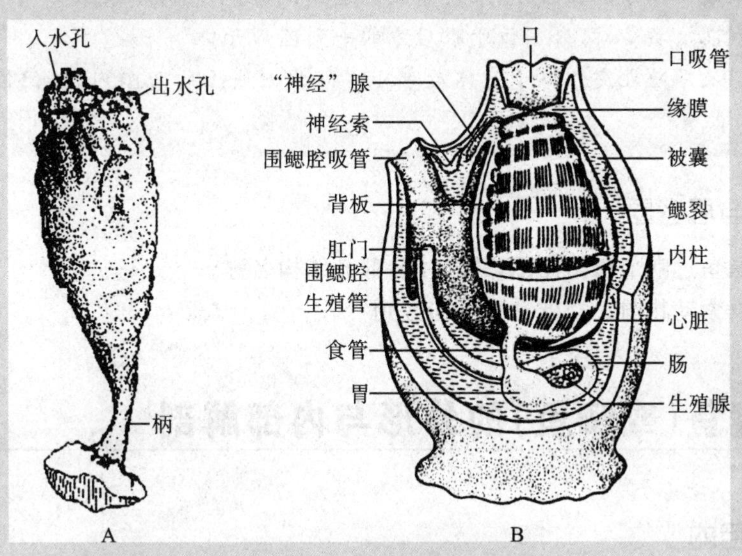

图 2.9-4 柄海鞘(仿各家)

A. 柄海鞘外形;B. 柄海鞘内部结构

2. 七鳃鳗标本观察(图 2.9-5)

七鳃鳗(*Lampetra japonicum*)隶属脊椎动物亚门圆口纲七鳃鳗目,似鱼不是鱼。成体营半寄生生活,体长圆形,呈鳗形,裸露无鳞,分为头(不明显)、躯干和尾三部分。

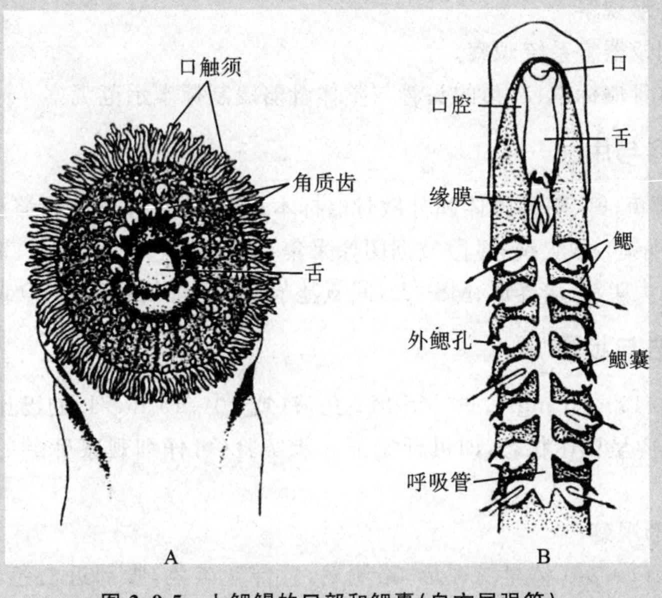

图 2.9-5 七鳃鳗的口部和鳃囊(自方展强等)

(1) 鳍　背鳍由两部分组成，尾鳍为原形尾；无偶鳍。

(2) 口漏斗　位于头部腹面，大型杯状的吸盘式构造(相当于文昌鱼的前庭)。边缘有许多皮肤褶皱，内壁有褐色的角质齿。

(3) 眼　位于头部两侧，被覆半透明皮肤，无眼睑。

(4) 鼻孔　一个，位于头背面正中央的短管状结构。

(5) 松果眼　位于鼻孔后方，此处皮肤颜色稍浅，皮下即为松果眼。

(6) 外鳃孔　共 7 对，分别位于眼后方的一列圆形开口。

(7) 肛门及尿殖乳突　位于身体后部 1/4 处腹中线上的凹陷内，肛门位于尿殖乳突的前方。

五、作业与思考题

(1) 绘文昌鱼过咽部横切面图，并标注各部分结构名称。

(2) 低等脊索动物与无脊椎动物有何区别?

2.10　鲤鱼(或鲫鱼)的外形与内部解剖

一、实验目的

(1) 通过对鲤鱼外形和内部器官系统的观察，了解硬骨鱼类的主要特征以及鱼类适应于水生生活的形态结构特征。

(2) 学习硬骨鱼内部解剖的基本操作方法和技术。

二、实验内容

(1) 鲤鱼的外形观察。

(2) 鲤鱼解剖及器官系统观察。

(3) 鲤鱼整体骨骼标本、鲨鱼的头骨与整体骨骼浸制标本示范观察。

三、实验材料与用品

活的鲤鱼或鲫鱼；鲤、鲈的整体和分散骨骼标本；鲨鱼头骨和整体骨骼浸制标本。

解剖镜(即体视镜)、放大镜；显微数据图像采集系统；解剖剪、手术刀、圆头镊子、解剖盘；鬃毛或尼龙丝、棉花、大头针、培养皿、MS-222(间氨基苯甲酸乙酯烷基磺酸盐)或巴比妥钠溶液。

四、实验方法与步骤

先将活鱼放入 10～30 mg/L 的 MS-222 药液(或 10～15 mg/L 的巴比妥钠溶液)中进行麻醉，20～30 min 内呈昏迷状态，即可开始下一步实验(可仔细观察麻醉的过程、游动变化及呼吸变化)。

1. 鲤鱼的外形观察

鲤鱼 *Cyprinus carpio* 体呈纺锤形，略侧扁，背部灰黑色，腹部近白色。★体色与其生活环境有何适应关系？身体可区分为头、躯干和尾三部分。

(1) 头部　自吻端至鳃盖骨后缘为头部。口位于头部前端(口端位),两侧各有 2 条触须(鲫鱼无触须)。★触须有何功能? 吻背面有鼻孔 1 对,用鬃毛或解剖针从鼻孔探入,★鼻腔通口腔吗? 鼻腔参与呼吸过程吗? 眼 1 对,位于头部两侧,形大而圆,无眼睑。眼后头部两侧为宽扁的鳃盖,鳃盖后缘有膜状的鳃盖膜,借此覆盖鳃孔。

(2) 躯干部和尾部　自鳃盖后缘至肛门为躯干部;自肛门至尾鳍基部最后一枚椎骨为尾部。躯干部和尾部体表被以覆瓦状排列的圆鳞,鳞外覆有一薄层表皮,用手抚摸鱼体表,★是否黏滑? 有何作用? 躯体两侧从鳃盖后缘到尾部,各有 1 条由鳞片上的小孔(侧线孔)排列成的点线结构(如要观察侧线,需垂直切开点线结构两侧 0.3～0.5 cm 深,然后在切开的肌肉处寻找白色的侧线切面,用镊子拉取出白色的侧线),被侧线孔穿过的鳞片称侧线鳞,★侧线有何功能? 分别观察各鳍的鳍棘和鳍条,包括各鳍的起止相对位置,鳍棘、分支鳍条和不分支鳍条的数目,书写鳍式。肛门紧靠臀鳍起点基部前方,紧接肛门后有 1 泄殖孔。

2. 内部解剖与观察

将活鲤鱼置于解剖盘,使其腹部向上,用手术剪在肛门前与体轴垂直方向剪一小口。使鱼侧卧,左侧向上,自肛门前的开口向背方剪到脊柱,沿侧线下方向前剪至鳃盖后缘,再沿鳃盖后缘剪至下颌,这样可将左侧体壁肌肉揭起,使内脏暴露。注意揭开左侧体壁前先将体腔膜与体壁分开,以使内脏器官与体壁分开时不被损坏。用棉花拭净器官周围的血迹及组织液,置于盛水的解剖盘内观察。

1) 原位观察

在胸腹腔前方、最后 1 对鳃弓的腹方,有一小腔,为围心腔,它借横隔与腹腔分开。心脏位于围心腔内,心脏背上方有头肾。在胸腹腔里,脊柱腹方是白色囊状的鳔,覆盖在前、后鳔室之间的三角形暗红色组织,为肾脏(中肾)的一部分。鳔的腹方是长形的生殖腺,在成熟个体,雄性为乳白色的精巢,雌性为黄色的卵巢。胸腹腔腹侧盘曲的管道为肠管,在肠管之间的肠系膜上,有暗红色、散漫状分布的肝胰脏,体积较大。在肠管和肝胰脏之间有一细长红褐色器官,为脾脏(图 2.10-1)。

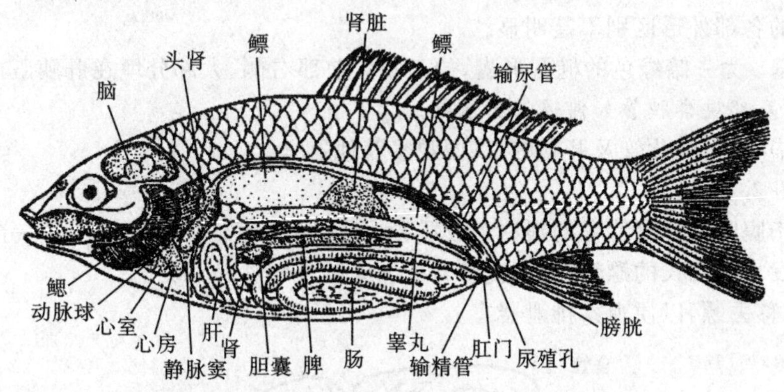

图 2.10-1　鲤鱼的内部解剖(自丁汉波)

2) 生殖系统

由生殖腺和生殖导管组成(图 2.10-2)。

(1) 生殖腺　生殖腺外包有极薄的膜。雄性有精巢 1 对,性未成熟时往往呈淡红色,性成熟时纯白色,呈扁长囊状;雌性有卵巢 1 对,性未成熟时为淡橙黄色,呈长带状,性成熟时呈微黄红色,呈长囊形,几乎充满整个腹腔,内有许多小型卵粒。

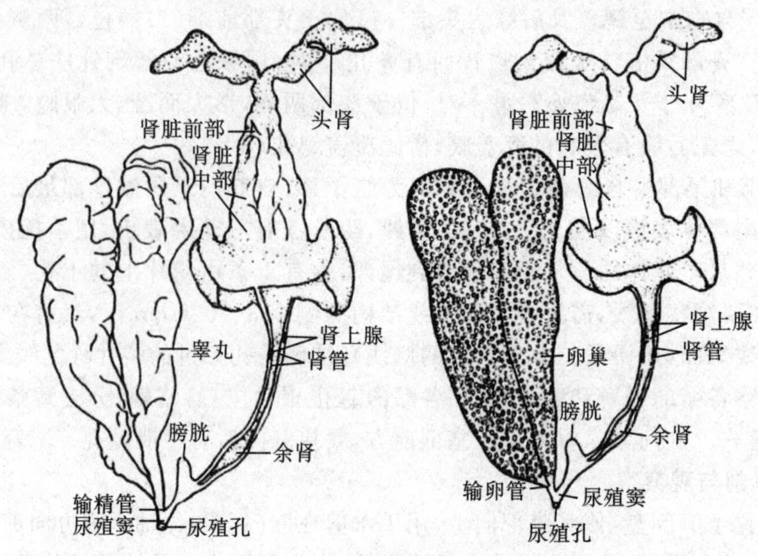

图 2.10-2　鲤的尿殖系统(自方展强等)

(2) 生殖导管　生殖腺表面的膜向后延伸的短管,即输精管或输卵管。左右输精管或输卵管在后端汇合后通入泄殖窦,泄殖窦以泄殖孔开口于体外。

观察完毕,移去左侧生殖腺,以便观察消化器官。

3) 消化系统

消化系统包括口腔、咽、食管、肠和肛门组成的消化管及肝胰脏和胆囊等消化腺体。此处主要观察食管、肠、肛门和胆囊。

(1) 食管　肠管最前端接于食管,食管很短,其背面有鳔管通入,并以此为食管和肠的分界点。

(2) 肠　用圆头镊子将盘曲的肠管展开。肠为体长的 2～3 倍。★肠的长度与食性有何相关性?肠的前 2/3 段为小肠,后部为大肠,最后一部分为直肠,直肠以肛门开口于臀鳍基部前方。但肠的各部外形区别不甚明显。

(3) 胆囊　为一暗绿色的椭圆形囊,位于肠管前部右侧,大部分埋在肝胰脏内。★掀动肝脏,从胆囊的基部观察胆管如何通入肠前部。

观察完毕,移去消化管及肝胰脏,以便观察其他器官。

4) 鳔(图 2.10-3)

鳔为位于腹腔消化管背方的银白色胶质囊,从头后一直伸展到腹腔后端,分前后 2 室,后室前端腹面发出一细长的鳔管,通入食管背壁。★鳔有哪些功能?

观察毕,移去鳔,以便观察排泄器官。

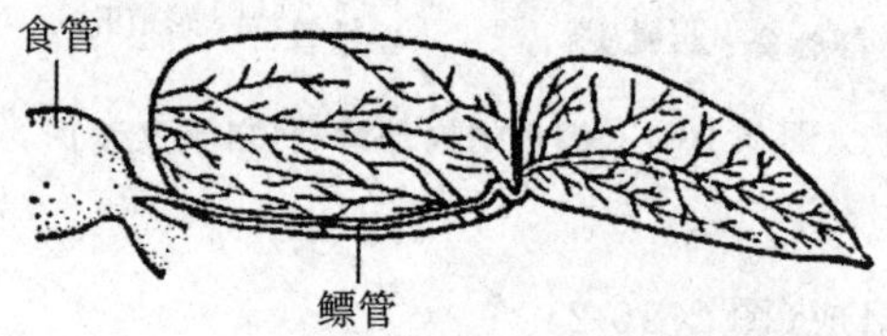

图 2.10-3　鲤鱼的鳔(自丁汉波)

5) 排泄系统

包括肾脏、输尿管和膀胱。

(1) 肾脏　紧贴于腹腔背壁正中线两侧，1对，为红褐色狭长形器官，在鳔的前、后室相接处，肾脏扩大使此处的宽度最大。肾的前端体积增大，向左右扩展成块状，进入围心腔，位于心脏的背方，为头肾。

(2) 输尿管　肾最宽处各通出1细管，即输尿管，沿腹腔背壁后行，在近末端处二管汇合通入膀胱。

(3) 膀胱　左右输尿管后端汇合后稍扩大形成的囊即为膀胱，其末端开口于泄殖窦。★用镊子分别从臀鳍前的2个孔插入，观察它们进入直肠或泄殖窦的情况，由此可在体外判断肛门和泄殖孔的开口。

6) 循环系统

主要观察心脏，心脏位于两胸鳍之间的围心腔内，由1心室、1心房和静脉窦等组成(图版8)。

(1) 心室　淡红色，其前端有一白色壁厚的圆锥形小球体，为动脉球，自动脉球向前发出1条较粗大的血管，为腹大动脉。

(2) 心房　位于心室的背侧，暗红色，薄囊状。

(3) 静脉窦　位于心房背侧面，暗红色，壁很薄，不易观察。

7) 口腔与咽

将剪刀伸入口腔，剪开口角，除掉鳃盖，以暴露口腔和鳃。

(1) 口腔　口腔由上、下颌包围而成，颌无齿，口腔背壁由厚的肌肉组成，表面有黏膜，腔底后半部有一不能活动的三角形舌。

(2) 咽　口腔之后为咽部，其左右两侧有5对鳃裂，相邻鳃裂间生有鳃弓，共5对。第5对鳃弓特化成咽骨，其内侧着生咽齿。齿式为1·1·3/3·1·1(鲫鱼的咽齿仅1列，齿式为4/4)。在下面观察鳃的步骤完成后，将外侧的4对鳃除去，暴露第5对鳃弓，可见咽齿与咽背面的基枕骨腹面角质垫相对，能夹碎食物。

8) 鳃

鳃是鱼类的呼吸器官。鲤鱼的鳃由鳃弓、鳃耙、鳃片组成(图2.10-4)，鳃隔退化。

(1) 鳃弓　位于鳃盖之内，咽的两侧，共5对。鳃弓内缘凹面生有鳃耙；第1～4对鳃弓外缘并排长有2列鳃片，第5对鳃弓没有鳃片。

(2) 鳃耙　为鳃弓内缘凹面上成行的三角形突起。第1～4对鳃弓各有2对鳃耙，左右互生，第1对鳃弓的外侧鳃耙较长。第5对鳃弓只有1行鳃耙。★鳃耙有何功能?

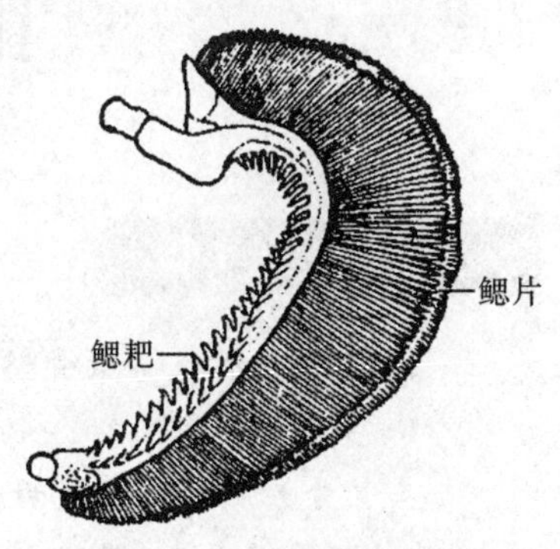

图2.10-4　鲤鱼的鳃(自丁汉波)

(3) 鳃片　薄片状，鲜活时呈红色。每个鳃片称半鳃，长在同一鳃弓上的2个半鳃合称全鳃。剪下1个全鳃，放在盛有少量水的培养皿内，置体视显微镜下观察。可见每1鳃片由许多鳃丝组成，每1鳃丝两侧又有许多突起状的鳃小片，鳃小片上分布着丰富的毛细血管，是气体交换的场所。横切鳃弓，可见2个鳃片之间退化的鳃隔。

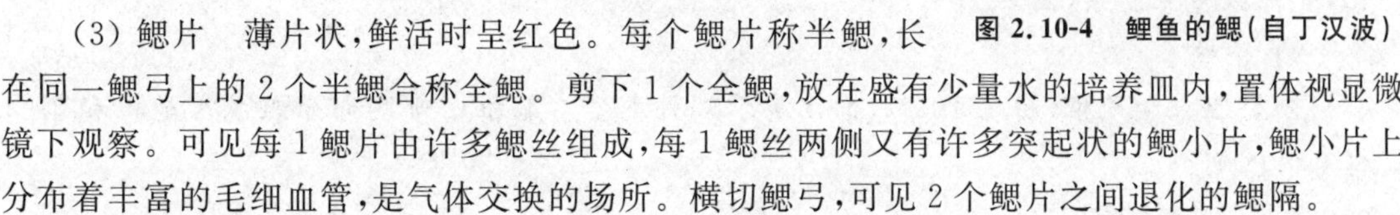

9) 脑(图2.10-5)

从两眼眶下剪，沿体长轴方向剪开头部背面骨骼，再在两纵切口的两端间横剪，小心地移去头部背面骨骼，用棉球吸去银色发亮的脑脊液，脑便显露出来了。从脑背面观察。

(1) 端脑　由嗅脑和大脑组成。大脑分左右2个半球，呈小球状，位于脑的前端，其顶端各伸出1条棒状的嗅柄,嗅柄末端为椭圆形的嗅球,嗅柄和嗅球构成嗅脑。

(2) 中脑　位于端脑之后,较大,受小脑瓣所挤而偏向两侧,各成半月形突起,又称视叶。用镊子轻轻托起端脑,向后掀起整个脑,可见在中脑位置的颅骨有1个陷窝,其内有一白色近圆形小颗粒,为内分泌腺脑垂体。用小镊子揭开陷窝上的薄膜,可取出脑垂体,用于其他研究。

(3) 小脑　位于中脑后方,为一圆球形体,表面光滑,前方伸出小脑瓣突入中脑。

(4) 延脑　这是脑的最后部分,由1个面叶和1对迷走叶组成,面叶居中,其前部被小脑遮蔽,只能见到其后部,迷走叶较大,左右成对,在小脑的后两侧。延脑后部变窄,连接脊髓。

★鲤(鲫)鱼脑的各组成部分有何机能?哪部分较发达,它与鱼类的生活有何联系?

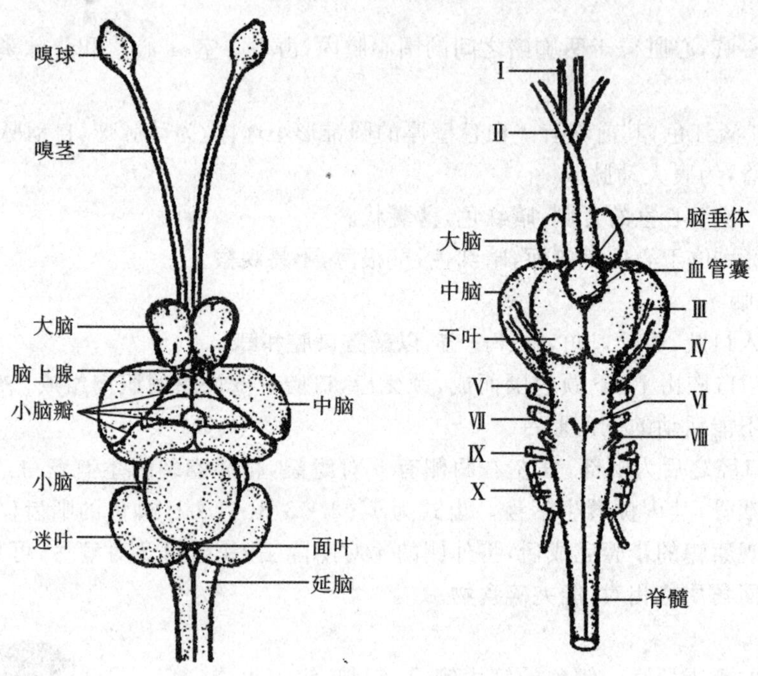

图 2.10-5　鲤鱼的脑(自方展强等)

示范与拓展实验

1. 鲤鱼整体及分散骨骼标本的观察

1) 头骨

头骨分为脑颅和咽颅两部分。咽颅又分为颌弓、舌弓、鳃弓。试加以区分。头骨已骨化,骨片极多且复杂(图2.10-6)。

2) 脊柱

分为躯椎和尾椎(图2.10-7),椎体属于哪种类型?躯椎由哪些部分组成?尾椎和躯椎有何区别?

3) 带骨和鳍骨

(1) 肩带和胸鳍支鳍骨　肩带由上锁骨、后锁骨、乌喙骨、肩胛骨构成。胸内支鳍骨为4枚短扁的鳍担骨,前端与乌喙骨、肩胛骨相连,后端与胸鳍条相连。

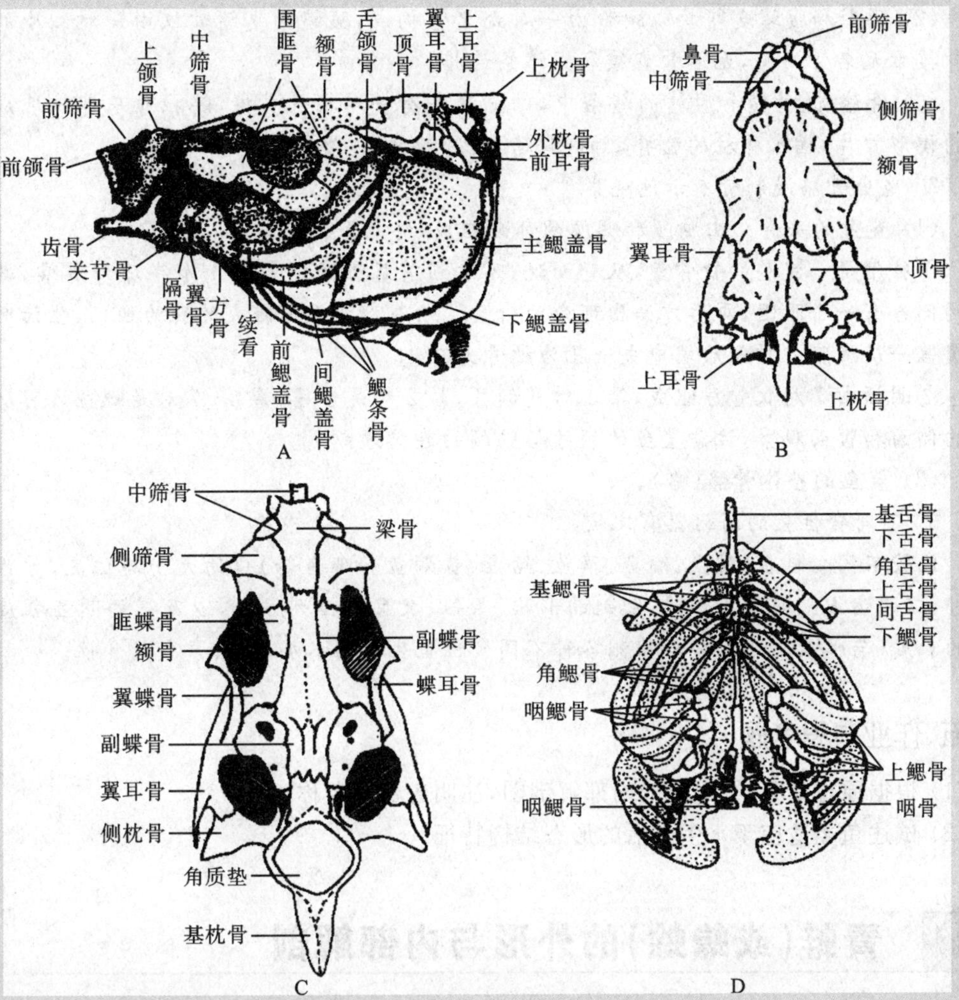

图 2.10-6　鲤鱼的头骨(自刘凌云等)

A. 侧面;B. 背面;C. 腹面;D. 咽颅

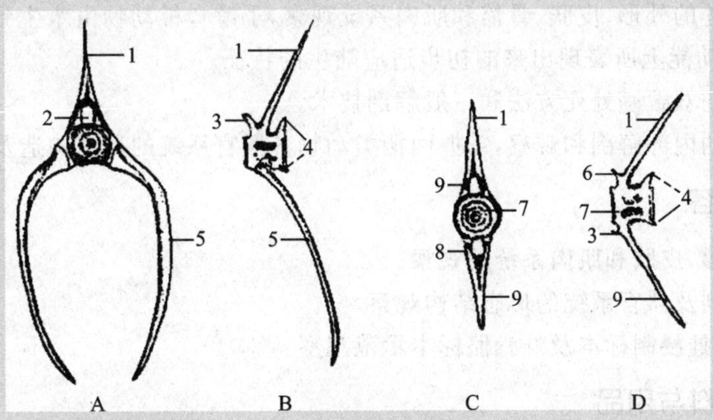

图 2.10-7　鲤鱼的椎骨

A. 躯椎前面观;B. 躯椎侧面观;C. 尾椎前面观;D. 尾椎前面观

1. 髓棘;2. 椎管;3. 前关节突;4. 后关节突;5. 肋骨;6. 髓弓;7. 椎体;8. 脉弓;9. 脉棘

(2) 腰带和腹鳍支鳍骨　腰带由一对无名骨构成，腹鳍的支鳍骨仅由一对细小的基鳍骨接于无名骨内侧，无名骨直接和腹鳍条连接。

(3) 奇鳍骨：背鳍和腹鳍的鳍条中，每一鳍条有一鳍担骨支持，鳍担骨基部扩展成侧扁的楔形骨片，插入脊柱的髓脊之间(背鳍)或脉棘之间(臀鳍)。

2. 鲨鱼骨骼浸制标本示范观察

(1) 鲨鱼的头骨　由脑颅和咽颅两部分组成，终生保持软骨。

①脑颅是一完整的软骨囊，从背面观，可看到前基部两侧各有1个半球形鼻囊，其后方两侧各有一个眼眶，再后方高出部分为听囊。吻基部背面一较大的孔为囟门，生活时其上覆盖一层薄膜。脑颅后端中央一孔为枕骨大孔。

②咽颅由7对软骨弓组成，第1对是颌弓，第2对是舌弓，第3～7对是鳃弓。可从咽颅的侧面和腹面观察，注意鲨鱼的颌弓与脑颅的连接方式。

(2) 鲨鱼的整体骨骼(略)。

3. 不同食性鱼的消化器官比较

比较不同食性鱼(鲢鱼、鳙鱼、草鱼、鲇鱼、黄颡鱼和鳜鱼等)口的大小与位置，牙齿所在部位(颌齿或咽喉齿)、形状，鳃耙的形状、长短、数目及排列方式，以及胃的明显程度和肠的长度(与体长之比)，分析推测各种不同食性鱼生活的水层、摄食方式及食性。

五、作业与思考题

(1) 根据原位观察，绘鲤鱼的内部解剖图，注明各器官名称。

(2) 试述鱼类适应于水生生活的形态结构特征。

2.11 青蛙(或蟾蜍)的外形与内部解剖

一、实验目的

(1) 通过对蛙的外形、皮肤、骨骼和肌肉系统观察，了解脊椎动物由水生到陆生的过渡中，两栖类在结构和功能上所表现出来的初步适应陆生的特征。

(2) 学习蛙的双毁髓处死方法和一般解剖技术。

(3) 通过蛙的内部解剖和观察，掌握两栖类动物各器官系统的形态构造及特点。

二、实验内容

(1) 蛙的外形、皮肤和肌肉系统的观察。

(2) 蛙的解剖及器官系统的形态结构观察。

(3) 蝌蚪、幼蛙浸制标本及蛙骨骼标本示范观察。

三、实验材料与用品

活体牛蛙(或蟾蜍)；蛙整体骨骼标本；活体蛙卵(临时采集)，蝌蚪和幼体浸制标本。

解剖镜(即体视镜)、放大镜；显微数据图像采集系统；解剖剪、手术刀、圆头镊子、解剖盘；鬃毛或尼龙丝、棉花、大头针、培养皿。

四、实验方法与步骤

(一) 蛙的外形及内部构造

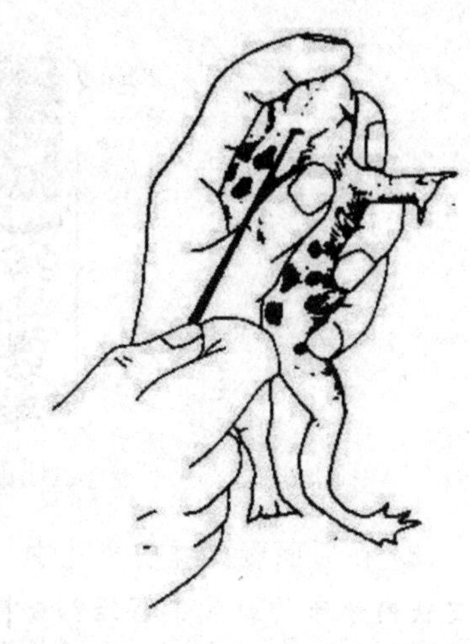
图 2.11-1 双毁髓处死法(自黄诗笺)

双毁髓处死法(图 2.11-1):①左手握蛙,背部向上,用食指下压其头部前端,使头前俯,中指抵住其胸部,拇指按其背部,使头与脊柱相连处凸起。右手持毁髓针自两眼之间沿中线向后端触划,当触到一凹陷处即为枕骨后凹。②将毁髓针由凹陷处垂直刺入,再将针尖从枕骨大孔向前刺入颅腔,并在颅腔内搅动,捣毁脑组织。如针确在颅腔内,则可感到针触及颅骨。③将针退回至枕骨大孔,然后针尖转向后方,与脊柱平行插入椎管,一边伸入,一边旋转毁髓针以毁髓。当蛙四肢僵直而后又松软下垂时,即表明脑和脊髓完全破坏。如动物仍表现四肢肌肉紧张或活动自如,则必须重新毁髓。④拔出毁髓针,用一小干棉球将针孔堵住,以止其出血。

1. 外形

将活体牛蛙 *Rana catesbeiana* 静伏于蜡盘内,观察其身体,可分为头、躯干和四肢三部分。

(1) 头部　蛙头部扁平,略呈三角形,吻端稍尖。口宽大,横裂型,由上下颌组成。上颌背侧前端有1对外鼻孔,外鼻孔外缘具鼻瓣,观察鼻瓣如何运动。★鼻瓣的运动与口腔底部的动作有何关系?眼大而突出,生于头的左右两侧,具上、下眼睑,下眼睑内侧有一半透明的瞬膜。轻触眼睑,观察上、下眼睑和瞬膜是否活动,怎样活动?★眼睑和瞬膜的出现对陆上生活有何适应意义?当眼睑闭合时,眼球位置有何变动?两眼后方各有一圆形鼓膜。雄蛙口角后方各有一浅褐色膜襞为声囊,鸣叫时鼓成泡状。

(2) 躯干部　鼓膜之后为躯干部。蛙的躯干部短而宽,躯干后端两腿之间,偏背侧有一小孔,为泄殖腔孔。

(3) 四肢　前肢短小,从近体侧起,依次区分为上臂、前臂、腕、掌、指5部。4指,指间无蹼,指端无爪。生殖季节雄蛙第1指基部内侧有一膨大突起,称婚瘤,为抱对之用。后肢长而发达,从近体侧起,依次区分为股、胫、跗、跖、趾5部。5趾,趾间有蹼。在第1趾内侧有一较硬的角质化突起,称踝状距。★后肢在蛙体的哪些运动中起主要作用?

★根据以上观察,从外形上如何区别雄蛙和雌蛙?

2. 皮肤

蛙背面皮肤粗糙,背中央常有1条窄而色浅的纵纹,两侧各有1条色浅的背侧褶。背面皮肤颜色变异较大,有黄绿、深绿、灰棕色等,并有不规则黑斑。腹面皮肤光滑,白色。

(1) 用手抚摸活蛙的皮肤,有黏滑感,其黏液由皮肤腺分泌。★保持皮肤的湿润对蛙的生活有何意义?又有何不利?

(2) 在显微镜下观察蛙的皮肤切片(图 2.11-2),可见皮肤由表皮和真皮组成。表皮分角质层和生发层。角质层裸露在体表,极薄,由扁平细胞构成。角质层下为柱状细胞构成的生发层。表皮中尚有腺体的开口和少量色素细胞。真皮位于表皮之下,其厚度约为表皮的3倍,由结缔组织组成,可分为紧贴表皮生发层的疏松层及其下方的致密层。真皮中有许多色素细胞、多细胞腺体、血管和神经末梢等。

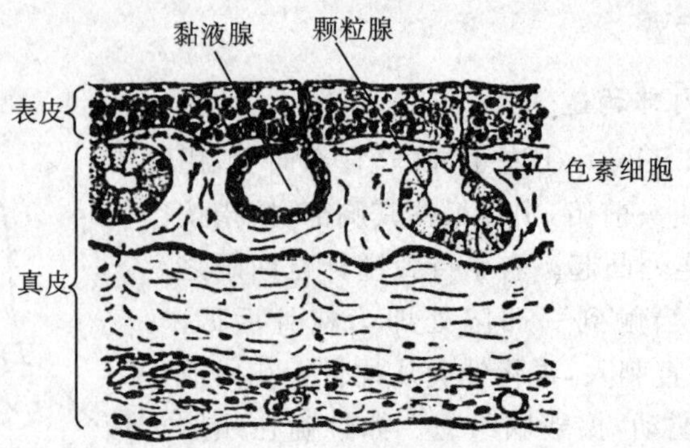

图 2.11-2　蛙的皮肤(自丁汉波)

(3) 在后面剥离蛙皮步骤中,注意皮肤与皮下肌肉的连接程度,蛙皮易剥吗?★为什么?蛙皮肤内分布的血管丰富吗?★有何意义?

3. 肌肉系统(图 2.11-3)

将双毁髓蛙腹面向上置于解剖盘内,展开四肢。左手持镊子,夹起腹面后腿基部之间泄殖腔孔稍前方的皮肤,右手持剪刀剪开一切口,由此处沿腹中线向前剪开皮肤,直至下颌前端。然后在肩带处向两侧剪开并剥离前肢皮肤;在股部作一环形切口,剥去皮肤至足部。观察腹壁和四肢的主要肌肉。

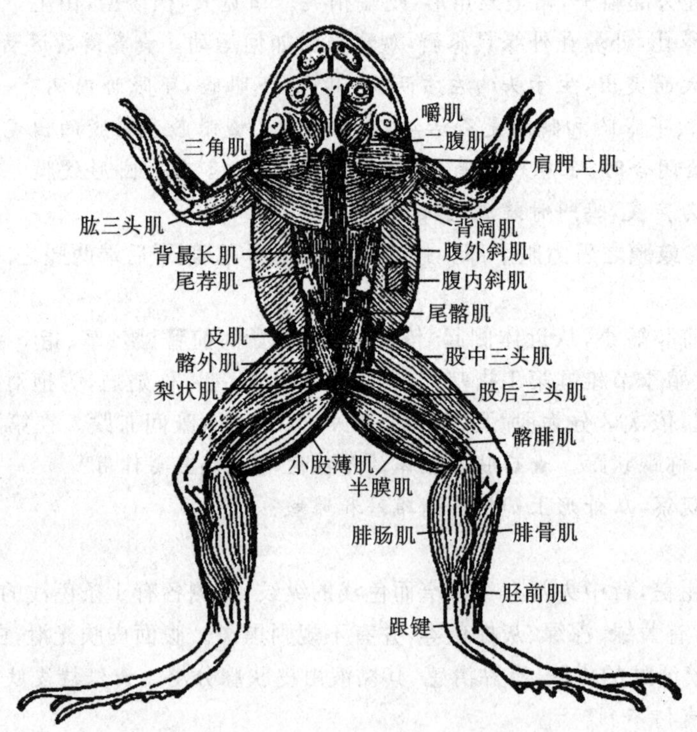

图 2.11-3　蛙的肌肉系统(背面观)(自丁汉波)

1) 腹壁表层主要肌肉

(1) 腹直肌　位于腹部正中幅度较宽的肌肉,肌纤维纵行,起于耻骨联合,止于胸骨。该肌被其中央纵行的结缔组织白线(腹白线)分为左右两半,每半又被横行的 4～5 条腱划分为几节。

(2) 腹斜肌　位于腹直肌两侧的薄片肌肉，分内外 2 层。腹外斜肌纤维由前背方向腹后方斜行。轻轻划开腹外斜肌可见到其内层的腹内斜肌，腹内斜肌纤维走向与腹外斜肌相反。

(3) 胸肌　位于腹直肌前方，呈扇形。起于胸骨和腹直肌外侧的腱膜，止于肱骨。

2) 前肢肱部肌肉

肱三头肌：位于肱部背面，为上臂最大的一块肌肉。起点有 3 个肌头，分别起于肱骨近端的上、内表面，肩胛骨后缘和肱骨的外表面，止于桡尺骨的近端。它是伸展和旋转前臂的重要肌肉。

3) 后肢肌肉

(1) 先观察股部(大腿部)主要肌肉。

①股薄肌：位于大腿内侧，几乎占据大腿腹面的一半，可使大腿向后和小腿伸屈。

②缝匠肌：位于大腿腹面中线的狭长带状肌，肌纤维斜行，起于髂骨和耻骨愈合处的前缘，止于胫腓骨近端内侧。收缩时可使小腿外展，大腿末端内收。

③股三头肌：位于大腿外侧最大的一块肌肉，可将标本由腹面翻到背面来观察。起点有 3 个肌头，分别起自髂骨的中央腹面、后面，以及髋臼的前腹面，其末端以共同的肌腱越过膝关节止于胫腓骨近端下方。收缩时，可使小腿前伸和外展。

④股二头肌：一狭条肌肉，介于半膜肌和股三头肌之间且大部分被它们覆盖。起于髋骨背面正当髋臼的上方，末端肌腱分为 2 部分，分别附着于股骨的远端和胫骨的近端。收缩时能屈曲小腿和上提大腿。

⑤半膜肌：位于股二头肌后方的宽大肌肉，起于坐骨联合的背缘，止于胫骨近端。收缩时能使大腿前屈或后伸，并能使小腿屈曲或伸展。

(2) 再观察胫部(小腿部)主要肌肉。

①腓肠肌：小腿后面最大的一块肌肉，是生理学中常用的实验材料。起点有大、小 2 个肌头，大的起于股骨远端的屈曲面，小的起于股三头肌止点附近，其末端以 1 跟腱越过跗部腹面，止于跖部。收缩时能屈曲小腿和伸足。

②胫前肌：位于胫腓骨前面。起于股骨远端，末端以 2 腱分别附着于跟骨和距骨。收缩时能伸直小腿。

③腓骨肌：位于胫腓骨外侧，介于腓肠肌和胫前肌之间。起于股骨远端，止于跟骨。收缩时能伸展小腿。

④胫后肌：位于腓肠肌内侧前方。起于胫腓骨内缘，止于距骨。收缩时能伸足和弯足。

⑤胫伸肌：位于胫前肌和胫后肌之间。起于股骨远端，止于胫腓骨，收缩时能使小腿伸直。

4. 口咽腔

口咽腔为消化和呼吸系统共同的器官(图 2.11-4)。

(1) 舌　左手持镊子将蛙的下颌拉下，可见口腔底部中央有一柔软的肌肉质舌，其基部着生在下颌前端内侧，舌尖向后伸向咽部。右手用镊子轻轻将舌从口腔内向外翻拉出展平，可看到蛙的舌尖分叉，用手指触舌面有黏滑感。★*蛙舌怎样捕食？*

用剪刀剪开左右口角至鼓膜下方，令口咽腔全部露出。

(2) 内鼻孔　1 对椭圆形孔，位于口腔顶壁近吻端处，取 1 鬃毛从外鼻孔穿入，可见鬃毛由内鼻孔穿出。★*内鼻孔的出现有何意义？*

(3) 齿　沿上颌边缘有 1 行细而尖的牙齿，齿尖向后，即颌齿；在 1 对内鼻孔之间有 2 丛细齿，为犁齿。★*蛙齿作用如何？*

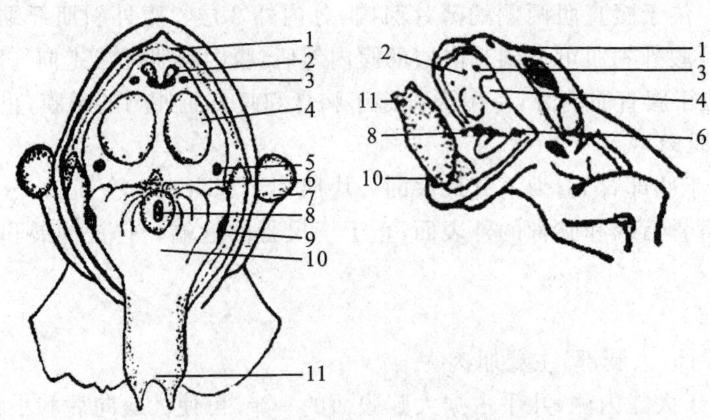

图 2.11-4 雄蛙口腔内面(自周本湘)

1. 上颌齿;2. 犁骨齿;3. 内鼻孔;4. 眼球向口腔内的突起;5. 耳咽管孔;6. 咽;7. 鸣囊;8. 喉门;9. 鸣囊口;10. 舌根;11. 舌尖

(4) 耳咽管孔 位于口腔顶壁两侧、口角附近的 1 对大孔,为耳咽管开口,用镊子由此孔轻轻探入,可通到鼓膜。

(5) 声囊孔 雄蛙口腔底部两侧口角处、耳咽管孔稍前方,有 1 对小孔即声囊孔。

(6) 喉门 在舌尖后方,咽的腹面有 1 圆形突起,该突起由 1 对半圆形杓状软骨构成,两软骨间的纵裂即喉门,是喉气管室在咽部的开口。

(7) 食道口 喉门的背侧、咽的最后部位,即食道前端的开口,为一皱襞状开口。

观察完口咽腔后,用镊子将两后肢基部之间的腹直肌后端提起,用剪刀沿腹中线稍偏左自后向前剪开腹壁(这样可避免损毁位于腹中线上的腹静脉),剪至剑胸骨处时,再沿剑胸骨的两侧斜剪,剪断乌喙骨和肩胛骨。用镊子轻轻提起剑胸骨,仔细剥离胸骨与围心膜间的结缔组织。★注意勿损伤围心膜,最后剪去胸骨和胸部肌肉。

将腹壁中线处的腹静脉从腹壁上剥离开,再将腹壁向两侧翻开,用大头针固定在蜡盘上。此时可见位于体腔前端的心脏,心脏两侧的肺,心脏后方的肝脏,以及胃、膀胱等器官(图 2.11-5)。

5. 消化系统(图 2.11-5)

(1) 肝脏 红褐色,位于体腔前端,心脏的后方,由较大的左右 2 叶和较小的中叶组成。在中叶背面,左右两叶之间有一绿色圆形小体,即胆囊。用镊子夹起胆囊,轻轻向后牵拉,可见胆囊前缘向外发出 2 根胆囊管,1 根与肝管连接,接收肝脏分泌的胆汁;1 根与总输胆管相接,胆汁经总输胆管进入十二指肠。提起十二指肠,用手指挤压胆囊,可见有暗绿色胆汁经总输胆管而入十二指肠。

(2) 食管 将心脏和左叶肝脏推向右侧,用钝头镊子自咽部的食管口探入,可见心脏背方乳白色短管与胃相连,此管即食管。

(3) 胃 食管后端所连的 1 个外形稍弯曲的膨大囊状体,部分被肝脏遮盖。胃与食管相连处称贲门;胃与小肠交接处紧缩变窄,为幽门。胃内侧的小弯曲,称胃小弯,外侧的弯曲称胃大弯,胃中间部称胃底。

(4) 肠 可分小肠和大肠 2 部。小肠自幽门后开始,向右前方伸出的一段为十二指肠,其后向右后方弯转并继而盘曲在体腔右后部,为回肠。大肠接于回肠,膨大而陡直,又称直肠,直

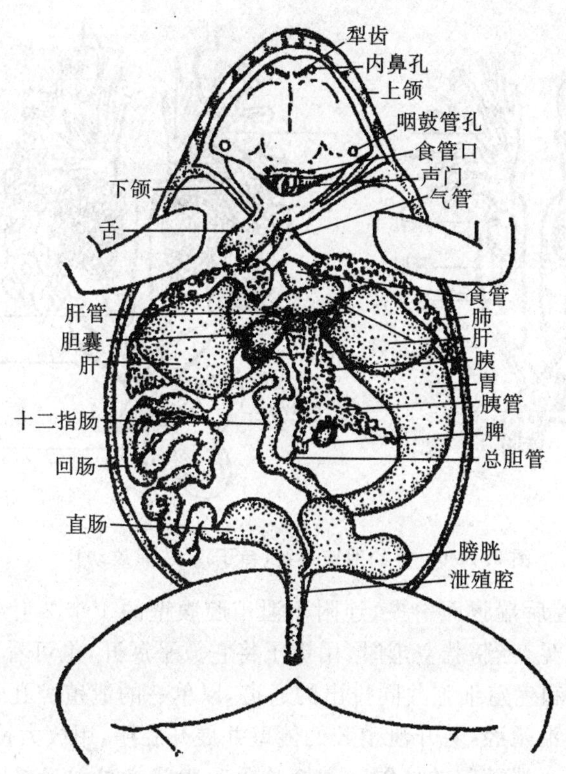

图 2.11-5 蛙的消化和呼吸系统(自丁汉波)

肠向后通泄殖腔,以泄殖腔孔开口于体外。

(5) 胰脏 为1条长形不规则的呈淡红色或黄白色的腺体,位于胃和十二指肠间的弯曲处肠系膜上。

(6) 脾 在直肠前端的肠系膜上,有一红褐色球状物,即脾,它是一淋巴器官,与消化无关。

6. 呼吸系统(图 2.11-5)

成蛙为肺皮呼吸。★皮肤有哪些适应于呼吸的结构特点?呼吸系统包括鼻腔、口腔、喉气管室和肺等器官,其中鼻腔和口腔已于口咽腔处观察过。

(1) 喉气管室 左手持镊子轻轻将心脏后移,右手用钝头镊子自咽部喉门处通入,可见心脏背方一短粗略透明的管子,即喉气管室,其后端通入肺。

(2) 肺 为位于心脏两侧的1对粉红色、近椭圆形的薄壁囊状物。剪开肺壁可见其内表面呈蜂窝状,其上密布微血管。★联系外、内鼻孔的位置,鼻瓣的开闭和口咽腔底壁的升降动作,想想蛙是怎样进行咽式呼吸的。

7. 泄殖系统(图 2.11-6)

将消化系统移向一侧,再行观察。蛙为雌雄异体,观察时可互换不同性别的蛙。

1) 排泄器官

(1) 肾脏 1对红褐色长而扁平分叶的器官,位于体腔后部,紧贴背壁脊柱的两侧。将其表面的体腔膜剥离开,即清楚可见。另外,肾的腹缘有1条橙黄色的肾上腺,为内分泌腺体。

(2) 输尿管 两肾外缘近后端发出的1对薄壁的灰色细管,它们向后伸延,分别通入泄殖腔背壁。

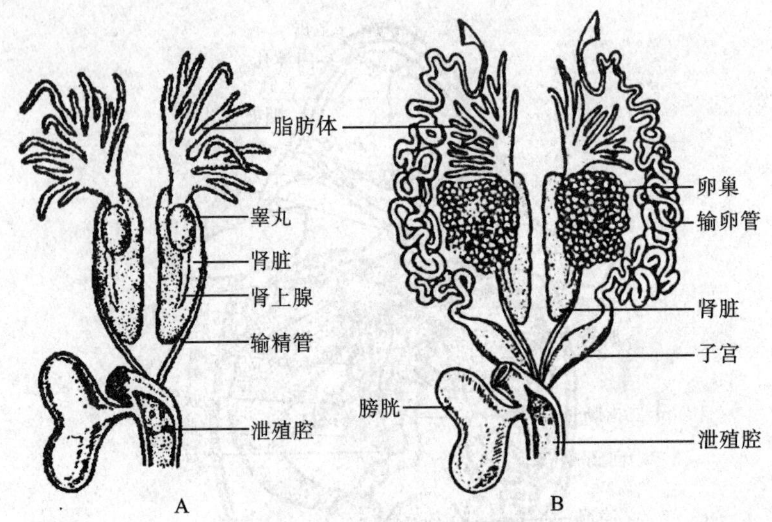

图 2.11-6 蛙的泄殖系统(自丁汉波,有改动)

(3) 膀胱 位于体腔后端腹面中央,连附于泄殖腔腹壁的1个2叶状薄壁囊。膀胱被尿液充盈时,其形状明显可见,当膀胱空虚时,用镊子将它放平展开,也可看到其形状。

(4) 泄殖腔 粪、尿和生殖细胞共同排出的通道,以单一的泄殖腔孔开口于体外。沿腹中线剪开耻骨,进一步暴露泄殖腔,剪开泄殖腔的侧壁并展开腔壁,用放大镜观察腔壁上输尿管、膀胱,以及雌蛙输卵管通入泄殖腔的位置。★*输尿管和膀胱直接相通吗?想想尿液如何流入膀胱和排出体外?*

2) 雄性生殖器官

(1) 精巢:1对,位于肾脏腹面内侧,近白色,卵圆形,其大小随个体和季节的不同而有差异。

(2) 输精小管和输精管:用镊子轻轻提起精巢,可见由精巢内侧发出的许多细管即输精小管,它们通入肾脏前端。雄蛙的输尿管兼输精。

(3) 脂肪体:位于精巢前端的黄色指状体,其体积大小在不同季节里变化很大。★*它有何作用?*

3) 雌性生殖器官

(1) 卵巢 1对,位于肾脏前端腹面。形状、大小因季节不同而变化很大,在生殖季节极度膨大,内有大量黑色卵,未成熟时淡黄色。

(2) 输卵管 1对长而迂曲的管子,乳白色,位于输尿管外侧。其前端以喇叭状开口于体腔;其后端在接近泄殖腔处膨大成囊状,称为“子宫”,“子宫”开口于泄殖腔背壁。

(3) 脂肪体 1对,与雄性的相似,黄色,指状,临近冬眠季节时体积很大。

8. 心脏及其周围血管(图 2.11-7)

心脏位于体腔前端胸骨背面,被包在围心腔内,其后是红褐色的肝脏。在心脏腹面用镊子夹起半透明的围心膜并剪开,心脏便暴露出来。从腹面观察心脏的外形及其周围血管。

(1) 心房 心脏前部的2个薄壁有皱襞的囊状体,左右各一。

(2) 心室 1个,连于心房之后的厚壁部分,圆锥形,心室尖向后。在2心房和心室交界处有一明显的凹沟,称冠状沟,紧贴冠状沟有黄色脂肪体。

(3) 动脉圆锥 由心室腹面右上方发出的1条较粗的肌质管,色淡。其后端稍膨大,与心

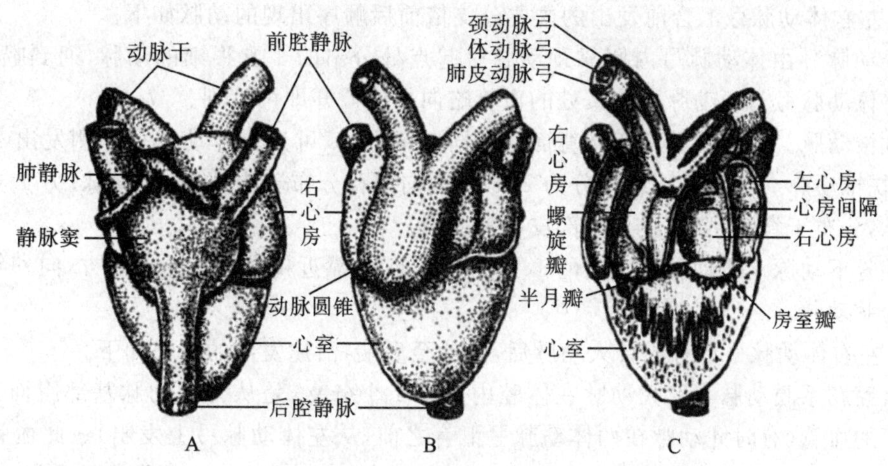

图 2.11-7 蛙的心脏(自刘凌云等)

A. 背面观;B. 腹面观;C. 剖面观

室相通。其前端分为 2 支,即左右动脉干。

用镊子轻轻提起心尖,将心脏翻向前方,观察心脏背面,可见静脉窦。

(4) 静脉窦　心脏背面一暗红色三角形的薄壁囊。在心房和静脉窦之间有 1 条白色半月形界线即窦房沟。其左右 2 个前角分别连接左右前大静脉,后角连接后大静脉。静脉窦开口于右心房。在静脉窦的前缘左侧,有很细的肺静脉注入左心房。

心脏的内部结构于血管系统观察后进行。如为繁殖季节的蛙,可将雌体内的卵巢摘除后,再观察血管系统。

9. 动脉系统

用镊子仔细剥离心脏前方左右动脉干周围的肌肉和结缔组织,可见左右动脉干穿出围心腔后,每支又分成 3 支,即颈(总)动脉弓、体动脉弓和肺皮动脉弓。

1) 颈(总)动脉弓及其分支

颈(总)动脉弓是由动脉干发出的最前面的 1 支血管。沿血管走向,用镊子清除其周围的结缔组织,即可见此血管前行不远,便分为外颈动脉和内颈动脉 2 支。

(1) 外颈动脉　由颈(总)动脉内侧发出,较细,直伸向前,分布于下颌和口腔壁。

(2) 内颈动脉　由颈(总)动脉外侧发出的 1 支较粗的血管,其基部膨大成椭圆形,称颈动脉腺,此腺体有何作用? 内颈动脉继续向外前侧延伸到脑颅基部,再分出血管,分布于脑、眼、上颌等处。

2) 肺皮动脉弓

由动脉干发出的最后面的 1 支动脉弓,它向背外侧斜行,仔细剥离其周围结缔组织,可见此动脉又分为粗细不等的 2 支。

(1) 肺动脉　较细,直达肺囊,再沿肺囊外缘分散成许多微血管,分布到肺壁上。

(2) 皮动脉　较粗,先向前伸,然后跨过肩部穿入背面,以微血管分布到体壁皮肤上。

3) 体动脉弓及其分支

体动脉弓是从动脉干发出的 3 支动脉的中间 1 支,最粗。左右体动脉弓前行不远就绕过食管两旁转向背方,沿体壁后行到肾脏的前端,汇合成 1 条背大动脉,将胃肠轻轻翻向右侧,即可见到汇合处。背大动脉后行途中再行有分支。

(1) 左右体动脉弓汇合前发出的主要分支依前后顺序出现的动脉如下。

①喉动脉　由体动脉弓内侧靠颈动脉弓起点处分出的1支很细的动脉,通到喉部腹壁。用镊子将体动脉弓与颈动脉弓分叉处的血管略向外侧掀开即可见到。

②枕椎动脉　沿体动脉弓弯转背面的走向继续剥离,可见自体动脉弓外侧发出1支小血管,此即枕椎动脉。它走行不远即分为2支,1支向前行分布于头部,称枕动脉;另1支向后行称椎动脉,分布于脊髓、脊神经及背部皮肤和肌肉。

③锁骨下动脉　体动脉弓发出的1支较粗的血管,靠近枕椎动脉的外后方,向外斜行进入前肢成为肱动脉。

(2) 左右体动脉弓汇合成背大动脉后,由前至后端,沿途发出的分支如下。

①腹腔肠系膜动脉　背大动脉在体腔内的第1个分支,是从背大动脉基部腹面发出的1支较粗短的血管(有时此动脉在两体动脉弓汇合之前,从左体动脉弓上发出)。此血管随即分为前后2支,前支称腹腔动脉,它再行分支分布到胃、肝、胰和胆囊;后支称前肠系膜动脉,分布到肠系膜、肠、脾和泄殖腔处。

②泄殖动脉　背大动脉后行经过两肾之间时,从其腹面发出的多对细小的血管,分布到肾脏、生殖腺和脂肪体上。观察时,用镊子轻轻将背大动脉腹方的后大静脉和肾静脉略挑起,便可清楚地看到。

③腰动脉　在荐部从背大动脉背侧发出的1～4对细小的动脉。将左肾翻向体腔右侧,用镊子轻轻挑起背大动脉,可见这些小血管分布到体腔的背壁。

④后肠系膜动脉　继续沿背大动脉远端追踪,可见从背大动脉近末端(分叉处前)的腹面发出1条很细的血管,分布到后部的肠系膜、直肠(雄性)或子宫(雌性)上,此即后肠系膜动脉。

⑤总髂动脉　将内脏推向体腔的一侧,可见背大动脉在尾杆骨中部分成左右两大支,即左、右总髂动脉,分别进入左、右后肢。沿腹中线剪断耻骨,沿一侧总髂动脉走行,分离大腿基部肌肉,可见此动脉进入大腿后又分成2支:外侧1支细小,称股动脉或髂外动脉,分布于大腿前部的肌肉和皮肤上;内侧1支粗大,称臀动脉或髂内动脉,它先与坐骨神经伴行,至膝弯处又出现分支,分布到小腿的内、外侧。

10. 静脉系统

静脉多与动脉并行。可分为肺静脉、体静脉和门静脉三组来观察。

1) 肺静脉

用镊子提起心尖,将心脏折向前方,可见左右肺的内侧各伸出1根细的静脉,右边的略长,在近左心房处,2支细静脉汇合成1支很短的总肺静脉,通入左心房。

2) 体静脉

包括左右对称的1对前大静脉和1条后大静脉。将心脏折向前方,于心脏背面观察。位于心脏两侧,分别通入静脉窦左右角的2支较粗的血管,即左、右前大静脉,通入静脉窦后角的1支粗血管,即后大静脉。

(1) 前大静脉　每侧前大静脉由心脏前侧方的外颈静脉、无名静脉和锁骨下静脉3支静脉汇合而成。

(2) 后大静脉　将肠翻向右侧,可看到肠背侧有1条纵行的粗大静脉,即后大静脉。它起于两肾之间,在背大动脉的腹面,沿背中线前行,进入静脉窦的后角。由后向前沿途接受生殖腺静脉、肾静脉和肝静脉3支静脉。

3）门静脉

包括肾门静脉和肝门静脉。它们接受来自后肢和消化器官的静脉，汇入肾脏和肝脏，并在肾脏和肝脏中再度分散成毛细血管。

（1）肾门静脉　位于左右肾脏外缘的 1 对静脉。沿一侧肾脏外缘向后追踪，可见此血管由来自后肢的 2 条静脉，即臀静脉和髂静脉汇合而成，髂静脉为股静脉的 1 个分支。

髂静脉和臀静脉汇合成肾门静脉，肾门静脉在肾脏外缘接受 1 支来自体壁的背腰静脉后，分成许多小枝入肾，再分散成微血管。

（2）肝门静脉　将肝脏翻折向前，可见肝后面的肠系膜内有 1 条短而粗的血管入肝，此即肝门静脉。仔细向后分离追踪，可见此血管是由来自胃和胰的胃静脉、来自肠和系膜的肠静脉和来自脾脏的脾静脉汇合而成的。肝门静脉前行至肝脏附近与腹静脉合并入肝。

注意：观察血管分布以后，用镊子提起心脏，用剪刀将心脏连同一段出入心脏的血管剪下，用水将离体心脏冲洗干净，置体视显微镜下，用手术刀切去心室、心房和动脉圆锥的腹壁，观察心脏和动脉圆锥的内部结构。

11. 心脏的内部结构

（1）心瓣膜　在心房和心室之间有一房室孔，以沟通心室与心房，在房室孔周围可见到 2 片大型和 2 片小型的膜状瓣，称房室瓣。★蛙是变温动物，这与其心脏结构有关吗？为什么？在心室和动脉圆锥之间也有 1 对半月形的瓣膜，称半月瓣。可用镊子轻轻提起瓣膜观察。此外，在动脉圆锥内有 1 个腹面游离的纵行瓣膜，称螺旋瓣。★这些瓣膜各有何作用？

（2）在左右心房背壁上寻找肺静脉通入左心房的开口和静脉窦通入右心房的开口，用鬃毛分别从这 2 个开孔探入肺静脉和静脉窦进行观察。

示范与拓展实验

（一）蛙的骨骼系统观察

骨骼分为中轴骨骼和附肢骨骼两部分（图 2.11-8）。

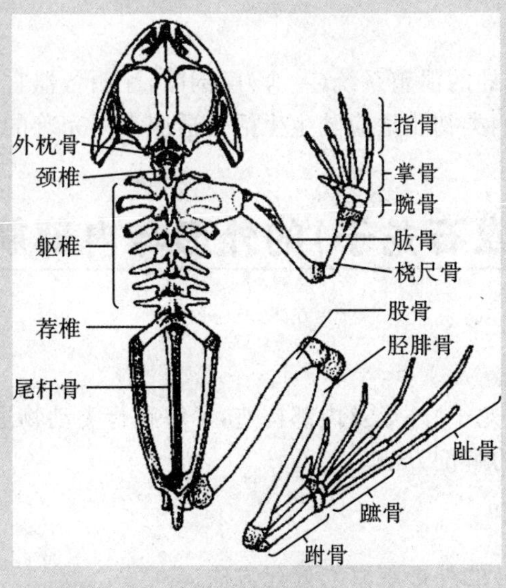

图 2.11-8　蛙的骨骼系统（自丁汉波）

1. 中轴骨骼

1) 头骨

头骨扁而宽,略呈三角形,由颅骨和咽骨组成。脑颅后方有两块外枕骨,左右环接,构成枕骨大孔,枕骨具2枚枕髁。咽骨由上、下颌弓和舌弓组成。

2) 脊柱

蛙的脊柱由10枚脊椎骨组成。椎体为前凹椎骨型。

(1) 颈椎　只有1枚椎骨,称环椎,以关节窝与枕髁相连接,使头部能上下活动。与其他椎骨不同,环椎无横突。

(2) 躯椎　第二至八共7枚椎骨。构造大致相同,第二、三、四椎骨与肩带相接,故横突扁平而宽。

(3) 荐椎　1枚,为第九枚椎骨,具发达的扁宽横突,横突腹面与髂骨的前端相接,从而使后肢骨获得稳固的支持。

(4) 尾杆骨　单枚,椎体向后伸延成细长如棒的尾杆骨。

2. 附肢骨骼

1) 肩带、胸骨、前肢骨

(1) 肩带　主要由肩胛骨、乌喙骨和锁骨构成,三骨相连形成肩臼,与前肢骨相关节。

(2) 胸骨　位于乌喙骨后方腹面中央,为一扁平骨。其后端为一庞大软骨,称剑胸骨。

(3) 前肢骨　由肱骨、桡尺骨、腕骨、掌骨、指骨组成。

2) 腰带、后肢骨

(1) 腰带　由髂骨、坐骨和耻骨组成。三骨相连形成髋臼,与后肢骨相关节。

(2) 后肢骨　由股骨、胫腓骨、跗骨、跖骨和趾骨组成。

(二) 观察蛙的神经系统标本

了解脑和脊髓的结构,外周神经和中枢神经的关系。

五、作业与思考题

(1) 根据原位观察,绘蛙的泄殖系统(♀♂)解剖图,注明各器官名称。

(2) 通过实验总结两栖类初步适应陆生生活及适应又不完善的形态结构特征。

2.12 中华鳖(或石龙子)的外形与内部解剖

一、实验目的

(1) 观察中华鳖(或石龙子)外形及内部构造,了解爬行类动物适应陆地生活的结构特征。

(2) 学习爬行类动物的解剖方法。

二、实验内容

(1) 中华鳖(或石龙子)的外形观察与处死方法。

(2) 中华鳖(或石龙子)的内部解剖与器官系统观察。

(3) 鳖或龟、石龙子、蛇等的整体骨骼标本示范观察。

三、实验材料与用品

活中华鳖(或石龙子);鳖或石龙子的解剖标本;鳖或龟、石龙子、蛇等的骨骼标本。

动物解剖台或解剖蜡盘、解剖剪、解剖刀、各种镊子、解剖针、放大镜、小钢锯条、吸水纸、棉花等。

四、实验方法与步骤

(一) 中华鳖的外形与内部解剖

1. 外形观察

中华鳖 *Trionyx Sinensis* 的身体分为头、颈、躯干、尾及四肢等五部分。

(1) 头和颈　头部呈三角形,有1对鼻孔位于最前端。鼻后有眼,眼具眼睑及瞬膜。鼓膜明显,位于眼后。口裂呈"人"字形,在腹面。口内无齿,具角质鞘。颈粗而长,转动灵活,可缩入背腹甲内。

(2) 躯干　背腹扁平,具坚硬的背甲和腹甲,背甲与腹甲之间以甲桥相连。

(3) 四肢和尾　其表面有鳞片,可缩入背腹甲内。前肢5指,各指具爪;后肢5趾,趾间具蹼,除第5趾外,其余各趾均有爪。尾细长,圆锥形。

2. 麻醉与解剖方法

捉拿鳖时,一定要注意防止被咬,尤其是鳖。鳖尾与后肢间有两个软凹窝,较安全的捉鳖方式是将拇指和食指、中指分别卡住鳖的这两个软凹窝,快速转移到准备的容器中,以避免被咬伤和被其后肢抓伤。

将活鳖的口腔张开,用细滴管向舌根的喉头开口处滴乙醚4～5滴,或用蘸有乙醚的脱脂棉球植入泄殖腔深处。若不麻醉,活体解剖亦可,但需注意安全,以避免被龟咬伤(可先用细绳绑紧鳖或龟的颈部)。

将鳖的头部和四肢固定在动物解剖台上,或置于解剖盘内,使其腹面朝上。解剖时,可直接用解剖剪从颈(或尾)的腹面剪开皮肤,然后向两侧剪开,将背、腹甲分离(注意背、腹甲在体侧接缝位于背面),同样去掉整块腹甲,以暴露内脏器官。

3. 内部结构观察

1) 循环系统(图2.12-1)

(1) 心脏　剪开薄的心包膜,暴露心脏,可见心脏由一心室二心房组成。心室位于腹面,呈倒三角形。心房位于心室前方,左右两心房由隔膜完全分开。用钝镊子提起心脏,向前翻转,可见心脏背面中央为横置的椭圆形静脉窦,壁薄。

(2) 动脉　心脏腹面无动脉圆锥,动脉弓直接由心室发出。在心室的前端中央可见3条动脉弓:左侧一条为肺动脉弓(其起点在心室右侧),出心室后即分为左、右肺动脉流向左、右肺;中央一条为左体动脉弓(其起点在心室的中部),出心室后转向身体左侧;右侧一条为右体动脉弓(其起点为心室的左侧),出心室后分为2条,其中一条转向身体右侧(仍称右体动脉弓),在心脏背面与左体动脉弓汇合成背大动脉,另一条再分为左、右总颈动脉和锁骨下动脉,分别供应头部和前肢的血液。

(3) 静脉　由于静脉血管壁薄,不易观察。左、右肺静脉在静脉窦前面汇合后注入左心房。左、右前大静脉和后大静脉及肝静脉则汇入静脉窦,然后注入右心房。

2) 消化系统(图2.12-1)

消化系统由消化道(包括口腔、咽、食道、胃、小肠、直肠、泄殖腔、泄殖孔)和消化腺(肝脏、

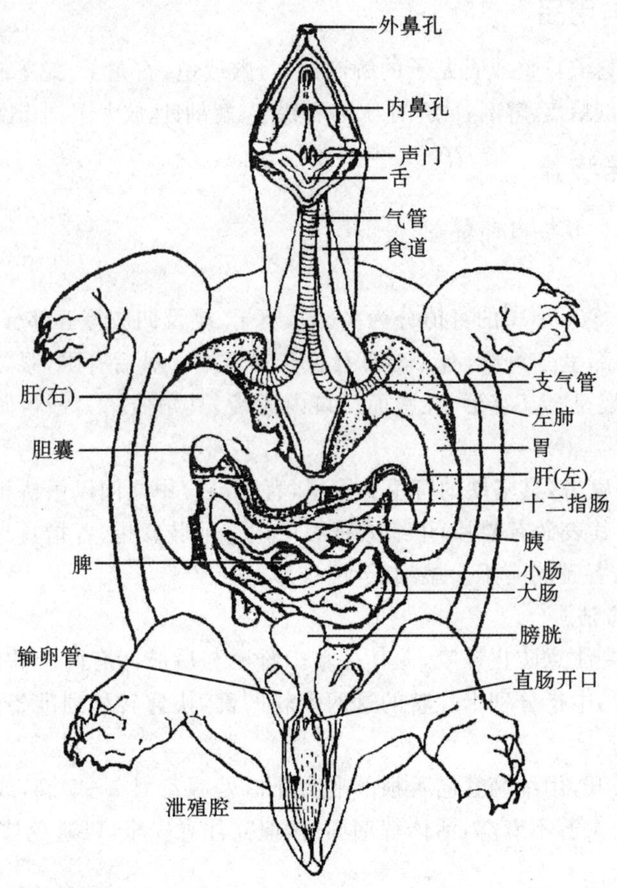

图 2.12-1　鳖的循环、消化和呼吸系统(自丁汉波)

胰腺)等组成。

(1) 口腔　爬行类动物的口腔与咽有明显的界线。鳖(龟)口腔内无牙齿,上、下颌具有角质鞘。口腔顶壁有硬腭,底部为一肌肉质的短舌。在舌基后面有喉头突起,其上有纵行裂缝,为声门,为气管在咽部的开口。在口腔内侧的左右两角各有一耳咽管的开口。

(2) 咽和食道　口腔深处为咽(喉头背面),下通食道。剪开颈部皮肤可见食道较长,位于气管的背面,下连胃。

(3) 胃和肝脏　肝脏位于腹腔前端、心脏两侧,黑褐色,分为左右两叶。将肝脏右叶翻转可见绿色胆囊与之相连。翻起肝脏左叶,可见背面弯曲的胃。胃色浅,位于腹腔左侧。胃前方与食道相连的为贲门,后端稍细小的部分为幽门,与十二指肠相连。

(4) 十二指肠和胰腺　胃幽门末端稍紧缢,十二指肠为紧接胃幽门的由左向右移行的细管,呈"U"形弯曲,在其弯曲处有淡黄色、细长的胰腺。胆囊和胰腺分别有输胆管及胰管能入十二指肠。

(5) 小肠和直肠　十二指肠后有弯曲盘旋的小肠,小肠末端急剧膨大部分即为直肠(大肠)。小肠与大肠交界处有短小的突起,为盲肠。直肠通入泄殖腔,然后由泄殖孔开口于体外。

胃与肠由肠系膜悬垂于腹腔内,在十二指肠和直肠的肠系膜上(盲肠附近)有椭圆形、暗红色的脾脏,它不是消化器官,属淋巴系统。

3）呼吸系统（图 2.12-1）

鳖（龟）呼吸器官的结构较两栖类动物的更加复杂，更能适应陆上生活，能独自承担、完成呼吸功能。

（1）气管和支气管　气管长，由软骨环支持，在颈部与食道平行纵走，且能随颈的伸缩而伸屈。支气管为气管后端之分支，分别进入左右肺。

（2）肺　肺发达，海绵状，内有许多肺泡，分左右两叶，紧贴于腹腔前端背壁。

（3）辅助呼吸器官　①副膀胱，亦称泄殖腔囊，位于膀胱（其内一般充有液体）背面，是泄殖腔两侧向腹腔突出的囊状结构；②肾形突起，1 对，位于咽喉部；③口咽腔。

它们均分布有丰富的血管，如同鳃的作用，为水栖爬行类动物的辅助呼吸器官。冬眠时，潜伏在水底泥沙中依靠辅助呼吸器官在水中进行气体交换，维持生命。

4）生殖系统

（1）雄性（图 2.12-2A）

①精巢（睾丸）　1 对，卵圆形，黄色，与肾脏相并列。精巢上方有附睾。附睾属中肾残余部分，由精巢发出的许多细小的输精管弯曲而成。

②输精管　由附睾通出，向后通向阴茎基部。

③阴茎　泄殖腔腹壁形成一条黑色的沟状物，称阴茎，其前端为扁平卵形的阴茎头。阴茎平常藏于泄殖腔内，交配时则突出体外。

（2）雌性（图 2.12-2B）

①卵巢　1 对，位于腹腔后部，形状不规则，随季节不同有较大变化，一般为橙红色粒状物。产卵期，有时在卵巢内可见成熟的卵。

②输卵管　1 对，为盘曲于卵巢两侧的白色扁平管，前端粘连于肠系膜，有漏斗状的喇叭口。其后段为子宫及阴道，后端开口于泄殖腔后部的侧面。

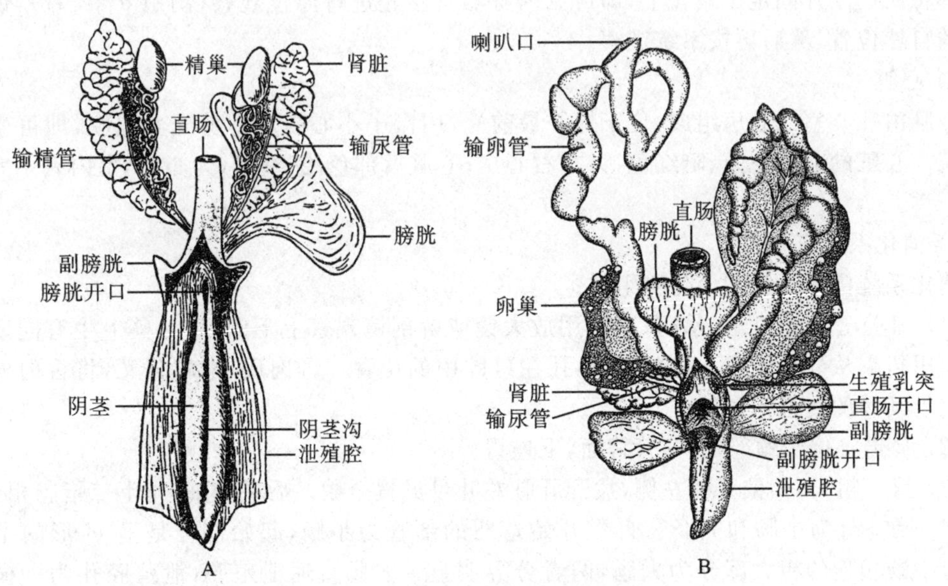

图 2.12-2　龟的泄殖系统（自王所安）

A. 雄性；B. 雌性

5）排泄系统

（1）肾脏　1 对，扁平状，位于生殖腺背面，紧贴在腹腔后端背壁上。

(2) 输尿管　位于肾脏外侧,末端开口于泄殖腔。

(3) 膀胱　在直肠腹面,呈囊状的二叶,开口于泄殖腔的腹侧(与副膀胱的开口相对)。

6) 神经系统

剖开脑颅暴露整个脑部,可见大脑、间脑、中脑、小脑及延脑五部分。大脑半球形状较大,嗅叶发达,后部稍掩盖的为间脑。中脑成为大型的左右视叶。小脑较发达,延脑在垂直的平面上形成一明显的弯曲。具脑神经 12 对。

(二) 石龙子的外形与内部解剖

1. 外形观察

中国石龙子 *Eumeces chinensis* 身体明显分为头、颈、躯干、尾和四肢五部分。通体被以角质鳞,腹鳞近圆形,头顶鳞大、对称排列。口位于头的前端。外鼻孔一对,较小,位于吻端两侧。眼具上、下眼睑和瞬膜;下眼睑较活动,可向上遮住眼睛。★*这对陆生有何意义?* 瞬膜位于眼前角,较小,液浸标本不易找到。眼后方的陷窝为耳孔,窝底即是鼓膜。躯干与尾之间具横裂的泄殖孔,泄殖孔前缘覆以大型肛片。尾发达、长圆锥状。四肢较短,指趾端具爪。★*石龙子外形与有尾两栖类相似,二者如何区分?石龙子和有尾两栖类谁更适应陆地生活?为什么?*

2. 解剖方法与肌肉系统

(1) 解剖方法　沿腹中线自泄殖孔向前剪开皮肤至下颌,然后将石龙子腹面向上置于蜡盘中,四肢用大头针固定。

(2) 肌肉系统　用镊子向两侧最大限度地分离皮肤,可见发达的颌部肌肉、胸肌和肋间肌,这些肌肉是羊膜动物的特征,肋间肌有何重要作用?另外,还可见分节排列的腹直肌(图版 9 左)。

3. 内部构造观察

沿腹中线稍偏左侧自后向前剪开躯干部的肌肉和浆膜,并于前、后肢对应处横向剪开,用大头针将肌肉断片固定于蜡盘上,即可见内脏器官。先进行原位观察(图版 9 中、右),识别各器官的自然位置,然后再按系统观察。

1) 心脏

心脏由一心室二心房组成,位于体腔最前端,用镊子小心提起并剪开心包膜,即可暴露心脏全貌。心脏的前部壁薄、暗红色,为左右心房;心脏后部色浅、壁厚,为心室,室内有不完整的分隔。

2) 消化系统

消化系统由消化管和消化腺组成。

(1) 口腔　剪开口角,暴露口腔,用放大镜或解剖镜观察上下颌,可见其上生有同型锥状细齿。用猪鬃从外鼻孔通入,探察内鼻孔在口腔中的位置。舌肉质、末端分叉,将舌向外拉即可见位于其后的食道入口处。

(2) 食道　位于颈部,在气管背面,下连胃。

(3) 胃　粗大,稍偏腹腔左侧,拨开肝脏左叶可见胃全貌。后端较细,与十二指肠相连。

(4) 肠　分为小肠和大肠。自胃开始弯曲的细管为小肠,起始部分是呈 U 形的十二指肠。与小肠相连的粗大部分为大肠,两者分界明显。大肠直通泄殖腔,泄殖腔孔为一横向裂缝。大肠起始处的左侧有一小型盲突,为雏形的盲肠。在十二指肠和大肠之间的肠系膜上(靠近盲肠)有椭圆形、暗红色的脾脏,属于淋巴器官。

(5) 肝脏　很大,由左右两叶构成,暗红色,位于体腔腹面,覆盖于胃前部。胆囊圆形,位于肝右叶后 1/3 偏左处。

(6) 胰脏　位于胃和十二指肠间的肠系膜上，黄白色，细条状。有胰管与十二指肠相连。

3) 呼吸系统

呼吸系统由喉门、气管、支气管、肺组成。

(1) 喉门　位于舌根后方喉头上的纵裂，将舌向外拉出即可见。

(2) 气管与支气管　气管细长，管壁由开口的环形软骨支撑；自喉头向后延伸，至心室背方处分支为两支支气管，左右支气管短细，与肺相连。

(3) 肺　1对，位于体腔前部两侧，为红色长形薄壁的囊。将肺剪开，可见肺壁向内凸起的蜂窝状结构，有何意义？

4) 生殖系统

生殖系统由生殖腺和输出管道组成(图版10)。

(1) 雄性生殖系统　拨开消化道，在体腔中后部可见一对豆状、乳白色的睾丸，右前左后排列。紧贴睾丸内缘为灰白色的附睾，输精管连于附睾之后，开口于泄殖腔。

(2) 雌性生殖系统　卵巢一对，结节状，位置与睾丸相似，亦呈右前左后排列。夏秋季捕获的个体，可见卵巢中有众多紧密排列的球形白色卵泡。输卵管一对，于卵巢外侧盘曲向后延伸至泄殖腔。

5) 排泄系统

排泄系统由肾脏、输尿管、膀胱等组成(图版10)。

(1) 肾脏　1对，位于体腔的最后方、后肢基部对应处，暗红色。

(2) 输尿管　1对，为白色半透明的细管，由肾脏发出，向后连接泄殖腔。

(3) 膀胱　位于大肠后部腹面的大型薄壁囊，常被黄白色脂肪体所遮盖。

示范与拓展实验

爬行类动物骨骼系统的观察

龟和蜥蜴的骨骼均为硬骨，由中轴骨和附肢骨组成，其中脊柱分化为颈椎、胸椎、腰椎、荐椎和尾椎五部分。

1. 龟骨骼标本

(1) 头骨　脑腔较两栖类的膨大，眼窝间具眶间隔。枕骨具一枕骨髁，与颈椎相关节。

(2) 脊椎　第一枚颈椎为寰椎，第二枚颈椎为枢椎，其余多枚为普通颈椎；胸椎、腰椎、荐椎及肋骨常与甲板愈合。尾椎游离。

(3) 附肢骨　肩带由肩胛骨、乌喙骨和前乌喙骨组成(图2.12-3左)，无锁骨(演化为腹甲的上腹板)。腰带由髂骨、坐骨和耻骨3对骨互相结合而成(图2.12-3右)。坐骨和耻骨在腹中线愈合，构成了封闭式的骨盆。四肢骨属标准的五趾型四肢骨，无特殊变化。

2. 蜥蜴骨骼标本(图2.12-4)

(1) 脊柱　颈椎8枚(同龟一样第一枚为寰椎，第二枚为枢椎)，保证头部能仰俯及左右转动。胸椎和腰椎共22枚，均有肋骨相连，其中前5对胸肋与腹面的胸骨相连，构成胸廓。荐椎2枚，其宽大的横突与骨盆相连。尾椎数目多。

(2) 带骨　肩带由乌喙骨、肩胛骨、上肩胛软骨和锁骨等组成，乌喙骨的一端连于胸骨、锁骨的一端连于上胸骨，可见肩带与肋骨、胸骨相连接(图2.12-5)，较两栖类更为牢固。腰带与荐椎宽大的横突相连，亦远较两栖类坚固。

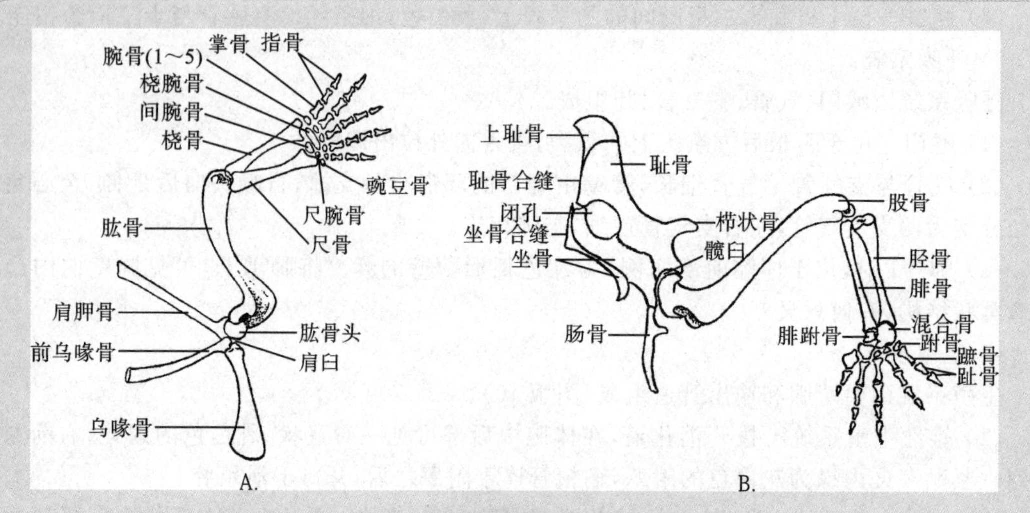

图 2.12-3　龟的带骨及肢骨(自王所安)

A. 肩带及前肢骨;B. 腰带及后肢骨

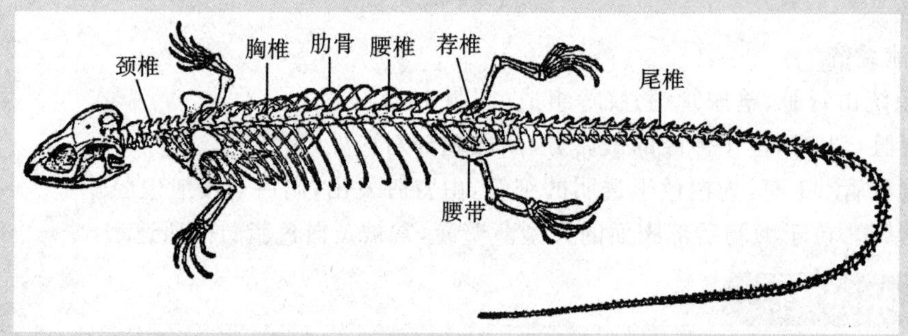

图 2.12-4　石龙子(蜥蜴)的骨骼(自丁汉波)

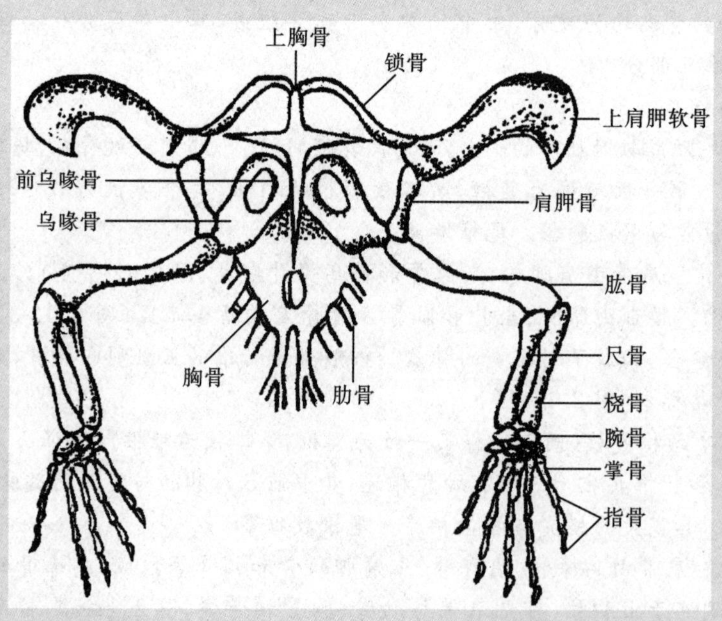

图 2.12-5　蜥蜴的肩带与前肢骨骼(自王所安)

五、作业与思考题

(1) 绘中华鳖(或石龙子)的泄殖系统图,并标注各部分名称。

(2) 爬行类动物对陆地生活有何适应性结构特征?为什么说它们才是真正的陆生动物?

(3) 爬行类动物与两栖类动物有何区别?

2.13 家鸽(或家鸡)的外形与内部解剖

一、实验目的

(1) 观察家鸽(鸡)外形及内部构造,了解鸟类各系统适应于飞翔生活的形态和结构特点。

(2) 学习并熟练鸟类解剖方法和基本技术。

二、实验内容

(1) 家鸽(或家鸡)的外形观察和处死方法。

(2) 有鸽(或家鸡)的解剖和器官系统观察。

三、实验材料与用品

活的家鸽(或家鸡、鹌鹑);解剖盘、解剖器械、双连球、麻醉剂(乙醚或氯仿)、脱脂棉。

四、实验方法与步骤

(一) 家鸽(或家鸡)的外形观察与处死方法

家鸽(*Columba livia*)或家鸡(*Callus domesticus*)身体呈纺锤形,体外被羽,具流线形的外廓。身体分为头、颈、躯干、尾和附肢等五部分。头部圆形,前端为长形角质喙,上喙基部有一隆起的软膜即蜡膜(家鸡与鹌鹑无蜡膜),蜡膜下方两侧各有一裂缝状外鼻孔。眼大,有可活动的眼睑及半透明的瞬膜。耳位于眼的后下方,耳孔被耳羽掩盖。

颈长,活动性大。★有何意义?尾短而宽,由 12 枚大型尾羽组成;拨开尾根部背面的羽毛可见尾脂腺,尾基腹前方为泄殖腔孔。前肢特化为翼,由三部分组成,即上臂、前臂和手部。翼后缘所着生的一列强大而坚韧的羽毛称为飞羽,其中着生在手部(腕骨、掌骨和指骨)的为初级飞羽,附着在前臂尺骨上的为次级飞羽。★家鸽的初级飞羽和次级飞羽各几枚?长度有何规律性?如何确定初级飞羽和次级飞羽的分界?后肢分为四部分,大腿和小腿部覆羽,跗跖部与足部被以角质鳞。★跗跖部鳞的形态与排列?足具 4 趾,三前一后排列,趾端具爪。

羽毛分为三种类型。①正羽,即覆盖在体外的大型羽片;②绒羽,紧贴皮肤、位于正羽之下,松散似绒;③纤羽(毛羽),外形如毛发,拔去正羽和绒羽后即可见到。

★鸟羽有何功能?鸟体表被羽与其恒温机制有何联系?

家鸽或家鸡的处死方法,可选择以下三种之一。

①一手握住家鸡双翼并紧压腋部,另一手以拇指和食指压住蜡膜,中指托住颏部,使鼻孔与口均闭塞,使其窒息而死。

②一手攥紧双翼翅根,另一手将鸡的整个头部浸入水中,使其窒息而死。

③用少量脱脂棉浸以乙醚或氯仿缠于嘴基,使其麻醉而死。

(二) 家鸽(或家鸡)的解剖与器官系统观察

1. 解剖

将家鸽腹面向上置于解剖盘中,用水打湿腹侧羽毛,一手压住皮肤,另一手顺向拔去颈、胸和腹部的羽毛。用手术刀沿龙骨突从前向后切开皮肤,用解剖剪沿此切口向前剪开皮肤至嘴基(注意刀尖往上挑,勿伤及颈部下方的嗉囊),向后剪至泄殖腔孔前缘。用刀柄将腹面的皮肤和肌肉分离,向两侧拉开皮肤,即可看到气管、食管、嗉囊和胸大肌(图版 11)。

胸部肌肉观察:紧贴龙骨突一侧及叉骨边缘小心切开胸大肌(切口深 1~1.5 cm),留下肱骨上端肌肉止点处,下面即露出胸小肌(图版 12),用同样方法把它切开。试牵动胸大肌和胸小肌,了解其机能。

用解剖镊夹起胸骨后缘并向上抬起,以解剖剪剪开胸骨后缘的体壁,用骨剪从后向前剪断肋骨、乌喙骨与叉骨,用镊子分离心包膜与胸骨间的系膜后将胸骨与乌喙骨等揭去,暴露胸腔。再向后沿腹中线剪开体壁至泄殖孔前缘、暴露腹腔。进行系统观察前先辨认各内脏器官的自然位置(图版 13)。

2. 器官系统观察

1) 呼吸系统

(1) 外鼻孔　位于蜡膜前下方(鸡和鹌鹑的位于上喙基部)。

(2) 内鼻孔　将两侧口角剪开,可见它位于口腔顶部中央纵行沟内。

(3) 喉　位于舌根之后,中央的纵裂为喉门。

(4) 气管　由环状软骨环支撑,向后分为左、右两支气管入肺。气管与支气管交界处略显膨大、软骨环间距增大,是鸟类特有的发声器官鸣管;家鸽有鸣肌 2 对(图版 14)。

(5) 气囊　膜状囊,分布于颈、胸、腹部及骨骼内部,由 1 对颈气囊、1 个锁骨间气囊、1 对前胸气囊、1 对后胸气囊和 1 对腹气囊共同组成。以解剖剪在气管上端剪开一个小口,插入双连球的玻璃管,反复挤压双连球充气,便可见因充气而鼓胀的气囊(图版 15)。★多数情况下可分辨哪几个气囊,为什么?为什么鸟类飞翔时能进行双重呼吸?

(6) 肺　左右 2 叶,淡红色,海绵状,紧贴在胸腔背方的脊柱两侧。

2) 循环系统

主要观察心脏及其周围的动、静脉主干。

(1) 心脏　位于胸腔前方,外被以心包膜,仔细去除此膜暴露心脏。心脏被脂肪带分为前后两部分,前部薄壁、色深的耳状部分为左、右心房,后方圆锥状的厚壁部分为心室。观察动、静脉系统后,取下心脏进行解剖,观察心房、心室的关系及特点。

(2) 动脉系统　稍提起心脏,可见由左心室发出向右弯曲的右体动脉弓,该动脉弓向前分出 2 支较粗的无名动脉后,继续向右弯曲绕过右支气管到心脏背面,成为背大动脉,沿脊柱腹面下行,沿途发出分支到有关脏器。每支无名动脉又分出颈动脉、锁骨下动脉和胸动脉为头部、前肢和胸部供血。将左右无名动脉略提起,可见其背面的肺动脉。肺动脉发自右心室,分成左、右 2 支入肺。

(3) 静脉系统　把心尖翻向前方,可见 3 条大的静脉与右心房相连,分别是左、右前大静脉和 1 条后大静脉。前大静脉很短,由颈静脉、锁骨下静脉和胸静脉汇合而成,这些静脉多与同名动脉伴行,较容易看到。肺静脉由左右肺伸出,汇入左心房。

3) 消化系统

(1) 消化管

①口腔　口内无齿。口腔顶部有一纵行颚缝;口腔底部有舌,其前端呈箭头状,尖端角质

化；口腔后部为咽。

②食管　为咽后一薄壁长管，沿颈腹面左侧下行，在颈的基部膨大成嗉囊。

③胃　由腺胃和肌胃组成。腺胃又称前胃，上端与嗉囊相连，呈长纺锤形，掀开肝脏即可见。剪开腺胃观察，内壁上有许多乳状突，其上有消化腺开口。肌胃又称砂囊，为一扁圆形的肌肉囊。剖开肌胃，可见胃壁为很厚的肌肉壁，其内表面覆有硬的角质膜，呈黄绿色，胃内有许多砂石（鸡的胃壁内表面覆有硬的黄绿色角质膜，即中药所讲的鸡内金）。胃背面附近的一个深红色长圆形器官为脾脏，属于淋巴器官。★肌胃有何功能？

④十二指肠　在腺胃和肌胃交界处，由肌胃通出一小段呈"U"形弯曲的小肠。

⑤小肠　细长盘曲，最后与直肠相连通。

⑥直肠（大肠）　短而直，末端开口于泄殖腔。在直肠与小肠交界处，有 1 对豆状盲肠。

⑦泄殖腔　消化、泌尿、生殖系统最终汇入的一个共同腔。紧接直肠、呈球形扩大，由前室、中室和后室组成，以泄殖腔孔与外界相通。幼鸽泄殖腔背面有一黄色圆形盲囊，称腔上囊。

（2）消化腺

①胰脏　位于"U"形弯曲的十二指肠间的肠系膜上，淡黄色，分为背、腹、前 3 叶。由腹叶发出 2 条、背叶发出 1 条胰管通入十二指肠。

②肝脏　红褐色，位于心脏后方。分为左、右 2 叶，右叶背面近中央处发出 2 条胆管通入十二指肠。家鸽无胆囊（鸡和鹌鹑有）。

在肝胃间的系膜上有一紫红色、近椭圆形的脾脏，为造血器官。

4）泄殖系统

将消化管移至身体一侧后进行观察（图版 16）。

（1）雄性生殖器官　睾丸 1 对，乳白色，卵圆形，位于肾脏前端。输精管由睾丸发出，细长而弯曲，于输尿管外侧与之平行向后延伸进入泄殖腔，在接近泄殖腔处膨大为储精囊。

（2）雌性生殖器官　右侧卵巢、输卵管退化。左侧卵巢位于肾的前端腹面，被大小不一的卵泡所充填。卵巢后方附近有弯曲的输卵管，自前向后分别由喇叭口、蛋白分泌部、峡部、子宫等部分组成，末端开口于泄殖腔。

（3）排泄器官　肾脏 1 对，紫褐色，各分为 3 叶，贴附于体腔背壁；肾脏中叶发出一条输尿管后行通入泄殖腔中室，开口于生殖管口的稍上部，可用猪鬃探查。鸟类无膀胱。

示范与拓展实验

1. 家鸽的整体骨骼标本示范观察

对照骨骼标本，了解鸟类与适应飞翔生活有关的骨骼结构（图 2.13-1）。

1）头骨

鸟类头部的骨骼多由薄而轻的骨片组成，愈合紧密，颅腔较大；头骨的前部为颜面部，后部为顶枕部，后方腹面有枕骨大孔，仅一枚枕髁与颈椎相关节。头骨的两侧中央有大而深的眼眶。眼眶后方有小的耳孔。上颌与下颌向前延伸形成喙，不具牙齿。

2）脊柱

脊柱分为颈椎、胸椎、腰椎、荐椎和尾椎。除颈椎及尾椎外，鸟类的大部分椎骨已愈合在一起，使其背部更为坚强而便于飞翔。

（1）颈椎　家鸡 16～17 枚（家鸽 14 枚），彼此分离。第一、二颈椎特化为寰椎与枢椎。★鸟类的颈为何种形状？有何功能？

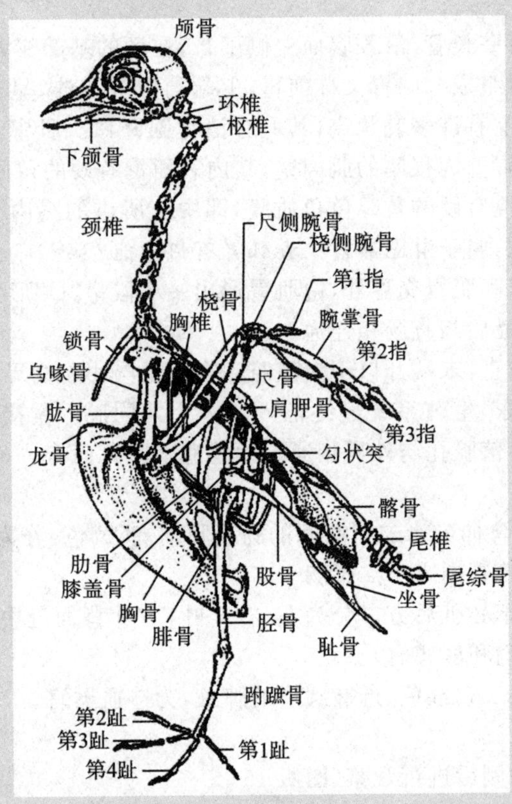

图 2.13-1　家鸽的骨骼系统(自黄诗笺)

(2) 胸椎　5 枚胸椎互相愈合,形成坚固的背脊,每一胸椎与 1 对肋骨相关节,肋骨具钩状突起。肋骨与腹面的胸骨相连形成胸廓,胸骨腹中央有 1 个纵行的龙骨突起,供强大的胸肌附着。

(3) 愈合荐骨(综荐骨)　由胸椎(1 枚)、腰椎(5～6 枚)、荐椎(2 枚)、尾椎(5 枚)愈合而成。

(4) 尾椎　在愈合荐骨的后方有 6 枚比较分离的尾椎骨。

(5) 尾综骨　位于脊柱的末端,由 4 个尾椎骨愈合而成,呈三角形。

3) 肩带及前肢骨

(1) 肩带　由肩胛骨、乌喙骨和锁骨构成。肩胛骨细长,呈刀状,位于胸廓的背方,与脊柱平行;乌喙骨粗壮,在肩胛骨的腹方,与胸骨连接;锁骨细长,在乌喙骨之前,左右锁骨在腹端愈合成“V”形的叉骨。上端与乌喙骨相连,下端由韧带与胸骨相连。叉骨为鸟类所特有。★想想它有何功能?

(2) 肩臼　由肩胛骨和乌喙骨及锁骨形成的关节窝,与前肢骨相关节。

(3) 前肢骨　对照标本认识肱骨、桡骨、尺骨、腕骨、掌骨、指骨,注意其腕掌骨合并及指骨退化的特点。

4) 腰带及后肢骨

(1) 腰带　构成腰带的髂骨、坐骨和耻骨愈合成无名骨。髂骨构成无名骨的前部,坐骨构成其后部,耻骨细长,位于坐骨的腹缘。无名骨背侧与愈合荐椎紧密相连,构成开放式骨盆。三骨相连形成髋臼,与后肢骨相关节。

(2) 后肢骨　由股骨、胫跗骨、跗跖骨和趾骨等组成。注意胫骨与跗骨合并成胫跗骨，跗骨与跖骨合并成跗跖骨，腓骨退化成刺状。还有趾骨的排列情况。

五、作业与思考题

(1) 依照所解剖的标本，绘家鸽或鸡的泌尿生殖系统简图。

(2) 通过实验观察，归纳鸟类的哪些形态结构特征表现了对飞翔生活的适应。

2.14　家兔的外形与内部解剖

一、实验目的

(1) 通过对家兔的解剖观察，了解哺乳动物各系统的基本结构及其适应于陆生的进步性特征。

(2) 学习并掌握哺乳类动物解剖的方法和基本技术，以及兔脑及脑神经根部的剥离技术。

二、实验内容

(1) 实验用兔的处死与解剖。

(2) 兔的外形、肌肉和内脏器官系统的观察。

(3) 兔脑及脑神经根部的剥离与观察。

三、实验材料与用品

活家兔；家兔的整体骨骼及牛羊分散骨骼标本。

显微镜、解剖镜、放大镜；解剖盘、解剖剪、剪毛剪、手术刀、骨剪、镊子、止血钳；20 mL 注射器及针头，大头针、脱脂棉、10%～20%盐酸。

四、实验方法与步骤

(一) 外形观察

家兔(*Oryctolagus cuniculus domestica*)全身被毛，毛分针毛、绒毛和触毛(触须)。针毛长而稀少，有毛向；绒毛位于针毛下面，细短而密，无毛向；在眼的上下和口鼻周围有长而硬的触毛，★哺乳动物的毛有何功能？体表被毛与其恒温机制有何联系？兔的身体可分为头、颈、躯干和尾四部分。

(1) 头　头部呈长圆形，眼以前为颜面区，眼以后为头颅区。眼有能活动的上下眼睑和退化的瞬膜，可用镊子从前眼角将瞬膜拉出。眼后有 1 对长的外耳壳。鼻孔 1 对，鼻下为口，口缘围以肉质而能动的唇，上唇中央有一纵裂，将上唇分为左右两半，因此唇经常微微分开而露出门齿。

(2) 颈　头后有明显的颈部，但很短。

(3) 躯干　躯干部较长，可分胸、腹和背部。背部有明显的腰弯曲。胸、腹部以体侧最后一根肋骨为界。右手抓住兔背皮肤，左手托住臀部使腹部朝上，可见雌兔胸腹部有 3～6 对乳头(以 4 对居多)，但幼兔和雄兔不明显。近尾根处有肛门和泄殖孔，肛门靠后，泄殖孔靠前。肛门两侧各有一无毛区，称鼠蹊部，鼠蹊腺开口于此，家兔特有的气味即此腺体分泌物。雌兔泄殖孔称阴门，阴门两侧隆起形成阴唇。雄兔泄殖孔位于阴茎顶端，成年雄兔肛门两侧有 1 对明显的阴囊，生殖时期，睾丸由腹腔坠入阴囊内。

兔四肢在腹面,出现了肘和膝。前肢短小,肘部向后弯曲,具5指;后肢较长,膝部向前弯曲,具4趾,第1趾退化,指(趾)端具爪。★为什么说哺乳动物四肢的形态结构适应于其陆上快速运动?

(4) 尾　兔的尾部短小,在躯干末端。

(二) 处死与解剖

1) 处死方法

一般采用空气栓塞法。将兔置兔笼内,兔头伸出笼外,兔笼盖扣紧。向兔耳缘静脉注入10～20 mL空气,使之缺氧而死。

兔耳外缘的血管是静脉,在静脉远端进针处剪毛,用酒精棉球消毒并使血管扩张。用左手食指和中指夹住耳缘静脉近心端,使其充血,并用左手拇指和无名指固定兔耳。右手持注射器(针筒内已抽有10～20 mL空气)将针头平行刺入静脉(图2.14-1),刺入后再将左手食指和中指移至针头处,协同拇指将针头固定于静脉内,右手推进针栓,徐徐注入空气。若针头在静脉内,可见随着空气的注入,血管由暗红变白;如注射阻力大或血管未变色或局部组织肿胀,表明针头未刺入血管,应拔出重新刺入。★首次注射应从静脉的远心端开始,为什么?注射毕,抽出针头,干棉球按压进针处。随着空气的注入,兔经一阵挣扎后,瞳孔放大,全身松弛而死。

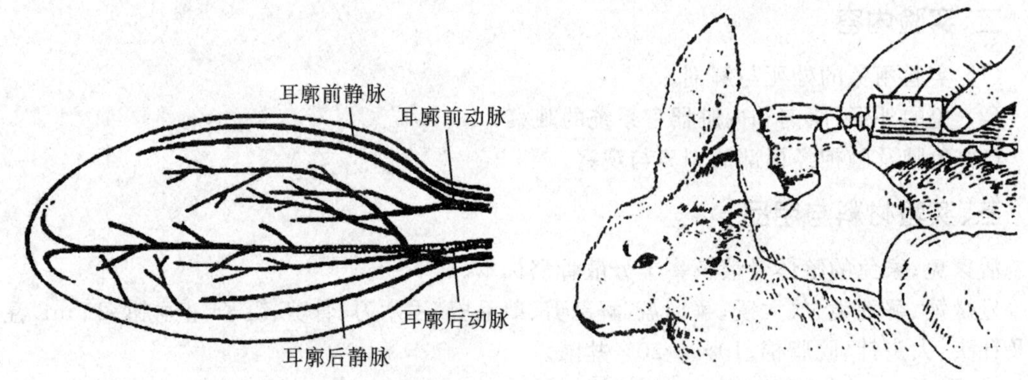

图2.14-1　兔的耳廓血管与空气栓塞法处死操作(自黄诗笺)

2) 解剖方法

将已处死的家兔背位置于解剖台上,展开四肢并用绳固定。用棉花蘸水润湿腹中线的毛,用剪毛剪沿腹中线剪去泄殖孔前至颈部的毛。剪下的毛浸入烧杯中的水里,以免满室飘散。左手持镊子提起皮肤,右手持手术剪沿腹中线自泄殖孔前至下颌底将皮肤剪开,再从颈部向左右横剪至耳廓基部,沿四肢内侧中央剪至腕和踝部。左手持镊子夹起剪开皮肤的边缘,右手用手术刀分离皮肤和肌肉。

然后沿腹中线剪开腹壁,沿胸骨两侧各1.5 cm处用骨钳剪断肋骨。左手用镊子轻轻提起胸骨,右手用另一镊子仔细分离胸骨内侧的结缔组织,再剪去胸骨,分离至胸骨起始处时须特别小心,以免损伤由心脏发出的大动脉。此时可见家兔的胸腹腔由横膈膜分为胸腔和腹腔。观察胸腔和腹腔内各器官的正常位置,再剪开横膈膜边缘及第1肋骨至下颌联合的肌肉,使兔颈部及胸、腹腔内的脏器全部暴露。以上操作中,剪刀尖应向上翘,以免损伤内脏器官和血管。

(三) 器官系统观察

1. 消化系统

1) 消化管

(1) 口腔(图2.14-2)　沿口角两侧将颊部剪开,清除咀嚼肌,再用骨剪剪开两侧下颌骨与头骨的关节，将口腔全部揭开。口腔的前壁为上下唇，两侧壁是颊部，顶壁的前部是硬腭，后部是肌肉性软腭，软腭后缘下垂，把口腔和咽部分开。口腔底部有发达的肉质舌，其表面有许多乳头状突起，其中一些乳头内具味蕾。兔有发达的门齿而无犬齿，上颌有前后排列的 2 对门齿（称为重齿类），前排门齿长而呈凿状，后排门齿小；前臼齿和臼齿短而宽，具有磨面；齿式为 2·2·8。★哺乳类的异型齿有何功能？异型齿的出现有何意义？

（2）咽部（图 2.14-2） 软腭后方的腔为咽部。近软腭咽处可见 1 对小窝，窝内为腭扁桃体。沿软腭的中线剪开，露出的空腔即鼻咽腔，为咽的一部分。鼻咽腔的前端是内鼻孔。在鼻咽腔侧壁上有 1 对斜行裂缝为耳咽管孔，咽部背面通向后方的开孔是食道口，咽部腹面的开孔为喉门，在喉门处有 1 个三角形软骨小片为会厌软骨。★何谓咽交叉？会厌软骨有何作用？

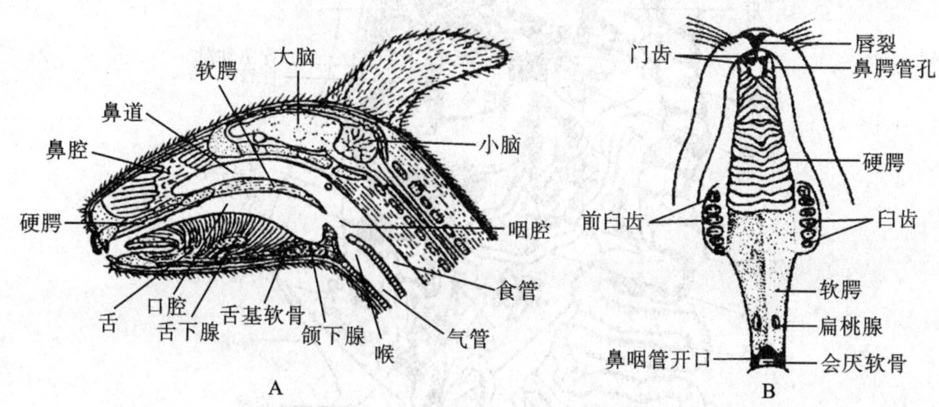

图 2.14-2 兔的头部器官（自方展强等）

A. 兔头部矢切面；B. 兔口腔顶部

（3）食管 气管背面的 1 条直管，由咽部后行伸入胸腔，穿过横膈进入腹腔与胃连接。

（4）胃 囊状，一部分被肝脏遮盖。与食管相连处为贲门，与十二指肠相连处为幽门。胃的前缘称胃小弯，后缘称胃大弯（图 2.14-3）。

（5）肠 分小肠与大肠。小肠又分十二指肠、空肠和回肠；大肠分结肠和直肠；大、小肠交接处有盲肠。十二指肠连于幽门，呈“U”形弯曲。用镊子提起十二指肠，展开“U”形弯曲处的肠系膜，可见在十二指肠距幽门约 1 cm 处，有胆管注入；在十二指肠后段约 1/3 处，有胰管通入。空肠前接十二指肠，后通回肠，是小肠中肠管最长的一段，形成很多弯曲，呈淡红色。回肠是小肠最后一部分，盘旋较少，颜色略深。回肠与结肠相连处有一长而粗大发达的盲管为盲肠，其表面有一系列横沟纹，游离端细而光滑称蚓突。★兔的盲肠有何功能？回肠与盲肠相接处膨大形成一厚壁的圆囊，称圆小囊（为兔所特有）。大肠包括结肠、直肠，结肠可分为升结肠、横结肠、降结肠三部，管径逐渐狭窄，后接直肠。直肠很短，末端以肛门开口于体外。

2）消化腺

（1）唾液腺 4 对，分别为耳下腺、颌下腺、舌下腺和眶下腺（图 2.14-4）。

①耳下腺（腮腺） 位于耳壳基部的腹前方，为不规则的淡红色腺体，紧贴皮下，似结缔组织。剥开该处的皮肤即可见。

②颌下腺 位于下颌后部的腹面两侧，为 1 对浅粉红色圆形腺体。

③舌下腺 位于近下颌骨联合缝处，为 1 对较小、扁平条形的淡黄色腺体。可用镊子将舌拉起，将舌根部剪开，使之与下颌离开，在舌根的两侧可找到。

④眶下腺 位于眼窝底部的前下角，呈粉红色。可剪去一侧眼球，用镊子从眼窝底部夹出此

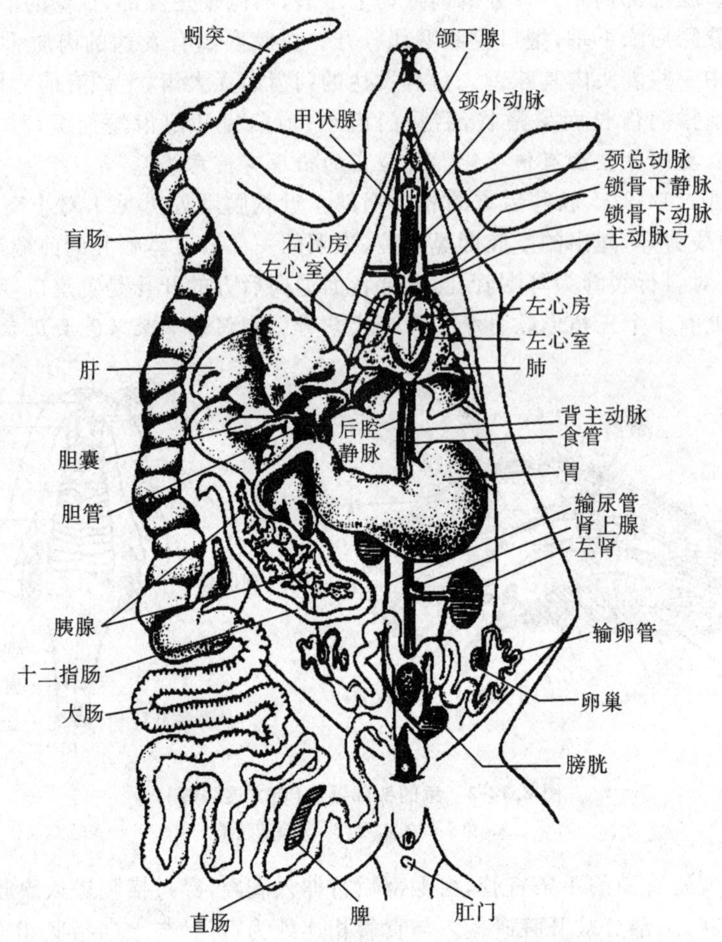

图 2.14-3 兔的内部解剖(♀)(自黄诗笺)

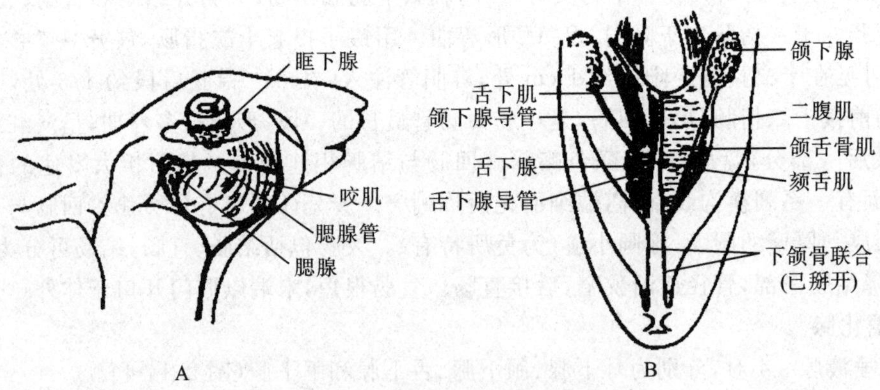

图 2.14-4 兔的唾液腺(仿郑光美等)

A. 腮腺和眶下腺;B. 颌下腺和舌下腺

腺体(若夹出的为较大的白色腺体则为哈氏腺;另有一泪腺位于眼后角,呈肉色,形状不规则)。

(2) 肝脏　红褐色,位于横膈膜后方,覆盖于胃。肝有 6 叶,即左外叶、左中叶、右中叶、右外叶、方形叶和尾形叶。胆囊位于右中叶背侧,以胆管通十二指肠。

(3) 胰脏　散在十二指肠弯曲处的肠系膜上,为粉红色、分布零散而不规则的腺体,有胰管通入十二指肠。

另外,沿胃大弯左侧有一狭长形暗红褐色器官,即脾脏,是最大的淋巴器官。

2. 呼吸系统

(1) 鼻腔和咽　前端以外鼻孔通外界,后端以内鼻孔与咽腔相通,其中央有鼻中隔将其分为左右两半。

(2) 喉头(图 2.14-5)　位于咽的后方,由若干块软骨构成,将连于喉头的肌肉除去以暴露喉头。喉腹面为 1 块大的盾形软骨,是甲状软骨,其后方有围绕喉部的环状软骨。在观察完其他构造后,将喉头剪下,可见甲状腺前方有会厌软骨,环状软骨的背面前端有 1 对小型的杓状软骨,喉腔内侧壁的褶状物即声带。

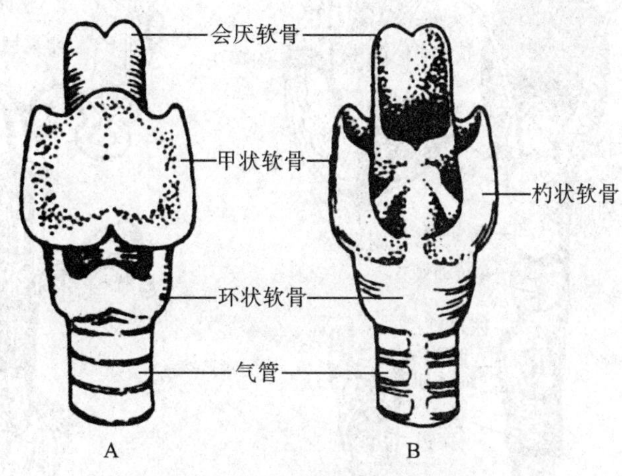

图 2.14-5　兔的喉部(自杨安峰)

(3) 气管及支气管　喉头之后为气管,管壁由许多半环形软骨及软骨间膜所构成。气管到达胸腔时,分为左右支气管而进入肺。

(4) 肺　位于胸腔内心脏的左右两侧,呈粉红色海绵状。

3. 泄殖系统

1) 排泄器官

肾脏 1 对,为红褐色的豆状器官,贴于腹腔背壁,脊柱两边,肾的前端内缘各有一黄色小圆形的肾上腺(内分泌腺)。除去遮于肾表面的脂肪组织和结缔组织,可看到肾门。由肾门各伸出一白色细管即输尿管,沿输尿管向后清理脂肪,注意它进入膀胱的情况。膀胱呈梨形,其后部缩小通入尿道。雌性尿道开口于阴道前庭,雄性尿道很长,兼作输精用。

取下 1 个肾,通过肾门从侧面纵剖开,用水冲洗后观察:外周色深部分为皮质部,内部有辐射状纹理的部分为髓质部,肾中央的空腔为肾盂。髓质部有乳头状突起(称肾乳头),伸入肾盂。输尿管则由肾盂经肾门通出。

2) 雄性生殖器官(图 2.14-6A)

睾丸(精巢)1 对,白色卵圆形,非生殖期位于腹腔内,生殖期坠入阴囊内。若雄兔正值生殖期,则在膀胱背面两侧可找到白色输精管,沿输精管走向找到索状粉白色的精索(精索由输精管、生殖动脉、静脉、神经和腹膜褶共同组成),用手提拉精索将位于阴囊内的睾丸拉回腹腔进行观察。睾丸背侧有一带状隆起为附睾,由附睾伸出的白色细管即为输精管。输精管沿输尿管腹侧行至膀胱后面通入尿道。尿道从阴茎中穿过(横切阴茎可见),开口于阴茎顶端,在膀胱基部和输精管膨大部的背面有精囊腺。

3）雌性生殖器官(图 2.14-6B)

卵巢1对，椭圆形，淡红色，位于肾脏后外方，其表面常有半透明颗粒状突起。输卵管1对，为细长迂曲的管子，伸至卵巢的外侧，前端扩大呈漏斗状，边缘多皱褶呈伞状，称为喇叭口，朝向卵巢，开口于腹腔。输卵管后端膨大部分为子宫，左右两个子宫(为"V"字形的双子宫)分别开口于阴道。★哺乳动物的子宫可分为哪几类？阴道为子宫后方的一直管，其后端延续为阴道前庭，前庭以阴门开口于体外。阴门两侧隆起形成阴唇，左右阴唇在前后侧相连，前联合呈圆形，后联合呈尖形。前联合处还有一小突起，称阴蒂。

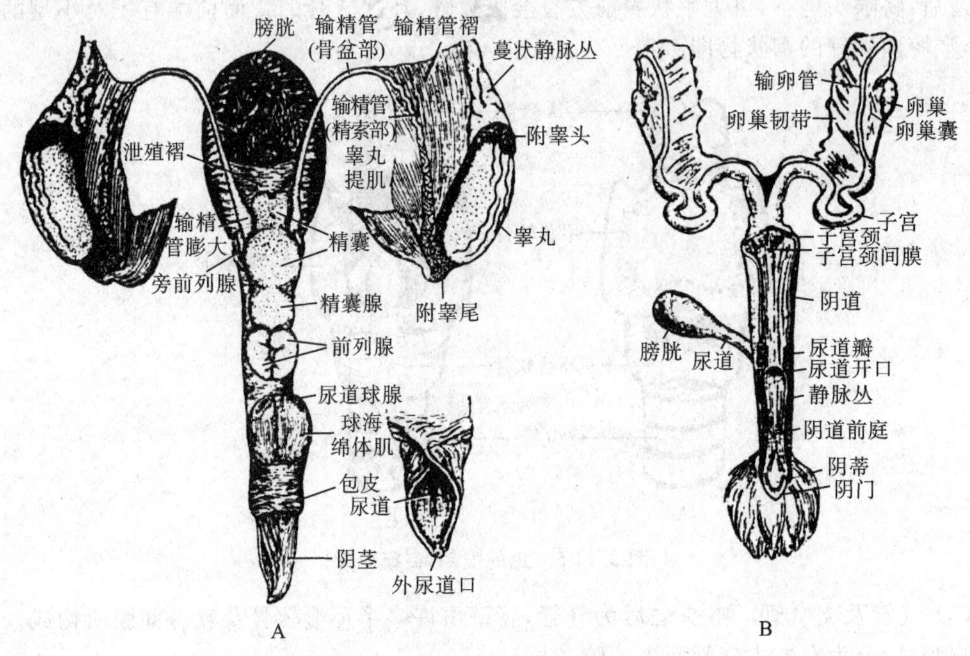

图 2.14-6　兔的生殖系统(自杨安峰)

A. 雄兔；B. 雌兔

4. 循环系统

1）心脏

位于胸腔中部偏左的围心腔中，仔细剪开围心膜(心包)，可见心脏近似卵圆形，其前端宽阔，与各大血管连接部分为心底，后端较尖，称心尖。在近心脏中间有一围绕心脏的冠状沟，沟后方为心室，前方为心房。左右2室的分界在外部表现为不明显的纵沟。左右心房的外表分界不明显(图 2.14-7)。

待观察动、静脉系统后，将心脏周围的大血管在距心脏不远处剪断，取出心脏，用水洗净。剖开心脏，仔细观察左、右心房和左、右心室结构，血管与心脏4腔的连通情况，弄清各心瓣膜的位置与结构。★哺乳动物心脏内动、静脉血有混合现象吗？为什么血液能在心脏内定向流动；哺乳类心脏结构与其恒温机制有何联系？

2）与心脏相连的大血管

(1) 体动脉弓　由左心室发出的粗大血管，发出后不久即向前转至左侧再折向后方，从而形成弓形。

(2) 肺动脉　由右心房发出的大血管，发出后在2心房之间向左弯曲。清除围绕大动脉基部的脂肪，可见此血管分为左右2支，分别进入左右肺。

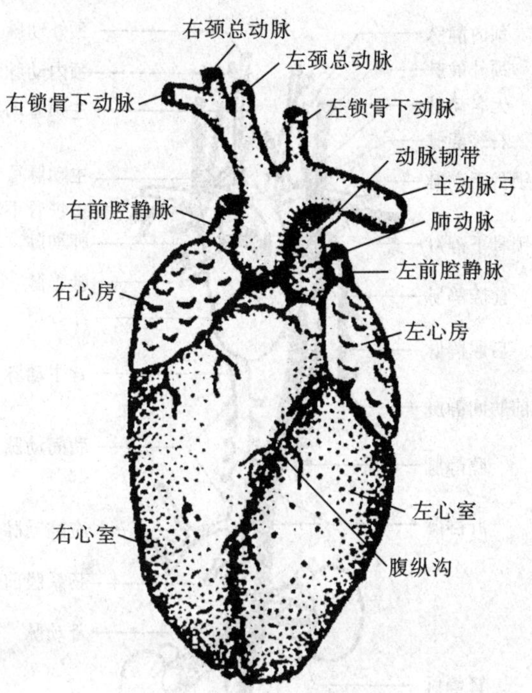

图 2.14-7 兔的心脏(自杨安峰)

(3) 肺静脉　由左右肺的根部伸出,在背侧入左心房。

(4) 左右前大静脉、后大静脉　在右心房右后侧汇合后,进入右心房。

3) 动脉系统(图 2.14-8)

由右、左心室发出的肺动脉、体动脉弓及其发出的分支动脉组成。

体动脉弓基部发出冠状动脉,分布于心脏。体动脉弓向左弯转的弓形处向前发出 3 支动脉,自右至左分别为无名动脉、左总颈动脉和左锁骨下动脉。但不同个体体动脉弓的分支情况有所不同。

(1) 无名动脉　无名动脉是 1 条短而粗的血管,它向前延伸不久即分成右总颈动脉和右锁骨下动脉。右总颈动脉沿气管右侧前行至下颌角处,分为内颈动脉和外颈动脉。内颈动脉绕向外侧背方,其主干进入脑颅,供应脑的血液,另一小分支分布于颈部肌肉。外颈动脉位置靠内侧,前行分成几个小支(不需细找),供应头部、颜面部和舌的血液。右锁骨下动脉到达腋部时可成为腋动脉,伸入上臂后形成右肱动脉。

①左总颈动脉　分支与右总颈动脉相同。

②左锁骨下动脉　分支情况与右锁骨下动脉相同。

(2) 背大动脉　体动脉弓向左弯折,沿胸腹腔背中线后行,称背大动脉。用镊子将心脏、胃、肠等移向右侧,顺血管走向仔细分离血管周围结缔组织,可见背大动脉沿途分支。主要的分支血管有如下几种。

①肋间动脉　背大动脉经胸腔分出的若干成对小动脉,沿肋骨后缘,分布于胸壁上。

②腹腔动脉　为背大动脉进入腹腔后分出的第 1 支血管,其分支分布于胃、肝、胰、脾等器官。

③前肠系膜动脉　在腹腔动脉后方,其分支至肠的各部和胰脏等器官。

④肾动脉　1 对,分别在前肠系膜动脉的前、后方,通入右、左肾。

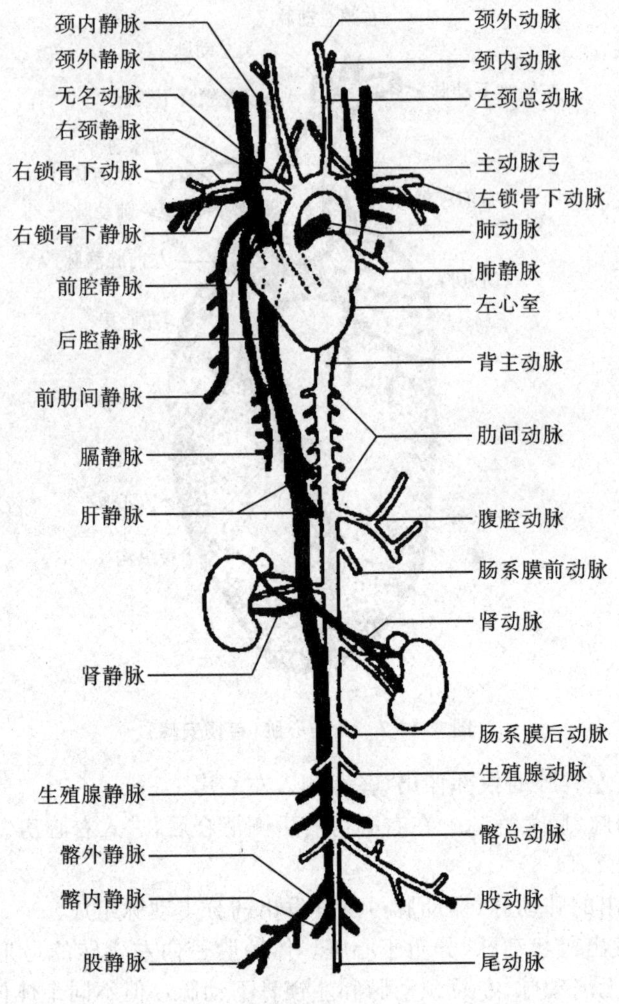

图 2.14-8　兔的血液循环系统模式图(自丁汉波)

⑤后肠系膜动脉　为背大动脉后段向腹右侧伸出的 1 支小血管,分布到降结肠和直肠。

⑥生殖动脉　1 对,分布到雄性睾丸或雌性卵巢上。

⑦腰动脉　用镊子分离背大动脉后段两侧的结缔组织和脂肪,并用镊子将它托起,可见背侧前后发出 6 条腰动脉,进入背部肌肉。

⑧总髂动脉　背大动脉后端分出的左、右 2 支大血管,每支又分出外髂动脉和内髂动脉。外髂动脉后行进入后肢,在股部称为股动脉。内髂动脉为内侧的较细分支,分布到盆腔脏器、臀部及尾部。

⑨尾动脉　用骨钳将耻骨合缝剪开,提起直肠,用镊子将腹主动脉末端托起,可见其近末端的背侧发出 1 条尾动脉伸入尾部。

4) 静脉系统(图 2.14-8)

除肺静脉外,主要有 1 对前大静脉和 1 条后大静脉,汇集全身的静脉血返回心脏。静脉血管外观上呈暗红色。

(1) 前大静脉　分左右 2 支,汇集锁骨下静脉和总颈静脉血液,向后注入右心房。

①锁骨下静脉　分左右 2 支,与同名动脉伴行,收集来自前肢的血液。

②总颈静脉　1 对,粗而短,分别由左右外颈静脉和左、右内颈静脉汇合而成,外颈、内颈

静脉与总颈动脉伴行。外颈静脉位于表层，较粗大，汇集颜面部和耳廓等处的回心血液。内颈静脉位于深层，较细小，汇集脑颅、舌和颈部的回心血液。

③奇静脉　1 条，位于胸腔的背侧、紧贴胸主动脉右侧，收集肋间静脉血液，在右前大静脉即将入右心房处，汇入右前大静脉。

(2) 后大静脉　收集内脏和后肢的血液回心脏，注入右心房。在注入处与左右前大静脉汇合。汇入后大静脉的主要血管有如下静脉。

①肝静脉　来自肝脏的 4～5 条短而粗的静脉，在横膈后面汇入后大静脉。

②肾静脉　1 对，来自肾脏，右肾静脉位置略高于左肾静脉。

③腰静脉　6 条，较细小，收集来自背部肌肉的回心血液。

④生殖静脉　1 对，来自雄体睾丸或雌体卵巢。右生殖静脉注入后大静脉；左生殖静脉注入左肾静脉。

⑤髂腰静脉　1 对，较细，位于腹腔后端，分布于腰背肌肉之间，收集腰部体壁同心血液。

⑥外髂静脉　1 对，收集后肢回心血液。

⑦内髂静脉　1 对，收集盆腔背壁、股部背侧的回心血液。

(3) 肝门静脉　将肝各叶转向前方，其他内脏掀向左侧，把肝、十二指肠韧带展开，使胃与肝远离，但不可将韧带撕裂。在此韧带里有一粗大静脉，即肝门静脉。肝门静脉收集胰、胃、脾、十二指肠、小肠、结肠、直肠、大网膜的血液，送入肝脏。★除分泌胆汁外，肝脏还有何重要功能？

5. 神经系统

1) 交感神经

(1) 颈部交感神经　在颈部气管两侧，总颈动脉背侧有 2 条神经，稍粗的是迷走神经，靠外侧；较细的是交感神经，靠内侧。沿颈部交感神经向前追索，每侧约在喉头处有一长圆形灰红色的大神经节，为颈前神经节。沿颈部交感神经向后追索，在锁骨下动脉前方，有一扁平长圆形大神经节，为颈后神经节(在其前方尚有一较小的颈中神经节)，在其后方紧贴锁骨下动脉的后面为第 1 胸神经节，有时兔的颈后神经节与第 1 胸神经节合并，形成星状神经节，有神经分支围绕锁骨下动脉，形成锁骨下袢。

(2) 胸部交感神经　由颈后神经节向后伸入胸腔。清除胸腔内器官，可见沿脊柱两侧各有 1 条白色线，即为胸部交感神经干(链)，在每 2 肋骨之间的交感神经干上有一小的交感神经节。胸部后段交感神经干发出 1 条大内脏神经，该神经向后斜伸穿过横膈入腹腔，与腹腔神经节相连。

(3) 腹部交感神经　将腹腔内脏推向右侧，可见在前肠系膜动脉的基部左边有一太阳神经丛，它是由膨大的腹腔神经节(靠血管的前方)和肠系膜前神经节(在血管的后方)，及联络二者的交通支合成的。如在神经节上滴几滴酒精和醋酸，使神经节发白，则较易于分清。由太阳神经丛发出的节后纤维分布到胃、肝、脾、肾上腺、生殖腺及大血管处。在后肠系膜动脉处稍前方，还有一较小的肠系膜后神经节，发出分支至结肠、膀胱等处。在腹腔后部，腰部交感神经干渐细，并向背面深处走行，约在第 3 尾椎骨处终止。

2) 迷走神经

(1) 颈部迷走神经　迷走神经与交感神经沿气管两侧并行。迷走神经向前行至靠近颅腔处有一卵圆形膨大，为迷走神经节，由每侧迷走神经节横向发出一短支，分布于喉头，称喉前神经；同时还发出一较细神经紧贴总颈动脉后行，称减压神经，仔细分离，可见它到达主动脉弓和心脏。迷走神经向后行，右侧迷走神经伸到右锁骨下动脉的腹面，发出右侧喉返神经，沿气管前伸至喉头。

(2) 胸、腹腔内的迷走神经　左侧迷走神经在主动脉弓的后方发出左侧喉返神经,绕过主动脉弓,紧贴气管前行到喉头,左右迷走神经伸到肺根基部构成神经丛,称为肺丛,伸到心脏,在主动脉和肺动脉基部形成心丛。迷走神经继续沿食管后行,穿过横膈入腹腔。在腹腔,迷走神经发出分支到胃、脾、肝、胰和肠管上。

(四) 剥脑及脑的各部分结构观察

1) 剥脑

取经盐酸软化过的兔头,于1～2颈椎处切断,使枕骨大孔露出,然后自枕骨大孔开始用骨剪及钝头镊子将头顶骨片逐一剥离。在剥至脑下垂体处时,应十分小心,注意一小片一小片地剪去四周的骨片,遇狭窄处骨片时用眼科剪、镊为好。还要注意大脑最前端嗅球的剥离,此处如不小心也易断裂。取下脑时特别注意脑神经,应慢慢抬起延脑,伸进解剖剪剪断脑神经。最后,将兔脑完整地取下,置于解剖盘中,加入清水以免干燥。

2) 脑的各部分结构观察(图 2.14-9)

(1) 背面观:

①脑膜　分3层,从外至内分别为硬脑膜、蛛网膜、软脑膜。

②嗅叶　1对,位于大脑前端。

③大脑半球　占全脑的大部分,其表面没有褶皱。对比狗脑标本,认识沟与回。

④中脑　包含4个丘状隆起,即四叠体。

⑤小脑和延脑。

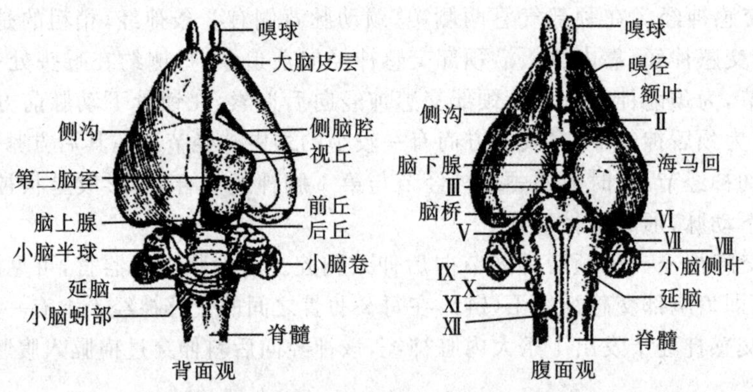

图 2.14-9　兔的脑(自黄诗笺)

(2) 腹面观　可见到12对脑神经、脑下垂体和大脑脚。

(3) 脑的正中矢状切面观　可观察到胼胝体、侧脑室、第三脑室、第四脑室大脑导水管。

示范与拓展实验

(一) 家兔整体骨骼标本示范观察

观察家兔的骨骼标本,了解哺乳动物骨骼的基本结构(图 2.14-10)。

1) 中轴骨骼

中轴骨骼分为头骨、脊柱和胸廓。

(1) 头骨　对照头骨标本由后向前进行观察,后部有枕骨(两侧各具1个枕骨髁,与寰椎相关节);上部有较小的间顶骨,成对的顶骨、额骨、鼻骨;底部有基枕骨,基蝶骨,前蝶

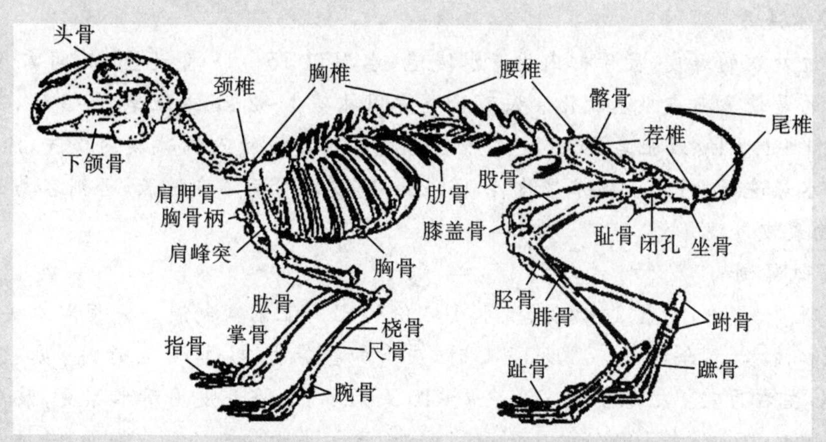

图 2.14-10 兔的骨骼系统(自黄诗笺)

骨,腭骨,颌骨,前颌骨,骨质次生腭由颌骨、前颌骨与腭骨的突起骨板拼合而成;侧部有颞骨,颧骨,上颌骨;内部有鼻甲骨,耳囊骨,3块听骨(锤骨、砧骨、镫骨),筛骨,中筛骨,犁骨;下颌骨由单一的齿骨构成,其升支上有关节面与颞骨相关节。

(2) 脊柱 由颈椎、胸椎、腰椎、荐椎和尾椎五部分组成。★试比较脊柱各区椎骨的外形有何不同?然后记数颈椎、荐椎各有几枚?它们有何特点?哺乳动物的椎体为双平型,可承受较大的压力。椎体之间具有弹性的椎间盘。

(3) 胸廓 由胸椎、肋骨和胸骨构成。胸骨有6枚骨块组成,最后一块胸骨与一软骨相连接,称为剑突。

2)肢带骨

(1) 肩带及前肢骨 由肩胛骨、乌喙骨和锁骨愈合形成。肩胛骨为一较大的三角形骨片。肩胛骨、乌喙骨及锁骨相连处形成的关节窝即为肩臼,与前肢的肱骨相关节。肩臼的上方可见一小而弯的突起,称乌喙骨;锁骨大多退化,仅前肢能灵活运动的类群发达。前肢骨由肱骨、桡骨、尺骨、腕骨、掌骨、指骨组成。

(2) 腰带及后肢骨 由髂骨、坐骨和耻骨愈合而成。三骨相连形成的关节窝称髋臼,与后肢的股骨相关节。骨借粗大的关节面与脊柱的荐骨相连接,左右耻骨在腹中线处联合,构成封闭式的骨盆。后肢骨由股骨、胫骨、腓骨、跗骨、跖骨和趾骨等组成,髌骨为哺乳动物所特有。

(二) 兔毛皮的加工

家畜和野兽的毛皮经过鞣制加工后,能成为柔软、美观的轻工制品原料,用于制作皮鞋、皮箱、皮袄、帽子、手套等日用品,有弹性,保暖性能好,行销国内外市场。毛皮的鞣制方法很多,这里介绍一种既简单又实用的加工技术。

1. 生皮铲油

大部分家畜、野兽宰杀后的鲜皮需要经过清理与防腐,并经一段时间后才能供制革厂加工。清理的方法:割去蹄、耳、唇、尾、骨等,再用削刀除去皮下的残肉和脂肪,洗去皮上的泥、粪、淤血等,然后把鲜皮肉面向外,挂在通风处晾干,防止强光曝晒。也可以采用盐腌法,即将皮张肉面撒盐,用盐量约为皮重的25%,盐腌6天左右,即要堆集。

2. 浸水洗皮

将经过处理的鲜皮,置于缸内用清水浸泡,水温以 15～18 ℃为宜,时间需 6～10 h。浸泡的目的是使原料皮吸水软化。每百张羊皮用纯碱 1～2 kg 或肥皂 5～6 块;每百张狗皮用纯碱 1～1.5 kg 或肥皂 2～3 块。然后将浸过的皮张放入稀碱液内搓洗,除去油污,再放入清水漂洗后,拧干。碱水洗皮 4～6 min,洗皮的时间不宜过长,否则容易造成绒毛脱落,影响裘皮外观。

3. 下缸鞣制

按明矾 4～5 份,食盐 3～5 份、清水 100 份的比例配制鞣制液。先用温水妥明矾,再加入食盐和清水,混合均匀。温度 15 ℃时,应少加些食盐,超过 20 ℃时则多加些食盐,水温以 30 ℃左右为宜。把毛皮投入浸泡 7～10 天后取出,将毛皮用清水漂洗,最后用蓖麻油 10 份、肥皂 10 份、水 100 份的比例配成溶液,涂于半干状态的毛皮肉面,并适当喷此水使其回潮,再用塑料薄膜包扎好,用石块压平。

4. 晒皮刮软

经过下缸鞣制压平的皮张,放在草地上或穿绳子挂晒,先晒皮板,后晒毛面,并用手顺着毛势梳理,使其恢复毛势原状。然后用钝刀刮除皮下残存的脂肪。操作时,左手紧握皮张,右手提钝刀从上而下,一下一下地在皮板上来回刮,刮至皮板软而松弛为止。刮皮后的皮张要钉在木板 上,使其伸展开来,并放在通风处晾干。

5. 整理毛型

待皮张干燥后,用浮石或砂纸将肉面磨平,取下修整边缘。最后用梳子梳毛,过长的部位可以适当修剪,使毛形整齐美观。

五、作业与思考题

(1) 依照所解剖的标本,绘兔的泌尿生殖系统简图。

(2) 根据实验体会,总结家兔解剖和观察中的操作要点。

(3) 通过实验观察,归纳兔有哪些形态结构表现为哺乳类的进步性特征。

2.15 脊椎动物的骨骼系统

一、实验目的

(1) 通过脊椎动物骨骼系统标本制作,学习其制作方法。

(2) 通过脊椎动物各纲代表动物骨骼系统标本的比较观察,了解其异同及演化规律。

二、实验内容

(1) 完成鲤鱼、牛蛙、中华鳖、家鸡和家兔的骨骼整体标本制作。

(2) 脊椎动物各纲代表动物骨骼系统标本的比较观察。

三、实验材料与用品

脊椎动物各纲代表动物(如鲤鱼、牛蛙、中华鳖、家鸡、家兔)活体标本,脊椎动物各纲代表动物整体干制骨骼标本。

设备:解剖镜(即体视镜)、数码相机、放大镜;解剖盘、解剖器械。

器材:纱布、纱线、白布条、木板、牙刷、铁丝、曲别针、棉花、铅笔、记录纸、标本瓶、标本缸,乙醚、汽油或二甲苯、氢氧化钠或氢氧化钾、过氧化氢或漂白粉、乳胶。

四、实验方法与步骤

(一) 鲤鱼、牛蛙、中华鳖、家鸡和家兔的骨骼整体标本制作

(1) 实验方法　通常可以用刀具剃刮、沸水煮等手段。

①化学法　主要依靠化学试剂,将骨骼清理干净。

②物理化学法　具体过程有处死、解体、剔除肌肉、漂白。

③生物法　借助微生物、昆虫和腐生菌的作用将骨骼清理干净。如沙埋法、水浸法。

(2) 学生以实验小组(5～6 人)为单位进行实验设计答辩,并完成自己设计的实验。

(二) 脊椎动物各纲代表动物骨骼系统比较

1. 中轴骨的比较

1) 头骨的比较

(1) 鱼类的头骨　软骨鱼类的头骨终生保持软骨状态,由脑颅和咽颅两部分组成。硬骨鱼类的头骨骨化程度较高,也由脑颅和咽颅两部分组成,骨块数目很多,100～180 块,软骨化骨和膜成骨兼有;在头骨侧面有鳃盖骨,各有 4 片骨块,为硬骨鱼的标志性特征。

(2) 两栖类的头骨　头骨骨化不佳,骨块数目较硬骨鱼类少得多(50～90 块)。颅腔背面有 2 片狭长的骨片,为 1 对额顶骨,是额骨与顶骨的愈合。围框骨均已消失。每一对外枕骨有 1 个枕骨髁与寰椎相接。听囊区仅有 1 对前耳骨。脑颅腹面仅存副蝶骨。舌颌软骨演化为 1 对短棒状的耳柱骨,位于中耳腔中。舌弓愈合成一软骨片(舌器)。鳃弓退化。舌颌软骨因演化为耳柱骨而失去悬器的作用。

(3) 爬行类的头骨　头骨骨化完全,由 50～90 块骨块组成,膜原骨数目多。在颞部,由于某些骨片的消失或缩小而出现穿洞,即颞窝。具单一的枕髁。头骨腹面前方的腭骨和上颌骨构成口腔顶壁。

(4) 鸟类的头骨　头骨薄而轻,各骨块彼此愈合,在成鸟,头骨各骨块之间的骨缝已消失,整个头骨愈合成一完整的骨壳。颅骨顶部呈圆拱形,枕骨大孔移至脑的腹面,具单一的枕髁。左、右眼眶很大,具薄的眶间隔。鼻骨、前颌骨、上颌骨及下颌骨显著前伸,构成喙。

(5) 哺乳类的头骨　仅鼻筛部留有少许软骨,其余骨全部骨化。骨块发生了广泛的愈合和简化现象,骨块数目减少,约 35 块(人 22 块)。脑颅高度扩展,为高颅型。嗅囊和耳囊发达。具一对枕髁。有颧弓。下颌仅由单一的齿骨构成,齿骨与脑颅的连接方式为直接型。次生腭完整。具合颞窝(每侧一个颞窝,由后眶骨、鳞状骨构成窝的上界,下界为颧骨),颞窝又与眼窝合并。

2) 脊柱、肋骨和胸骨的比较

(1) 硬骨鱼的脊柱和肋骨　无颈椎,脊柱分为躯干部和尾部两部分,椎体为只能稍稍摆动的双凹形椎体,椎体中央有残存的脊索。躯干椎不存在椎弓和椎棘,但有一对长圆柱形的肋骨与椎体横突相关节。鱼类无胸骨。

(2) 两栖类的脊柱、肋骨和胸骨　脊柱已分化为颈、躯干、荐和尾四区。颈区只有 1 枚椎骨(寰椎),其前端有 2 个关节窝与头骨的 2 个枕骨髁相接,背中部略高起处为椎弓,后部有后关节突与第二椎骨的前关节突相关节,无横突。椎体前凹后凸为较为灵活的前凹型。肋骨退

化为短软骨棒接在横突末端。荐区仅有 1 枚椎骨(荐椎)。尾杆骨由多个尾椎骨愈合而成。在脊柱的两旁、前后每两个椎骨之间有一孔(椎间孔),各对脊神经即由此孔穿出。已出现了胸骨,但不形成胸廓。

(3) 爬行类的脊柱、肋骨和胸骨　脊柱分区明显,有颈、胸、腰、荐和尾五区的分化,椎体为比较灵活的前凹型或后凹型。与两栖类动物的主要区别是,颈椎数目增多,第 1 枚为寰椎,第 2 枚特化为枢椎。胸椎具肋骨,且与胸骨和胸椎共同构成了胸廓。荐椎的数目由 1 枚发展到 2 枚,增强了对后肢的支撑力。

(4) 鸟类的脊柱、肋骨和胸骨　脊柱也分为颈、胸、腰、荐和尾五区,因适应飞翔生活变形较大。颈椎数目多、分离,椎体为极其灵活的马鞍形(异凹形,即椎体水平面为前凹形,矢状切面为后凹形),活动性极大。胸椎除最后 1 枚外,其他几枚完全愈合在一起。肋骨均为硬骨,分为连接胸椎的椎肋和连接胸骨的胸肋两段,肋骨后缘各有一个钩状突,向后搭在后一条肋骨上,为鸟类所特有。最后一枚胸椎、腰椎、荐椎和前部尾椎愈合形成一个整体且与腰带相连的综荐骨。综荐骨后有几块独立的尾椎,最后几枚尾椎愈合在一起构成尾综骨,为尾羽提供着生地。胸骨完全骨化为 1 块硬骨,两侧缘与肋骨牢固连接,飞翔生活的鸟类的胸骨的腹中线有发达的龙骨突起,为强大的飞翔肌肉(胸肌)的附着处。

(5) 哺乳类的脊柱、肋骨和胸骨:脊柱也分为颈、胸、腰、荐和尾五区,椎体为极其灵活的双平型,两椎体间有软骨的椎间盘相隔。颈椎的数目大多为 7 枚。荐椎多为 3～5 枚,有愈合现象。脊柱的颈、胸、腰出现弯曲。胸骨为一分节的长骨棒,包括胸骨柄、胸骨体和剑胸骨,位于胸腹壁中央,与胸椎和肋骨共同构成了胸廓。

2. 带骨和附肢骨的比较

(1) 硬骨鱼的带骨和鳍骨　每侧肩带由 6 块已骨化的骨块组成,肩带以上匙骨与头骨的后颞骨后方相连接,使头的活动受到限制。胸鳍的基鳍骨退化,仅有辐鳍骨(鳍担骨)和真皮鳍条,由鳍担骨直接与肩带相连。腰带仅由一对无名骨组成,腰带不与脊柱相连,腹鳍既无基鳍骨,也无鳍担骨,真皮鳍条直接着生于腰带上。

(2) 两栖类的带骨和四肢骨　两栖类的肩带不再连接头骨,腰带借荐椎与脊柱连接,这是四足动物与硬骨鱼类的重要区别。前肢骨由近端开始依次为肱骨、桡尺骨、胫腓骨(桡骨和尺骨的愈合)、腕骨、掌骨和指骨,拇指退化,仅具 4 指。腰带由髂骨、坐骨和耻骨 3 对骨构成,通过髂骨的前端与荐椎横突相连,但腰带形成的骨盆为扁盘状。后肢骨从近端依次为股骨、胫腓骨(胫骨与腓骨的愈合)跗骨、跖骨和趾骨。

(3) 爬行类动物的带骨和四肢骨　蜥蜴肩带的基本结构与两栖类的相似,也具上肩胛骨、肩胛骨、乌喙骨和锁骨,与蛙不同的是,在乌喙骨内侧有前乌喙骨,另有呈“十”字形的肩锁骨,把胸骨和锁骨连接起来。腰带也由髂骨、坐骨和耻骨 3 对骨构成,但耻骨和坐骨不再愈合成耻坐骨板,而是分开形成一个大孔,即耻坐孔。蜥蜴的四肢具典型的五趾型附肢,前后肢均为 5 趾。

(4) 鸟类的带骨和四肢骨　肩带由肩胛骨、乌喙骨和锁骨 3 对骨构成,左右锁骨连接成叉状,乌喙骨十分发达,肩胛骨呈镰刀状。前肢特化为翼,腕骨仅余 2 块,即尺腕骨和桡腕骨,其余的腕骨和第一至第三掌骨愈合成腕掌骨,其余掌骨退化,指骨仅余第 1 至第 3 指,分别与 3 个掌骨相连,第 1 和第 3 指仅 1 节指骨,第 2 指有 2 节指骨。鸟类的腰带具有独特之处:髂骨、坐骨和耻骨 3 骨愈合为一块,并和脊柱的腰荐部(综荐骨)愈合在一起,且左右耻骨在腹中线不愈合,构成大而开放式骨盆。

(5) 哺乳类的带骨和四肢骨　肩带的特点是肩胛骨特别发达,乌喙骨退化成喙突附于肩胛骨下端。兔的锁骨退化为 1 对细小鼓棒。腰带也由髂、坐、耻 3 对骨组成,同侧 3 骨愈合在一起称髋骨,左右髋骨、荐椎和部分尾椎共同组成封闭式骨盆。四肢下移至腹面,肢骨的突出特点是肢骨发达并发生扭转现象,即具有朝后的肘和朝前的膝。

五、作业与思考题

(1) 将制作的骨骼标本上交指导老师(以实验小组为单位)。

(2) 总结设计性实验的收获与体会,并提出改进的建议。

(3) 总结脊椎动物各纲骨骼系统的主要特征及其差异。

(4) 总结脊椎动物骨骼系统的演化规律及其意义。

2.16 脊椎动物的皮肤衍生物

一、实验目的

熟悉脊椎动物各门类皮肤衍生物的类型、结构与功能。

二、实验内容

(1) 鱼类皮肤衍生物的种类与结构观察。

(2) 两栖类、爬行类皮肤衍生物观察。

(3) 正羽毛和兽毛的观察。

三、实验材料与用品

鱼皮切片、鱼鳞装片、两栖类皮肤切片(蟾蜍、青蛙、大鲵等)、蜥蜴皮肤切片;鲤鱼(或鲫鱼等);鸟兽假剥制标本若干;显微镜、解剖镜、牙刷、载玻片等。

四、实验方法与步骤

(一) 鱼类皮肤衍生物的种类与结构

1. 鱼鳞装片观察

鱼类体表大多被鳞,鳞片有三种类型:楯鳞、硬鳞和骨鳞。

(1) 楯鳞装片观察　楯鳞为板鳃鱼类所特有,由基板和棘突两部分组成(图版 17 左)。楯鳞一经形成,大小不发生变化,不能随鱼体生长而增大,但基板底层可不断增厚,以增加其高度。楯鳞数目可随鱼体生长而增加,老的楯鳞会不断脱落,新的不断替代。

楯鳞的形状及排列方式在同一种类的不同部位及不同年龄稍有不同,但在不同种类间差异显著(图 2.16-1),在分类方面具有重要意义。

(2) 骨鳞观察　骨鳞为真骨鱼类所特有,柔软扁薄、富有弹性,呈覆瓦状排列。骨鳞形状以圆形或亚圆形最常见,鳞片大小在不同种类间差异很大。鳞片分为基区(前区)、顶区(后区)、上侧区和下侧区。顶区露出部分边缘圆滑的称为圆鳞,带有齿突的称为栉鳞(图版 17 右)。

(3) 鲤鱼(或鲫鱼)的年龄鉴定　鱼类的生长具有明显的周期性,在一年的特定季节生长较快,而其他季节则较慢。一年之中生长的不平衡性可在鳞片、鳍条、脊椎骨、鳃盖骨、耳石等结构上反映出来,并应用于年龄鉴定。实际工作中,鳞片是常用的鉴定材料。

在背鳍前半部下方、侧线上方,用镊子取下完整鳞片,放入清水或稀氨水中,用牙刷刷洗干

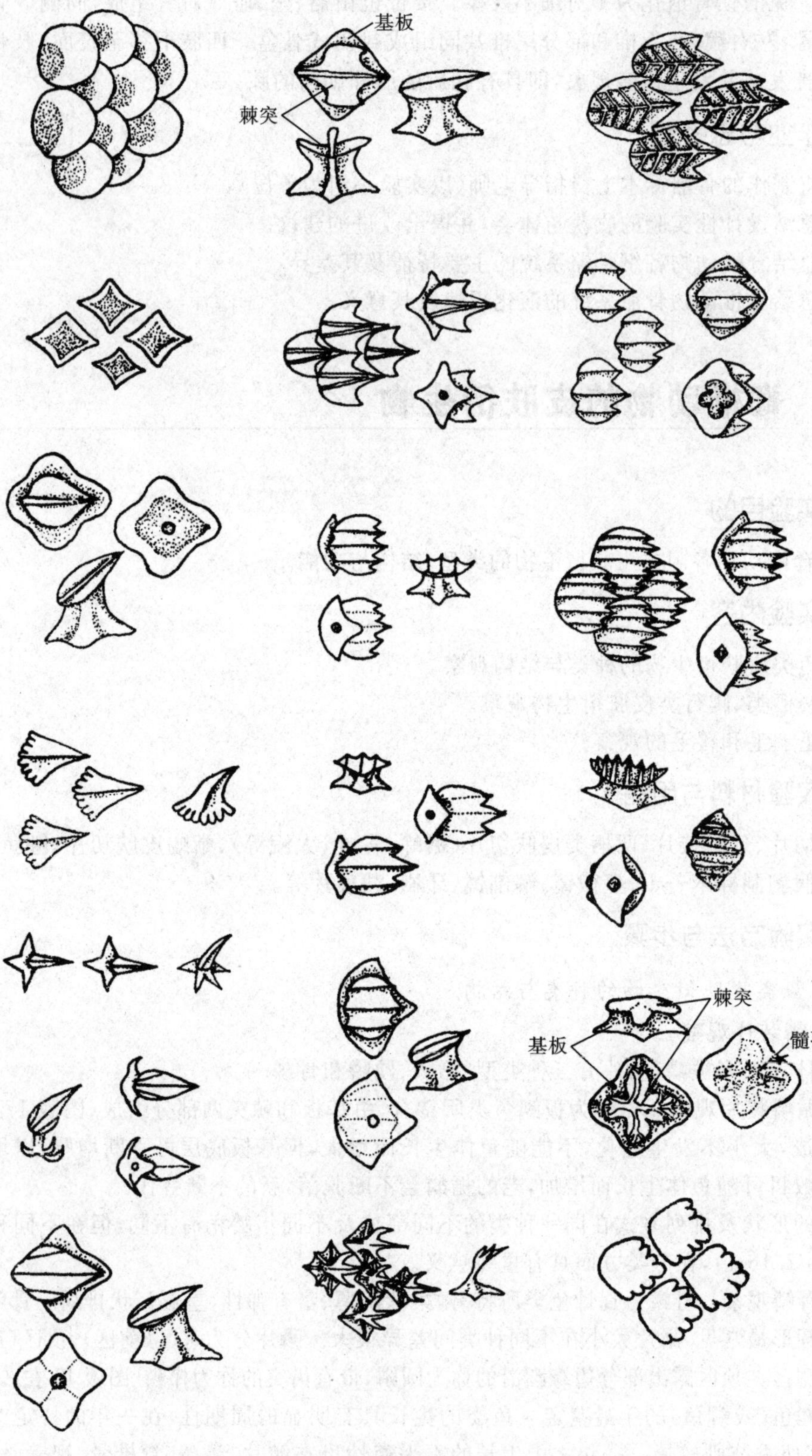

图 2.16-1　楯鳞的类型

净,使鳞片薄而透明、环纹清晰。制成临时装片于低倍显微镜或双筒解剖镜下观察。鳞片上似树木年轮状的环线为鳞嵴;鲤科鱼类的年轮大多为切割形,即相邻鳞嵴改变走向而相切,一般在顶侧区极为明显。

2. 鱼皮切片观察(图版 18)

鱼类的皮肤薄,表皮和真皮都由多层细胞组成。表皮内有众多单细胞的皮肤腺(主为黏液腺),腺体细胞较普通的表皮细胞大,分泌黏液保持体表黏滑,可减少游泳时水的阻力。

(二) 两栖类皮肤衍生物

在显微镜下观察蟾蜍、蛙、大鲵的皮肤(图版 19、20、21),可见皮肤由表皮和真皮组成。表皮层细胞排列整齐,最内一层为柱状细胞构成的生发层,最外层是极薄的已经角质化的角质层。★蟾蜍、蛙、大鲵的表皮有何不同?为什么?

真皮厚度约为表皮的 3 倍,分为疏松层和致密层两部分。疏松层紧贴表皮之下,由排列疏松的结缔组织形成,其中散布有血管、神经、色素细胞和皮肤腺。皮肤腺来源于表皮,均为多细胞构成、下陷于真皮内,根据腺体的构造和分泌物性质的不同分为黏液腺和颗粒腺。黏液腺较小,腺上皮细胞呈立方形,腺泡内腔中空(图版 19、20、21);颗粒腺又称毒腺,形大,腺上皮细胞扁平、界线不清,腺泡内腔充满颗粒,腺体外围以平滑肌细胞(图版 19、20、21)。★观察的三种两栖类动物在腺体的组成与数量上有何差异?为什么?致密层位于疏松层之下,由排列紧密的结缔组织组成。

(三) 爬行类皮肤衍生物

在显微镜下观察蜥蜴的皮肤切片(图版 22),可见皮肤的角质化程度加深,表皮表层完全角质化,但厚度不均匀,厚层部分形成角质鳞,鳞与鳞之间以薄的角质层相连。爬行类缺乏皮肤腺,因而皮肤干燥,它可减少体内水分的散失。

真皮比较薄,由致密结缔组织构成,其上层富含色素细胞。

(四) 鸟类正羽观察

羽毛是鸟类特有的皮肤衍生物,分为正羽、绒羽和毛羽三种类型。正羽由中央的羽轴和两侧的羽片构成,羽片由许多细长、平行排列的羽支构成,飞羽和尾羽是结构最典型的正羽。

从鸟类假剥制标本上剪下飞羽的一小部分羽片(靠近尖端为好)置于载玻片上,用解剖针将羽片稍加分离,然后盖上载玻片,紧贴载玻片一侧滴 1~2 滴二甲苯后于显微镜下观察。高倍镜下可见纤细的羽支两侧斜生出许多羽小枝,一侧羽小枝上着生许多钩状突起,称为羽小钩;另一侧羽小枝上生有若干结节状突起。相邻的羽小枝借羽小钩和结节状突起相互钩结,形成羽片。飞羽观察完成后取覆羽进行相同操作,总结两者在结构及功能上的差异。条件允许的情况下,尽量多做几种鸟类正羽结构观察。

(五) 兽毛观察

毛是哺乳类特有的表皮衍生物,由毛干和毛根构成。毛干露在皮肤外面,最外为鳞片层,深层为皮质,中心部分为髓质。鳞片层由一层角质细胞组成,起保护作用。鳞片细胞游离缘朝向毛的尖端,鳞片层的形态与排列方式各不相同(图版 23),在分类、食性分析、毛皮加工方面具有重要意义。

从家兔等剥制标本上取毛做简易装片,于高倍显微镜下观察毛鳞片的形态与排列特点。

五、作业与思考题

(1) 鱼类的三种类型鳞片即楯鳞、硬鳞和骨鳞片,在来源和形态上有何不同?

(2) 总结脊椎动物各纲皮肤及其衍生物系统的主要特征及其差异。

第3章 动物系统与分类实验

据近年来许多学者的意见，动物界现分为36门。地球上已知现存的动物种类约为143.89万种，大概有10倍于这个数量以上的种类有待于发现命名。学习动物分类的基本知识，借助分类工具书，对所获动物标本进行鉴定分类，是非常重要的生物学实验技能和综合能力。

目前，所用的动物分类系统仍以动物形态或解剖的相似性和差异性的总和为基础，如图3.0-1所示，A是基于形态学的，B是基于大分子的。图中，一个单源群(内类群，用"["表示)，与相邻接的外类群形成一个根的节点，表示共同的祖先；一个不为其他分类单元所共有的祖先的两个分类单元称为姐妹群。

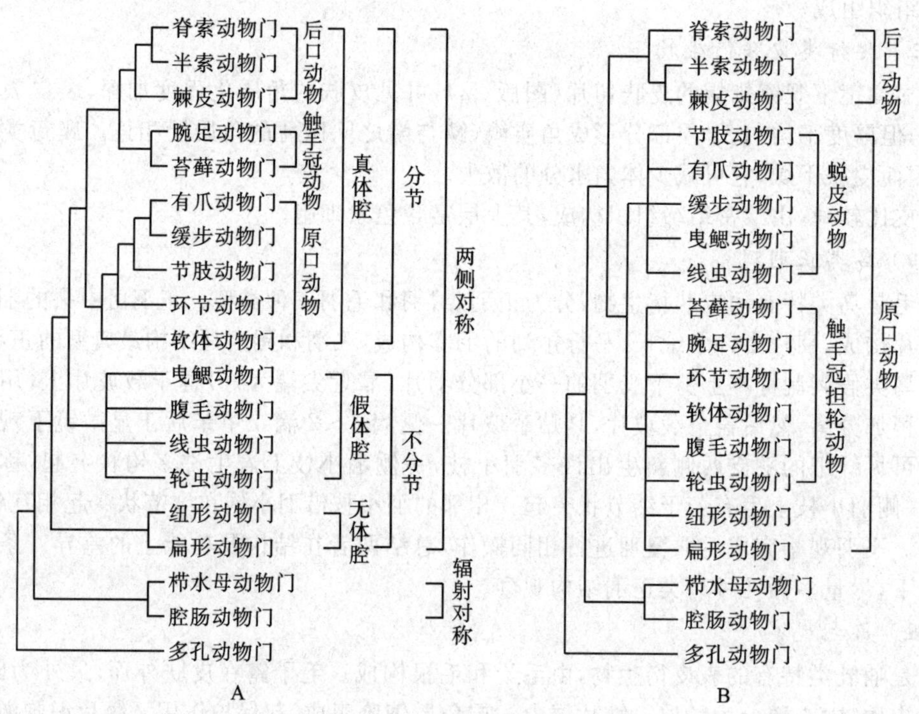

图3.0-1　后生动物系统发育

A. 基于形态学和胚胎学特征的系统发育关系(主要依据 Hyman，Brusca，Meglitsch & Schram)；

B. 基于18S rDNA的系统发育关系(主要依据 Aguinaldo 等人)

因此，对物种进行鉴定分类一直以形态分类为主，难以区分时辅以细胞、生化分类。因为外部形态特征仍为最直观、最"常用"的特征，由整体外貌到细微结构均有可能涉及。

3.1 自由生活的原生动物分类

一、实验目的

(1) 认识淡水自由生活的原生动物的常见种类,了解鞭毛虫纲、肉足虫纲和纤毛虫纲的主要特征。

(2) 学会使用原生动物分类检索表,利用原生动物分类检索表对所采集的标本进行初步归类。

二、实验内容

(1) 野外采集和处理自由生活的原生动物样本。

(2) 对采集的原生动物样本进行分类鉴定和识别。

三、实验材料与用品

临时采集的原生动物样本。

光学显微镜、体视显微镜、浮游生物采集网、采水器、广口瓶、载玻片、盖玻片、小镊子、表面皿、滴管、脱脂棉、1%碘液。

四、实验方法与步骤

原生动物的身体由单个细胞构成,个体微小,具有一般动物所表现的各种生命活动,如运动、消化、呼吸、排泄、生殖和应激性等。目前,世界已知淡水自由生活原生动物为 5000~6000 种。国内已发现的淡水自由生活原生动物,共计 425 属 2403 种(包括 303 变种及亚种),其中植物性鞭毛虫 807 种、动物性鞭毛虫 111 种、肉足虫 371 种和纤毛虫 1114 种。

(一) 自由生活的原生动物标本采集

原生动物的适应性很强,凡是有水的地方都有它们的踪迹。可选择流速缓慢、水较浅、两岸和底部长有青苔或水藻的小溪流,或水质较清、长有水生植物(金鱼藻、水浮莲等)的小池塘和小河,或长有水藻的田间积水沟渠。由于原生动物生活的适宜水温通常为 18~22 ℃,因此原生动物实验材料最好在春末夏初和秋季采集,通常炎夏和隆冬不适宜采集。由于原生动物生活方式的不同,有的种类悬浮在水层表面,有的在底面基质上爬行,有的又在水层中间。因此,面对一水体应设法从表面、斜侧面和底部都采集一些材料。采集时,还可在岸边用木棒将水搅动,待底部沉渣、泥沙泛起水面时,用广口瓶(容积 500~1000 mL)立即装上半瓶水,并采一些原地的水生植物茎叶、丝状藻类或漂浮物放进瓶内,即可带回室内观察、寻找原生动物。

这种采集方法,可因水体中原生动物的密度不高,而致采集的水样中原生动物稀少。为此可用 25 号尼龙网布做成一口径为 20 cm 的尖底、带柄手抄网。用此小网在水体一定范围内呈"∞"字形来回拖拉过滤,注意拖拉速度不要太快,以免网中水流经网口流出。这样可使网到的原生动物浓集,之后提上小网。待滤走一定量水分后对着广口瓶反转网底,把余下带有原生动物的水倒入瓶中。因原生动物一般是好气性的,采集时不宜过分浓缩。需做好简要的采集记录,如采集日期、地点、水生环境条件等。

(二) 原生动物的显微观察与分类检索

对所采集的水样进行活体观察时,可在载玻片上的水样液滴中放几根棉花纤维,以限制动物的运动，然后盖上盖玻片，用吸水纸吸去多余的水，即可进行显微镜观察。若所采水样中的动物个体数量太少，可用筛绢过滤浓缩或低速离心浓缩后，再制片观察。

分类观察过程中，先根据动物的形态特征和运动情况，区分其所属类群，再利用检索表进行检索识别。

自由生活的原生动物分纲检索表

1 成体或幼体的体表具纤毛 …… 纤毛虫纲 Ciliata
任何生活时期体表都不具纤毛 …… 2
2 具鞭毛 …… 鞭毛虫纲 Mastigophora
具伪足 …… 肉足虫纲 Sarcodina

常见淡水鞭毛虫类检索表

1 群体，细胞镶嵌在胶质中 …… 2 团藻虫目 Volvocida
单体 …… 5
2 群体呈平面排列，呈方形 …… 盘藻虫属 *Gonium*
群体不成一平面，呈球形或椭球形 …… 3
3 群体内细胞排列紧密，集中在群体中央 …… 实球藻虫属 *Pandorina*
群体内细胞排列不紧密，不集中在群体中央 …… 4
4 群体小，细胞数目少(8～32) …… 空球藻虫属 *Eudorina*
群体大，细胞数目多(数百个以上) …… 团藻虫属 *Volvox*
5 体中部有一横沟，具2根鞭毛 …… 6 腰鞭虫目 Dinoflagellida
体中部无横沟，具1～2根鞭毛 …… 8
6 体具外壳 …… 7
体无外壳 …… 裸甲腰鞭虫属 *Gymnodinium*
7 壳扁平，具1前、2～3后长角状突起 …… 角鞭毛虫属 *Ceratium*
壳不扁平，双锥形或五边形，无突起 …… 多甲鞭毛虫属 *Peridinium*
8 鞭毛2根，杯状叶绿体1个 …… 衣滴虫属 *Chlamydomonas*
鞭毛1根或2根，叶绿体如有则不呈杯状 …… 9 眼虫目 Euglena
9 具色素体 …… 10
不具色素体 …… 11
10 体梭形，可变形 …… 眼虫属 *Euglena*
体扁圆形，不变形 …… 扁眼虫属 *Phacus*
11 鞭毛2根，前鞭毛显著，运动时仅尖端摆动；体末端呈截形 …… 袋鞭虫属 *Peranema*
鞭毛1根；体末端不呈截形，体可变形 …… 漂眼虫属 *Astasia*

常见淡水肉足虫类检索表

1 体球形，伪足呈轴状 …… 2 辐足亚纲 Actinopoda
体非球形，可变形，伪足呈叶状、指状、丝状 …… 4 根足亚纲 Rhizopoda

2 外有硅质壳 ………………………………………………………… 放射虫目 Radiolaria
外无硅质壳，体内无硅质针 ………………………………… 3 太阳虫目 Actinophryida
3 体大，颗粒状肉质与泡状外质分界明显，多核 ………… 辐球虫属 *Actinosphaerium*
体小，内、外质分界不明显，单核 ……………………………… 太阳虫属 *Actinophrys*
4 有外壳，体不可变形 ……………………………………………………………… 5
无外壳，体可变形 ……………………………………………… 6 变形虫目 Amoebina
5 伪足丝状、线状并交织成网 …………………………………… 网足虫目 Gromiida
伪足叶状、指状，或丝状分支但简单不交织成网 ………… 7 表壳虫目 Arcellinida
6 具一宽的伪足 …………………………………………………… 简变虫属 *Vahlkampfia*
具多个伪足 ………………………………………………………… 变形虫属 *Amoeba*
7 壳瓶形，由沙粒等外物构成 …………………………………… 砂壳虫属 *Difflugia*
壳扁圆，由几丁质构成 …………………………………………… 表壳虫属 *Arcella*

常见淡水纤毛虫类检索表

1 不具口缘带，纤毛等长 …………………………………… 2 全毛目 Holotricha
具口缘带 ……………………………………………………………………………… 8
2 胞口在体表 …………………………………………………………………………… 3
胞口在口沟内 ………………………………………………………………………… 7
3 胞口在体前端或近前端 ……………………………………………………………… 4
胞口不在体前端或近前端 …………………………………………………………… 6
4 胞口在体顶端，体圆桶形，具 1 至数圈纤毛环 ……………… 栉毛虫属 *Didinium*
胞口不在体顶端 ……………………………………………………………………… 5
5 体被规则排列的外质板 ………………………………………… 榴弹虫属 *Coleps*
体无板，体前端伸长如颈 ………………………………………… 长吻虫属 *Lacrymaria*
6 胞口在凸出的腹面，为一长裂缝 ………………………………… 漫游虫属 *Lionotus*
胞口圆形 …………………………………………………………… 长颈虫属 *Dileptus*
7 体呈倒鞋底形，口沟自前左侧伸向右侧 ……………………… 草履虫属 *Paramecium*
体呈肾形，胞口在体侧面中央 …………………………………… 肾形虫属 *Colpoda*
8 口缘带自左向右旋转，体吊钟形，具柄 ……… 8 缘毛目 Peritrichida 钟虫属 *Vorticella*
口缘带自右向左旋转 ………………………………………… 9 旋唇目 Spirotricha
9 纤毛存在于体表各处，体呈喇叭形 ……………………………… 喇叭虫属 *Stentor*
纤毛只存在于体表一部分，并形成小膜或棘毛 ………………………………… 10
10 纤毛形成小膜，存在于口缘带，具跳跃的长棘毛，体球形 ……… 弹跳虫属 *Halteria*
棘毛只存在于腹面 …………………………………………………………………… 11
11 体一般呈长圆形，具 3 条不动的尾棘毛 ………………………… 棘尾虫属 *Stylonychia*
体近圆形，具 4 条尾棘毛 ………………………………………… 游仆虫属 *Euplotes*

（三）自由生活的原生动物常见种类识别

1. 鞭毛虫纲 Mastigophora

鞭毛虫纲分为植鞭亚纲 Phytomastigina 和动鞭亚纲 Zoomastigina，前者含色素体，能进行光合作用,植鞭毛虫和藻类之间无明显区别,某些植鞭毛虫类在植物分类学上置于藻类中;而后者体内无色素体存在,异养,多为寄生种类,少数种类自由生活。

内陆水域常见的植鞭毛虫主要有以下属种。

(1) 眼虫属 *Euglena*　隶属眼虫目 Euglena 眼虫科 Euglenaceae,是具有植物和动物两种特征的单细胞生物。其特点为一狭长形细胞(15～500 μm),内有1个细胞核、多数有叶绿体(有的种类无色)、1个伸缩泡、1个眼点(有趋光性)和1根鞭毛。主要生活在淡水中,大量繁殖时会聚集起来,看上去水面成为绿色的一片。常分布于不流动、腐殖质较多或排有生活污水的小河沟、池塘或临时积有污水的水坑中,尤其是带有臭味、发绿的水中。常见种类(图 3.1-1)有绿眼虫 *E. viridis*、膝曲眼虫 *E. geniculata*、尖尾眼虫 *E. oxyuris*、血红眼虫 *E. sanguinea*、梭形眼虫 *E. acus*、三星眼虫 *E. tristella* 等。

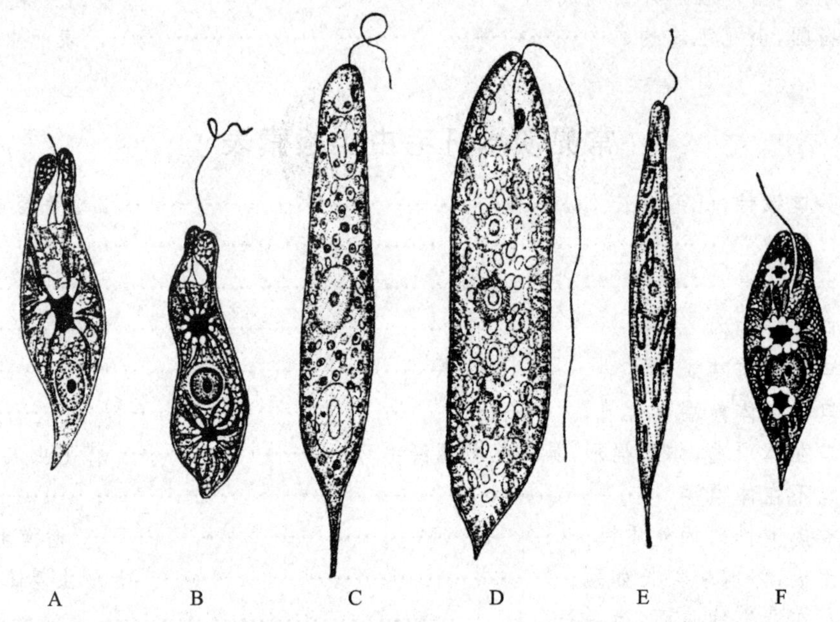

图 3.1-1　内陆水域常见眼虫(自赵文)

A. 绿眼虫;B. 膝曲眼虫;C. 尖尾眼虫;D. 血红眼虫;E. 梭形眼虫;F. 三星眼虫

(2) 扁眼虫属 *Phacus*　隶属眼虫目 Euglena 眼虫科 Euglenaceae。体呈宽卵圆形,扁平如叶片状,后端尖刺状,鞭毛与身体等长,少数种类有些扭曲。其构造与眼虫属 *Euglena* 大体相同。为环境指示生物和江河鱼类饵料。常见种类(图 3.1-2)有宽扁眼虫 *P. longicauda*、长尾扁眼虫 *P. longicauda*、具瘤扁眼虫 *P. suecicus*、扭曲扁眼虫 *P. tortus*、旋形扁眼虫 *P. helicoides*、瓜形眼虫 *P. oryx*、哑铃扁眼虫 *P. peteloti* 等。

(3) 袋鞭虫属 *Peranema*　隶属眼虫目 Euglena 袋鞭虫科 Peranemaceae。无色素体和眼点,表质柔软具螺旋形线纹,细胞易变形,前端具杆状器。鞭毛2根不等长,长的1根鞭毛较粗、易见,短的那根伸向后端,紧贴体表不易见到。分布广,往往出现在有机物较多的水体。常见种类(图 3.1-3)有楔形袋鞭虫 *P. cuneatum*、弯曲袋鞭虫 *P. deflexum*、叉状袋鞭虫 *P. furcatum*、三角袋鞭虫 *P. trichophorum* 等。

(4) 衣滴虫属 *Chlamydomonas*　隶属团藻虫目 Volvocida 衣藻虫科 Chlamydomonadaceae。亦称衣藻,具2根鞭毛,色素体,呈杯状、片状、星状等;蛋白核1个;眼点位于细胞前、中部。生

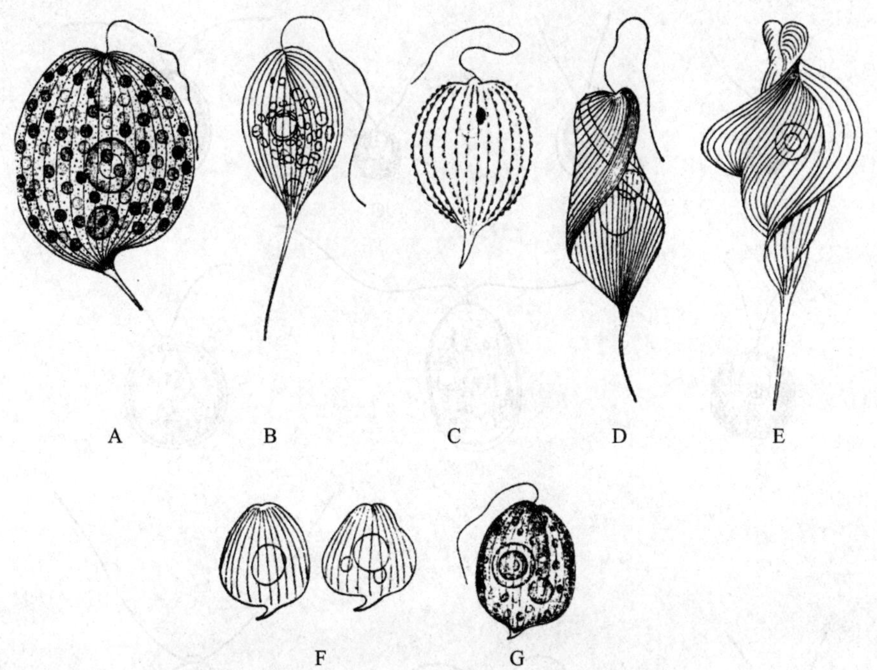

图 3.1-2　内陆水域常见扁眼虫(自赵文)

A. 宽扁眼虫;B. 长尾扁眼虫;C. 具瘤扁眼虫;D. 扭曲扁眼虫;
E. 旋形扁眼虫;F. 瓜形眼虫;G. 哑铃扁眼虫

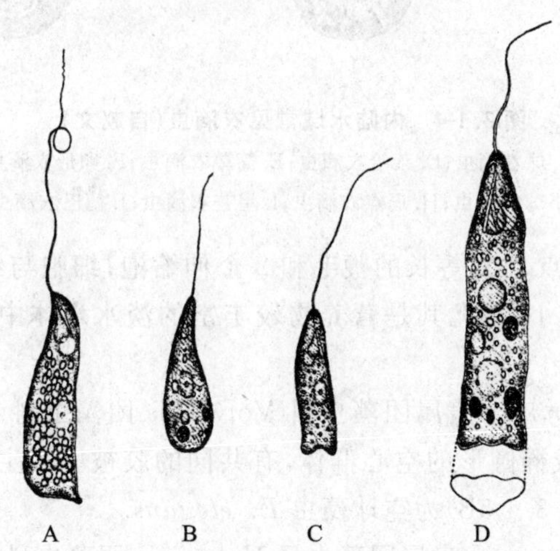

图 3.1-3　内陆水域常见袋鞭虫(自赵文)

A. 楔形袋鞭虫;B. 弯曲袋鞭虫;C. 叉状袋鞭虫;D. 三角袋鞭虫

长在土壤、淡水池塘,或肥料污染的沟渠中,常使水变成绿色,是环境指示生物,江河鱼类饵料。常见种类(图 3.1-4)有球衣滴虫 *C. globosa*、莱哈衣滴虫 *C. reinhardi*、简单衣滴虫 *C. simplex*、卵形衣滴虫 *C. ovalis*、小球衣滴虫 *C. microsphaera*、逗点衣滴虫 *C. komma*、星芒衣滴虫 *C. stellata*、德巴衣滴虫 *C. debaryana* 等。

(5) 盘藻虫属 *Gonium*　隶属团藻虫目 Volvocida 团藻虫科 Volvocaceae。常由 4、16 或 32 个细胞排列成一平板,埋藏在 1 个共同胶被之内的定型群体;每个细胞有 1 个细胞核、1 个含

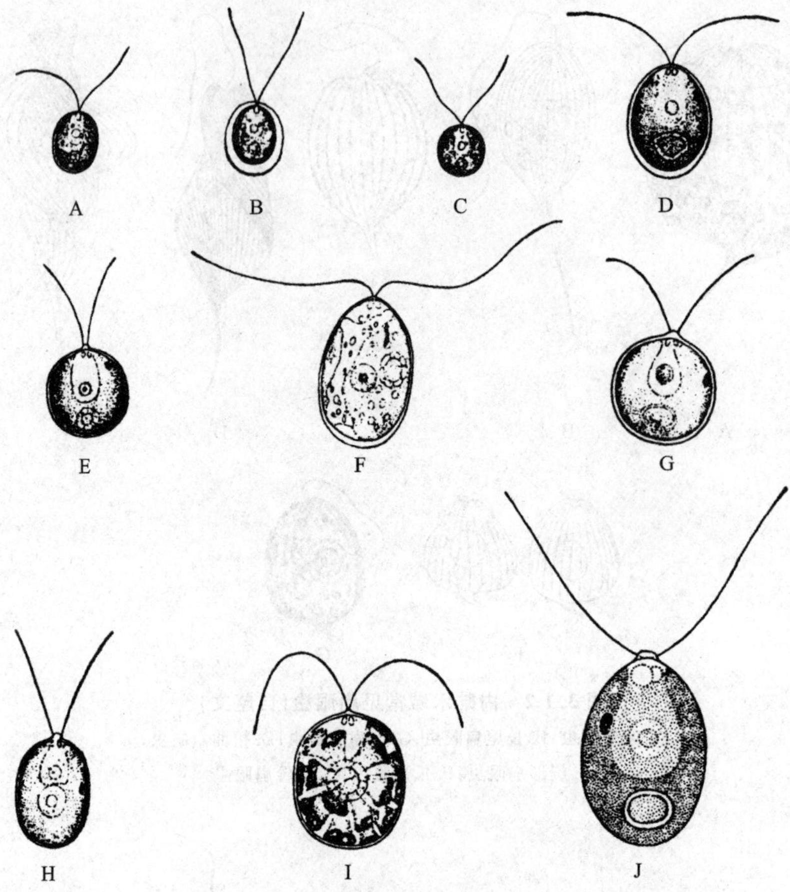

图 3.1-4　内陆水域常见衣滴虫(自赵文)

A~C. 球衣滴虫;D. 莱哈衣滴虫;E. 筒单衣滴虫;F. 卵形衣滴虫;
G. 小球衣滴虫;H. 逗点衣滴虫;I. 星芒衣滴虫;J. 德巴衣滴虫

有蛋白核的色素体、1 个眼点、1 对等长的鞭毛和 2 个伸缩泡;细胞与细胞之间有原生质联系。分布于全世界,多生活于较小的,尤其是营养物较丰富的淡水水体中。常见种类(图3.1-5A)为胸状盘藻虫 *G. pectorale*。

(6) 空球藻虫属 *Eudorina*　隶属团藻虫目 Volvocida 团藻虫科 Volvocaceae,通常由 16、32 或 64 个细胞组成球形或椭圆形的空心群体,有共同的胶被。多生活在有机质丰富的小水体或湖泊中。常见种类(图 3.1-5B)为空球藻虫 *E. elegans*。

(7) 实球藻虫属 *Pandorina*　隶属团藻虫目 Volvocida 团藻虫科 Volvocaceae,由 16 或 32 个细胞组成球形或椭圆形的实心群体(少有 4 或 8 个细胞),并有群体胶被。多生活在有机质丰富的小水体或湖泊中。常见种类(图 3.1-5C)为实球藻虫 *P. morum*。

(8) 杂球藻虫属 *Pleodorina*　隶属团藻虫目 Volvocida 团藻虫科 Volvocaceae,由 64 或 128 个细胞无规则地排列成球形或椭圆形的群体,有胶被。多生活在有机质丰富的小水体或湖泊中。常见种类(图 3.1-5D)为杂球藻虫 *P. californica*。

(9) 团藻虫属 *Volvox*　隶属团藻虫目 Volvocida 团藻虫科 Volvocaceae,体呈球形,直径约 5 mm。团藻外面有薄胶质层,能游动。每个团藻由 1000~50000 个衣藻型细胞单层排列在球体表面而形成。每个细胞有 2 根鞭毛,所有细胞都排列在球体表面的无色胶被中,球体中央为充满液体的腔。多生活在有机质丰富的浅水中。常见种类(图 3.1-5E)有美丽团藻虫*V. aureus*。

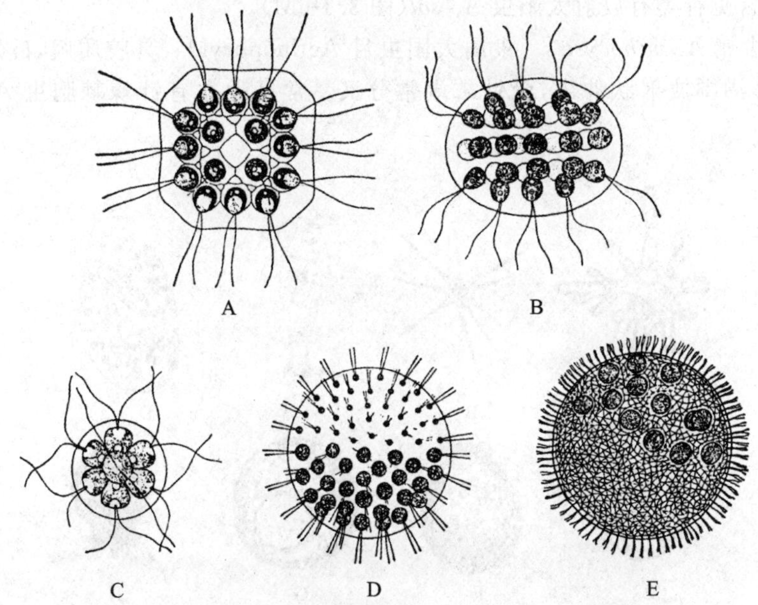

图 3.1-5　内陆水域常见团藻虫科部分属代表种(自赵文)

A. 盘藻虫;B. 空球藻虫;C. 实球藻虫;D. 杂球藻虫;E. 美丽团藻虫

2. 肉足虫纲 Sarcodina

内陆水域或土壤常见的肉足虫主要有以下属种。

(1) 变形虫属 *Amoeba*　隶属变形虫目 Amoebina,常常生活在较为洁净、缓流的小河或池塘的静水中,通常集中在水底泥渣烂叶中或水生植物水下部分的茎叶上,主要取食硅藻等藻类,也取食腐败的水生植物叶片等。采集时可捞取水底物质,如呈黄褐色的碎屑(硅藻较多),或剪下水生植物水下部分带有黏稠物的茎叶带回实验室,还可在水边或潮湿处挖取带根的禾本科植物(不要去除根上的土)。变形虫种类很多,分布广,常见种类(图 3.1-6A～D)有大变形虫 *A. proteus*、多足变形虫 *A. polypodia*、绒毛变形虫 *A. villosa*、池沼多核变形虫 *A. palustris*、无恒变形虫 *A. dubia*、泥生变形虫 *A. limicola*。

(2) 表壳虫属 *Arcella*　隶属表壳虫目 Arcellinida,胞体被膜状几丁质外壳,背腹面观圆形似表壳,背面圆弧形,腹面平或内凹,中央有一圆形壳孔,伪足从壳孔伸出。主要分布于淡水静水的污水中。常见种类有普通表壳虫 *A. vulgaris*(图 3.1-6E)。

(3) 砂壳虫属 *Difflugia*　隶属表壳虫目 Arcellinida,体外壳由细胞分泌的胶质与微细的砂砾或硅藻空壳黏合而成。壳形多样,近球形至长筒形。壳孔在壳体一端的中央,指状伪足从壳孔伸出。主要分布于大型湖泊或深水水库中。常见种类有球形砂壳虫 *D. globulosa*、壶形砂壳虫 *D. lebes*(图 3.1-6G～H)。

(4) 鳞壳虫属 *Euglypha*　隶属网足虫目 Gromiida,外壳由大小排列整齐的硅质鳞片镶嵌形成,鳞片呈六角形、卵圆形等。壳呈宽阔或长卵圆形,壳口位于前端中央,丝状伪足伸出壳外,有的分支相互交织成网。草食性,主要生活于淡水沉水植物或漂浮水生植物体上。常见种类有有棘鳞壳虫 *E. acanthophora*(图 3.1-6L)、结节鳞壳虫 *E. tuberculata*。

(5) 太阳虫属 *Actinophrys*　隶属太阳虫目 Actinophryida,生活在淡水中,身体呈球形,细胞质呈泡沫状,伪足细长,在伪足中央生有富于弹性的轴丝,这种伪足形状较固定,称为轴伪足。轴伪足从球形身体周围伸出,较长,有利于增加身体的浮力,适于过漂浮生活。太阳虫是鱼类的饵料。常见种类有放射太阳虫 *A. sol*(图 3.1-6M)。

(6) 棘胞虫属 *Acanthocystis* 隶属太阳虫目 Actinophryida,具胶质膜,硅质骨针系细长的棘刺,自身体周围放射状伸出,骨针末端常分叉。常见种类有针棘棘胞虫 *A. aculeata*(图 3.1-6O)。

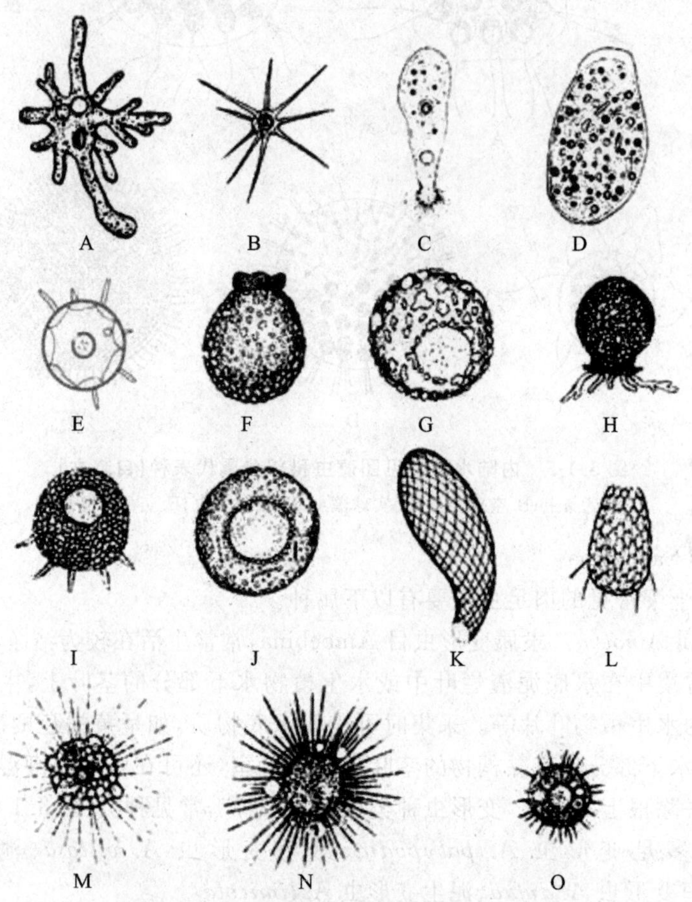

图 3.1-6 内陆常见肉足虫(自邓洪平等)

A. 大变形虫;B. 多足变形虫;C. 绒毛变形虫;D. 池沼多核变形虫;E. 普通表壳虫;F. 杂葫芦虫;G. 球形砂壳虫;H. 壶形砂壳虫;I. 针棘匣壳虫;J. 半球法帽虫;K. 坛状曲颈虫;L. 有棘鳞壳虫;M. 放射太阳虫;N. 艾氏辐球虫;O. 针棘棘胞虫

3. 纤毛虫纲 Ciliata

内陆水域常见的纤毛虫主要有以下属种。

(1) 栉毛虫属 *Didinium* 隶属全毛目 Holotricha,细胞圆桶形,胞口位于前部圆锥形突起的顶端。身体上有 1 个至 2 圈纤毛环,纤毛环上的纤毛排列整齐成梳状的纤毛栉,身体其他部分无纤毛。1 个大核,在体中部,2～4 个小核,伸缩泡在体后端。常见种类有单环栉毛虫 *D. balbiani*、双环栉毛虫 *D. nasufum* 等。

(2) 草履虫属 *Paramecium* 隶属全毛目 Holotricha,多生活在湖沼、池塘、水田以及城市生活用水的下水道中,以细菌、藻类和其他腐败的有机物为食。在水底沉渣表面浮有灰白色絮状物、有机物质丰富的水中，有大量草履虫生活。采集方法是将广口瓶系上绳，沉入水底连同沉渣一块捞起。常见种类有大草履虫 *P. caudatum*、尾草履虫 *P. caudatum*(图 3.1-7N)、双小核草履虫 *P. Aurelia*、多小核草履虫 *P. multi-micromuleatum*、绿草履虫 *P. bursaria*。

(3) 肾形虫属 *Colpoda*　隶属全毛目 Holotricha，体大多呈肾形。全身纤毛稀，均匀分布。全身分布一定行列的纤毛。体前侧左缘在口前较直，有 5～10 个齿状缺刻，为纤毛行列弯到口前而形成。大核位于体中部，圆形至卵圆形。小核在大核旁边。常生活在水清的静水池或溪流的苔藓、水草、丝状藻类的环境中，有些种类生活在腐殖质多的水中。常见种类有隆额肾状虫 *C. steini*、膨大肾形虫 *C. inflata*、肾状肾形虫 *C. reniformis* 等。

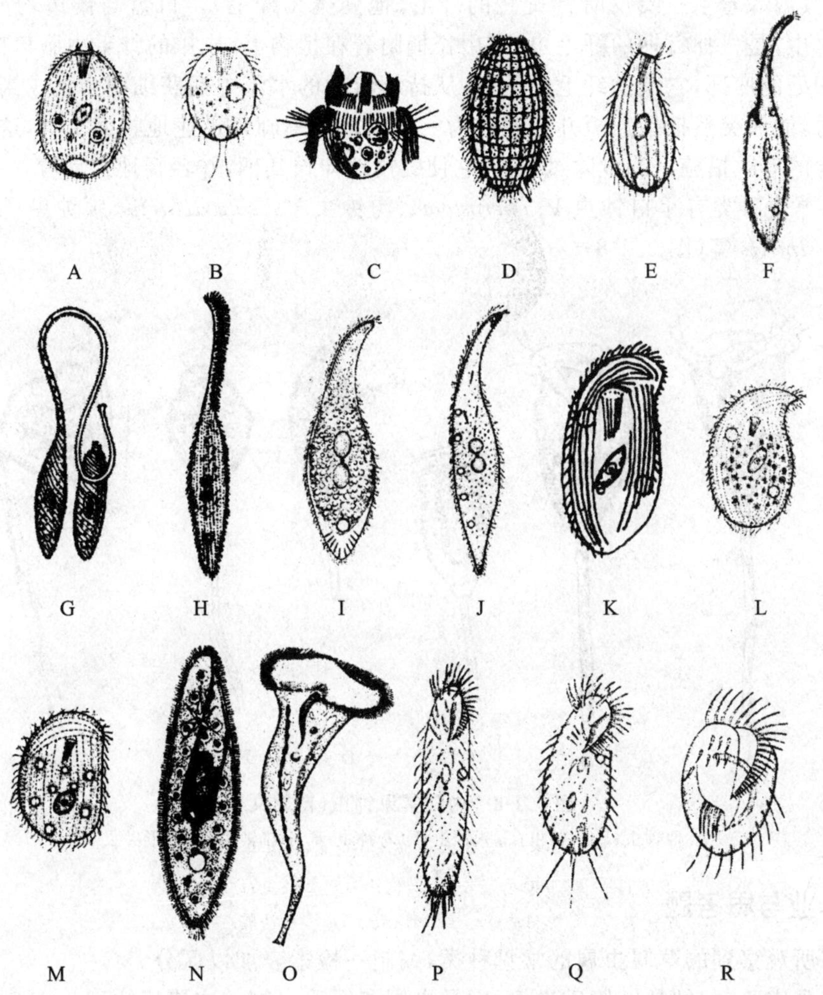

图 3.1-7　内陆常见纤毛虫(自邓洪平等)

A. 卵圆前管虫；B. 双叉尾毛虫；C. 滚动焰毛虫；D. 毛板壳虫；E. 胃形斜口虫；F. 双核长颈虫；G. 天鹅长吻虫；H. 片状漫游虫；I. 薄片漫游虫；J. 猎半眉虫；K. 钩刺斜管虫；L. 食藻斜管虫；M. 河流斜管虫；N. 尾草履虫；O. 多态喇叭虫；P. 尖毛虫；Q. 弯棘尾虫；R. 土生游仆虫

(4) 喇叭虫属 *Stentor*　隶属旋毛目 Stylonychia，一种大型的纤毛虫，身体呈喇叭状，附着在池塘和缓慢流动的小溪中的水草上。在喇叭口内有胞口，全身有规律地长着纤毛，它们不停地依次打动周围的水，使水按一定方式流动、旋转，最终到达胞口所在的地方。这时随水流而来的细菌等就被带进口中。常见种类有多态喇叭虫 *S. polymorphus*(图 3.1-7O)、天蓝喇叭虫

S. coeruleus、多形喇叭虫 *S. Multiformis*。

(5) 棘尾虫属 *Stylonychia*　隶属旋毛目 Stylonychia,体一般呈长圆形,具 3 条不动的尾棘毛,是环境指示生物,江河鱼类饵料。常见种类有弯棘尾虫 *S. curvata*(图 3.1-7Q)、背状棘尾虫 *S. notophora*。

(6) 游仆虫属 *Euplotes*　隶属旋毛目 Stylonychia。体近圆形,小膜口缘区十分发达,无波动膜,无侧缘纤毛,具 6~7 根前棘毛、2~3 根腹棘毛、5 根臀棘毛、4 根尾棘毛。常见于有机质丰富的水体中。常见种类有土生游仆虫 *E. terricola*(图 3.1-7R)、黏游仆虫 *E. muscicola*。

(7) 钟虫属 *Vorticella*　隶属缘毛目 Peritrichida。体呈吊钟形,钟口盘状口区周围有一肿胀的镶边,其内缘着生三圈反时针旋转的纤毛(他处概无纤毛)。口盘与镶边均能向内收缩。生活在淡水中,是一种有柄的纤毛虫,它用长柄附着在植物上,成排的纤毛由胞口向外盘旋,胞口位于深凹处的底部,它借助纤毛的活动,从持续流动的水流中捕获细菌为食。当它受到振动或被触动时,能够突然把柄缩短并盘卷成为一个紧密的螺旋来迅速地收缩全身,这是一种逃避敌害和危险的有效措施。当危险过去后,它便缓慢地伸长其柄,并轻轻地摇动着,一切就又都恢复了常态。常见种类有小口钟虫 *V. microstoma*、沟钟虫 *V. convallaria*、领钟虫 *V. aequilata*、似钟虫 *V. similis* 等(图 3.1-8)。

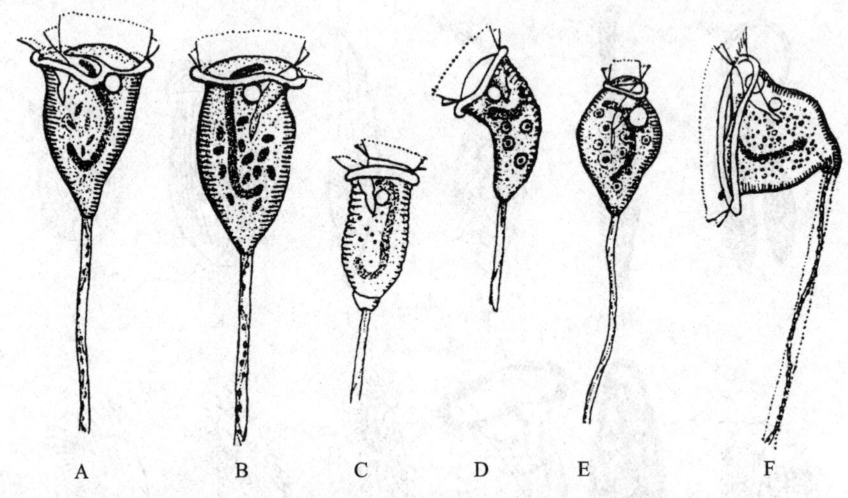

图 3.1-8　内陆常见钟虫(自赵文)

A. 似钟虫;B. 沟钟虫;C. 领钟虫;D. 弯钟虫;E. 小口钟虫;F. 钟形钟虫

五、作业与思考题

(1) 将所观察到的草履虫属的常见种类,编制一检索表加以区分。

(2) 结合实验,归纳总结鞭毛虫纲、肉足虫纲和纤毛虫纲的主要特征。

(3) 各类自由生活的原生动物,在淡水水域中的分布有何异同?

3.2　软体动物的分类

一、实验目的

(1) 学习软体动物的分类原理和方法,掌握生物检索表的使用,为野外实习打基础。

(2) 了解软体动物门的分类概况及主要纲的主要特征，认识有重要经济价值的常见种类。

二、实验内容

(1) 腹足纲、双壳纲和头足纲的分类术语及测量方法。

(2) 软体动物标本的分类检索及常见经济种类的识别。

三、实验材料与用品

软体动物门贝壳标本及浸制标本(海滨实习所积累的)。

甲醛、酒精、蜡盘、解剖剪、手术刀、圆头镊子、夹钳、玻璃培养缸、塑料桶、一次性手套。

四、实验方法与步骤

软体动物门 Mollusca 的种类繁多，生活范围极广，海水、淡水和陆地均有产。已记载13万多种，仅次于节肢动物，为动物界的第二大门，可分7个纲：单板纲 Monoplacophora、无板纲 Merostomata、多板纲 Polyplacophora、腹足纲 Gastropoda、掘足纲 Scaphopoda、双壳纲(瓣鳃纲) Lamellibranchia、头足纲 Cephalopoda。

(一) 软体动物门主要纲的分类依据

软体动物门主要纲的检索表

1 有明显的头部 …………………………………………………… 2

头部不明显或退化 ………………………………………………… 3

2 头部有触角；足在腹面；多有螺旋形贝壳 ……………… 腹足纲 Gastropoda

头部无触角，有成对的腕足；贝壳多退化 ……………… 头足纲 Cephalopoda

3 有多块贝壳 …………………………………………… 多板纲 Polyplacophora

有两瓣贝壳 …………………………………………… 双壳纲 Lamellibranchia

1. 多板纲 Polyplacophora(**图 3.2-1**)

体呈椭圆形，背稍隆、腹平。背中央具8块石灰质贝壳，多呈覆瓦状排列，前面一块半月形称头板。贝壳周围有一圈外套膜称环带，其上丛生有小针、小棘等。头部不发达、腹面前方有一短吻，吻中央为口。足宽大，吸附力强，在岩石表面可缓慢爬行。约有1000种，全部生活在沿海潮间带，常以足吸附于岩石或藻类上。

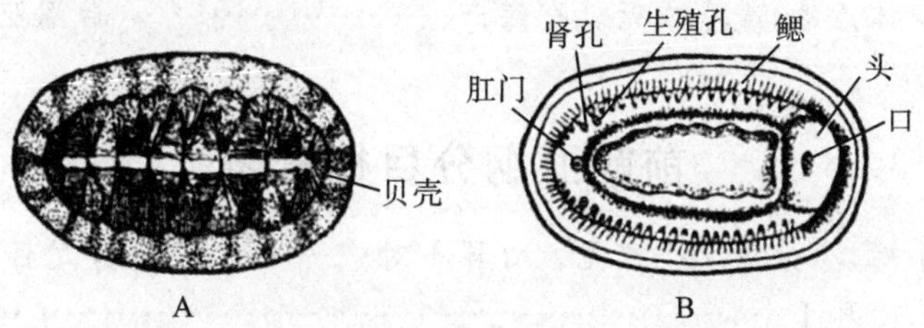

图 3.2-1 多板纲石鳖的外形(自江静波等)

多板纲常见科检索表

1 壳板小，环带发达，头板嵌入片有3～5齿裂 ……………… 隐板石鳖科 Cryptoplacidae

壳板发达 ……………………………………………………… 2

2　壳板上有各种放射肋,嵌入片有14个齿裂 ………………………… 甲石鳖科 Loricidae

　壳板中央具各种雕刻 ……………………………………………………………… 3

3　头板放射肋由壳眼排列而成,嵌入片有9个垂直的齿裂 …… 云斑石鳖科 Toniciidae

　头板嵌入片齿裂数多变化,壳板有明显的翼部 ………… 锉石鳖科 Ischonochitonidae

2. 腹足纲 Gastropoda

大多数种类具1枚螺壳,又称为单壳类。有螺壳的种类,多数具有石灰质或角质的厣。软体动物门中最大的1个纲,约8万种,依据呼吸器官的类型、侧脏神经连索是否扭转成"8"字形等特征进行分类,可分为3个亚纲。

(1) 腹足纲分类术语(图3.2-2)。

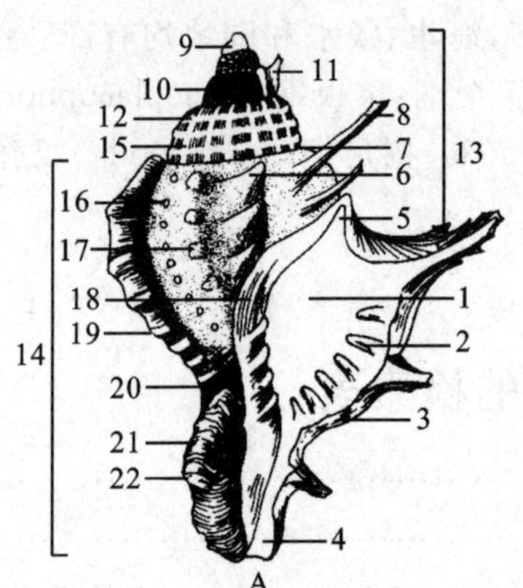

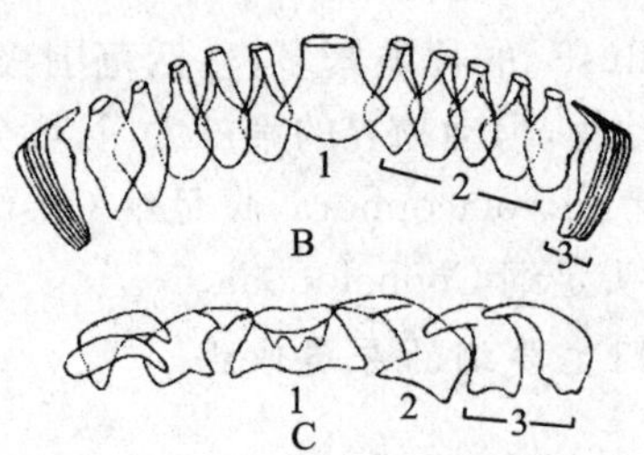

图3.2-2　腹足纲形态结构图(自张玺,蔡英亚等)

A. 螺类贝壳各部分名称;B. 原始腹足类的齿舌(单齿螺);C. 中腹足类的齿舌(斑玉螺)

(2) 腹足纲分类检索表。

腹足纲分亚纲检索表

1　水生;鳃呼吸 ……………………………………………………………………… 2

　陆地或淡水生活;肺呼吸 ………………………………………… 肺螺亚纲 Pulmonata

2　栉鳃位于身体前端,壳很发达 …………………………… 前鳃亚纲 Prosobranchia

　栉鳃位于身体后端,壳小或无。全海产 …………………… 后鳃亚纲 Opisthobranchia

前鳃亚纲分目检索表

1　栉鳃通常1对,少数为1个或无。心耳1对 ………… 原始腹足目 Archaeogastropoda

　栉鳃1个。心耳1个 ………………………………………………………………… 2

2　齿舌每排有7个齿 ……………………………………… 中腹足目 Mesogastropoda

　齿舌每排仅1～3个齿 …………………………………… 新腹足目 Neogastropoda

原始腹足目(海产)分科检索表

1　贝壳螺旋部退化,无厣 ……………………………………………………………… 2

贝壳螺旋部发达,有厣 …………………………………………………………… 4
2 螺层少,体螺层极大,沿壳左侧有一列突起和小孔 ………………… 鲍科 Haliotidae
无螺层极大,壳笠状 …………………………………………………………… 3
3 无本鳃,环形外套鳃介于外套膜和足之间 ………………………… 帽贝科 Patellidae
有本鳃,无环形外套鳃 ……………………………………………… 笠贝科 Acmaeidae
4 厣角质,多旋,核位于中央 ……………………………………… 马蹄螺科 Trochidae
厣石灰质,核不在中央 ……………………………………………… 蝾螺科 Turbinidae

中腹足目(海产)分科检索表

1 壳口完整,无管状缺刻或前沟 …………………………………………………… 2
壳口不完整,具管状缺刻或前沟 ………………………………………………… 11
2 贝壳尖锥形,壳高超过壳口长的2倍 ………………………………………… 3
贝壳平扁、陀螺形或圆锥形,壳高短于壳口长的2倍 ……………………… 6
3 纵肋呈片状 ………………………………………………………… 梯螺科 Epitoniidae
纵肋不呈片状 …………………………………………………………………… 4
4 壳表面具雕刻纹或螺肋 ………………………………………………………… 5
壳表面光滑不具刻纹 ……………………………………………… 光螺科 Eulimidae
5 壳表面具刻纹 …………………………………………………… 锥螺科 Turritellidae
壳表面具纵肋或螺肋 ……………………………………………… 麂螺科 Rissoidae
6 壳扁平,壳内面后部具石灰质隔板 ……………………………… 帆螺科 Calyptraeidae
壳与上述不同 …………………………………………………………………… 7
7 壳具平行于内唇的长形脐孔 ……………………………………… 穴螺科 Lucunidae
壳无平行于内唇的长形脐孔 …………………………………………………… 8
8 整个壳口部收缩加厚 ………………………………………… 狭口螺科 Stenothyridae
壳口与上述不同 ………………………………………………………………… 9
9 壳缘凸缘型 ………………………………………………………… 玉螺科 Naticidae
壳缘非凸缘型 …………………………………………………………………… 10
10 壳表面具刻纹或肋 ……………………………………………… 滨螺科 Littorinidae
壳表面光滑不具刻纹或肋 ……………………………………… 拟沼螺科 Assimineidae
11 壳口窄长 ……………………………………………………………………… 12
壳口不窄长 ……………………………………………………………………… 14
12 壳面具纵肿脉,轴唇具皱褶 ……………………………………… 冠螺科 Cassididae
壳面不具纵肿脉 ………………………………………………………………… 13
13 无螺旋部 …………………………………………………………… 梭螺科 Ovulidae
具螺旋部 ………………………………………………………… 爱神螺科 Eratoidae
14 壳非尖锥状具刻纹,具厚壳皮 ……………………………… 发脊螺科 Trichotropidae
壳呈尖锥状具刻纹,不具厚壳皮 ………………………………… 汇螺科 Potamididae

新腹足目(海产)分科检索表

1　壳口外唇缘后端具缺刻……………………………………………… 塔螺科 Turridae
　 壳口外唇缘后端不具缺刻 ……………………………………………………… 2
2　壳高超过壳口长的3倍………………………………………… 笋螺科 Terebridae
　 壳高不超过壳口长的3倍 ……………………………………………………… 3
3　壳面具纵肋或结节 ……………………………………………………………… 4
　 壳面不具纵肋或结节 …………………………………………………………… 5
4　内唇上具皱襞,具厣 ………………………………………… 衲螺科 Cancellariidae
　 内唇上不具皱襞,具厣………………………………………………… 骨螺科 Muricidae
5　壳口窄长,螺旋部短 ……………………………………………… 榧螺科 Olividae
　 壳与上述不同 …………………………………………………………………… 6
6　壳缝合线深,其下具沟 ……………………………………… 织纹螺科 Nassariidae
　 壳缝合线下不具沟 ……………………………………………………………… 7
7　不具壳皮 ………………………………………………………………………… 8
　 具壳皮 ………………………………………………………… 蛾螺科 Buccinidae
8　外唇加厚、内缘具齿………………………………………………… 核螺科 Pyrenidae
　 外唇内缘不具齿,轴唇具肋状齿 ………………………………… 笔螺科 Mitridae

后鳃亚纲常见目科检索表

1　有缩小的外套腔,位于右后侧………………………………………………………… 2
　 外套腔消失 ……………………………………………………………………… 6
2　头背面有掘泥用的楯盘,通常无触角;贝壳;侧足发达 ……… 3 头楯目 Cephalaspidea
　 无头楯,触角2对;贝壳薄,部分或全部被外套膜包裹 ……………………………
　 ……………………………………………………… 无楯目 Anaspidea 海兔科 Aplysiidae
3　具外壳 …………………………………………………………………………… 4
　 具内壳 …………………………………………………………………………… 5
4　壳筒形,体螺层大而不膨大,有厣 ……………………………… 捻螺科 Actaeonidae
　 壳卵圆形,体螺层大而膨大,无厣 ………………………… 露齿螺科 Ringiculidae
5　壳通常外露,壳口窄,齿舌有中央齿 ……………………………… 阿地螺科 Atyidae
　 壳不外露,壳口宽,齿舌无中央齿 ………………………………… 壳蛞蝓科 Philinidae
6　栉鳃(本鳃)大;贝壳扁平,位于体背、或游离、或被外套膜覆盖、或无贝壳 …………
　 ……………………………………………… 背楯目 Notaspidea 侧鳃科 Pleurobranchidae
　 贝壳、外套膜及本鳃均消失;体背具有数目较多的裸鳃及其他次生鳃……………………
　 ………………………………………………………………… 7 裸鳃目 Nudibranchia
7　鳃1列,位于体背部后方,鳃突起呈羽状 ………………………… 海牛科 Dorididae
　 鳃2列以上,位于体背侧缘,鳃突起细长或呈纺锤形………… 蓑海牛科 Aeolidiidae

肺螺亚纲常见目科检索表

1 触角1对;眼位于触角的基部,无柄;多生活于淡水 ……… 2 基眼目 Basommatophore
触角2对;眼位于后触角的顶端,有柄;陆生或海产 …… 3 柄眼目 Stylommatophore
2 贝壳呈螺旋形旋转,外形呈耳状或圆锥形 …………………… 椎实螺科 Lymnaeidae
贝壳在一个平面上旋转,呈盘状 ………………………… 扁卷螺科 Planorbiidae
3 贝壳退化为一石灰质的薄板,被外套膜包裹而成内壳 …………… 蛞蝓科 Limacidae
贝壳发达 ……………………………………………………………… 4
4 体螺层大、膨胀;冬夏时节能分泌膜厣 …………………… 巴蜗牛科 Bradybaenidae
体螺层小或大而不膨胀;不能分泌膜厣 ……………………………………… 5
5 贝壳呈细长塔形或纺锤形,壳口小似烟斗状,螺层数目较多;壳内具特殊的闭板 ……
………………………………………………………… 烟管螺科 Clausiliidae
贝壳呈长卵圆形,螺旋部短螺层数少,壳质薄,壳面呈琥珀色或淡红褐色 …………
………………………………………………………… 琥珀螺科 Succineidae

内陆常见腹足类分科检索表

1 鳃呼吸 ……………………………………………………………… 2
肺呼吸 ……………………………………………………………… 5
2 贝壳多为中到大型 ………………………………………………… 3
贝壳多为小型 ……………………………………………………… 4
3 贝壳一般呈陀螺形或卵圆锥形 ……………………………… 田螺科 Viviparidae
贝壳一般呈塔形或长圆锥形 ………………………………… 黑螺科 Melaniidae
4 贝壳卵圆形或圆锥形;有鳃 ………………………………… 觿螺科 Hydrobiidae
贝壳呈圆锥形;无鳃和真正的触角 ………………………… 拟沼螺科 Assimineidae
5 贝壳呈螺旋形旋转,外形呈耳状或圆锥形 …………………… 椎实螺科 Lymnaeidae
贝壳在一个平面上旋转,呈盘状 ………………………… 扁卷螺科 Planorbiidae

3. 双壳纲 Bivalvia **或** Lamellibranchia

双壳纲又名瓣鳃纲,依据鳃的结构、取食的方式进行分类,约有2万种,可分为6个亚纲,常见的为5个亚纲。

(1) 双壳纲的分类术语见图3.2-3、图3.2-4、图3.2-5。

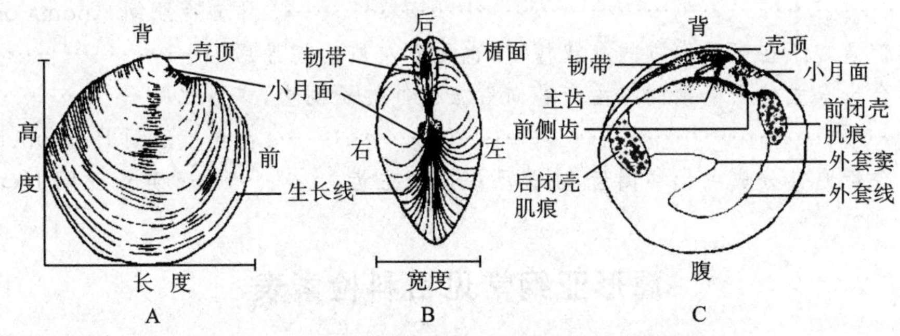

图3.2-3 双壳纲形态结构(自梁象秋等,有改动)

A. 外侧面观;B. 背面观;C. 内侧面观

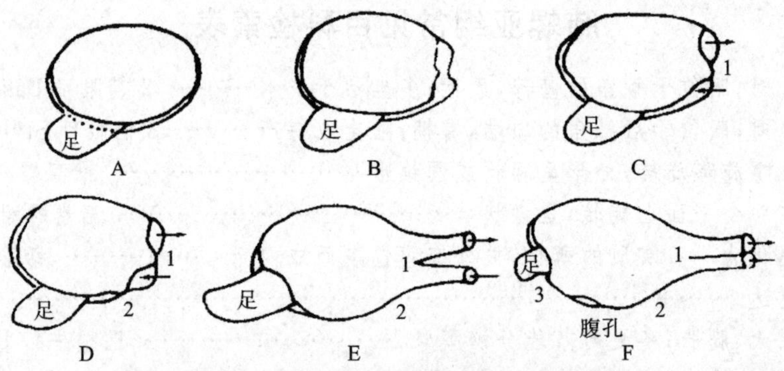

图 3.2-4　双壳纲外套膜缘愈着形式图(自蔡英亚等)

A、B. 外套膜缘未愈着;C. 外套膜缘有 1 个愈着点;D、E. 外套膜缘有 2 个愈着点;F. 外套膜缘有 3 个愈着点。

1、2、3. 愈着点;→出水管(孔);←入水管(孔)

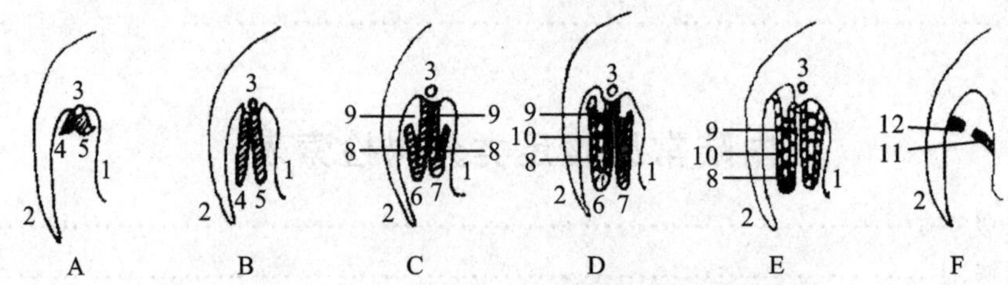

图 3.2-5　双壳纲各种鳃型横切图(自蔡英亚等)

A. 原始型;B、C、D. 丝鳃型;E. 真瓣鳃型;F. 隔鳃型。

1. 足;2. 外套膜;3. 鳃轴;4. 外鳃;5. 内鳃;6. 外鳃瓣;7. 内鳃瓣;

8. 上行板;9. 下行板;10. 板间连接;11. 鳃隔膜;12. 鳃隔膜的穿孔

(2) 双壳纲分类检索表。

双壳纲常见亚纲检索表

1　鳃为羽状的原鳃 ………………………………… 左列齿亚纲 Palaeotaxodonta

　鳃非羽状原鳃 ……………………………………………………… 2

2　铰合齿数很多,或退化成小结节,或没有 ………………… 翼形亚纲 Pterimorphia

　铰合齿分裂或分化成位于壳顶的主齿(拟主齿)和前后侧齿 ……………… 3

3　韧带常在壳顶内方的匙状槽中,常具石灰质的韧带一片 ……………………

　……………………………………………… 异韧带亚纲 Anomalodesmacea

　韧带通常不在壳顶内方的匙状槽中,也无石灰质的韧带片 ……………… 4

4　铰合齿分成位于壳顶的拟主齿和向后方引伸的长侧齿,或退化 ……………

　……………………………………………… 古异齿亚纲 Palaeoheterodonta

　铰合齿通常分成主齿和侧齿,主齿不裂成拟主齿 ………… 异齿亚纲 Heterodonta

翼形亚纲常见目科检索表

1　铰合齿数多,排成一列,闭壳肌 2 个,约等大 ……………… 蚶目 Arcoida 蚶科 Arcidae

　铰合齿数少或无,前闭壳肌小或完全消失 ……………………………… 2

2 具壳耳，两壳多不相等 …………………………………………… 3 珍珠贝目 Ptertioida
无壳耳，两壳相等或不等…………………………………………………………………… 8
3 贝壳较凸，铰合部有小突起或齿，但无支持中央韧带的脊状突起 ………………… 4
贝壳较扁平，铰合部无齿，但有的具支持中央韧带的脊状突起 …………………… 7
4 壳形多变化，壳内面珍珠层极发达……………………………………………………… 5
壳形变化小，壳内面无发达的珍珠层…………………………………………………… 6
5 壳形较规则、斜，无韧带沟 …………………………………………… 珍珠贝科 Pteriidae
壳形多不规则、不斜，具 1 个韧带沟 ………………………………… 丁蛎科 Malleidae
6 壳凸而重厚，呈球形，放射肋和棘发达；前后两壳耳不明显…… 海菊蛤科 Spondylidae
壳较平而薄，近圆形；壳光滑或有辐射肋；前后两壳耳明显 ……… 扇贝科 Pectinidae
7 右壳有明显的足丝孔，以右壳固着生活 ………………………… 不等蛤科 Anomiidae
右壳(成体)无足丝孔，自由生活 ……………………………… 海月蛤科 Placunidae
8 两壳不等，左壳较大，并用来固着在岩石上生活……………………………………………
………………………………………………………… 牡蛎目 Osteroida 牡蛎科 Ostreidae
两壳相等，以足丝附着于外物上生活 ……………………………… 9 贻贝目 Mytiloida
9 贝壳极大，呈三角形，角质壳皮常不存在；软体部无水管、有外套器……………………
……………………………………………………………………………………… 江珧科 Pinnidae
贝壳较小，一般呈楔形，角质壳皮经常存在；软体部有出水管、无外套器………………
…………………………………………………………………………………… 贻贝科 Mytilidae

古异齿亚纲常见目科检索表

1 壳面具纵肋和沟，壳三角形。铰合部具强大的中央齿 ……………………………………
……………………………………………… 三角蛤目 Trigonioida 三角蛤科 Trigoniidae
壳面平滑，通常无纵肋和沟。铰合部常具拟主齿或铰合齿退化…… 2 蚌目 Unionoida
2 贝壳椭圆形，铰合部仅具主齿和不明显的侧齿；卵在 4 个鳃瓣中均能受精发育，钩介幼虫无钩 ………………………………………………………… 珍珠蚌科 Margaritanidae
贝壳变异较大，铰合部变化大，或具拟主齿或侧齿或无齿；卵仅在外鳃瓣中能受精发育，钩介幼虫有钩 ……………………………………………………………… 蚌科 Unionodae

异齿亚纲分目检索表

1 铰合部发达，具发达的主齿 2～3 枚和侧齿，若无侧齿，则壳薄而呈圆筒形
……………………………………………………………………………… 2 帘蛤目 Veneroida
铰合部不发达，铰合齿有或无，若有通常仅具 1 枚主齿而无侧齿……………………………
……………………………………………………………………………… 10 海螂目 Myoida
2 无外套窦 …………………………………………………………………… 鸟蛤科 Cardiidae
有外套窦 ……………………………………………………………………………………… 3
3 铰合部无侧齿，壳薄、狭长而呈圆筒形 ………………………………… 竹蛏科 Solenidae
铰合部有侧齿，壳不呈圆筒形……………………………………………………………… 4

4 具角质内韧带,位于壳顶下方的三角凹槽中……………………… 蛤蜊科 Mactridae
无内韧带 …………………………………………………………………………… 5
5 主齿2枚 …………………………………………………………………………… 6
主齿3枚 …………………………………………………………………………… 8
6 壳极大,壳缘有大的缺刻 ……………………………………… 砗磲科 Tridacnidae
壳小型,壳缘无缺刻……………………………………………………………… 7
7 壳前后均有开口,无侧齿 ………………………………… 紫云蛤科 Psammobiidae
壳后端有开口、稍右曲,侧齿有变化 …………………………… 樱蛤科 Tellinidae
8 通常仅有前侧齿,而无后侧齿 ……………………………… 帘蛤科 Veneridae
前后侧齿发达,且呈锯齿状…………………………………………………………… 9
9 贝壳呈三角形,壳质坚硬;每个壳上有2～3枚主齿,侧齿锯齿状……………………
……………………………………………………………………… 蚬科 Corbiculidae
贝壳呈卵圆形,壳质薄;右壳3枚主齿、左壳上有2枚主齿,侧齿光滑…………………
………………………………………………………………… 球蚬科 Sphaeriidae
10 内韧带具匙状韧带槽 ……………………………………………… 海螂科 Myidae
无韧带或仅具外韧带,无匙状韧带槽……………………………………………… 11
11 具外韧带,无壳内柱 ……………………………………… 绿螂科 Glauconomidae
无外韧带,具壳内柱……………………………………………………………… 12
12 贝壳的背、腹和后端具副壳;水管不具石灰质的铠 ………… 海笋科 Pholadidae
贝壳的背、腹和后端不具副壳;水管具石灰质的铠 ………… 蛀船蛤科 Teredinidae

内陆常见双壳类分科检索表

1 前闭壳肌较小或完全消失,后闭壳肌大;足小 …………………… 贻贝科 Mytilidae
前、后闭壳肌大小相似;足发达 ………………………………………………… 2
2 贝壳形态多变,发育经过钩介幼虫阶段………………………………………… 3
贝壳呈三角形或卵圆形或圆柱形,发育不经过钩介幼虫阶段……………………… 4
3 贝壳椭圆形,铰合部仅具主齿和不明显的侧齿;卵在4个鳃瓣中均能受精发育,钩介幼虫无钩 ……………………………………………… 珍珠蚌科 Margaritanidae
贝壳变异较大,铰合部变化大,或具拟主齿或侧齿或无齿;卵仅在外鳃瓣中能受精发育,钩介幼虫有钩 …………………………………………………… 蚌科 Unionodae
4 贝壳呈三角形,壳质坚硬;每个壳上有2～3枚主齿,侧齿锯齿状……………………
……………………………………………………………………… 蚬科 Corbiculidae
贝壳呈卵圆形,壳质薄;右壳3枚主齿、左壳上有2枚主齿,侧齿光滑…………………
………………………………………………………………… 球蚬科 Sphaeriidae

4. 头足纲 Cephalopoda

由于发达的足环生于头部前方而得名。多为化石种类,现存的仅500余种,全海产。主要以鳃和腕的数目及特征,分为2个亚纲:鹦鹉螺亚纲 Nautiloidea(四鳃亚纲 Tetrabranchia)和鞘亚纲 Coleoidea(二鳃亚纲 Dibranchia)。

(1) 头足纲的分类术语见图3.2-6。

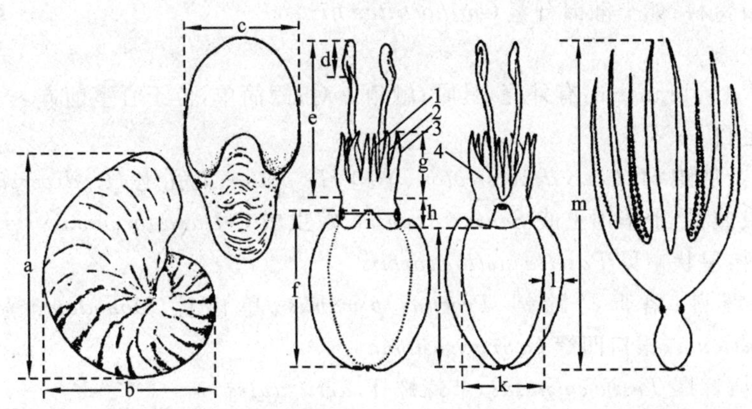

图 3.2-6 头足纲测量法

a. 长径;b. 短径;c. 壳口宽;d. 触腕穗长;e. 触腕长;f. 胴背长;g. 腕长;h. 头长;i. 头宽;j. 胴腹长;k. 胴腹宽;l. 鳍宽;m. 全长。1、2、3、4 分别表示右侧 4 只腕,左侧为对应腕

(2) 头足纲分类检索表。

头足纲分亚纲和目检索表

1 具外壳,腕 10 只,鳃 4 个 ……………… 鹦鹉螺亚纲 Nautiloidea 鹦鹉螺目 Nautilida

具内壳或内壳退化,腕 10 只或 8 只,鳃 2 个 …………………… 2 鞘亚纲 Coleoidea

2 腕 8 只 …………………………………………………………… 3 八腕目 Octopoda

腕 10 只 ………………………………………………………………………… 4

3 漏斗器呈"w"或"Λ"型;雌性远大于雄性,第 1 个腕有宽膜,可造卵壳 ……………………………………………………………… 船蛸科 Argonautidae

漏斗器呈"w"或"vv"型;雌性不为以上所述 ……………… 蛸科(章鱼科)Octopodidae

4 内壳角质 …………………………………………………… 5 枪形目 Teuthoidea

内壳石灰质 ………………………………………………… 6 乌贼目 Sepioidea

5 眼眶外无膜;肉鳍短,位于胴部两侧后端 …………………… 柔鱼科 Ommastrephidae

眼眶外有膜;肉鳍长,位于胴部两侧中后部 …………………… 枪乌贼科 Loliginidae

6 内壳发达 …………………………………………………………… 乌贼科 Sepiidae

内壳退化 ………………………………………………………………………… 7

7 肉鳍较小,分列于胴部两侧中部,状如"两耳"(中鳍型) ………… 耳乌贼科 Sepiolidae

肉鳍很小,分列于胴后两端(端鳍型) ………………………… 微鳍乌贼科 Idiosepiidae

(二) 软体动物标本的分类检索及常见经济种类的识别

以往届学生实习所积累的我国常见的软体动物(尤其是海滨实习所积累的海贝)标本,对照上述检索表及相关参考书逐一进行分亚纲、分目及科检索与观察识别,为海滨实习打基础。

1. 多板纲

石鳖目

隐板石鳖科:如红条毛肤石鳖 *Acanthochitonrubrolineatus*

锉石鳖科:如花斑锉石鳖 *Ischnochiton comptus*

甲石鳖科:如朝鲜鳞带石鳖 *Lepidozona coreanica*

云斑石鳖科:如平濑锦石鳖 *Onithochiton hirasei*

2. 腹足纲

前鳃亚纲 Prosobranchia:有外壳,具厣;触角1对;鳃简单,位于心室前方。

原始腹足目

鲍科:杂色鲍 *Haliotis diversicolor*、羊鲍 *H. ovina*、九孔鲍 *H. diversicolor*

钥孔虫戚科:中华楯虫戚 *Scutus sinensis*、嫁虫戚 *Cellana toreuma*

帽贝科:星状帽贝 *Patella stellaeformis*

马蹄螺科:塔形马蹄螺 *Trochus pyramis*、单齿螺 *Monodonta labio*、锈凹螺 *Chlorostoma rusticum*、银口凹螺 *C. argyrostoma*

蝾螺科:蝾螺 *Turbo cornutus*、节蝾螺 *T. articulates*

蜒螺科:渔舟蜒螺 *Nerita albicilla*、肋蜒螺 *N. costata*、锦蜒螺 *N. polita*

中腹足目 Mesogastropoda

锥螺科:棒锥螺 *Turritella bacillum*、笋锥螺 *T. terebra*

蛇螺科:紧卷蛇螺 *Siphonium renisectus*、覆瓦小蛇螺 *Serpulorbis imbricata*

汇螺科:疣滩栖螺 *Batillaria bornii*、珠带拟蟹守螺 *Cerithidea cingulata*

蟹守螺科:中华蟹守螺 *Cerithum sinensis*、双带盾桑椹螺 *Clypemorus bifasciatus'*

滨螺科:短滨螺 *Littorina brevicula*

凤螺科:黑口凤螺 *Strombus aratrum*、篱凤螺 *S. luhuanus*、带凤螺 *S. vittatus*

玉螺科:扁玉螺 *Neverita didyma*、乳玉螺 *Polynices mammata*、褐玉螺 *Natica vitellus*

宝贝科:阿文绶贝 *Mauritia Arabica*、虎斑宝贝 *Cypraea tigris*(国家二级保护)

嵌线螺科:环沟嵌线螺 *Cymatium cingulatum*、法螺 *Charonis tritonis*

蛙螺科:习见蛙螺 *Bursa rana*

鹑螺科:中国鹑螺 *Tonna chinensis*

琵琶螺科:琵琶螺 *Ficus ficus*、白带琵琶螺 *F. subintermedius*

冠螺科:唐冠螺 *Cassis cornuta*

新腹足目 Neogastropoda(即狭舌目):

骨螺科:红螺 *Rapana bezoar*、浅缝骨螺 *Murex trapa*、刺荔枝螺 *Thais echinata*

蛾螺科:方斑东风螺 *Babylonia areolata*、泥东风螺 *B. lutosa*

笔螺科:中国笔螺 *Mitra chinensis*、圆点笔螺 *M. scultulata*、金笔螺 *M. aurantia*

涡螺科:瓜螺 *Cymbium melo*

芋螺科:织锦芋螺 *Conus texitile*、线纹芋螺 *C. striatus*、桶形芋螺 *C. betulinus*

后鳃亚纲 Opisthobranchia:贝壳退化或无;除捻螺外都无厣;本鳃和心耳一般在心室后方。

头楯目 Cephalaspidea:

阿地螺科:泥螺 *Bullacta exarata*

壳蛞蝓科:经氏壳蛞蝓 *Philinekinglipini*

拟海牛科:拟海牛 *Doridium* sp.

无楯目 Anaspidea

海兔科:蓝斑背肛海兔 *Notarchus leachii cirrosus*

背楯目 Notaspidea

侧鳃科：蓝无壳侧鳃 *Pleurobranchaea novaezealandiae*

裸鳃目 Nudibranchia

海牛科：日本石磺海牛 *Homoiodoris japonica*

蓑海牛科：蓑海牛 *Eolis* sp.

肺螺亚纲 Pulmonata：无鳃，外套膜变成肺。大都具螺旋形的外壳。无角质厣。

基眼目 Basommatophore：少数海产。

菊花螺科：黑菊花螺 *Siphonariaatra*

柄眼目 Stylommatophore：少数海产。

石磺科：石磺 *Oncidium verruculatum*

3. 双壳纲

翼形亚纲 Pterimorphia

蚶目 Arcoida

蚶科：毛蚶 *Scapharca subcrenata*、泥蚶 *Tegillarca granosa*

贻贝目 Mytiloida

贻贝科：紫贻贝 *Mytilus edulis*、翡翠贻贝 *M. smaragdinus*

江珧科：栉江珧 *Pinnia* (*Atrina*) *pectinata*、旗江珧 *P.* (*A.*) *vexillum*

珍珠贝目 Ptertioida

珍珠贝科：马氏珍珠贝 *Pteria martensii*、大珍珠贝 *P. maxima*

海菊蛤科：草莓海菊蛤 *Spondylus fragum*、堂皇海菊蛤 *S. imperialis*

丁蛎科：丁蛎 *Malleus malleus*

扇贝科：华贵栉孔扇贝 *Chlamys nobilis*、海湾扇贝 *Argopecten irradians*

牡蛎目 Ostreoida

牡蛎科：近江牡蛎 *Ostrea rivularis*、咬齿牡蛎 *Saccostrea mordax*

古异齿亚纲 Palaeoheterodonta

三角蛤目 Trigonioida：仅三角蛤科 Trigoniidae

蚌目 Unionoida：分为 5 个科，有珍珠蚌科 Margaritiferidae 和蚌科 Unionidae

异齿亚纲 Heterodonta

帘蛤目 Veneroida：种类多，有 12 个常见科。除蚬外，均为海产，广布于全世界。

鸟蛤科：中华鸟蛤 *Cardium sinensis*、黄边糙鸟蛤 *Trachycardium flavum*

帘蛤科：文蛤 *Meretrix meretrix*、丽文蛤 *M. lusoria*、青蛤 *Cyclina sinensis*、菲律宾蛤仔 *Veneruois philippinarum*、杂色蛤仔 *Ruditapes variegata*、中国仙女蛤 *Callista chinensis*

蛤蜊科：中国蛤蜊 *Mactrachinensis*、四角蛤蜊 *M. veneriformis*

竹蛏科：大竹蛏 *Solen grandis*、长竹蛏 *S. gouldi*、缢蛏 *Sinonovacula constricta*

砗磲科：库氏砗磲 *Tridacna cookiana*

海螂目 Myoida

绿螂科：中国绿螂 *Glaucomya chinensis*

蛀船蛤科：船蛆 *Teredo* sp.

4. 头足纲

鹦鹉螺亚纲 Nautiloidea

鹦鹉螺目 Nautilida

鹦鹉螺科：珍珠鹦鹉螺 *Nautilus pompilius*，我国仅发现此 1 种，国家一级保护动物

鞘亚纲 Coleoidea

枪形目 Teuthoidea

柔鱼科:太平洋褶柔鱼 *Todarodes pacificus*

枪乌贼科:中国枪乌贼 *Loligo chinensis*、拟乌贼 *Sepioteuthis* sp.

乌贼目 Sepioidea

乌贼科:金乌贼 *Sepia esculenta*、曼氏无针乌贼 *Sepiella maindroni*

耳乌贼科:耳乌贼 *Sepiola* sp.

八腕目 Octopoda

蛸科:长蛸(章鱼)*Octopus variabilis*、短蛸 *O. ocellatus*

示范与拓展实验

1. 其他软体动物常见种类的示范观察

利用多媒体演示软体动物各类标本图片及视频。

2. 内陆软体动物常见种类的识别

(1) 腹足纲 Gastropoda

中腹足目 Mesogastropoda

田螺科 Viviparidae(图 3.2-7)

圆田螺属 *Cipangopaludina*:中国圆田螺 *C. chinensis*、中华圆田螺 *C. Cathayensis*

环棱螺属 *Bellamya*:梨形环棱螺 *B. purificata*

觿螺科 Hydrobiidae

钉螺属 *Oncomelania*:湖北钉螺 *O. hupensis*(图 3.2-7E),日本血吸虫的中间宿主

沼螺属 *Parafossarulus*:纹沼螺 *Parafossarulus striatulus*(图 3.2-7G)

环口螺科 Cyclophoridae

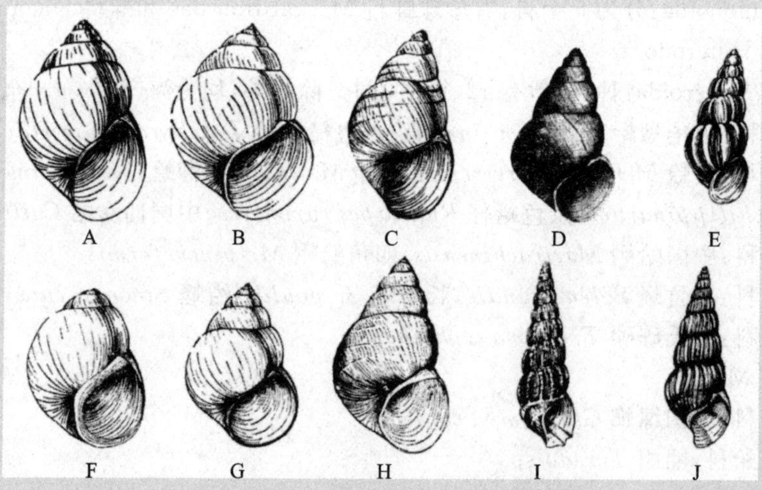

图 3.2-7 内陆水域常见前鳃类(自邓洪平等)

A. 中国圆田螺;B. 中华圆田螺;C. 梨形环棱螺;D. 铜锈环棱螺;E. 钉螺;F. 赤豆螺;G. 纹沼螺;H. 长角涵螺;I. 方格短沟蜷;J. 色带短沟蜷

环口螺属 *Cyclophorus*：褐带环口螺 *C. martensianus*（图 3.2-9F）

基眼目 Basommatophore

椎实螺科 Lymnaeidae

萝卜螺属 *Radix*：耳萝卜螺 *R. auricularia*、椭圆萝卜螺 *R. Swinhoei*（图 3.2-8B）

土蜗属 *Galba*：小土蜗 *Galba pervia*（图 3.2-8H）

扁卷螺科 Planorbiidae

旋螺属 *Gyraulus*：白旋螺 *G. albus*、扁旋螺 *G. Compressus*（图 3.2-8I、J）

圆扁螺属 *Hippeutis*：大脐圆扁螺 *H. umbilicalis*、尖口圆扁螺 *H. cantori*（图3.2-8L、M）

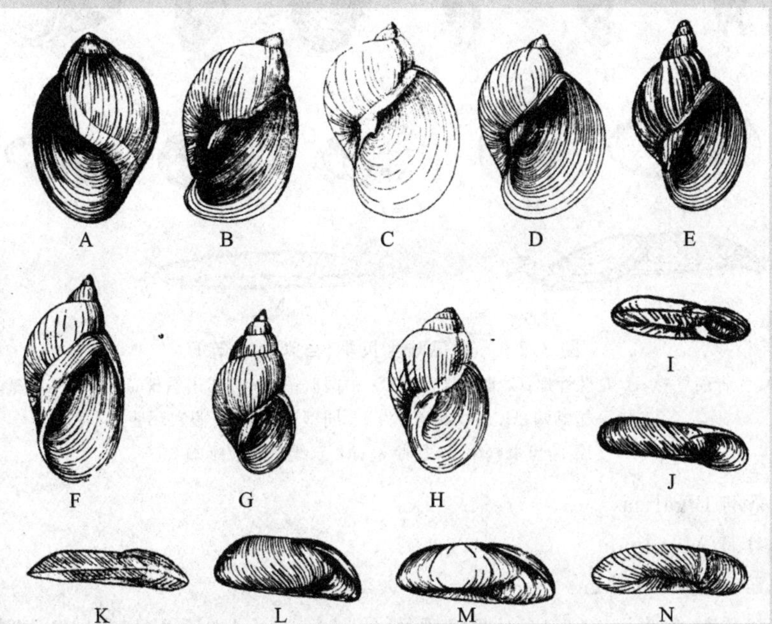

图 3.2-8 内陆常见肺螺类（自邓洪平等）

A. 泉膀胱螺；B. 椭圆萝卜螺；C. 折叠萝卜螺；D. 卵萝卜螺；E. 狭萝卜螺；F. 尖萝卜螺；G. 截口土蜗；H. 小土蜗；I. 白旋螺；J. 扁旋螺；K. 凸旋螺；L. 大脐圆扁螺；M. 尖口圆扁螺；N. 半球多脉扁螺

柄眼目 Stylommatophore

烟管螺科 Clausiliidae

丽管螺属 *Formosana*：大青丽管螺 *F. magnaciana*（图 3.2-9A）

真管螺属 *Euphaedusa*：尖真管螺 *E. aculus*（图 3.2-9B）

琥珀螺科 Succineidae

琥珀螺属 *Succinea*：中国琥珀螺 *S. chinensis*（图 3.2-9D）

钻头螺科 Subulinidae

钻螺属 *Opeas*：四川钻螺 *O. setchuanense*（图 3.2-9E）

巴蜗牛科 Bradybaenidae

巴蜗牛属 *Bradybaena*：同型巴蜗牛 *B. similaris*（图 3.2-9I）、灰巴蜗牛 *B. ravida*

华蜗牛属 *Cathaica*：条华蜗牛 *C. fasciola*

蛞蝓科 Limacidae

蛞蝓属 *Limax*:黄蛞蝓 *Limaxfiavus*

野蛞蝓属 *Agriolimax*:野蛞蝓 *Agriolimax agrestis*(图 3.2-9L)

嗜黏液蛞蝓属 *Philomycus*:双线嗜黏液蛞蝓 *P. bilineatus*(图 3.2-9M)

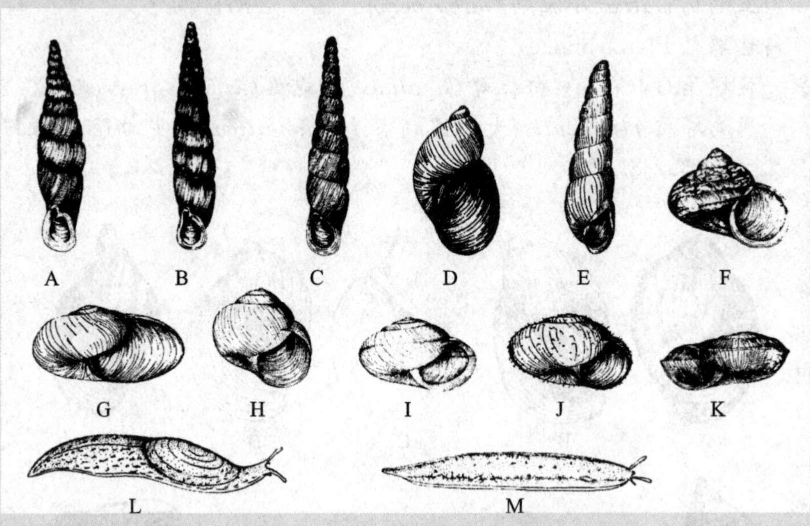

图 3.2-9 常见陆生贝类(自邓洪平等)

A. 大青丽管螺;B. 尖真管螺;C. 北碚真管螺;D. 中国琥珀螺;E. 四川钻螺;F. 褐带环口螺;G. 中华巨楯蛞蝓;H. 细纹灰巴蜗牛;I. 同型巴蜗牛;J. 假穴环肋螺;K. 暗黑带蜗牛;L. 野蛞蝓;M. 双线嗜黏液蛞蝓

(2) 双壳纲 Bivalvia

贻贝目 Mytiloida

贻贝科 Mytilidae

股蛤属 *Limnoperna*:湖沼股蛤 *L. lacustris*(图 3.2-10A),又称淡水壳菜

蚌目 Unionoida(或真瓣鳃目 Eulamellibranchia)

珍珠蚌科 Margaritanidae

珍珠蚌属 *Margarita*:珍珠蚌 *M. margaritifera*(图 3.2-10B)

蚌科 Unionodae

无齿蚌属 *Anodonta*:背角无齿蚌 *A. woodianawoodiana*、背圆无齿蚌 *A. w. pacifica*

帆蚌属 *Hyriopsis*:三角帆蚌 *H. cumingii*,淡水产珍珠质量最优

冠蚌属 *Cristaria*:褶纹冠蚌 *C. plicata*,产珍珠质量略次于三角帆蚌

矛蚌属 *Lanceolaria*:剑状矛蚌 *L. gladiola*(图 3.2-10D)

丽蚌属 *Lamprotula*:背瘤丽蚌 *L. leai*

珠蚌属 *Unio*:圆顶珠蚌 *U. douglasiae*(图 3.2-10C)

蚬科 Corbiculidae

蚬属 *Corbicula*:河蚬 *C. fluminea*(图 3.2-10G)为世界广布种

球蚬科 Sphaeriidae

湖球蚬属 *Sphaerium*:湖球蚬 *S. lacustre*,中国的特有物种

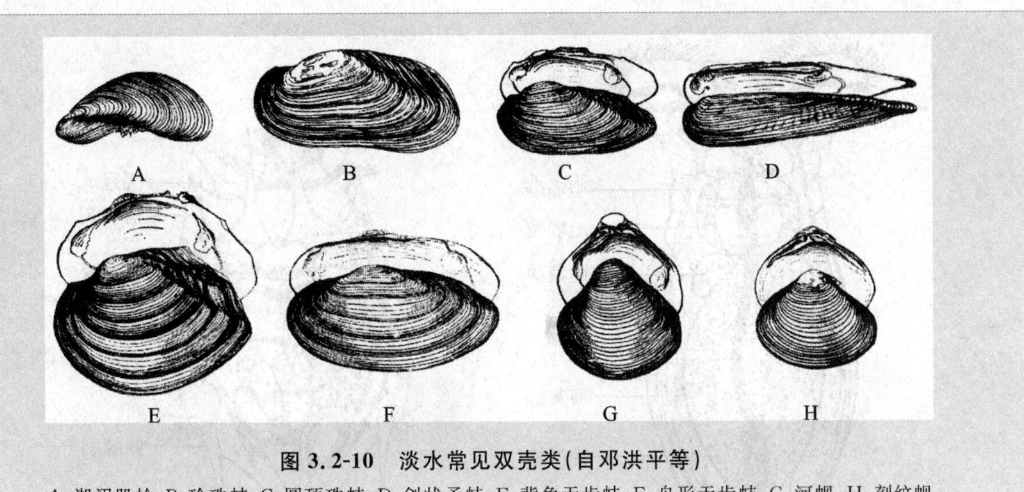

图 3.2-10 淡水常见双壳类(自邓洪平等)

A. 湖沼股蛤；B. 珍珠蚌；C. 圆顶珠蚌；D. 剑状矛蚌；E. 背角无齿蚌；F. 舟形无齿蚌；G. 河蚬；H. 刻纹蚬

五、作业与思考

(1) 描述 5～7 种软体动物的识别特征，并编制一个检索表加以区分。

(2) 总结软体动物门各主要纲的鉴别特征。

3.3 轮虫、枝角类和桡足类的采集与分类

一、实验目的

(1) 了解轮虫、枝角类和桡足类等淡水浮游动物的生活环境，学会采集浮游动物标本。

(2) 学会利用生物检索表来鉴定淡水浮游动物种类的方法。

二、实验内容

(1) 轮虫、枝角类和桡足类等浮游动物标本的采集与固定。

(2) 利用检索表，对淡水浮游动物的常见种类进行分类鉴定。

三、实验材料与用具

轮虫、枝角类和桡足类等动物的永久玻片标本。

普通光学显微镜、体视显微镜；浮游生物采集网；广口瓶、三角瓶、锥形瓶、载玻片、盖玻片、培养皿、吸管、解剖针、小镊子、吸水纸、卢戈氏碘液、4%福尔马林。

四、实验方法与步骤

(一) 轮虫、枝角类和桡足类等浮游动物的分类依据

1. 轮虫 Rotifera

轮虫属低等三胚层假体腔动物 Pseudocoelomata 中的轮虫动物门 Rotifera，个体微小，与原生动物大小相似，一般种类体长为 100～500 μm，需用显微镜才能观察到。身体一般分为头、躯干和尾三部分。头部具有 1～2 圈纤毛组成的轮盘(头冠)，躯干常有兜甲，内有咀嚼器；尾部内有足腺，末端常有 1 对趾(图 3.3-1)。

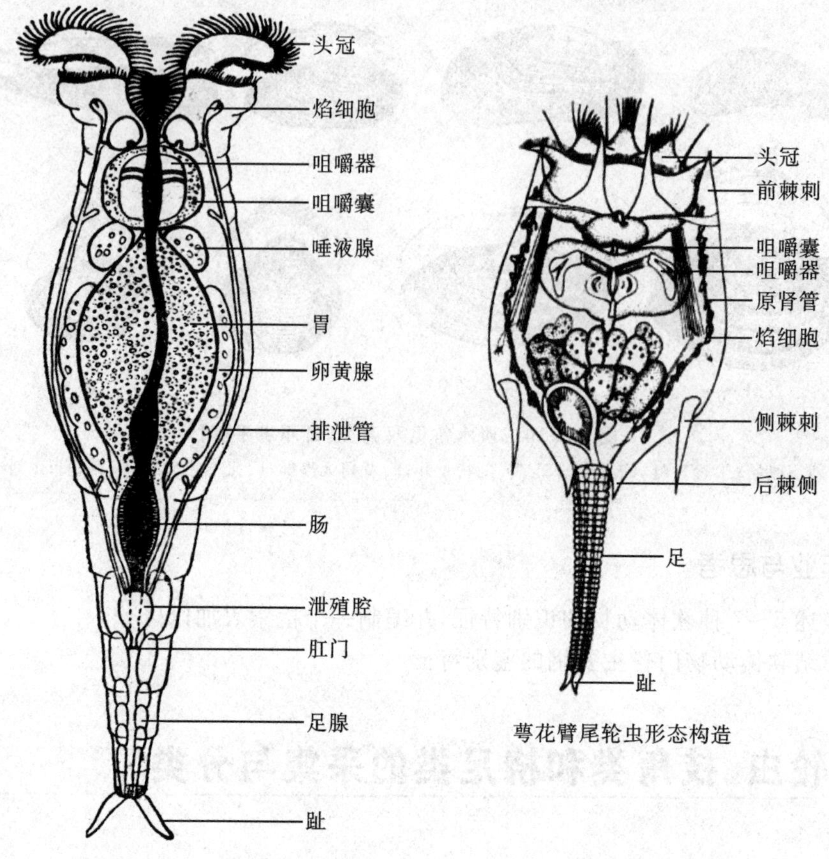

图 3.3-1 轮虫的形态构造(左,旋轮虫;右,臂尾轮虫)(仿各家)

轮虫为淡水浮游动物的主要类群之一,在湖泊、河流、水库、池塘等均有分布,多生活在浅水水域,通常是其他水生动物的饵料,是鱼苗最适口的活饵料,与淡水养鱼有着密切的联系。大多数轮虫分布广泛,为世界性种类,我国已报道252种。

轮虫动物门分纲和目检索表

1 卵巢成对。咀嚼器为枝形。无侧触手。身体纵长呈蠕虫形,“假分节”能够像望远镜一样做套筒式伸缩。雄体从未发现过 …………… 双巢纲 Digononta 蛭态目 Bdelloidae

卵巢仅1个。咀嚼器呈各种不同形式,但绝不会是枝形。一般有侧触手。身体虽能伸缩变动,但决不会做套筒式伸缩。不少种类雄体已发现过 …… 2 单巢纲 Monogonta

2 咀嚼器为槌枝形。头冠呈巨腕轮虫或聚花轮虫的形式 …… 簇轮虫目 Flosculariacea

咀嚼器为钩形。头冠呈胶鞘轮虫的形式 ………………… 胶鞘轮虫目 Collothecacea

常见轮虫分属检索表

1 无被甲………………………………………………………………………… 11

有被甲 ………………………………………………………………………… 2

2 被甲薄………………………………………………………………………… 10

被甲厚,明显 ………………………………………………………………… 3

3 被甲仅围绕躯干部 …………………………………………………………………… 4
被甲不仅仅围绕躯干部，背腹扁平，足分 3 节 ………………… 鞍甲轮虫属 *Lepadella*
4 无足 …………………………………………………………………………………… 8
有足 …………………………………………………………………………………… 5
5 足长超过趾长 3 倍 ………………………………………………………………… 6
足长不超过趾长 3 倍或短于趾 ……………………………………… 腔轮虫属 *Lecane*
6 足自被甲腹面的中央伸出，被甲上有网状和肋状的结构 …… 皱甲轮虫属 *Ploesoma*
足自被甲后端伸出 …………………………………………………………………… 7
7 足在后部分叉；被甲长度大于宽度 ………………………… 裂足轮虫属 *Schizocerca*
足不分叉，伸出时可活泼伸缩摆动 ………………………… 臂尾轮虫属 *Brachionidae*
8 被甲前端有显著的棘刺，后端有时也有刺 ………………………………………… 9
被甲前端无明显的棘刺 ………………………………………… 泡轮虫属 *Romopholyx*
9 被甲较厚，系许多有规则的小板嵌成；后端如有刺，则刺较长 ……………………
……………………………………………………………………… 龟甲轮虫属 *Keratella*
被甲较薄而光滑，但有许多纵条纹，后端如有刺，则刺较短 ……… 叶轮虫属 *Notholca*
10 两趾极不等长，长趾超过体长之半，短趾不超过长趾的 1/3 ……………………
……………………………………………………………………… 异尾轮虫属 *Trichocerca*
两趾等长或不等长，但长趾长度不超过体长之半，短趾总超过长趾的 1/3 …………
……………………………………………………………………… 同尾轮虫属 *Diurella*
11 身体蠕虫形，假体节能做套筒式伸缩，卵巢左右各一 ……………… 轮虫属 *Rotoria*
身体不能做套筒式伸缩，卵巢单一 …………………………………………………… 12
12 体上无特殊的附肢 …………………………………………………………………… 15
体上有特殊的附肢 …………………………………………………………………… 13
13 附肢 6 个，粗大，末端具刚毛 ……………………………… 巨腕轮虫属 *Pedaliw*
附肢细长，末端不具刚毛 …………………………………………………………… 14
14 附肢 12 个，左右各 6 个 ………………………………… 多肢轮虫属 *Polyarthra*
附肢 3 个 ……………………………………………………………… 三肢轮虫属 *Filinia*
15 体后端无足，体透明似灯泡 ……………………………… 晶囊轮虫属 *Asplanchna*
体后端有足 …………………………………………………………………………… 16
16 足等于或大于躯干部之长，常形成群体 …………………… 聚花轮虫属 *Conochilus*
足小于躯干部之长，不形成群体 ……………………………………………………… 17
17 头盘具 4 条长而粗的刚毛，左右两侧各有一个显著的“耳”状突，其上纤毛很发达，易变形，咀嚼器杖型 ……………………………………………… 疣毛轮虫属 *Synchaeta*
头盘无上述构造，咀嚼器槌型 …………………………………… 水轮虫属 *Epiphanes*

2. 枝角类 Cladocera

通常称水溞，俗称红虫，隶属节肢动物门 Arthropoda 甲壳动物亚门 Crustacea 鳃足纲 Branchiopoda 枝角目 Cladocera。体长 0.3～3 mm，体短而左右侧扁，分节不明显，体被有两瓣透明的介壳，大多数种类的头部有显著的黑色复眼，第二触角发达呈枝角状，胸肢 4～6 对，体末端有一爪状尾叉(图 3.3-2)。

枝角类多数生活在淡水中，通常营浮游生活，是淡水浮游动物的重要组成部分。其营养价值高，生长迅速，是各种幼鱼和鲢、鳙鱼的重要饵料。

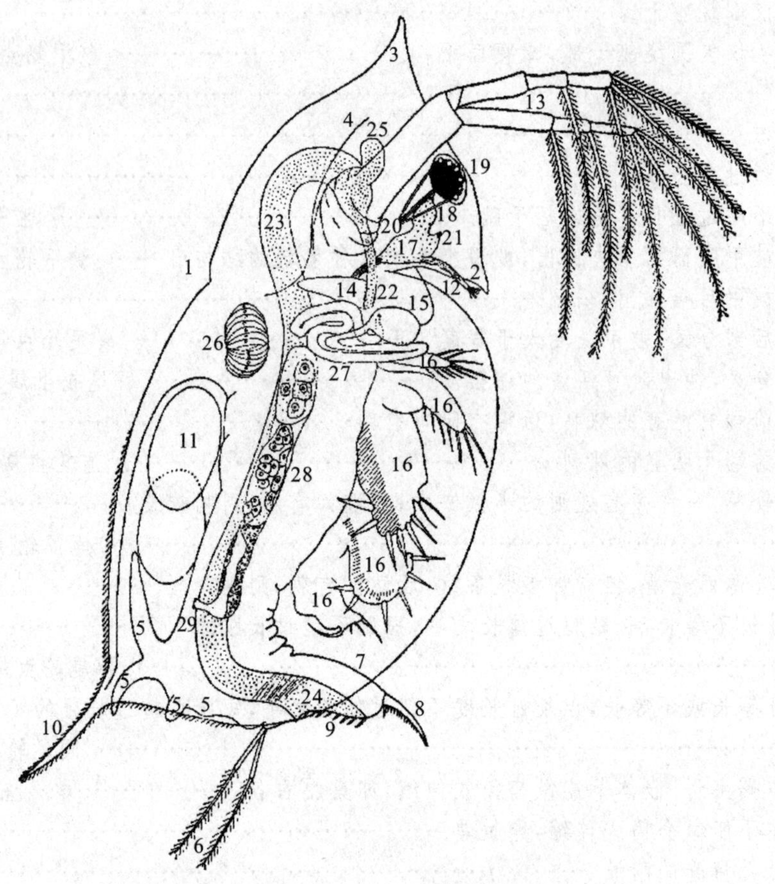

图 3.3-2　枝角类雌体结构模式图(自蒋燮治等)

1.颈沟;2.吻;3.头盔;4.壳弧;5.腹突;6.尾刚毛;7.后腹部;8.尾爪;9.肛刺;10.壳刺;11.孵育囊中的夏卵;12.第一触角;13.第二触角;14.大颚;15.上唇;16.胸肢;17.脑;18.视神经节;19.复眼;20.动眼肌;21.单眼;22.食道;23.中肠;24.直肠;25.盲囊;26.心脏;27.颚腺;28.卵巢;29.生殖孔

枝角目分科检索表

1　体长大,不侧扁,具6对近圆柱形的游泳肢,缺外肢 ……………………………………………… 单足部 Haplopod 薄皮溞科 Leptodoridae

　体较短,略侧扁,具5～6对叶状胸肢,或4对近圆柱形的游泳肢,具外肢 …………………………………………………………… 2 真枝角部 Eucladocera

2　躯干部与胸肢裸露于甲壳之外 …………………………………………………… 3

　躯干部与胸肢全为甲壳所包被 …………………………………………………… 4

3　尾突比尾毛稍长,无尾爪,第一胸肢比第二胸肢稍长 ……… 大眼溞科 Polyphemidae

　尾突比尾毛长得多,有尾爪,第一胸肢显著比第二胸肢长 ……… 棘溞科 Cercopagidae

4　胸肢6对,同形,均呈叶片状 …………………………………………………… 5

　胸肢5～6对,前2对呈执握状,其余各对呈叶状 ………………………………… 6

5　第二触角不分性别,均为双肢型,具多数游泳刚毛 ………………… 仙达溞科 Sididae

　第二触角雌蚤单肢型,只有3根游泳刚毛 …………………… 单肢溞科 Holopedidae

6　第二触角内、外肢均为3节,肠管盘曲,其后部大多有一个盲囊 ……………………

……………………………………………………………………… 盘肠溞科 Chydoridae

第二触角外肢 4 节、内肢 3 节,肠管大多不盘曲,其后部无盲囊……………………… 7

7 第一触角呈吻状尖突,不能活动,嗅毛位于靠近第一触角基部前侧……………………

……………………………………………………………………… 象鼻溞科 Bosminidae

第一触角不呈吻状尖突,嗅毛位于第一触角的末端………………………………………… 8

8 壳弧非常发达,雌蚤的第一触角短小,不能活动……………………… 溞科 Daphniidae

壳弧不发达或缺失,雌雄两性蚤的第一触角长,能活动 …………………………………… 9

9 后腹部上肛刺的周缘有羽状毛,最末一个肛刺分叉 ……………… 裸腹溞科 Moinidae

后腹部上肛刺的周缘无羽状毛,肛刺不分叉 ……………… 粗毛溞科 Macrothricidae

3. 桡足类 Copepoda

隶属节肢动物门 Arthropoda 甲壳动物亚门 Crustacea 颚足纲 Maxillopoda 桡足亚纲 Copepoda。其身体大小与枝角类相似,体长在 3 mm 以下。身体纵长,分节明显,头胸部具附肢,腹部无附肢,末端有 1 对尾叉,雄性个体头部第一触角左或右,或左右都变形为执握肢(器),雌性腹部两侧或腹面常附有卵囊(图 3.3-3)。

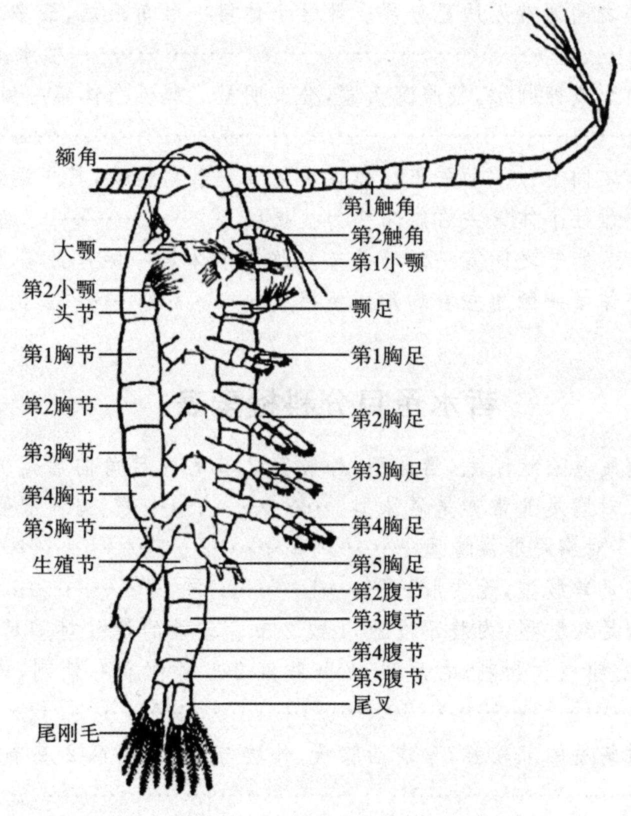

图 3.3-3 哲水蚤雌体模式图(腹面观)

(自中国科学院动物研究所甲壳动物研究组)

桡足类营浮游与寄生生活,分布于海洋、淡水或半咸水中。桡足类是浮游动物的重要组成部分,活动迅速,世代周期相对较长,在水产养殖上的饵料意义不如轮虫和枝角类。有些桡足类,如台湾温剑水蚤 Thermocyclops taihokuensis 常侵袭鱼卵、鱼苗,咬伤或咬死大量的仔、稚鱼,对鱼类的孵化和幼鱼的生长造成很大的危害;在剑水蚤和一些镖水蚤(图 3.3-4)中,有些又是人和家畜的某些寄生蠕虫,如吸虫、绦虫、线虫的中间宿主。我国自由生活的淡水桡足类有 200 多种。淡水桡足类分为 3 个目。

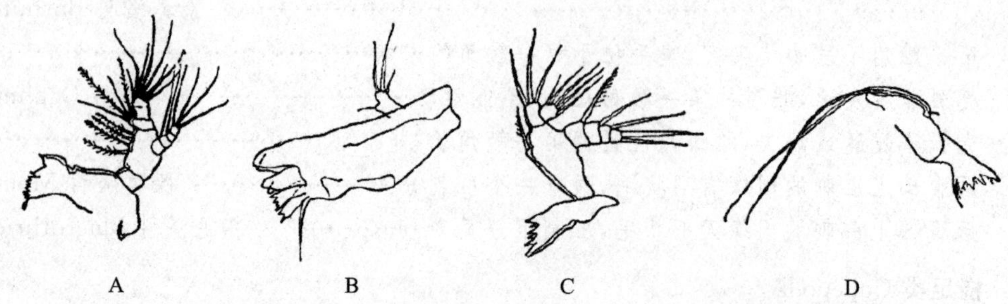

图 3.3-4　大颚(自中国科学院动物研究所甲壳动物研究组)

A. 大型中镖水蚤♂;B. 模式有爪猛水蚤♀;C. 中华窄腹剑水蚤♀;D. 广布中剑水蚤♀

桡足类分目检索表

1　头胸部与腹部之间通常无明显分界。雌性个体第一触角很短,最多 8 节 ……………………………………………………………… 猛水蚤目 Harpacticoida

　头胸部呈圆筒形或卵圆形,较腹部为宽,分节明显。雌性个体第一触角至少 8 节,大多分节更多 ……………………………………………………………… 2

2　头胸部与腹部之间有一活动关节。雌性个体第一触角很长,其末端通常可接近或超过尾叉的末端。雄性个体第一右触角变为执握肢 …………………… 哲水蚤目 Calanoida

　头胸部的第 4、5 胸节之间有一活动关节。雌性个体第一触角最多为 17 节,较头胸部为短。雄性个体第一触角左右均形成执握肢 …………………… 剑水蚤目 Cyclopoida

哲水蚤目分科检索表

1　雌性第 5 对胸足具羽状刚毛,游泳型,外肢第 2 节的内后角向后延伸成一粗壮的棘状刺。雄性第 5 对胸足通常亦是游泳型 …………………… 胸刺水蚤科 Centropagidae

　雌、雄性的第 5 对胸足非游泳型 ……………………………………………… 2

2　雌性第 5 对胸足单肢型,无内肢 ……………………………………………… 3

　雌性第 5 对胸足双肢型,内肢不发达,1 或 2 节。雄性的第 5 对胸足左右不同型,左足较短小,末端有钳板和钳刺;右足强大,外肢第 2 节外侧有一侧刺,末端有一长的钩状刺 ……………………………………………… 镖水蚤科 Diaptomidae

3　雄性的第 5 对胸足的节较长,弯成曲膝状;外肢与内肢(或第 2 基节内缘的突出物)相对而成钳状 ……………………………………………… 宽水蚤科 Temoridae

　雄性的第 5 对胸足的结构不如上述 ……………………………………………… 4

4　雌性第 5 对胸足共分为 4 节。雄性第 5 左胸足第 2 基节的内侧有一长刀片状突出物 ……………………………………………… 伪镖水蚤科 Pseudodiaptomidae

　雌性第 5 对胸足退化,仅分 2 节,第 2 节的末端有一强大的锥状刺。雄性第 5 左胸足第 2 基节无刀片状突出物 ……………………………………………… 纺锤水蚤科 Acartiidae

剑水蚤目分科检索表

1 大颚须不甚发达,退化成一突起,附2~3刚毛 …………………… 剑水蚤科 Cyclopidae
大颚须甚为发达,分节较多…………………………………………………………………… 2
2 第2触角分3节 ………………………………………………… 长腹剑水蚤科 Oithonidae
第2触角分4节 ………………………………………………… 镖剑水蚤科 Cyclopinidae

猛水蚤目分科检索表

1 第1对胸足呈捕捉型 ……………………………………………………………………… 2
第1对胸足呈游泳型,内肢末节无爪状刺……………………………………………………… 6
2 第1对胸足呈明显的捕捉型,内肢或外肢末端具粗壮的爪状刺………………………… 3
第1对胸足呈不明显的捕捉型 ……………………………………………………………… 4
3 第1胸足外肢较内肢发达,末端具粗壮的爪状刺。第1触角分6~9节;第2触角外肢分2节 …………………………………………………………… 猛水蚤科 Harpacticidae
第1胸足内肢较外肢发达,末端具粗壮的爪状刺。第1触角分5~7节;第2触角外肢消失或仅具1节 ………………………………………… 老丰猛水蚤科 Laophontidae
4 第1胸足内肢呈不明显的捕捉型,末节末端具一弯形的爪状刺及长短刚毛各一。卵囊1个。雄性第3胸足内肢形成交接器或与雌性相似 ………………………………… 5
第1胸足内肢与捕捉型不同处在于末节为可动关节,末端无明显的爪状刺。卵囊2个。雄性第2胸足内肢形成交接器 ……………………… 双囊猛水蚤科 Diosaccidae
5 雌性生殖区呈横长形,排出管短小。雄性胸足内肢的构造与雌性相似 ……………… …………………………………………………………… 阿玛猛水蚤科 Ameiridae
雌性生殖区呈十字形,排出管呈长漏斗形。雄性第3胸足内肢形成交接器 ………… …………………………………………………… 异足猛水蚤科 Canthocamptidae
6 身体细长呈圆柱形。第1触角分6~7节;第2触角外肢仅分1节。大颚须1节。第2~4胸足短小,内肢1节;第5胸足仅1节。雄性第3胸足内、外肢形成交接器 ……
体形一般并不特别细长7 …………………………… 苗条猛水蚤科 Parastenocaridae
7 第2触角外肢很小,仅分1节 ……………………………… 短角猛水蚤科 Cletodidae
第2触角外肢发达,分2~3节 ……………………………… 大吉猛水蚤科 Tachidiidae

(二)轮虫、枝角类和桡足类等浮游动物标本的采集与处理

用浮游生物采集网或采水器等采集工具,去户外的池塘、河流或湖泊等水域采集轮虫、水蚤和剑水蚤等浮游动物标本,于实验当天带回实验室备用,可进行活体观察。

如所采水样不能马上观察,则需用药物固定保存。常用的固定保存液为卢戈氏碘液,其配制使用方法如下。

(1) 将6 g碘化钾加于20 mL蒸馏水中,待完全溶解后加入4 g碘摇匀,待碘完全溶解后,加80 mL蒸馏水即可取用。

(2) 使用时,取配制的卢戈氏碘液为水样的1%~2%,加入采集回来的浮游动物水样中进行固定。

(3) 因碘易挥发,固定的样品应将瓶盖严,或加入2%~4%的福尔马林液保存。

(三) 轮虫、枝角类和桡足类等浮游动物标本的观察分类

对所采集的水样进行活体观察时,可在载玻片上的水样液滴中放几根棉花纤维,以限制动物的运动,然后盖上盖玻片,用吸水纸吸去多余的水,即可进行显微镜观察。若所采水样中的动物个体数量太少,可用筛绢过滤浓缩或低速离心浓缩后,再制片观察。较大的浮游动物可在体视显微镜下进行解剖与观察。

观察分类过程中,先根据动物的形态特征和运动情况,先区分其大门类,再利用检索表进行检索识别。淡水浮游动物主要包括轮虫、枝角类和桡足类动物。

1. 轮虫常见种类

(1) 臂尾轮虫属 *Brachionidae* 隶属单巢纲游泳亚目 Ploima 臂尾轮科 Brachionidae,种类甚多,主要营浮游生活。但也常用足末端的趾,附着在其他物体上,营底栖生活。在池塘、湖泊中,往往靠近岸的地方多于离岸的地方。常见种有萼花臂尾轮虫 *B. calyciflorus*(图3.3-5A)、壶状臂尾轮虫 *B. urceus*(图 3.3-5B)、剪形臂尾轮虫 *B. forficula*(图 3.3-5C)。

(2) 龟甲轮虫属 *Keratella* 隶属单巢纲游泳亚目 Ploima 臂尾轮科 Brachionidae,典型浮游种类,分布于淡水、内陆盐水。常见种有曲腿龟甲轮虫 *K. valga*(图 3.3-5F)、矩形龟甲轮虫

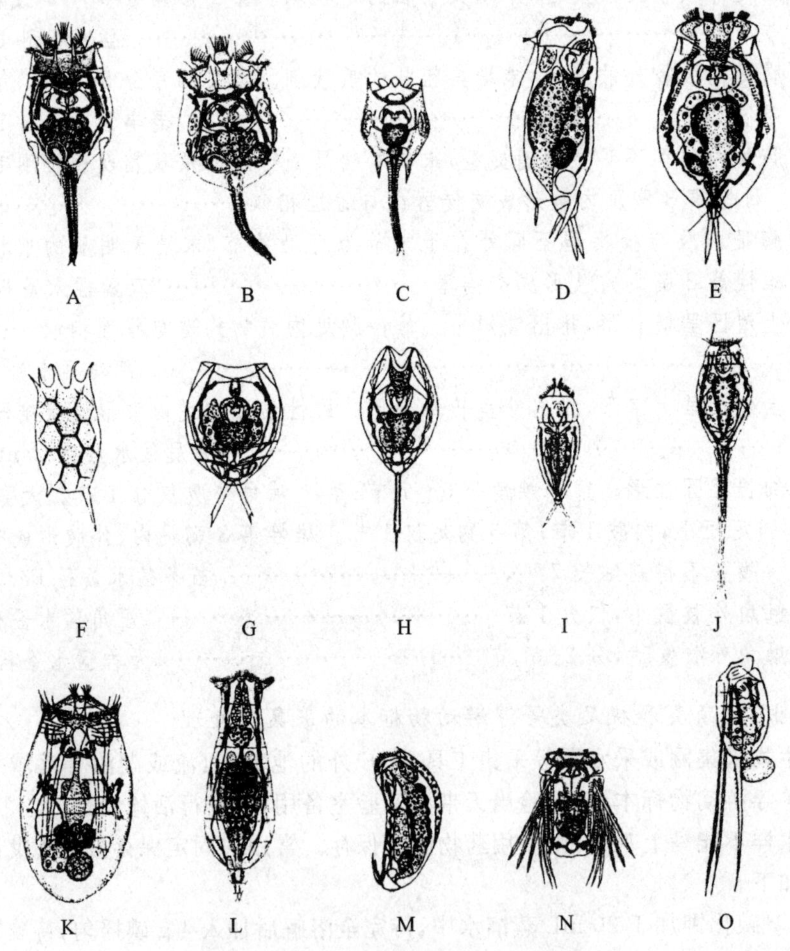

图 3.3-5 内陆水域常见轮虫(自邓洪平等)

A. 萼花臂尾轮虫;B. 壶状臂尾轮虫;C. 剪形臂尾轮虫;D. 腹棘管轮虫;E. 大肚须足轮虫;F. 曲腿龟甲轮虫;G. 月形腔轮虫;H. 囊形单趾轮虫;I. 小巨头轮虫;J. 高跷轮虫;K. 前节晶囊轮虫;L. 耳叉椎轮虫;M. 韦氏同尾轮虫;N. 针簇轮虫;O. 较大三肢轮虫

K. quadrata。

(3) 腔轮虫属 *Lecane*　隶属单巢纲游泳亚目 Ploima 腔轮科 Lecanidae,常见种有月形腔轮虫 *L. luna*(图 3.3-5G)。

(4) 晶囊轮虫属 *Asplanchna*　隶属单巢纲游泳亚目 Ploima 晶囊轮科 Asplanchnidae,典型浮游种类,常见种有前节晶囊轮虫 *A. priodonta*(图 3.3-5K)、盖氏晶囊轮虫 *A. Girodi*。

(5) 同尾轮虫属 *Diurella*　隶属单巢纲游泳亚目 Ploima 鼠轮科 Trichocercidae,多为底栖种类,常见种有韦氏同尾轮虫 *D. weberi*(图 3.3-5M)。

(6) 三肢轮虫属 *Filinia*　隶属单巢纲簇轮亚目 Flosculariacea 镜轮科 Testudinellidae,常见种有较大三肢轮虫 *F. major*(图 3.3-5O),长三肢轮虫 *F. longiseta*。

2. 淡水枝角类

(1) 溞属 *Daphnia*　隶属溞科 Daphniidae,体呈卵圆形,尾爪凹面无栉状刺列。头大,吻长而尖,嗅毛束不超过吻尖。壳瓣腹缘曲弧,后端有发达的壳刺。如大型溞 *D. magna*,长刺溞 *D. longispina*,蚤状溞 *D. pulex*(图 3.3-6A、B、C)。

(2) 船卵溞属 *Scapholeberis*　隶属溞科 Daphniidae,吻短而钝,壳瓣腹缘平直,后腹角有刺。广温性种,国内广泛分布,常飘浮于大型水域如湖泊、水库、河流的沿岸以及池沼、水坑和稻田等浅小水域的表面。如平突船卵溞 *S. mucronata*(图 3.3-6D)。

(3) 低额溞属 *Simocephalus*　隶属溞科 Daphniidae,体呈卵圆形,前狭后宽。头小而低垂,吻短小。后腹部宽阔,无壳刺。如老年低额溞 *S. vetulus*(图 3.3-6E)。

(4) 网纹溞属 *Ceriodaphnia*　隶属溞科 Daphniidae,体呈椭圆形,无吻。壳瓣具多角形网纹。瓣壳后背角稍突出成一短角刺。分布较广,以稻田、水沟、坑塘中更常见。如角突网纹溞 *C. cornuta*(图 3.3-6F)。

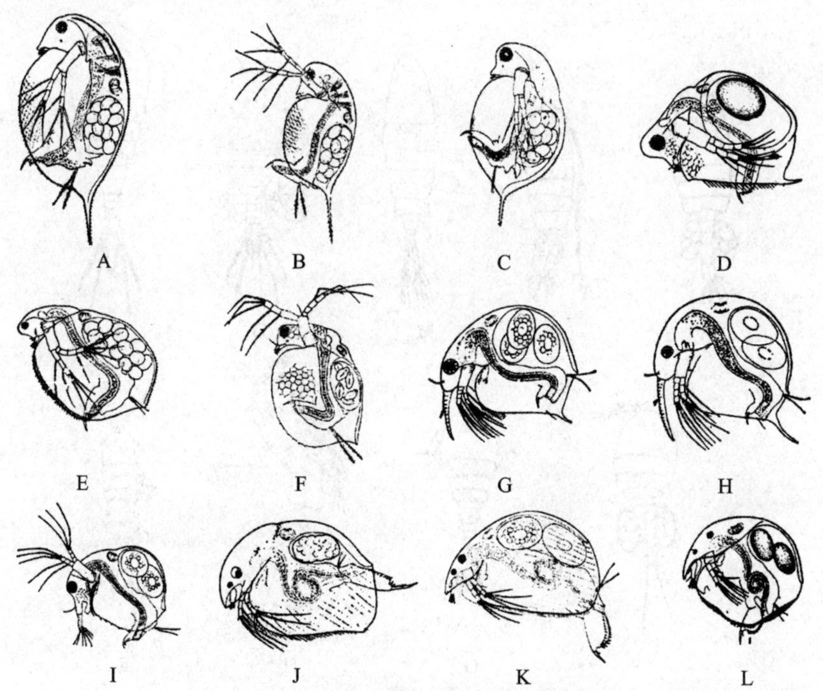

图 3.3-6　淡水常见枝角类(自邓洪平等)

A. 大型溞;B. 长刺溞;C. 蚤状溞;D. 平突船卵溞;E. 老年低额溞;F. 角突网纹溞;G. 长额象鼻溞;H. 简弧象鼻溞;I. 颈沟基合溞;J. 镰形顶冠溞;K. 方形尖额溞;L. 卵形盘肠溞

(5) 象鼻溞属 *Bosmina* 隶属象鼻溞科 Bosminidae,第一触角基部不并合;第二触角内肢3节,外肢4节。无颈沟。常见种有长额象鼻溞 *B. longirostris*(图 3.3-6G)、简弧象鼻溞 *B. coregoni*(图 3.3-6H)。

(6) 基合溞属 *Bosminopsis* 隶属象鼻溞科,第一触角基部并合,第二触角内肢、外肢均为3节。有颈沟。如颈沟基合溞 *B. deitersi*(图 3.3-6I)。

(7) 顶冠溞属 *Acroperus* 隶属盘肠溞科 Chydoridae,体很侧扁,呈长卵形或近长方形。头部与背部都有隆脊。后腹部稍宽而直,十分侧扁,背缘无肛刺。分布较广,湖泊和河流的沿岸最为常见。如镰形顶冠溞 *A. harpae*(图 3.3-6J)。

(8) 尖额溞属 *Alona* 隶属盘肠溞科 Chydoridae,体侧扁,长度明显大于高度。吻短而钝,壳瓣后缘较高,超过最大壳高的一半。种类多,分布广。多生活于湖泊近岸草丛、池塘或沟渠中。常见种有方形尖额溞 *A. quadrongularia*(图 3.3-6K)、矩形尖额溞 *A. rectangula*。

(9) 盘肠溞属 *Chydornus* 隶属盘肠溞科 Chydoridae,体近圆形,长度与高度略等;爪刺2个,内侧1个极小。在浅小的水域中较常见,湖泊或水库的沿岸区也有。常见种有卵形盘肠溞 *C. ovalis*(图 3.3-6L)、圆形盘肠溞 *C. sphaericus*。

3. 淡水桡足类

(1) 许水蚤属 *Schmackeria* 隶属哲水蚤目 Calanoida 伪镖水蚤科 Pseudodiaptomidae。头部后侧角钝圆,常有数根刺毛。雌性第5胸足第三节较短。最末端的棘刺长而锐;雄体也单肢型,不对称,左侧底节内缘向后方伸出一长而弯的腿状突起,淡水、半咸水均有分布。如球状许水蚤 *S. forbesi*(图 3.3-7A),生活于淡水湖泊、池塘和江河的中层和上层水中,国内广泛分布。

(2) 蒙镖水蚤属 *Mongolodiaptomus* 隶属哲水蚤目 Calanoida 镖水蚤科 Diaptomidae。雌、雄性的第5对胸足非游泳型。雌性第5对胸足双肢型,内肢不发达,1或2节。雄性第5

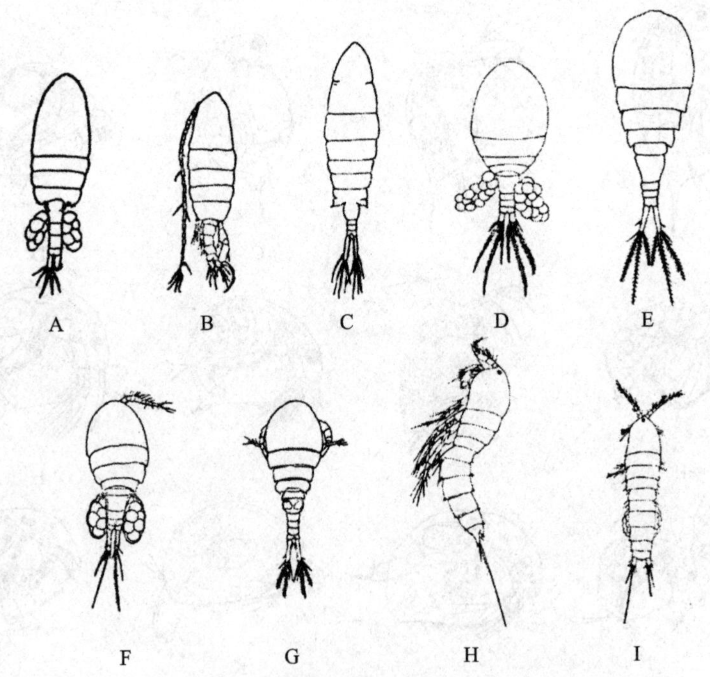

图 3.3-7 淡水常见桡足类(自邓洪平等)

A. 球状许水蚤;B. 锥肢蒙镖水蚤;C. 汤匙华哲水蚤;D. 白色大剑水蚤;E. 毛饰拟剑水蚤;F. 近邻剑水蚤;G. 沟渠异足猛水蚤;H. 小渠异足猛水蚤;I. 鱼饵湖角猛水蚤

对胸足左右不同形。右足较短小，末端有钳板和钳刺；右足强大，末端有1长的钩状刺。锥肢蒙镖水蚤 *M. birulai*(图3.3-7B)是我国的特有物种。常栖息于湖泊的敞水带及近岸，亦生活于池塘内和河口咸淡水中，国内分布较广泛。

(3) 华哲水蚤属 *Sinocalanus* 隶属哲水蚤目 Calanoida 胸刺水蚤科 Centropagidae。头胸部窄而长，胸部后侧角不扩展，左右对称，顶端具1小刺。腹部雌性4节，雄性5节，尾叉细长。常见的有汤匙华哲水蚤 *S. dorrii*(图3.3-7C)、细巧华哲水蚤 *S. tenellus*，广泛分布于我国东北和华中各省。

(4) 大剑水蚤属 *Macrocyclops* 隶属剑水蚤目 Cyclopoida 剑水蚤科 Cyclopidae。小型甲壳动物。身体纵长，体节分明。头胸部较腹部为宽。头部靠近头顶有一中眼。如白色大剑水蚤 *M. albidus*(图3.3-7D)，我国分布广泛。

(5) 拟剑水蚤属 *Paracyclops* 隶属剑水蚤目 Cyclopoida 剑水蚤科 Cyclopidae。第1触角分11节，尾叉的长度不超过宽度的3倍，第5胸足的内刺为节本部的3～4倍。常见的有毛饰拟剑水蚤 *P. fimbriatus*(图3.3-7E)，近亲拟剑水蚤 *P. affinis*。栖息于各种类型水域沿岸带的水草中。分布于广东、福建、云南、江西、山东、黑龙江、新疆等地。

(6) 剑水蚤属 Cyclops 隶属剑水蚤目 Cyclopoida 剑水蚤科 Cyclopidae。雌性体长一般在1.5 mm左右。头胸部呈卵圆形，胸部5自由节，腹部细长，4节分界明显。尾叉的背面有纵行隆线，内缘有1列刚毛。浮游生活，分布于池塘、湖泊等水域，国内分布广泛。常见的有英勇剑水蚤 *C. strenuus*、近邻剑水蚤 *C. vicinus*(图3.3-7F)。

(7) 异足猛水蚤属 *Canthocamptus* 隶属猛水蚤目异足猛水蚤科 Canthocamptidae。体型粗壮，呈圆柱形，头胸部与腹部分界不明。腹部各节向后趋窄。如沟渠异足猛水蚤 *C. staphylinus*(图3.3-7G)、小渠异足猛水蚤 *C. microstaphylinus*(图3.3-7H)(分布于新疆)等。

(8) 湖角猛水蚤属 *Limnocletodes* 隶属猛水蚤目短角猛水蚤科 Cletodidae。体型窄长，头呈圆方形，4～5胸节两侧向后延伸呈角状，生殖节2节，长方形。如鱼饵湖角猛水蚤 *L. behningi*(图3.3-7I)，我国分布较广泛，一般在通海的河口淡水中。

示范与拓展实验

利用多媒体演示和实物标本示范淡水浮游动物的其他种类。

五、作业与思考题

(1) 绘轮虫或水蚤图，并标注其名称。

(2) 描述7种以上浮游动物的识别特征，并编制一个检索表加以区分。

3.4 动物寄生虫及其虫卵的采集与鉴别

一、实验目的

(1) 学习不同寄生原虫与蠕虫的采集和处理方法，认识寄生虫的常见种类。

(2) 学习常用寄生虫卵的检查方法，认识常用的寄生蠕虫卵种类，掌握它们的鉴别特征。

二、实验内容

(1) 锥体虫、间日疟原虫和艾美球虫卵囊等寄生原虫玻片标本观察。

(2) 寄生于鱼类鳃、体表及体内的原虫、吸虫、绦虫、线虫和棘头虫等活体标本的采集与处理。

(3) 粪便中寄生蠕虫卵的检查与鉴别,寄生蠕虫卵玻片标本观察。

三、实验材料与用品

寄生原虫永久玻片标本,寄生蠕虫浸制标本;活体黄鳝及其他野杂鱼;新鲜动物粪便或学生自带粪便。

普通光学显微镜、体视显微镜、放大镜,离心机、解剖蜡盘、解剖剪、解剖针、小镊子。

载玻片、盖玻片、培养皿、吸管、小玻璃瓶、烧杯、漏斗、试管、离心管等玻璃器皿;巴氏液、0.9%生理盐水、饱和盐水或33%硫酸锌等溶液;F. A. A、5%福尔马林、70%酒精、5%~10%甘油酒精、3%戊二醛溶液、布氏液;中性树胶、布氏胶等固定剂。

四、实验方法与步骤

(一) 寄生原虫标本的采集与处理

1. 涂片法

涂片法可分为如下两种,所有微小的寄生原虫都可采用此法。

(1) 盖片涂抹法　取预先准备好的洁净和擦干的方形或圆形盖玻片,以左手的拇指和食指轻轻握着盖玻片的边缘,右手用尖细的弯头镊子取少许含有寄生原虫的含物,将镊子弯曲部分与盖玻片表面约成45°角相接触,作“之”字形涂抹。涂抹时,动作要轻捷,一抹而过,不要重复,更不能乱抹。涂完后,立即把盖玻片反转(涂有含物薄膜的一面朝下),平放入预先制备好的固定液(鞭毛虫用何氏液固定,孢子虫和纤毛虫用肖氏液固定)里任盖玻片浮在液面,再用另一把镊子(专用作与液面接触的镊子),把浮在液面的盖玻片再反转过来(即涂有含物薄膜一面朝上),让它浸泡在固定液里15~20 min后,把片子逐片移至50%酒精里浸泡1~2 h,更换酒精1~2次,然后移至70%酒精中。如果不随即将涂片进行染色,即把片子放入另一玻管中保存。

(2) 载片涂抹法(包括干涂片和湿涂片法)　对血液涂片,除可采用上述盖片涂抹法之外,通常是用载片涂抹法比较方便。在预先洗涤洁净和擦干、擦亮的载玻片上,用微吸管吸取一小滴血液,置于载玻片约占3/4的位置,用同样大小的另一块载玻片,用右手握着,一端与载玻片上的血滴前面接触,约成45°角倾斜,将血滴向前轻轻推移至另一端3/4处为止,即涂成薄血片。涂完后,把载有血膜的一面朝下,稍微倾斜静置在空气中晾干。血片干后,最好接着染色。如要搁置,则时间不超过2个月,否则影响染色效果。干涂片的制备,不通过固定液固定,而是让它在空气中干燥后,再进行适当的染色法染色。如可用硝酸银法染色,显示小瓜虫等的纤毛线及车轮虫的齿环等结构。

取活体黄鳝,采用断尾法取血,按载片涂抹法制备鳝锥体虫(图3.4-1)涂片标本。然后镜检观察。

2. 甘油胶胨封固法

黏孢子虫(图3.4-2)可用此法保存。

方法是把黏孢子虫放在载玻片上的中间位置,水分尽量少带,然后用小解剖刀或小镊子取一块甘油胶胨放在有黏孢子虫的上面,把载玻片放在酒精灯的火焰上稍微加热,待甘油胶胨完全溶解后,即盖上盖玻片,并轻轻压平,平放,让它在空气中干燥即可。

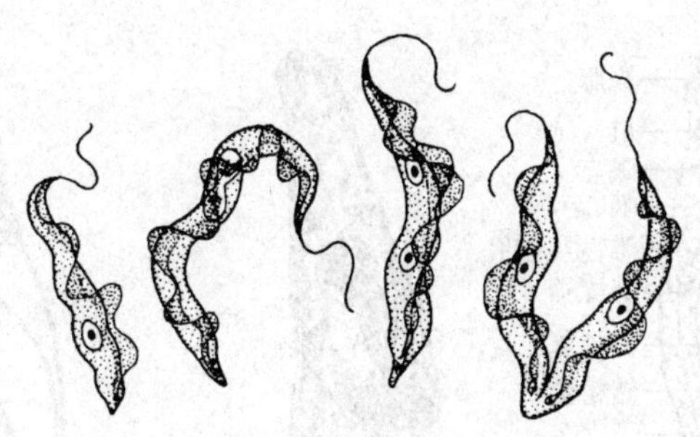

图 3.4-1 锥体虫(示分裂生殖)

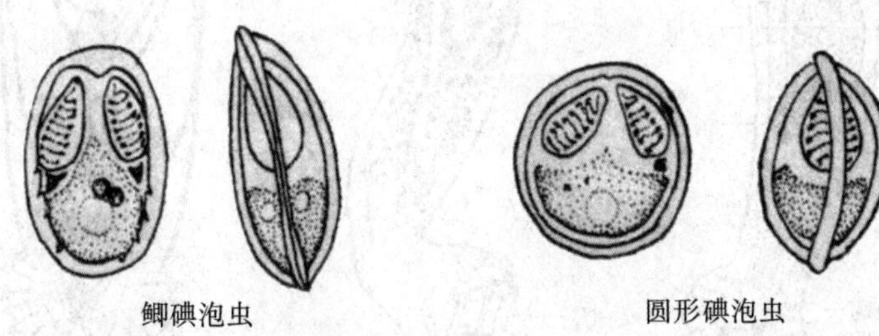

图 3.4-2 黏孢子虫

(二)寄生蠕虫标本的采集与处理

1. 单殖吸虫标本的采集与处理

单殖吸虫为体外寄生的吸虫,主要宿主是鱼类,其典型寄生部位是鱼鳃,也寄生于鱼的皮肤和鳍。虫体一般都比较细小,采集和处理比较麻烦。

(1) 采集和处理方法　首先,小心完整地取下鱼的鳃,置于盛有清水的培养皿中浸泡,洗去血水和污物。之后用弯头镊子或载玻片仔细轻刮各鳃片,使虫体连同鳃小片一起脱落于清水中,再加清水用吸管冲洗,静置沉淀后,弃去上清液。如此反复 3～5 次之后,置于解剖镜下,用吸管从沉淀物中挑取虫子,或用肉眼挑取虫子在显微镜下检查证实。

取活体野杂鱼,按以上方法采集与处理鱼鳃等处的单殖吸虫标本。

(2) 玻片标本制作方法　小型虫体,直接用布氏胶封片,慢慢风干或烘干后用中性树胶封边;大型虫体,先用 3%的戊二醛溶液压片固定约 30 min,然后经染色(明矾洋红或戴氏苏木精)后,制成永久性装片标本(具体步骤参照第一章"1.4 动物玻片标本的制作方法")。

(3) 玻片标本观察与鉴定　观察指环虫、锚首虫、三代虫等单殖吸虫(图 3.4-3)的封片标本。有兴趣的学生,可在老师指导下参照《中国动物志扁形动物门单殖吸虫纲》等文献资料对所获的单殖吸虫标本进行分类鉴定。

2. 复殖吸虫标本的采集与处理

复殖吸虫为体内寄生的吸虫,主要寄生于动物的内脏器官内,一般幼虫期的宿主是软体动物,成虫期的宿主为脊椎动物和人,可寄生于鱼类、两栖类、爬行类、鸟类和兽类及人的消化道、肝脏胆囊、循环、排泄等许多器官系统内。其采集和处理方法如下。

(1) 小型复殖吸虫,当寄生数量多时,一般采用摇动法固定。以青鱼肠中的侧殖吸虫为例,将虫体连同肠中黏液一道刮下,放入培养皿中,用生理盐水洗涤数次,使虫体与黏液分开。然后,将吸虫移入指形管中,并装入 1/3 的蒸馏水,用拇指压紧管口,摇动 3～5 min,令虫体麻醉后再加满 95%酒精,再摇动 1 min,最后换 70%酒精保存。

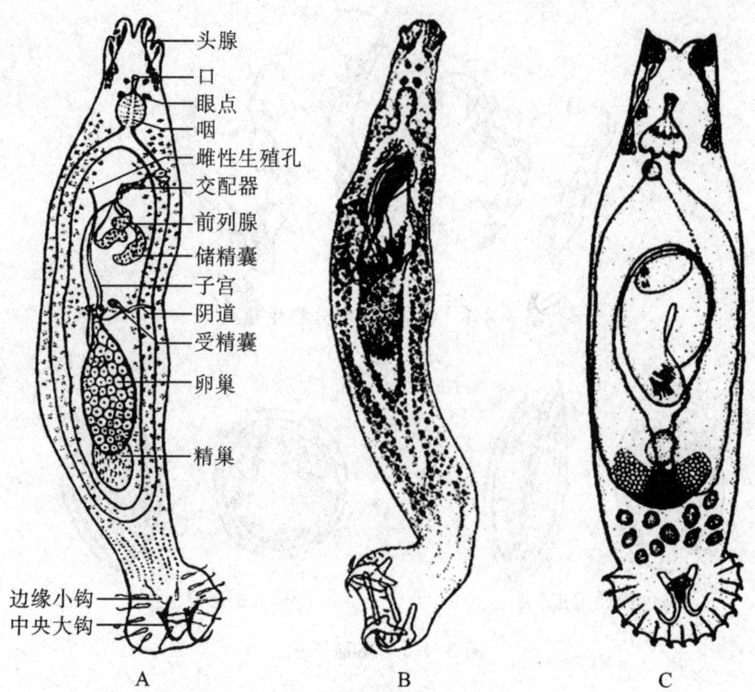

图 3.4-3　指环虫形态结构图(仿张剑英等)

A. 指环虫;B. 锚首虫;C. 三代虫

(2) 中大型吸虫,可用两片玻片将虫体压平,用力要适当,从一端加入固定液,另一端用吸水纸将水分吸去,使固定液弥散于虫体四周。一段时间后,虫体变为不透明或与固定液同色,表示固定已完成。小心将玻片分开,用 50%酒精将虫体冲洗下去,然后放入 70%酒精中保存。亦可用细线将两块玻片捆扎好,注意细线捆扎的松紧度,以虫体展平至最适为宜,然后放入固定液(70%酒精或 3%戊二醛溶液)中固定。还可将虫体压于两玻片中,用细线扎好,置于体视镜下观察。做切片用的标本,无需压平,直接放入布翁氏液中固定。

取活体黄鳝及野杂鱼,按以上方法采集和处理胃、肠等处的复殖吸虫标本(图 3.4-4)。

3. 绦虫标本的采集和处理

绦虫的采集和处理一般与复殖吸虫相似。但大型绦虫可剪下头节和成熟节片固定。可用 F. A. A、70%酒精、5%福尔马林固定保存。在采集绦虫标本时,应特别注意小心将虫体从寄生部位分离出来,不能硬拉虫体,务须保证虫体的完整,特别是分类鉴定上有价值的头节不可让其失落。

取活体鲤鱼或鲫鱼,按以上方法采集与处理消化道内的许氏绦虫(图 3.4-5)、鲤蠹绦虫等标本。

4. 线虫标本的采集与处理

线虫的采集一般与复殖吸虫和绦虫相似,固定液一般用 70%酒精。先用烧杯盛 30%或 50%酒精加热煮沸,去火之后,用竹签将线虫挑入酒精中热杀,使之伸展变直,待酒精冷却后将线虫移入 70%酒精中保存,或保存于 5%～10%的甘油酒精中。柔软小型的线虫可用巴氏液(生理盐水 ＋ 3%福尔马林)保存,无需热杀。

线虫无需染色,一般用甘油酒精透明,最后移入纯甘油中观察。用毕退回 10%甘油酒精中。观察几丁质结构用聚乙烯醇处理。需要时还可切下某部分,进行详细的观察研究。

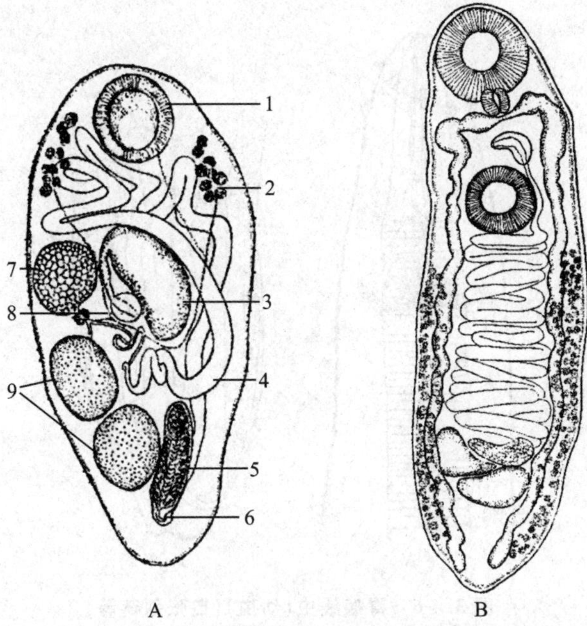

图 3.4-4 复殖吸虫(仿张剑英等)

A. 似牛首吸虫;B. 独孤吸虫。

1. 口吸盘;2. 卵黄腺;3. 子宫;4. 肠;5. 生殖囊;6. 生殖孔;7. 卵巢;8. 咽;9. 睾丸

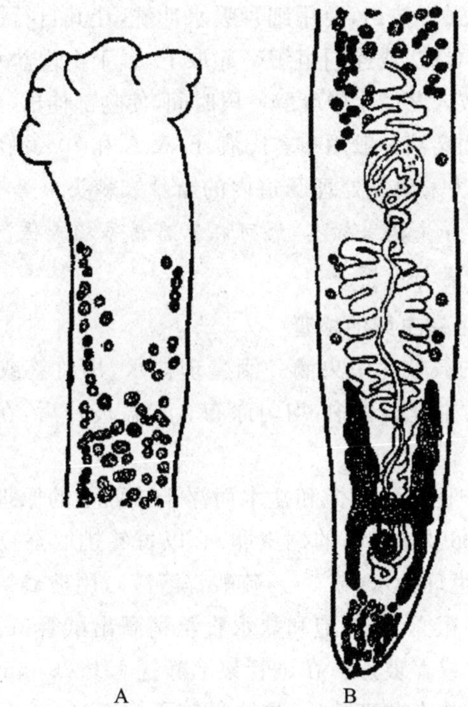

图 3.4-5 中华许氏绦虫(自张剑英等)

A. 绦虫头部;B. 绦虫尾部

取活体黄鳝,按以上方法采集与处理腹腔内的胃瘤线虫(幼虫)(图 3.4-6)、肠道内的毛细线虫等标本。

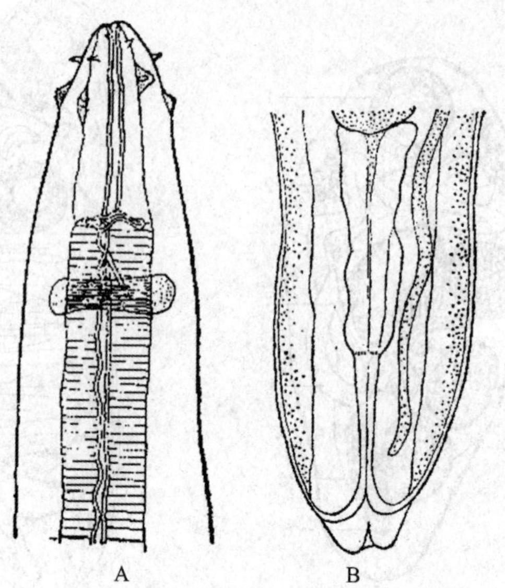

图 3.4-6 胃瘤线虫(幼虫)(自张剑英等)

A. 幼虫头部;B. 幼虫尾部

5. 棘头虫标本的采集与处理

棘头虫的采集一般与复殖吸虫和绦虫相似,值得注意的是,它的前端以棘吻钻入肠壁组织内,取出时要倍加小心,不宜强行拉出,要用细管吸水冲洗,让其自行脱落下来。若有困难,可用解剖针把虫体前端周围组织弄破,或连同组织一起取下,置于生理盐水中浸泡一段时间,虫体就会自行脱落。固定时,应先放入蒸馏水中麻醉一段时间,使吻部伸出,或将吻部压出,并洗净吻部污物,再按需要进行固定。固定液一般用布翁氏液、F. A. A 和 70%酒精,也可用巴氏液。

取活体黄鳝,按以上方法采集与处理肠道内的新棘衣棘头虫等标本(图 3.4-7)。

★ 吸虫、绦虫和蛔虫等寄生蠕虫标本,还可在家畜屠宰场或医院得到。

(三) 寄生蠕虫卵的采集与观察

1. 动物或人粪便中寄生蠕虫卵的检查

(1) 涂片法　在洁净的载玻片中央滴一滴生理盐水,用竹签或火柴棒挑取少量粪便(约芝麻大小),置于载玻片上的生理盐水中,均匀涂布。加盖玻片后,在低倍镜下检查,再换高倍镜证实。

(2) 浮集法　利用虫卵比重小于饱和盐水而浮于液面上的原理,收集漂浮的液膜进行检查(此法不适合于有盖的虫卵及未受精的蛔虫卵)。以竹签挑取蚕豆大的粪便一块(约重 1 g)置于试管中,先加少量饱和生理盐水(或 33%硫酸锌溶液),用玻璃棒将粪便调匀,再边加饱和生理盐水搅匀。除去上浮的粗粪渣,加饱和盐水直至稍高出试管口而不外溢为止。立即在试管口上覆盖一干净的载玻片或盖玻片。在试管架上静置 15~20 min 后,将载玻片或盖玻片取下,加上盖玻片,或将盖玻片放在载玻片上,置显微镜下检查。

(3) 离心沉淀浓集法　利用虫卵比重大于水的原理,通过离心沉淀使虫卵迅速沉集于管底,吸取管底沉渣检查。以竹签挑取蚕豆大的粪便一块,置烧杯中加少量水调匀。经筛子、漏斗装入离心管中,加上清水后以 1500 r/min 的速度离心 3 min。取出离心管,倾去上层液,再加水调匀,再离心,反复几次直至上层液澄清为止。最后倾去上层液,吸取沉渣镜检。

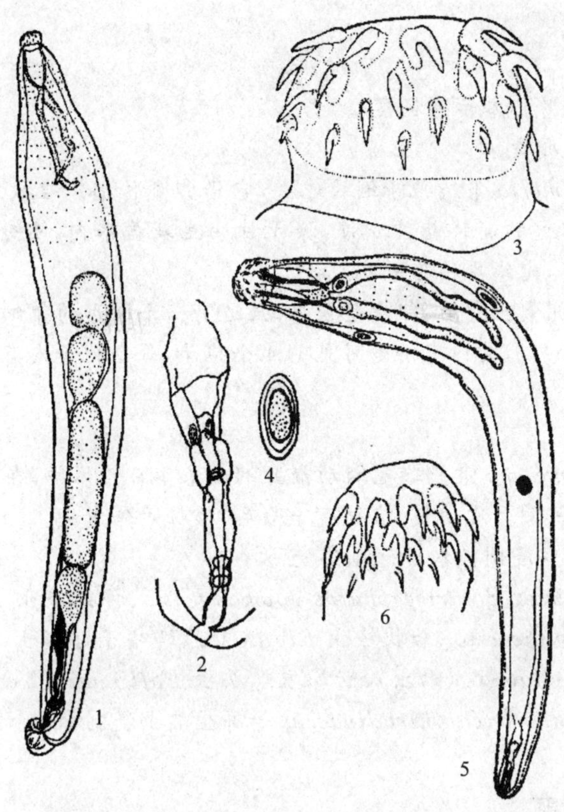

图 3.4-7　新棘衣棘头虫(自张剑英等)

1. 雄虫;2. 子宫钟;3. 吻;4. 卵;5. 未成熟雌虫;6. 未成熟虫体的吻

2. 常见寄生蠕虫卵的镜检观察

取钩虫卵、蛲虫卵、绦虫卵(内含六钩蚴)、华支睾吸虫卵、日本血吸虫卵、蛔虫卵等装片标本(图 3.4-8)进行观察。

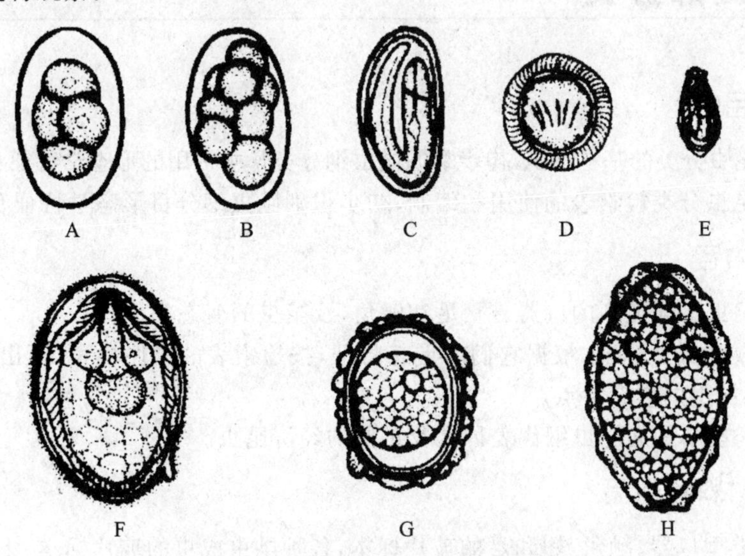

图 3.4-8　常见寄生虫卵(自刘凌云等)

A、B. 钩虫卵;C. 蛲虫卵;D. 绦虫卵(内含六钩蚴);E. 华支睾吸虫卵;

F. 日本血吸虫卵;G. 蛔虫卵(受精);H. 蛔虫卵(未受精)

示范与拓展实验

1. 寄生原虫涂片标本示范观察

1) 兔艾美球虫卵囊

兔艾美球虫 *Eimeria* 隶属孢子纲的球虫,它借卵囊传播。在载玻片上滴一滴甘油生理盐水,用牙签挑取兔的新鲜粪便少许,涂于甘油生理盐水内,充分均匀混合,盖上盖玻片,在低倍镜下观察,光线要稍暗一些。

兔艾美球虫的卵囊呈卵形,卵囊壁较厚,里边有一个圆形的卵细胞。在合适的外界环境中经发育(约 24 h),卵囊内有清楚可见的 4 个孢子,每个孢子内有 2 个子孢子。★卵囊形成有何意义?

2) 血液锥体虫

锥体虫 *Trypanosoma* 隶属鞭毛纲动鞭亚纲动基体目锥体科,在脊椎动物的血液内寄生,体呈纺锤形,体一侧具波动膜,前端有一鞭毛,核位于体中央。

2. 动物寄生蠕虫浸制标本示范观察

观察九江头槽绦虫 *Bothriocephalus gowkongensis*、许氏绦虫 *Khawia sinensis*sp.、鲤蠢绦虫 *Caryophyllaeus*sp.、舌状绦虫 *Ligula*sp.、鲫嗜子宫线虫 *Philometra carassii*、胃瘤线虫 *Eustrongylides*sp.(幼虫)、新棘衣棘头虫 *Pallisentis*(*Neosentis*) *celatus*、猪巨吻棘头虫 *Macracanthorhychushirudinaceus* 等寄生蠕虫浸制标本。

五、作业与思考题

(1) 绘常见寄生蠕虫卵图,并标注。

(2) 比较疟原虫与兔艾美球虫的生活史的异同。

3.5 昆虫的分类

一、实验目的

(1) 了解昆虫分类的基本知识,初步掌握昆虫纲分类学中常用的形态学特征和生物学特征。

(2) 学会昆虫分类检索表的使用和编制,初步识别昆虫纲分目形态学特征及鉴别方法。

二、实验内容

(1) 观察昆虫不同类型的口器、翅、足和触角,及昆虫的变态类型。

(2) 检索数种昆虫标本,根据它们的形态特征,按检索表的顺序检索,写出检索过程及其序列号,并记录昆虫的形态特点。

(3) 认识一些常见的昆虫纲代表种类及重要的经济昆虫。

三、实验材料和用品

昆虫不同类型口器、触角、翅和足的玻片标本,各种昆虫成虫的玻片标本、干制标本及浸制标本;部分卵块、幼虫和蛹的浸制标本。

显微镜、解剖镜、放大镜、镊子、解剖针等。

四、实验方法与步骤

(一) 昆虫的口器类型

口器又叫取食器,昆虫因食性及取食方式的分化,形成了不同类型的口器。大体上取食固体食物的昆虫口器为咀嚼式,取食液体食物的昆虫口器为吸收式,兼食固体和液体食物的昆虫口器为嚼吸式;其中吸食表面液体的昆虫口器为舐吸式或虹吸式,而吸食寄主内部液体的昆虫口器为刺吸式、挫吸式或捕吸式。在这些类型的口器中以咀嚼式口器最为原始,其他类型的口器均由咀嚼式口器演变而成,其基本构造是由上唇、上颚、下颚、下唇及舌五个部分组成。

1. 咀嚼式

咀嚼式如蝗虫的口器(图 3.5-1)。

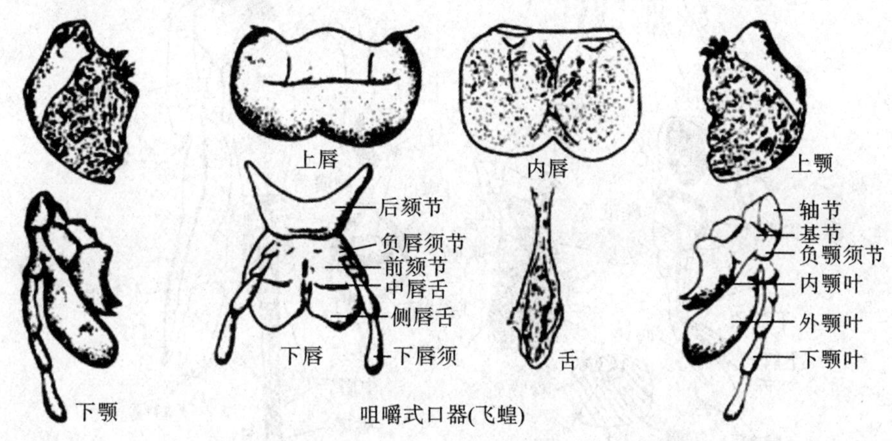

图 3.5-1 蝗虫的咀嚼式口器(分解图)(自张训蒲等)

2. 刺吸式

刺吸式如蚊的口器(图 3.5-2A、B),各部分都延长为细针状。

上唇:较大的 1 根口针,端部尖锐如剑。

上颚:最细的 2 根口针。

下颚:1 对,由分 4 节的下颚须及由外颚叶变成的口针组成。

舌:1 根,较宽,细长而扁平。

下唇:1 根,长而粗大,多毛,呈喙状,可围抱上述口针。

3. 舐吸式

舐吸式如家蝇的口器(图 3.5-2C、D、E)。上下颚均退化、仅剩 1 对棒状的下颚须;下唇特化为长的喙,喙端部膨大为 1 对具环沟的唇瓣。喙的背面基部着生一剑状上唇,其下紧贴一扁长的舌,两相闭合而成食道。

4. 虹吸式

虹吸式如蝶、蛾的口器(图 3.5-2F、G)。上颚及下唇退化,下颚形成长形卷曲的喙,中间有食物道。下颚须不发达,下唇须发达。

5. 嚼吸式

嚼吸式如蜜蜂的口器,它由以下几个部分组成(图 3.5-2H、I)。

上唇,为一横薄片,内面着生刚毛。

上颚,1 对,位于头的两侧,坚硬,齿状,适于咀咽花粉颗粒。

下颚,1 对,位于上颚的后方,由棒状的轴节、宽而长的基节及片状的外颚叶组成,并有一 5

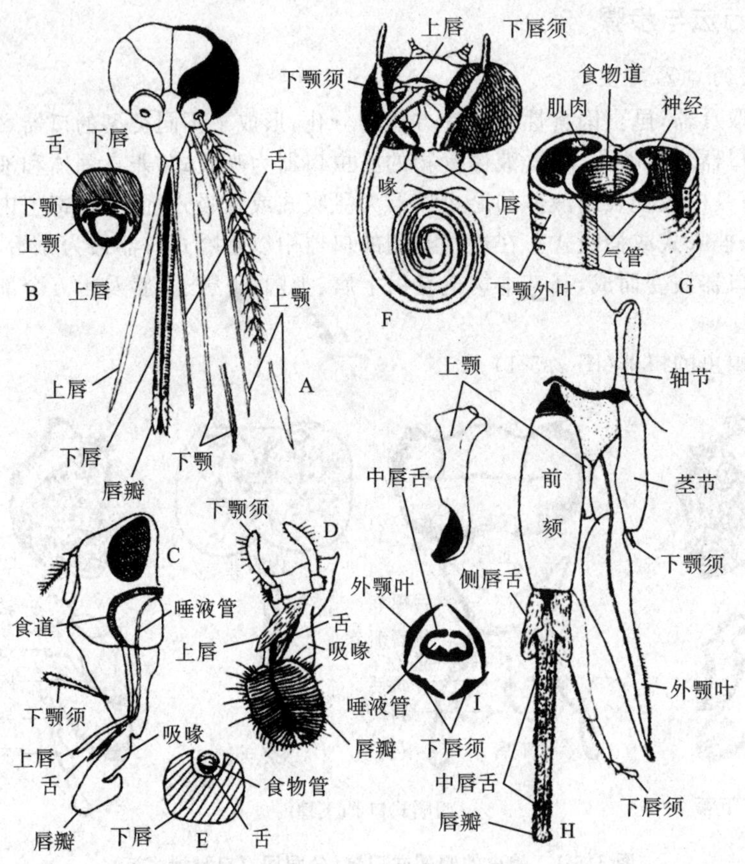

图 3.5-2　昆虫的口器类型(自姜乃澄)

A. 刺吸式口器;B. 刺吸式口器横切面;C. 舐吸式口器纵切面;D. 舐吸式口器腹面观;E. 舐吸式口器横切面;F. 虹吸式口器;G. 喙的横切面;H. 嚼吸式口器;I. 吸管横切面

节的下颚须。

下唇,位于下颚的中央。有一三角形的亚颏和一粗大的颏部。颏部的两侧有 1 对 4 节的下唇须,颏的端部有一多毛的长管,称中唇舌,其近基部有 1 对薄且凹成叶状的侧唇舌,端部还有一匙状的中舌瓣。

(二) 昆虫足的类型(图 3.5-3)

胸足是着生在各胸节侧腹面基节(或称基节窝)里的成对附肢,成虫的足由 6 节组成,节与节之间常有一两个关节相连接。

(1) 步行足　各节皆细长,适于步行,为昆虫中最常见的类足,即便是某些特化类型的足,有时亦能用于行走。步行足还有帮助捕食、清洁、抱握雌虫、攀缘等功能。有些学者还专门把虎甲、步甲、蜚蠊等能快跑的昆虫的足称为疾走足。

(2) 跳跃足　腿节特别发达,胫节一般细长,适于跳跃。如蝗虫、跳甲、跳蚤的后足。

(3) 捕捉足　基节长大,腿节发达,腹缘具沟,沟两侧具两列刺,适于捕捉与把握食物,如螳螂、蜻的前足。

(4) 开掘足　较宽扁,股节或胫节上具齿,适于挖土及拉断植物的细根。如蝼蛄、金龟甲等土栖昆虫的前足。

(5) 游泳足　如松籁虫的后足。胫节和跗节皆扁平呈浆状,适于游泳。如龙虱的后足。

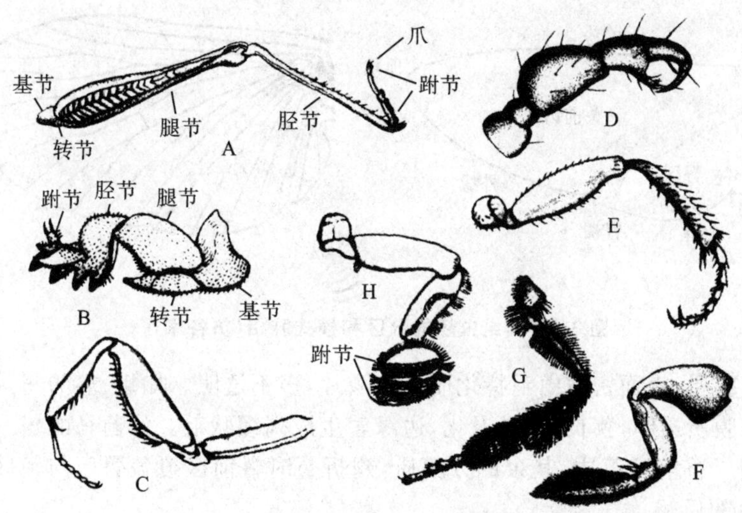

图 3.5-3　昆虫足的结构和类型(自姜乃澄)

A. 跳跃足;B. 开掘足;C. 捕捉足;D. 攀缘足;E. 步行足;F. 游泳足;G. 携粉足;H. 抱握足

(6) 抱握足　较短粗,跗节特别膨大,具吸盘状构造,在交配时能挟持雌虫,如龙虱雄虫的前足。

(7) 携粉足　多毛,较宽扁,基跗节甚大,适于采集与携带花粉,如蜜蜂总科昆虫的后足。

(8) 攀缘足　胫节腹面具一指状突,可与跗节和爪合抱以把持毛发或织物纤维。如虱类的足。

(三) 昆虫翅的类型和分区脉相(图 3.5-4、图 3.5-5)

根据翅的形状、质地与功能可将翅分为不同的类型,常见的类型有九种。

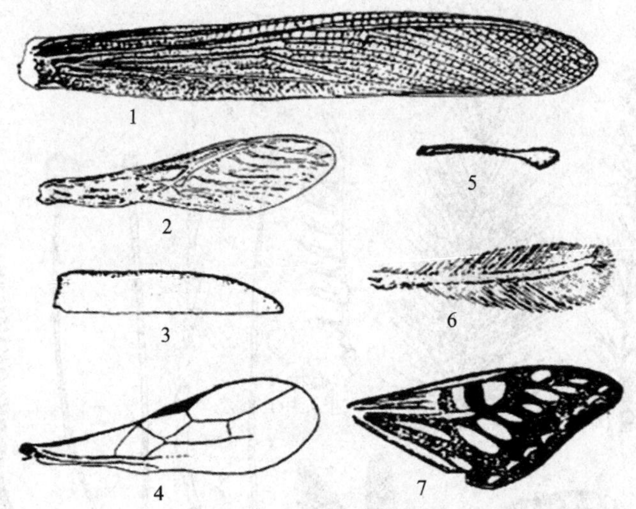

图 3.5-4　昆虫翅的类型(自江静波等)

1. 复翅;2. 半鞘翅;3. 鞘翅;4. 膜翅;5. 平衡棒;6. 缨翅;7. 鳞翅

(1) 膜翅　薄而透明,膜质,翅脉清晰可见。为昆虫中最常见的一类翅,如蜻蜓、草蛉、蜂类的前后翅、蝗虫、甲虫、蝽类的后翅等。

(2) 毛翅　膜质,翅面和翅脉被密毛。如毛翅目昆虫的翅。

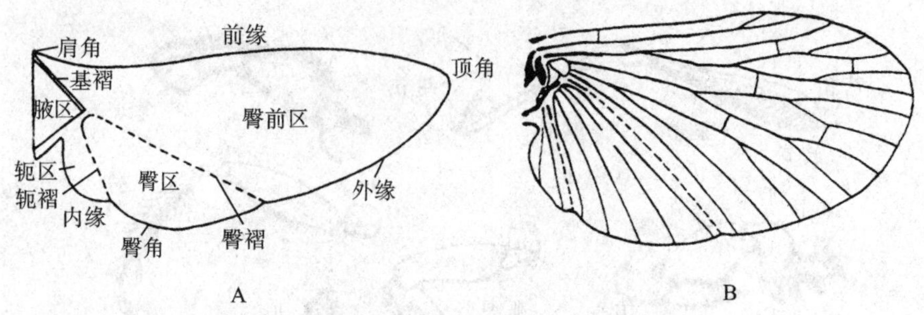

图 3.5-5 昆虫翅的分区和模式脉相(仿各家)

(3) 鳞翅 膜质,表面密被由毛特化而成的鳞片,多不透明。如蛾、蝶的翅。

(4) 缨翅 膜质透明,狭长,翅脉退化,边缘着生成列缨状毛。如蓟马的翅。

(5) 半复翅 臀前区革质,其余部分膜质,翅折叠时臀前区覆盖臀区与轭区起保护作用;如大部分竹节虫的后翅。

(6) 复翅(又称覆翅、革翅) 革质,稍厚而有弹性,多不透明或半透明,翅脉仍可见。主要起保护后翅的作用。如蝗虫、叶蝉的前翅。

(7) 半鞘翅(又称半翅) 基半部革质,端半部膜质。如大多数蝽类的前翅。

(8) 鞘翅 全部骨化,坚硬,不透明,翅脉不可见。主要用于保护后翅和背部。如鞘翅目昆虫的前翅。

(9) 平衡棒(又称棒翅) 呈棍棒状,能起感觉与平衡体躯的作用。如双翅目昆虫与雄蚧的后翅,捻翅目昆虫的前翅。这类翅与膜翅同源,有些在一定的条件下还可变成膜翅,如果蝇的后翅。

(四)昆虫触角的类型(图 3.5-6)

(1) 刚毛状触角 触角短,基节与梗节较粗大,其余各节细似刚毛,如蜻蜓、蝉、叶蝉等的触角。

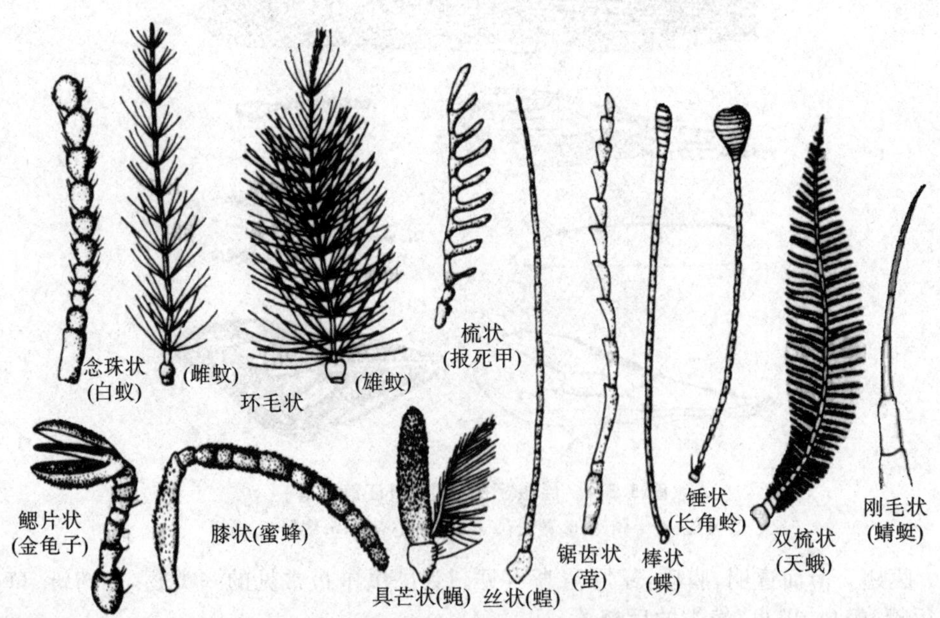

图 3.5-6 昆虫触角的类型(自张训蒲等)

(2) 线状触角(又叫丝状触角) 细长,呈圆筒形,除基节、梗节较粗外,其余各节大小、形状相似,向端部渐细,是昆虫触角最常见的类型。螽蟖类、天牛类的触角属典型的线状,有时触角可长达身体的数倍。

(3) 念珠状触角 基节较长,梗节小,鞭节由多个近似因球形大小相近的小节组成,形似一串念珠。如白蚁、褐蛉等的触角。

(4) 棒状触角(又叫球杆状触角) 结构与线状触角相似,但近端部数节膨大如棒。蝶类和蚁蛉类的触角属于此类。

(5) 锤状触角 似棒状,但触角较短,鞭节端部突然膨大,形似锤状。如郭公虫等一些甲虫的触角。

(6) 锯齿状触角 鞭节各亚节的端部呈锯齿状向一边突出。如部分叩甲、芫菁雄虫等的触角。

(7) 栉齿状触角 鞭节各亚节向一侧显著突出,状如梳栉。如部分叩甲及豆象雄虫的触角。

(8) 羽状触角(又叫双栉状触角) 鞭节各节向两侧突出呈细枝状,枝上还可能有细毛,触角状如鸟类的羽毛或形似篦子。如很多蛾类雄虫的触角。

(9) 肘状触角(又叫膝状触角或曲肱状触角) 其柄节较长,梗节小,鞭节各亚节形状及大小近似,在梗节处呈肘状弯曲。如蚁类、蜜蜂类、象甲类昆虫的触角。

(10) 环毛状触角 除柄节与梗节外,鞭节部分亚节具一圈细毛。如雄性蚊类与摇蚊的触角。

(11) 具芒状触角 鞭节不分亚节,较柄节和梗节粗大,其上有一刚毛状或芒状触角芒。为蝇类所特有。

(12) 鳃状触角 鞭节端部几节扩展成片,形似鱼鳃。如金龟甲之触角。

(五) 昆虫的变态类型标本观察

(1) 无变态 如衣鱼的幼虫与成虫,除身体较小和性器官未成熟外,其他无大差别。

(2) 渐变态 如蝗虫。从幼虫生长发育到成虫,除翅逐渐成长和性器官逐渐成熟外,没有其他明显差别。这种幼虫称为若虫。生活史中没有蛹的阶段。

(3) 半变态 如蜻蜓。幼虫在外形和生活习性上与成虫都不同;幼虫生活在水中,有临时器官;成虫生活于陆地,临时器官消失。这种幼虫称稚虫。生活史中也无蛹期。

(4) 完全变态 如蚕。幼虫与成虫在各方面完全不同。在变成成虫前,要经过不食不动的蛹期。

(六) 常见昆虫标本的识别与分类检索

1. 昆虫纲各目的检索

昆虫检索表的使用方法:在检索表中列有 1、2、3、4 等数字,每一数字后都列有两项互不兼容的特征描述(分别称为该条(数字)的前项和后项),拿到要鉴定的昆虫后,从第 1 条查起,两项互不兼容的特征中,哪一项与所鉴定的昆虫一致,就按该项后面所指出的数字继续查下去,直到查出“目”为止。

例如,若被鉴定的昆虫符合第 1 条中的后项“无中尾丝”这一特征,此条后面指出数字是“4”,即继续查第 4 条,在第 4 中,如果后项“有翅”与所要鉴定的标本符合,就再按后面指出的数字 26 查下去,直至查出该昆虫所属的“××目”的名称为止。

本检索表采用郑乐怡、归鸿(1999)的分类系统,结合最新的昆虫纲的研究进展,对昆虫纲 30 个常见目进行编写(注:原同翅目 Homoptera 已并入半翅目 Hemiptera)。

昆虫纲(成虫)分目检索表

1　尾须通常发达,具中尾丝…………………………………………………………………… 2
　无中尾丝 ……………………………………………………………………………………… 4
2　原生无翅,触角长丝状………………………………………………………………………… 3
　具翅,或翅退化,触角刚毛状 ………………………………………… 蜉蝣目 Ephemeroptera
3　复眼发达,具1对单眼,第2、3对胸足基节上常有针突 ……… 石蛃目 Archaeognatha
　复眼退化,常无单眼,胸足基节上无针突…………………………… 衣鱼目 Zygentoma
4　无翅或有极退化的翅 ………………………………………………………………………… 5
　有翅……………………………………………………………………………………………… 26
5　无足,似幼虫,头和胸部愈合;内寄生于膜翅目、半翅目、直翅目等许多昆虫体内,仅头胸部露出寄主腹节外 ………………………………………………… 捻翅目 Strepsiptera (♀)
　有足,头和胸部不愈合,不寄生于昆虫体内 ……………………………………………… 6
6　头延长成喙状 …………………………………………………………… 长翅目 Mecoptera
　头正常 ………………………………………………………………………………………… 7
7　口器为咀嚼式 ………………………………………………………………………………… 8
　口器为刺吸式、舐吸式或虹吸式 ………………………………………………………… 21
8　腹部末端有1对尾须(或呈铗状) ………………………………………………………… 9
　腹部无尾须……………………………………………………………………………………… 18
9　尾须呈坚硬不分节的铗状 …………………………………………… 革翅目 Dermaptera
　尾须不呈铗状…………………………………………………………………………………… 10
10　前足第1附节特别膨大,能纺丝 …………………………………… 纺足目 Embioptera
　前足第1附节不特别膨大,也不能纺丝…………………………………………………… 11
11　前足为捕捉足………………………………………………………………… 螳螂目 Mantodea
　前足非捕捉足 ………………………………………………………………………………… 12
12　后足为跳跃足…………………………………………………………… 直翅目 Orthoptera
　后足非跳跃足 ………………………………………………………………………………… 13
13　体扁 …………………………………………………………………………………………… 14
　体不扁,长筒形………………………………………………………………………………… 15
14　前胸背板大,常盖住头的全部;尾须分节 ……………………………… 蜚蠊目 Blattodea
　前胸大,但不盖住头部;尾须长而不分节;啮齿类的体外寄生虫 …… 革翅目 Dermaptera
15　触角念珠状 …………………………………………………………………………………… 16
　触角丝状 ……………………………………………………………………………………… 17
16　具复眼,常具1对单眼,社会性昆虫 ………………………………………… 等翅目 Isoptera
　无翅种类则无复眼和单眼,常群集生活 …………………………………… 缺翅目 Zoraptera
17　体细长似杆状,尾须短小、不分节 ………………………………… 竹节虫目 Phasmatodea
　体非杆状,为学长,8～9节 ……………………………………… 蛩蠊目 Grylloblattodea
18　跗节3节以下 ………………………………………………………………………………… 19
　跗节4～5节……………………………………………………………………………………… 20
19　足的跗节1～2节,触角短小,3～5节 ……………………………………… 食毛目 Mallophaga
　足的跗节2～3节,触角长丝状,通常13节以上……………………………… 啮目 Psocoptera

20 腹部第 1 节并入后胸,第 1 和第 2 节之间紧缩或成柄状 …… 膜翅目 Hymenoptera
腹部第 1 节不并入后胸,也不紧缩 …………………………… 鞘翅目 Coleoptera
21 体密被鳞片或密生鳞片,口器为虹吸式 ……………………… 鳞翅目 Lepidoptera
体密无鳞片,口器为刺吸式、舐吸式或退化 ……………………………… 22
22 跗节 5 节 ……………………………………………………………… 23
跗节 3 节以下 …………………………………………………………… 24
23 体侧扁(左右扁) ……………………………………………… 蚤目 Siphonaptera
体不侧扁 …………………………………………………………… 双翅目 Diptera
24 跗节端部有能伸缩的泡,爪很小 …………………………… 缨翅目 Thysanoptera
跗节端部无能伸缩的泡 ………………………………………………… 25
25 足具 1 爪,适于攀附在毛发上;外寄生于哺乳动物 ………………… 虱目 Anoplura
足具 2 爪,如具 1 爪则寄生于植物上,极不活泼或固定不动,体呈球状或介壳状等,常披有蜡质胶等分泌物 ………………………………………… 半翅目 Hemiptera
26 有 1 对翅 ……………………………………………………………… 27
有 2 对翅 ……………………………………………………………… 35
27 前翅或后翅特化成平衡棒 ………………………………………………… 28
前翅或后翅不特化成平衡棒 ………………………………………………… 30
28 前翅形成平衡棒,后翅很大 …………………………………… 捻翅目 Strepsiptera
后翅形成平衡棒,前翅很大 ………………………………………………… 29
29 跗节 5 节 …………………………………………………………… 双翅目 Diptera
跗节仅 1 节(介壳虫♂) ……………………………………… 半翅目 Hemiptera
30 腹部末端有 1 对尾须 …………………………………………………… 31
腹部末端无尾须 ………………………………………………………… 33
31 尾须细长而多节,翅竖立背上 ………………………………… 蜉蝣目 Ephemeroptera
尾须不分节,多短小,翅平覆于背上 ………………………………………… 32
32 跗节 5 节,后足非跳跃足,体细长如杆或扁宽如叶片 ……… 竹节虫目 Phasmatodea
跗节 4 节以下,后足跳跃足 …………………………………… 直翅目 Orthoptera
33 前翅角质,口器为咀嚼式 ……………………………………… 鞘翅目 Coleoptera
前翅为膜质,口器非咀嚼式 ………………………………………………… 34
34 翅上有鳞片 ………………………………………………… 鳞翅目 Lepidoptera
翅上无鳞片 ……………………………………………… 缨翅目 Thysanoptera
35 前翅全部或部分较厚,为角质或革质,后翅为膜质 ……………………… 36
前翅与后翅均为膜质 …………………………………………………… 43
36 口器刺吸式或挫吸式 …………………………………………………… 37
口器非刺吸式或挫吸式 ………………………………………………… 38
37 口器刺吸式 ………………………………………………… 半翅目 Hemiptera
口器挫吸式 ……………………………………………… 缨翅目 Thysanoptera
38 前翅有翅脉 ……………………………………………………………… 39
前翅无明显翅脉 ………………………………………………………… 42
39 跗节 4 节以下,后足为跳跃足或前足为开掘足 ……………… 直翅目 Orthoptera
跗节 5 节,后足非跳跃足,前足非开掘足 ……………………………………… 40

40　前足为捕捉足……………………………………………… 螳螂目 Mantodea
　　前足非捕捉足 ……………………………………………………………… 41
41　前胸背板很大,常盖住头的全部或大部分 ……………… 蜚蠊目 Blattodea
　　前胸很小,头部外露,体似杆状或叶片状 ……………… 竹节虫目 Phasmatodea
42　腹部末端有1对尾铗,前翅短小,决不能盖住腹部中部 ………… 革翅目 Dermaptera
　　腹部末端无尾铗,前翅一般较长,盖住大部或全部腹部 ………… 鞘翅目 Coleoptera
43　翅面全部或部分被有鳞片,口器为虹吸式或退化 …………… 鳞翅目 Lepidoptera
　　翅上无鳞片,口器为咀嚼式、嚼吸式或退化 ………………………………… 44
44　触角极短小而不显著,刚毛状……………………………… 蜻蜓目 Odonata
　　触角长而显著,非刚毛状……………………………………………………… 45
45　头部向下延伸呈喙状 ……………………………………… 长翅目 Mecoptera
　　头部不延伸呈喙状 …………………………………………………………… 46
46　前足第1附节特别膨大,能纺丝 …………………………… 纺足目 Embioptera
　　前足第1附节不特别膨大,也不能纺丝……………………………………… 47
47　前、后翅几乎相等,翅基部各有一条横的肩缝,翅易沿此缝脱落 …… 等翅目 Isoptera
　　前、后翅相似或相差很多,都无肩缝 ……………………………………… 48
48　后翅前缘有一排小的翅钩列,用以和前翅相连 ……………… 膜翅目 Hymenoptera
　　后翅前缘无翅钩列 …………………………………………………………… 49
49　跗节2～3节……………………………………………………………………… 50
　　跗节5节 ……………………………………………………………………… 52
50　触角念珠状,翅脉退化 …………………………………… 缺翅目 Zoraptera
　　触角丝状,翅脉显著……………………………………………………………… 51
51　前胸很小如颈状,无尾须……………………………………… 啮目 Psocoptera
　　前胸不小于头部;腹末有一对尾须 ………………………… 襀翅目 Plecoptera
52　翅面密披明显的毛,口器(上颚)退化 ……………………… 毛翅目 Trichoptera
　　翅面上无明显的毛,有毛则生在翅脉和翅缘上,口器(上颚)发达 ……………… 53
53　后翅基部宽于前翅,有发达的臀区,休息时后翅臀区折起,头为前口式……………
　　…………………………………………………………………… 广翅目 Megaloptera
　　后翅基部不宽于前翅,无发达的臀区,休息时也不折起,头为下口式…………… 54
54　头部长,前胸圆筒形,很长;前足正常;雌虫有伸向后方的针状产卵器 …………
　　…………………………………………………………… 蛇蛉目 Raphidioptera
　　头部短,前胸一般不很长,如很长则前足为捕捉足(似螳螂);雌虫一般无针状产卵器,如有,则弯在背上向前 ……………………………………… 脉翅目 Neuroptera

2. 常见昆虫标本种类的识别

昆虫标本类型有如下几种。

① 玻片标本　弹尾目标本(跳虫)、虱目标本(鸡虱)、缨翅目标本(蓟马)、蚤目标本(跳蚤)。

② 浸制标本　蜉蝣目标、蜻蜓目标本、襀翅目标本(石蝇)、白蚁的工蚁和兵蚁、蜚蠊目标本、啮虫标本、广翅目幼虫标本、蛴螬标本、蝇蛆标本、石蚕标本、蝴蝶类幼虫标本、叶峰幼虫标本等。

③ 各种昆虫成虫的干制针插标本　蜻蜓成虫、蜚蠊目标本、竹节虫标本、螳螂、直翅目、蠼螋、同翅目、蝽类、草蛉、金龟子、盗虻、苍蝇、蝎蛉、蝴蝶类、蛾类、蜂类等标本。

④ 示范标本　跳虫标本、啮虫标本、白蚁标本、介壳虫标本、蝗虫标本、金龟子标本、蛾蝶类标本、蜜蜂标本等。

昆虫识别特征如下。

A. 无翅亚纲 Apterygota　原始无翅；无变态；腹部具与运动有关的附肢。

(1) 缨尾目　中、小型，体长而柔软，裸露或覆以鳞片。咀嚼式口器。触角长，丝状。腹部末端具3根细长尾丝。如石蛃、衣鱼。前者多生活于石块及落叶之下潮湿环境中，后者常见于室内抽屉、衣箱或书籍堆中。

(2) 弹尾目　微小型，体柔软。触角4节。腹部第1、2、4节上分别着生有黏管(腹管)、握弹器和弹器，能跳跃。如跳虫。

B. 有翅亚纲 Pterygota　通常有翅；有变态；腹部无运动附肢。

(1) 直翅目　大或中型昆虫。头属下口式；口器为标准的咀嚼式；前翅狭长，革质；后翅宽大、膜质，能折叠藏于前翅之下；腹部常具尾须及产卵器；发音器及听器发达；发音以左右翅相摩擦或以后足腿节内侧刮擦前翅而成；渐变态。如蝗虫、蝼蛄、油葫芦和中华蚱蜢等(图3.5-7)。

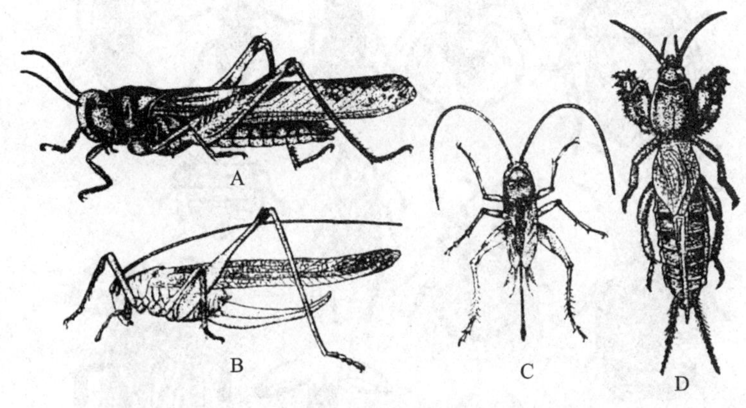

图3.5-7　直翅目代表(自江静波等)

A. 东亚飞蝗；B. 螽斯；C. 蟋蟀；D. 蝼蛄

(2) 蜚蠊目　咀嚼式口器，复眼发达，触角丝状；翅2对，也有不具翅的，前翅革质，后翅膜质，静止时平叠于腹上；足适于疾走；渐变态。如各种蜚蠊、地鳖虫。

(3) 螳螂目　体细长，咀嚼式口器，触角丝状；前胸发达，长于中胸和后胸之和；翅2对，前翅革质，后翅膜质，静止时平叠于腹上；前足适于捕捉；渐变态。如螳螂。

(4) 等翅目　体乳白色或灰白色，咀嚼式口器；翅膜质，很长，常超出腹末端，前后翅相似且等长，故名。渐变态。本目是多态性、营群居生活的社会性昆虫。每一群中有5种类型成员，即长翅型的雌雄繁殖蚁、短翅或无翅型的辅助繁殖蚁、不孕性的工蚁和兵蚁(图3.5-8)。如各种白蚁，是非热带、亚热带和温带地方的主要害虫。

(5) 虱目　体小而扁平，刺吸式口器，胸部各节愈合不分，足为攀缘式，渐变态。为人畜的体外寄生虫，吸食血液并传播疾病，如体虱。

(6) 蜻蜓目　咀嚼式口器，触角短小刚毛状，复眼大；翅2对，膜质多脉，前翅前缘端有一翅痣；腹部细长；半变态。如蜻蜓、豆娘。

(7) 半翅目　体略扁平；多具翅，前翅为半鞘翅；口器刺吸式，通常4节，着生在头部的前端；触角4或5节；具复眼。前胸背板发达，中胸有发达的小盾片为其明显的标志；身体腹面有臭腺开口，能散发出类似臭椿的气味，故又名椿象。渐变态。如二星蝽、梨蝽、稻蛛缘蝽、三点盲蝽、绿盲蝽、猎蝽、臭虫等(图3.5-9)。

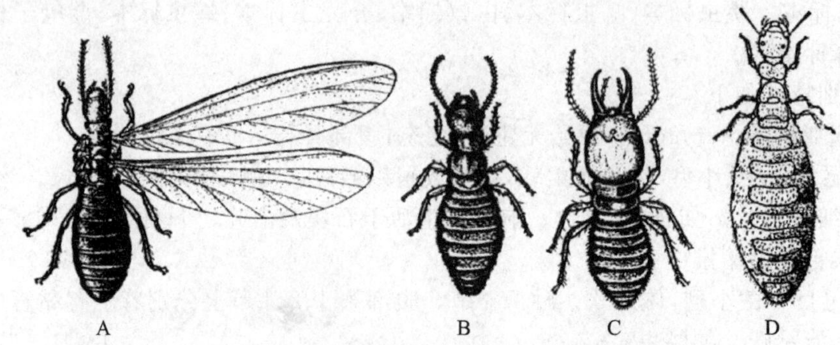

图 3.5-8　等翅目(白蚁)代表(自江静波等)

A. 有翅繁殖蚁;B. 工蚁;C. 兵蚁;D. 蚁后

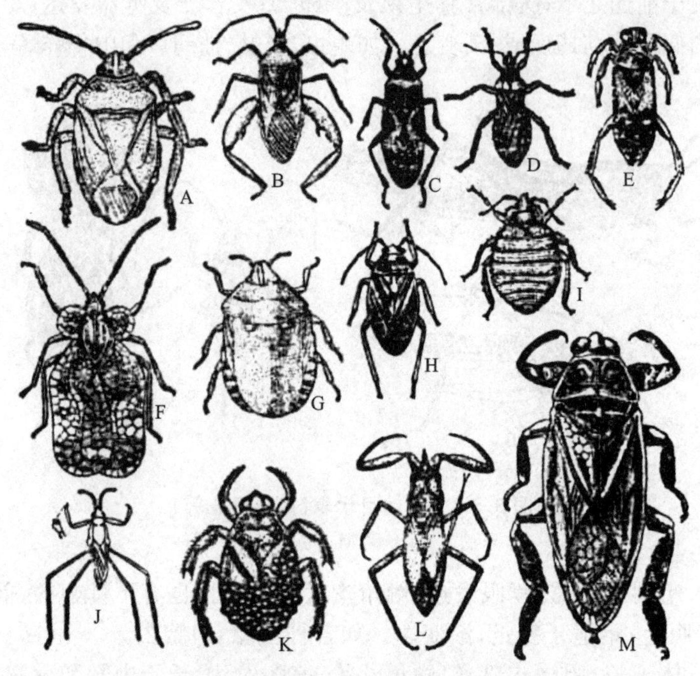

图 3.5-9　半翅目代表(自江静波等)

A. 荔蝽;B. 缘蝽;C. 长蝽;D. 食虫蝽;E. 松藻虫;F. 网蝽;G. 盾蝽;H. 盲蝽;
I. 臭虫;J. 水黾;K. 负子蝽;L. 红娘子;M. 桂花蝉

(8) 同翅亚目(半翅目)　口器刺吸式,下唇变成的喙,着生于头的后方。成虫大都具翅,休息时置于背上,呈屋脊状。触角短小,刚毛状或丝状。体部常有分泌腺,能分泌蜡质的粉末或其他物质,可保护虫体。渐变态。如蝉、叶蝉、飞虱、吹棉介壳虫、蚜虫、白蜡虫等(图 3.5-10)。

(9) 脉翅目　口器咀嚼式;触角细长,丝状、念珠状、栉状或棒状;翅膜质,前后翅大小和形状相似,脉纹网状。全变态,卵常具柄。如中华草蛉、大草蛉等。

(10) 鳞翅目　体表及膜质翅上都被有鳞片及毛,口器虹吸式;复眼发达。完全变态,幼虫为毛虫型。该目常分为两个亚目(图 3.5-11)。

①蝶亚目　触角末端膨大,棒状;休息时两翅竖立在背上;翅颜色艳丽,白天活动。如凤蝶、菜粉蝶等。

②蛾亚目　触角形式多样,丝状、栉状、羽状等;停息时翅叠在背上呈屋脊状;多夜间活动。

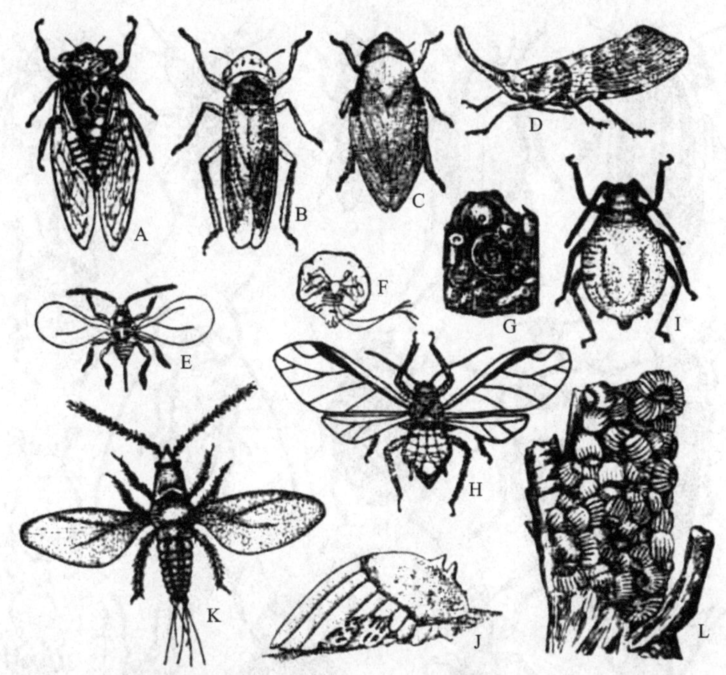

图 3.5-10 同翅亚目代表(自江静波等)

A. 蝉;B. 叶蝉;C. 沫蝉,D. 樗鸡;E. 介壳虫♂;F. 介壳虫♀;G. 介壳虫♀在植物上;H. 有翅型棉蚜;I. 无翅型棉蚜;J. 吹棉介壳虫♀;K. 吹棉介壳虫♂;L. 吹棉介壳虫在枝条上

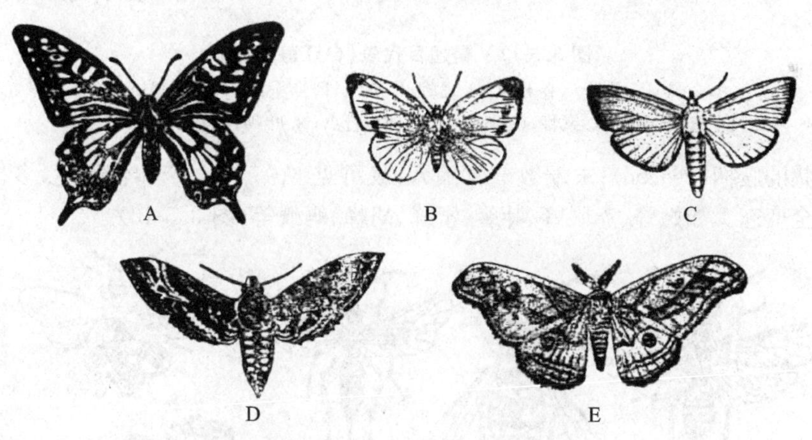

图 3.5-11 鳞翅目代表(自江静波等)

A. 凤蝶;B. 白粉蝶;C. 二化螟;D. 天蛾;E. 樟蚕

如黏虫、棉铃虫、二化螟、家蚕、蓖麻蚕、柞蚕等。

(11) 鞘翅目　口器咀嚼式;触角形式变化极大,丝状、锯齿状、锤状、膝状、鳃片状等。前翅角质,厚而坚硬,停息时在背上左右相接成一直线。后翅膜质,常折叠藏于前翅下,脉纹稀少。中胸小盾片小,三角形,露于体表。完全变态。如金龟子、天牛、叩头虫、黄守瓜、瓢虫等(图 3.5-12)。

(12) 膜翅目　体微小至中型,体壁坚硬;头能活动;复眼大;触角丝状、锤状或膝状;口器一般为咀嚼式,仅蜜蜂科为嚼吸式;前翅小,皆为膜翅,透明或半透明,后翅前缘有 1 列小钩,可与前翅相互连接。前翅前缘有一加厚的翅痣。腹部第 1 节并入胸部,称并胸腹节(propedeon),第 2 节

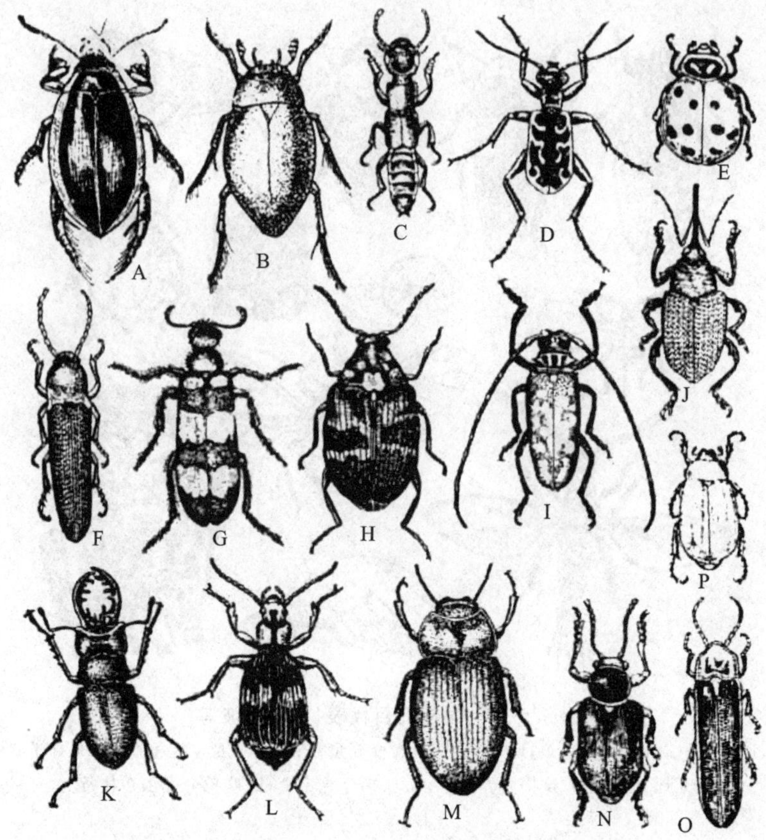

图 3.5-12　鞘翅目代表(自江静波等)

A. 龙虱;B. 牙虫;C. 隐翅虫;D. 虎岬;E. 瓢虫;F. 叩头虫;G. 芫菁;H. 豆象;
I. 天牛;J. 象鼻虫;K. 锹岬;L. 步行虫;M. 伪步行虫;N. 叶岬;O. 萤火虫;P. 金龟子

多缩小成腰状的腹柄(pedeon);末端数节常缩入,仅可见 6～7 节。产卵器发达,多呈针状,有蜇刺能力。完全变态。如姬蜂、赤眼蜂、叶蜂、蜜蜂、胡蜂、蚂蚁等(图 3.5-13)。

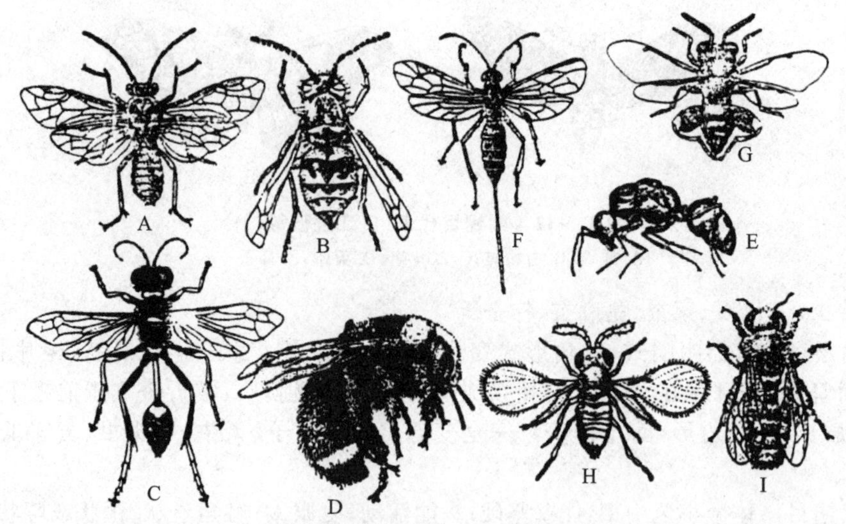

图 3.5-13　膜翅目代表(自江静波等)

A. 叶蜂;B. 胡蜂;C. 细腰蜂;D. 熊蜂;E. 蚁;F. 姬蜂;G. 小蜂;H. 赤眼蜂;I. 蜜蜂

(13) 双翅目　只有1对发达的前翅，膜质，脉相简单；后翅退化为平衡棒；复眼大；触角丝状、念珠状、具芒状、环毛状；口器刺吸式、舔吸式。完全变态，幼虫蛆形。如蚊、蝇、虻等(图3.5-14)。

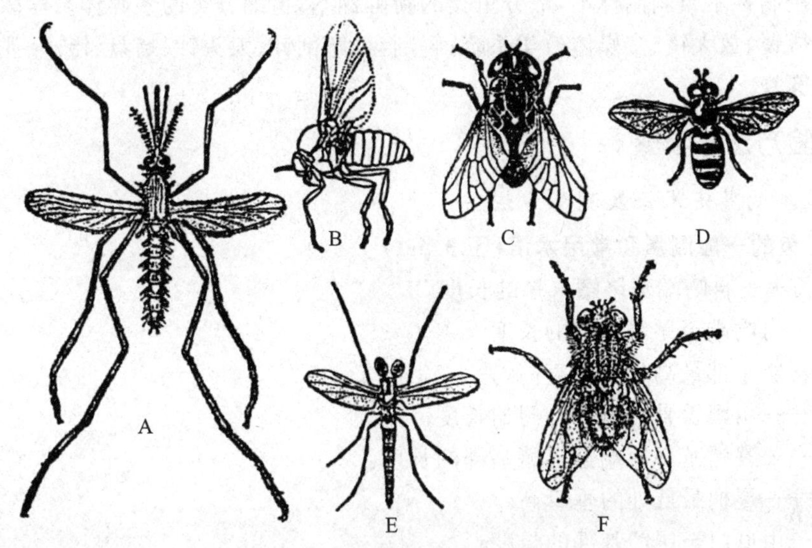

图3.5-14　双翅目代表(自江静波等)

A.蚊；B.蚋；C.虻；D.食蚜蝇；E.摇蚊；F.家蝇

示范与拓展实验

(1) 观看昆虫纲各目常见代表及重要经济昆虫的多媒体教学片。

(2) 几种重要经济昆虫的生活史标本示范观察。

五、作业与思考题

(1) 记录你所检索的昆虫标本种类(至少检索到目)，并编制出分目检索表以进行区分。

(2) 根据实验观察，初步说明节肢动物为什么能成为动物界种类最多、分布最广的一类动物。

3.6　鱼纲的分类

一、实验目的

(1) 学习鱼纲的分类原理和方法，掌握检索表的使用。

(2) 熟悉鱼纲中各主要目及重要科的特征。

(3) 认识鱼纲中常见的及有经济价值的种类。

二、实验内容

(1) 鱼类的鉴定术语及测量方法。

(2) 国内常见的软骨鱼类和硬骨鱼类重要目及代表种标本的检索与识别。

(3) 鱼纲的浸制标本及剥制标本的示范观察。

三、实验材料与用具

鱼类的浸制标本与剥制标本,部分鱼类的新鲜标本,鱼纲分类的多媒体教学软件。

体视显微镜、放大镜、多媒体教学系统;解剖盘、解剖针、大头针、蜡盘、镊子、注射器、直尺、卡尺、卷尺、圆规。

四、实验方法与步骤

(一) 鱼类的鉴定术语及测量方法

1. 硬骨鱼的一般测量和常用术语(图 3.6-1)

(1) 全长——自吻端至尾鳍末端的长度。

体长——自吻端至尾鳍基部的长度。

体高——躯干部最高处的垂直高。

躯干长——由鳃盖骨后缘到肛门的长度。

尾柄长——臀鳍基部后端至尾鳍基部的长度。

尾柄高——尾柄最低处的垂直高。

尾长——由肛门至尾鳍基部的长度。

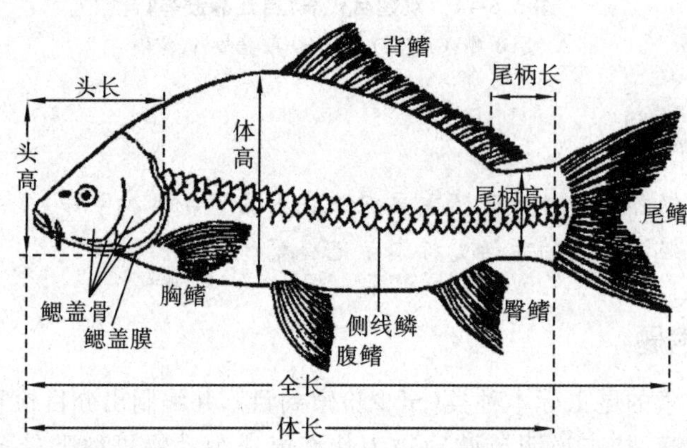

图 3.6-1　鲤的外形与各部分长度的测量(自黄诗笺)

(2) 头长——由吻端至鳃盖骨后缘(不包括鳃盖膜)的长度。

吻长——由上颌前端至眼前缘的长度。

眼径——眼的最大直径。

眼间距——两眼间的直线距离。

眼后头长——眼后缘至鳃盖骨后缘的长度。

(3) 鳞式　包括侧线鳞数、侧线上鳞数、侧线下鳞数。

侧线鳞数是指从鳃盖后方直达尾部的一条侧线鳞的数目;侧线上鳞数是指从背鳍起点斜列到侧线鳞的鳞片数;侧线下鳞数是指从臀鳍起点斜列到侧线鳞的鳞片数。

(4) 鳍条和鳍棘　鳍由鳍条和鳍棘组成。鳍条柔软而分节,末端分支的为分支鳍条,末端不分支的为不分支鳍条;鳍棘坚硬,由左右两半组成的鳍棘为假棘,不能分为左右两半的鳍棘为真棘(图 3.6-2)。

鳍式中一般用 D 代表背鳍,A 代表臀鳍,C 代表尾鳍,P 代表胸鳍,V 代表腹鳍。用罗马数

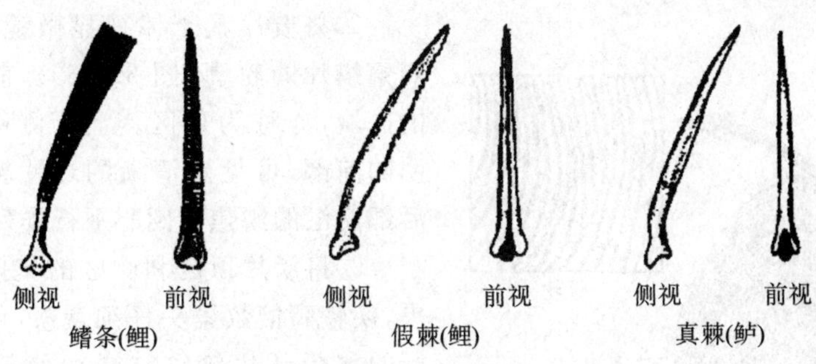

图 3.6-2 鱼类的鳍条、真棘和假棘(自刘凌云等)

字表示鳍棘数目,用阿拉伯数字表示鳍条数目。鳍式中的半字线代表鳍棘与鳍条相连,逗号表示分离,罗马字或阿拉伯字中间的一字线表示范围。例如,鲤鱼的鳍式:D. ⅳ-18～22;A. ⅲ-5～6;P. ⅰ-15～16;V. ⅱ-8～9。

(5) 脂鳍　在背鳍后方的一个无鳍条支持的皮质鳍。

(6) 喷水孔　软骨鱼类两眼后方的开孔,与咽相通,为胚胎期第一对鳃裂退化而来。

(7) 眼睑和瞬膜　鱼类无真正的眼睑。头部皮肤通过眼球时,可变为一层透明的薄膜,称眼睑,鲻鱼的眼睑具脂肪,称脂眼睑。某些鲨鱼眼周围的皮肤皱褶可形成活动的眼睑,称瞬膜。

(8) 鳍脚　软骨鱼类的雄鱼,在腹鳍内侧延长形成的交配器官,有软骨支持。

(9) 口位　硬骨鱼依口的位置和上下颌的长短可区分为口前位、口下位及口上位。

(10) 腹棱　肛门到腹鳍基部前的腹部中线隆起的棱,或到胸鳍基部前的腹部中线隆起的棱。前者称腹棱不完全,后者称腹棱完全。

(11) 棱鳞　某些鱼类的侧线或腹部呈棱状突起的鳞片。

(12) 腋鳞　胸鳍的上角和腹鳍外侧,有扩大的特殊的鳞片即是。

(13) 尾鳍类型　硬骨鱼的尾形多样,可分为正尾、歪尾和原尾;正尾又可分为截形、新月形、叉形、内凹形、双凹形;原尾分为尖圆形和圆形。

2. 硬骨鱼的年轮观察

生长的周期性是鱼类的一个特点。鱼类在 1 年中通常在春、夏季生长很快,进入秋季生长开始转慢,冬季甚至停止生长。这种周期性不平衡的生长,也同样反映在鱼的鳞片或骨片上,具体就是指鳞片表面形成的一圈一圈的环片,这种反映在鳞片或骨片上的周期性变化可作为鱼年龄鉴定的基础。这里着重介绍鳞片的年轮及鉴定年龄的方法。

各种鱼类鳞片形成环片的具体情况不同,因而年轮特征也不同,大多数鲤科鱼类的年轮属切割型。这类鱼鳞片的环片在同一生长周期中的排列都是互相平行的,但与前后相邻的生长周期所形成的排列环片具不平行现象,即切割现象,这就是 1 个年轮。

(1) 摘取鳞片选择 1 尾鲜活、体表完整无伤的鲫鱼,取鱼体侧线和背鳍前半部之间的鳞片;摘取时用镊子夹住鳞片的后缘,不要伤及前缘。

(2) 清洗立即将鳞片放入盛有温水的培养皿中,用刷子轻轻洗去污物,再用清水冲洗干净。

(3) 装片,自然晾干后,将鳞片夹在两块载玻片中间,用胶布固定玻片两端。

(4) 观察:

①肉眼观察,鳞片在外观上可分为前、后两部分,前部埋入皮肤内,后部露在皮肤外,并覆盖住后一鳞片的前部。★比较前、后两部分的范围和色泽有何差别。

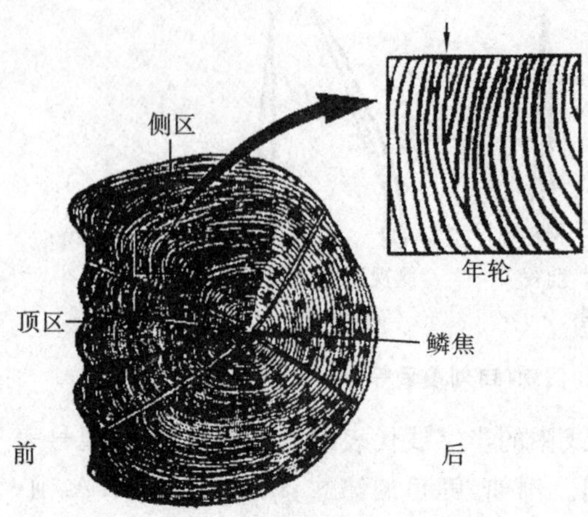

图 3.6-3 鲫的鳞片与年轮(自黄诗笺)

②将玻片置于体视显微镜下,先用低倍镜观察鳞片的轮廓(图 3.6-3)。前部是形成年轮的区域,亦称为顶区。上下侧称为侧区。在透明的前部,可见到清晰的环片轮纹,它们以前、后部交汇的鳞焦为圆心平行排列。

③将鳞片顶区和侧区的交接处移至视野中央,换较高倍数镜头仔细观察,可见某些彼此平行的数行环片轮纹被鳞片前部的环片轮纹割断,这就是1个年轮。如果是较大的个体,在鳞片上相应会存在数个年轮。

④依据年轮出现的数目,推算出该鱼的年龄。

(二) 鱼类标本分目和科的检索与观察

鱼纲分为板鳃亚纲 Elasmobranchii、全头亚纲 Holocephali 和辐鳍亚纲 Actinopterygii。

1. 软骨鱼类分目检索及代表种标本的识别

板鳃亚纲总目的检索表

眼侧位;鳃裂开口于头的两侧;胸鳍正常,与体侧和头不愈合 ………………………………………………………… 鲨形总目 Selachomorpha

眼上位;鳃裂开口于头的腹面;胸鳍与头和体侧愈合 ………… 鳐形总目 Batomorpha

鲨形总目的检索表

1 鳃裂 6~7 个;背鳍 1 个 ………………………………… 六鳃鲨目 Hexanchiformes

鳃裂 5 个;背鳍 2 个………………………………………………………… 2

2 具臀鳍 ………………………………………………………………… 3

臀鳍;硬棘或有或无 ……………………………………… 角鲨目 Squaliformes

3 鳍前方具一硬棘 ………………………………… 虎鲨目 Heterodontiformes

鳍前方无硬棘 ……………………………………… 真鲨目 Carcharhiniformes

(1) 扁头哈那鲨 *Heptranchias platycephalus* 体呈长梭形,头部宽扁。每侧有 7 个鳃孔。尾鳍长,上尾叶窄,下尾叶宽。体背灰色,有黑色小斑点,腹面白色。隶属六鳃鲨目。

(2) 锤头双髻鲨 *Sphyrna zygaena* 头部的额骨向左右两侧突出,似榔头。眼位于头侧突起的两端。喷水孔消失。鼻孔端位。隶属真鲨目(眼具瞬膜或瞬褶)。

(3) 短吻角鲨 *Squalus breuirostris* 头宽扁。鼻孔小。喷水孔颇大,肾形。眼中大,长椭圆形,无瞬膜。隶属角鲨目(背鳍 2 个,鳃裂 5~6 个,位于胸鳍基底前方)。

鳐形总目的检索表

1 头侧与胸鳍之间有大型发电器 ………………………… 电鳐目 Torpediniformes

头侧与胸鳍之间无大型发电器 ……………………………………………… 2

2 尾粗大，具尾鳍；背鳍2个；无尾刺 …………………………… 鳐形目 Rajiformes

尾部一般细小呈鞭状，尾鳍一般退化或消失；背鳍1个或无；常具尾刺 ……………… ……………………………………………… 鲼形目 Myliobatiformes

(4) 犁头鳐 *Phinobatos granulatus* 体盘平而阔。吻宽而短，前端钝。无背鳍和臀鳍，腹鳍小。尾细长呈鞭状，具尾刺，有毒。隶属鳐形目。

(5) 电鳐 *Narcine* sp. 体盘圆形，宽大于长。在头侧与胸鳍间具发达卵圆形发电器。眼小，突出。喷水孔边缘隆起。腹鳍前角圆钝，背鳍1个，尾鳍宽大。隶属电鳐目。

(6) 黑线银鲛 *Chinaeara phantasma* 隶属全头亚纲 Holocephali，鳃裂4对，外被一膜状鳃盖，后具一总鳃孔。体表光滑无鳞。背鳍2个，鳍棘能竖立。无喷水孔。胸鳍很大，尾细长。雄性除鳍脚外，另具1对腹前鳍脚和1个额鳍脚。

2. 硬骨鱼类分目检索及代表种标本的识别

辐鳍亚纲 Actinopterygii 各鳍有真皮性的辐射鳍条支持。体被硬鳞、圆鳞或栉鳞，或裸露无鳞。种类极多，实验时可根据具体情况选择某些种类进行观察。

辐鳍亚纲主要目的检索表

1 体被硬鳞或裸露；尾为歪形尾 …………………………… 鲟形目 Acipenseriformes

体被圆鳞、栉鳞或裸露；尾一般为正形尾 …………………………………… 2

2 体呈鳗形 …………………………………………………………… 3

体不呈鳗形 ………………………………………………………… 4

3 左右鳃孔在喉部相连为一；无偶鳍，奇鳍也不明显 ……… 合鳃目 Sgmbranchiformes

左右鳃孔不相连；无腹鳍 ……………………………… 鳗鲡目 Anguilliformes

4 背鳍无真正的鳍棘 ………………………………………………… 5

背鳍一般具棘 ……………………………………………………… 13

5 腹鳍腹位，背鳍一个 ……………………………………………… 6

腹鳍亚胸位或喉位；背鳍2～3个 ………………………………… 12

6 上颌口缘常由前颌骨与上颌骨组成 ……………………………… 7

上颌口缘一般由前颌组成 ………………………………………… 8

7 无脂鳍；无侧线 ……………………………………… 鲱形目 Clupeiformes

一般有脂鳍；有侧线 ………………………………… 鲑形目 Salmoniformes

8 体具侧线 ………………………………………………………… 9

体无侧线 ………………………………………… 鳉形目 Cyprinodontiformes

9 侧线正常，沿体两侧后行 ………………………………………… 10

侧线位低，沿腹缘后行 ……………………………… 颌针鱼目 Beloniformes

10 通常两颌无牙，具咽喉齿；无脂鳍 …………………… 鲤形目 Cypriniformes

两颌具牙；一般具脂鳍 …………………………………………… 11

11 体被骨板或裸露无鳞；具口须 …………………………… 鲇形目 Siluriformes

体被圆鳞；无口须 …………………………………… 灯笼鱼目 Myctophiformes

12 体侧有一银色纵带；腹鳍亚胸位；背鳍2个，第一背鳍由不分支鳍条组成 ………… ……………………………………………… 银汉鱼目 Atheriniformes

体侧无银色纵带;腹鳍亚胸位或喉位;背鳍1～3个 …………… 鳕形目 Gadiformes
13 胸鳍基部不呈柄状;鳃孔一般位于胸鳍基底前方 …………… 14
胸鳍基部呈柄状;鳃孔位于胸鳍基底后方 …………… 鮟鱇目 Lophiiformes
14 吻延长,通常呈管状,边缘无锯齿状缘 …………… 棘鱼目 Gasterosteiformes
吻不延长成管状 …………… 15
15 腹鳍一般存在;上颌骨不与前颌骨愈合 …………… 16
腹鳍一般不存在,上颌骨与前颌骨愈合 …………… 鲀形目 Tetrodontiformes
16 腹鳍具1～17鳍条 …………… 17
腹鳍一般具一鳍棘,5个以上鳍条 …………… 19
17 两颌无牙;体被圆鳞 …………… 月鱼目 Lampridiformes
两颌具牙 …………… 18
18 尾鳍主鳍条18～19;臀鳍一般具3鳍棘 …………… 金银鲷目 Beryciformes
尾鳍主鳍条10～13;臀鳍一般具1～4鳍棘 …………… 海鲂目 Zeiformes
19 腹鳍腹位或亚胸位;2个背鳍分离颇远 …………… 鲻形目 Mugiliformes
腹鳍胸位;背鳍2个,接近或连接 …………… 20
20 体对称,头左右侧各有一眼 …………… 21
成体体不对称,两眼位于头的左侧或右侧 …………… 鲽形目 Pleuronectiformes
21 第二眶下骨不后延为一骨突,不与前鳃盖骨相连 …………… 鲈形目 Perciformes
第二眶下骨后延为一骨突,与前鳃盖骨相连 …………… 鲉形目 Scorpaeniformes

(1) 鲟形目　体呈纺锤形,口腹位,歪形尾,体裸露或被5行硬鳞,仅尾上具背鳍,吻发达。

中华鲟 *Acipenser sinensis*　体被5行硬鳞,口前具4条触须,背鳍位于腹鳍后方,有喷水孔。

(2) 鲱形目　背鳍1个,腹鳍复位,各鳍均无硬棘。体被圆鳞,无侧线。

鳓鱼 *Iisha elongata*　体长而宽,很侧扁。腹缘有锯齿状棱鳞。口上位,下颌突出。臀鳍基长,腹鳍很小,偶鳍基部有腋鳞。圆鳞薄而易脱落。为重要经济鱼类。

鲥鱼 *Macrura reeuesii*　体呈长椭圆形,腹部有锐利棱鳞。为名贵鱼类。

鳀鱼 *Engraulis japonica*　体细长,腹部圆。无棱鳞,口裂大,上颌长于下颌。腋部有一长鳞,约与胸鳍等长,尾鳍基部每侧有2个大鳞。产于我国沿海,数量十分丰富。

凤鲚 *Coilia ectenes*　体侧扁而长,向尾端逐渐变细,腹部棱鳞显著。上颌骨后延到胸鳍基部。臀鳍长并与尾鳍相连,胸鳍上部具6个游离的丝状鳍条。为我国的名贵鱼类。

(3) 鲑形目　体形和特征与鲱形目相似。常有脂鳍,具侧线。

大麻哈鱼 *Oncorhynchus keta*　口大,口裂斜,齿尖锐。背鳍后具一脂鳍。吻端突出并微弯曲,头后逐渐隆起,直至背鳍基部。体被小圆鳞,为贵重经济鱼类。

香鱼 *Plecoglossus altiuelis*　体窄长而侧扁。头小,吻端向下垂,形成吻钩,口闭时,恰置于下颌的凹内。头部无鳞,体上密被细小的圆鳞。侧线发达,脂鳞和臀鳍的后基相对。

大银鱼 *Salaux acuticeps*　体细长,半透明,前部圆而后部侧扁。体光滑,仅雄鱼臀鳍基部有一行鳞。臀鳍大,基部长,脂鳞与臀鳍基部末端相对。

(4) 鳗鲡目　体呈棍棒状,无腹鳍,鳃孔狭窄,背鳍与臀鳍无棘,很长,常与尾鳍相联。

鳗鲡 *Anguilla japoniea*　体延长成圆筒状,有胸鳍,奇鳍彼此相联,鳞退化。

(5) 鲤形目　背鳍1个,腹鳍腹位。各鳍无真正的棘,具假棘。体被圆鳞或裸露。鳔有管,具韦伯氏器。多数种类具咽齿而无颌齿,多数为淡水鱼类。

青鱼 *Mylopharyngodon piceus* 体长而略呈圆筒形，背部、体侧及偶鳍呈青黑色。头部稍扁平。口端位，无触须，下咽齿呈臼齿状。

草鱼 *Ctenopharyngodon idellus* 体延长，腹部圆。体呈茶黄色，腹部灰白。下咽齿侧扁且具槽纹，呈梳状。

鲢鱼 *Hypophtalmichthys molitrix* 体侧扁，从胸部到肛门之间有发达的腹棱。眼小，位置很低。体呈银白色，无斑纹。下咽齿1行，平扁成杓形。鳃耙呈海绵状并互相连接，鳞小。

鳙鱼 *Aristichthys nobilis* 背部体色较暗，具不规则的黑色斑点。腹棱不完全，仅自腹鳍基部至肛门前。胸鳍大，头大而润。下咽齿1行，鳃耙细密但互不相连，鳞小。

鲤鱼 *Cyprinus carpio* 体高而侧扁，腹部圆。背鳍与臀鳍中最长的棘后缘有锯齿。口部有两对触须。下咽齿3行，内侧的齿呈臼齿形。尾鳍深叉形。

鲫鱼 *Carassius auratus* 体侧扁，背部隆起且较厚，腹部圆。背鳍与臀鳍中最长的棘后缘有锯齿。口部无触须。下咽齿1行，侧扁。尾鳍分叉浅。

团头鲂 *Megslobrama pekinensis* 体侧扁，整体轮廓呈长菱形。腹棱自腹鳍基部至肛门。头短而小，口小，端位。背鳍具棘而臀鳍无棘。下咽齿3行，齿端呈小钩状。

泥鳅 *Misgurrnus anguillicaudatus* 体延长呈圆筒形。体侧有不规则的黑色斑点。头小，口下位，口须5对。尾柄侧扁而薄。鳍片细小，深陷皮内。

红鳍鲌 *Culter erythropterus* 体长而侧扁。头背面平直。自胸鳍基部至肛门具腹棱。口小，上位，口裂几乎与体轴垂直。下咽齿3行，尖端呈钩状。胸鳍长，其末端接近腹鳍。

银鲴 *Xenocypris argentea* 体长形，侧扁，腹部圆，仅在肛门前有很短的隆起线。头小，圆锥形。口小，下位，呈"一"字形横裂。下咽齿3行，内行齿侧扁，顶端呈钩状。体背灰黑色，两侧及腹部银白色。

(6) 鲇形目 身体裸露无鳞片。有触须数对。一般有脂鳍。胸鳍和背鳍常有一强大的鳍棘。

鲇鱼 *Parasilurus asotus* 身体在腹鳍前较圆胖，以后渐侧扁。口大而宽阔。须2对，其中上颌须较长。背鳍甚小，呈丛状，臀鳍长，后端与尾鳍相连。

黄颡鱼 *Pelteobagrus fuluidraco* 前部平扁，后部侧扁。口下位，须扁长，4对。体无鳞，侧线平直。背鳍和胸鳍具有强大的棘，其后缘有强锯齿，具脂鳍。

(7) 颌针鱼目 胸鳍位置偏于背方，鳍无棘，侧线位低，接近腹部。

颌针鱼 *Tylosurus anastomella* 体细长侧扁，躯干部背腹缘直，几乎相互平行。口裂甚长，两颌向前延长成喙。圆鳞薄而小，排列不规则。背鳍位于尾部。

燕鳐鱼 *Cypselurus rondeletii* 体略呈梭形，吻短，眼大。圆鳞甚大，胸鳍发达，展开时可在水面上滑翔。腹鳍大，尾鳍分叉，下叶较长。体背面青黑色，下部银白。

(8) 鳕形目 体被圆鳞，各鳍均无棘，鳔无管，腹鳍喉位。为渔业的重要捕捞对象。

鳕鱼 *Gadus macrocephalus* 体长形，稍侧扁。体被小圆鳞。头大，口前位，颏部有一短须。3个背鳍，2个臀鳍，尾鳍截形。为海洋底栖的肉食性鱼类。

棘鱼目 吻大多延长成管状，口前位。许多种类体被骨板。背鳍、臀鳍及胸鳍鳍条均不分支。背鳍1～2个，第一背鳍常为游离的棘组成。

海马 *Hippocampus japonicus* 体侧扁，全身被有环状骨板。头与躯干成直角，尾呈四棱形，可卷曲。鳃孔呈裂缝状。无尾鳍，背鳍基部隆起。

(9) 鲻形目 体被圆鳞或栉鳞。有2个分离的背鳍，第一背鳍由鳍棘组成，第二背鳍由一

棘和若干鳍条组成,腹鳍由一棘五鳍条组成。

鲻鱼 *Mugil cephalus* 体呈长椭圆形。眼大,眼睑发达。臀鳍具8条分叉的鳍条。体两侧有7条暗色纵条纹。无侧线。为沿海地区的港养对象。

(10) 合鳃目 体形似鳗。背、臀、尾鳍连在一起,鳍无棘,无偶鳍。左右鳃裂移至头的腹面,连在一起成一横缝。

黄鳝 *Monopters alba* 体呈圆筒形,光滑无鳞,体黄褐色。鳃孔在腹面连合为一横裂。无胸鳍及腹鳍,背、臀、尾鳍均退化。为常见淡水食用鱼类。

(11) 鲈形目 腹鳍胸位或喉位。背鳍2个,第一背鳍通常由鳍棘组成。体被栉鳞,鳔无管。主要为海产鱼类,种类繁多。

鳜鱼 *Siniperca chuatsi* 体侧扁而背部隆起,体黄褐色有斑点,头大口大,下颌突出,有锐齿。鳞为栉鳞,腹鳍胸位,背鳍前方有12条硬棘,臀鳍有3条硬棘,鳃盖骨后部有2棘。

罗非鱼 *Tilapia mossambia* 又称"非洲鲫鱼",从莫桑比克等国引进我国,现已成为我国养殖鱼类品种之一。体为长椭圆形,侧扁,被栉鳞,侧线前后中断为二;受精卵在亲鱼口中孵化。

真鲷 *Pagrosomus major* 体呈淡红色,具斑点,体侧扁,背面隆起度大;头大;上颌前端具"犬牙"4个,两侧为"臼齿"2列,下颌前具"犬牙"1个,两侧"臼齿"2列。为名贵鱼类。

大黄鱼 *Pseudosciaena crocea* 及小黄鱼 *P. polyactis* 体呈金黄色。体长圆形,颏部有4或6个细孔;头顶有骨棱;背鳍与臀鳍被多行小鳞。耳石很大;两者的区别在于小黄鱼鳞较大,尾柄稍粗短,长为高的2倍多。大黄鱼鳞较小,尾柄长为高的3倍多。

带鱼 *Trichiurus haumela* 体银白色,无鳞,体长呈带状,尾部末端为细鞭状;口大,下颌长于上颌;背鳍甚长,臀鳍鳍条退化或由分离的短棘所组成,腹鳍退化。两颌牙齿强大而尖锐。

鲐鱼 *Pneumatophorus japonicus* 体粗壮,尾鳍基部有2个隆起的嵴;眼大,位高,有发达的脂眼睑;背鳍2个,第一背鳍能折叠于背沟内,第二背鳍和臀鳍后各有小鳍5个;体背呈青蓝色,其上有横纹与斑纹。

(12) 鲽形目 成鱼身体不对称,两眼移在同一侧,鳍一般无棘,无鳔,背鳍和臀鳍通常很长,腹鳍胸位或喉位,营底栖生活;仔鱼左右对称,眼位于两侧。产量大,为重要经济鱼类。

木叶鲽 *Pleuronichthys cornutus* 两眼均在体右侧。体呈卵圆形,头小,吻短。眼大而突出,眼间距窄。口小。腹鳍对称。

牙鲆 *Paralichthys olivacers* 体卵圆形,侧扁,眼在头的左方,口大,前鳃盖骨边缘游离。有眼的一侧被栉鳞,鳞小,腹鳍不对称,背鳍始于上眼上方。肉味美,经济价值大,现已人工养殖。

半滑舌鳎 *Cynoglossus semilaevis* 体侧扁呈舌状,有眼的一侧有3条侧线,延伸至头部相接,被栉鳞;无眼的一侧被圆鳞;口小,左右不对称;吻部延长成钩突状,包覆下颌;无胸鳍,无眼的一侧无腹鳍。

(13) 鲀形目 体形较短,上颌骨与前颌骨愈合形成特殊的喙,背鳍与臀鳍相对。鳃孔小。有些种类有气囊,能充气;一般无腹鳍,存在时为胸位。

东方鲀 *Fugu spp.* 通常称为河鲀,体椭圆形,前部钝圆,尾部渐细;口小,端位,唇发达,上下颌各有1对板状门牙;鳃孔为一弧形裂缝,位于胸鳍的前方;体表密生小棘;背鳍位置靠后,与臀鳍相对,无腹鳍,尾鳍后端平截:体背灰褐,腹面白色,体侧稍带黄褐。

(14) 鮟鱇目 鳔无管,胸鳍适应底栖爬行,下面的辐状鳍条常延长且末端扩大,腹鳍喉位,第一背鳍变成特殊的诱引器官,诱捕食饵。我国产4种。

黄鮟鱇 *Lophius litulon* 下颌齿1~2行,下颌口底前部黄色,臀部黑色,鳍条8~11。

五、作业与思考题

(1) 编写所观察到的鲤形目中代表鱼类的检索表。

(2) 总结鱼纲各目的分类特征，掌握其中一、二点识别特征。

3.7 两栖纲和爬行纲的分类

一、实验目的

(1) 学习两栖纲和爬行纲的分类原理和方法，掌握检索表的使用。

(2) 认识两栖纲和爬行纲中常见的及有经济价值的种类，熟悉各主要目及重要科的特征。

二、实验内容

(1) 两栖类和爬行类的鉴定术语及测量方法。

(2) 国内常见的两栖纲、爬行纲动物标本的检索与识别。

(3) 两栖纲、爬行纲的剥制标本示范观察。

三、实验材料与用具

两栖类及爬行类的浸制标本与剥制标本，部分两栖类及爬行类的新鲜标本，两栖纲及爬行纲分类的多媒体教学软件。

体视显微镜、放大镜、多媒体教学系统；解剖盘、解剖针、大头针、蜡盘、镊子、注射器、直尺、卡尺、卷尺、圆规。

四、实验方法与步骤

(一) 两栖类的鉴定术语及测量方法

(1) 无尾两栖类动物的外形及量度如图3.7-1所示。

体长——自吻端至体后端。

头长——自吻端至颌关节后缘。

头宽——左右颌关节间的距离。

吻长——自吻端至眼前角。

鼻间距——左右鼻孔间的距离。

眼间距——左右上眼睑内缘之间最窄距离。

上眼睑宽——上眼睑最宽处。

眼径——眼纵长距。

鼓膜宽——最大直径。

前臂手长——自肘后至第三指末端。

后肢全长——自体后正中至第四趾末端。

胫长——胫部两端间的距离。

足长——自内跖突近端至第四趾末端。

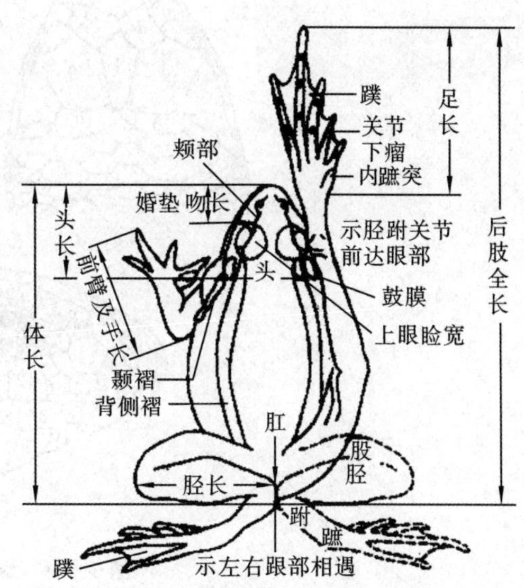

图 3.7-1 蛙的外形和各部的量度(自刘凌云等)

(2) 有尾两栖类动物的外形及量度如图3.7-2所示。

体长——自吻端至尾末端。

头长——自吻端至颈褶。

吻长——自吻端至眼前角。

头宽——左右颈褶的直线距离(或头后宽处)。

眼径——与体轴平行的眼径长。

尾长——自肛门后缘至尾末端。

尾高——尾最高处的距离。

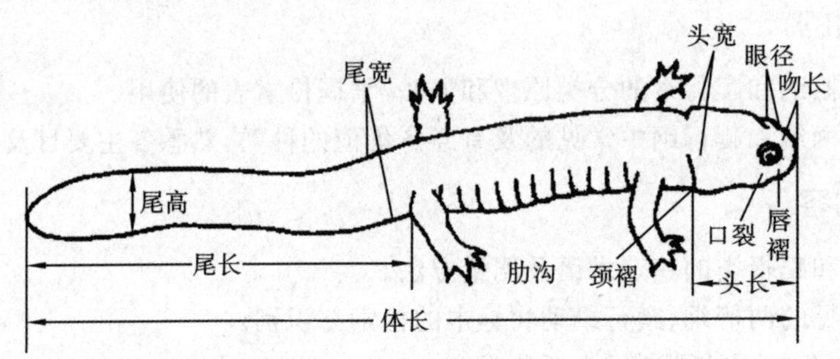

图 3.7-2 有尾两栖类的外形和各部的量度(自刘凌云等)

(二) 爬行类的鉴定术语

(1) 蜥蜴目的头部鳞片如图 3.7-3 所示。

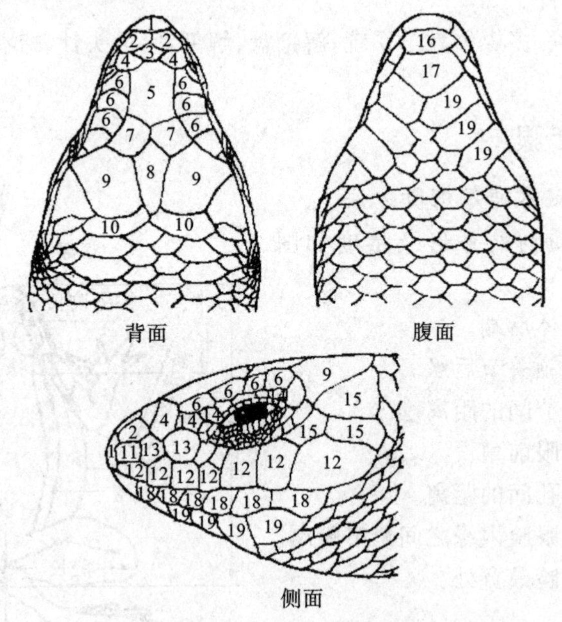

图 3.7-3 蜥蜴目的头部鳞片

1. 吻鳞;2. 上鼻鳞;3. 额鼻鳞;4. 前额鳞;5. 额鳞;6. 眶上鳞;7. 额顶鳞;
8. 顶间鳞;9. 顶鳞;10. 颈鳞;11. 鼻颞鳞;12. 上唇鳞;13. 颊鳞;
14. 上睫鳞;15. 颞鳞;16. 颏鳞;17. 后颏鳞;18. 下唇鳞;19. 颏片

(2) 蛇目的头部及躯体鳞片如图 3.7-4、图 3.7-5、图 3.7-6 所示。

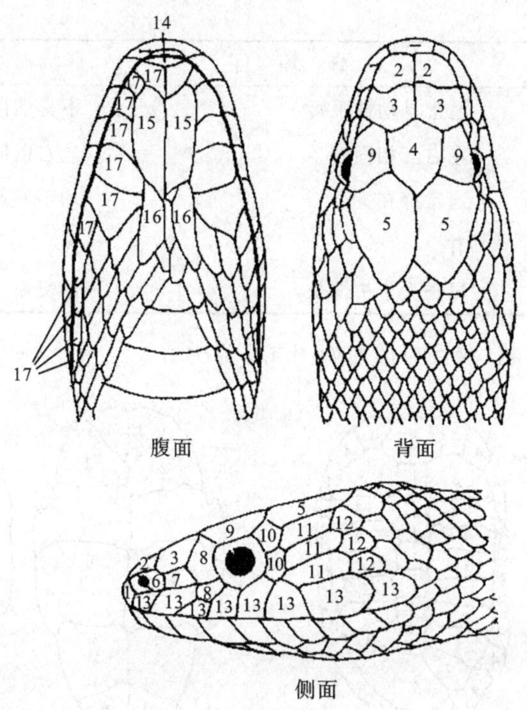

图 3.7-4　蛇目头部鳞片

1. 吻鳞;2. 鼻间鳞;3. 前额鳞;4. 额鳞;5. 顶鳞;6. 鼻鳞;7. 颊鳞;
8. 眶前鳞;9. 眶上鳞;10. 眶后鳞;11. 前颞鳞;12. 后颞鳞;
13. 上唇鳞;14. 颏鳞;15. 前颏片;16. 后颏片;17. 颞下唇鳞

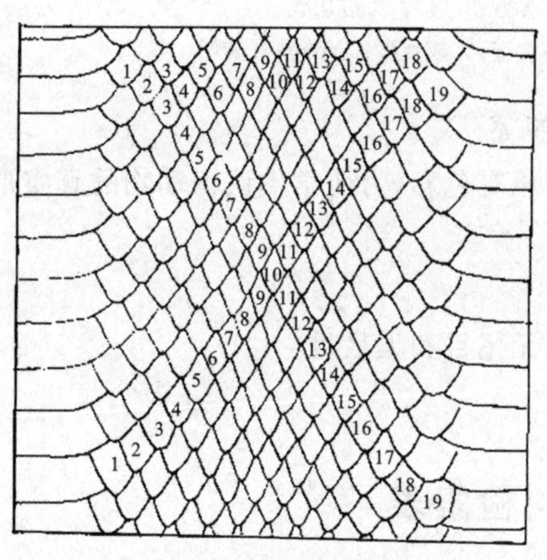

图 3.7-5　蛇背鳞的计数方法

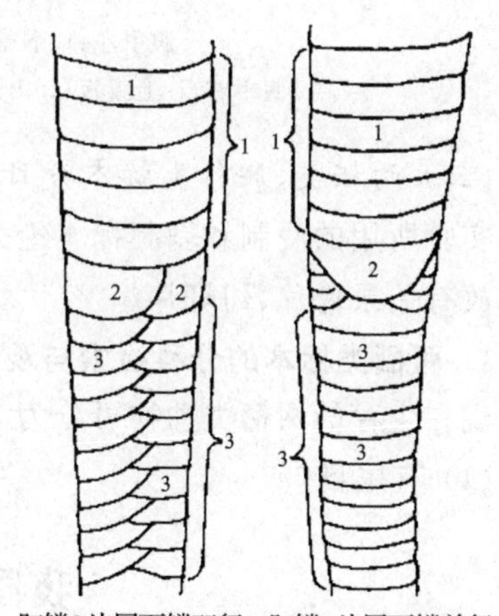

图 3.7-6　蛇的肛鳞及尾下鳞

1. 腹鳞;2. 肛鳞;3. 尾下鳞

(3) 蜥蜴目和蛇目原为有鳞目 Squamata 的两个亚目,其主要区别见表 3.7-1。

表 3.7-1　蜥蜴目和蛇目的主要区别

特　征	蜥　蜴　目	蛇　　目
附肢	大都存在	大都退化

续表

特　征	蜥　蜴　目	蛇　　目
眼	通常具动性眼睑	不具动性眼睑
下颌骨	左右互相固着	左右以韧带相连
鼓膜鼓室及咽鼓管	通常存在	均不发达
胸骨	有	无
尾长	尾长大于头体长	尾长短于头体长

(4) 龟鳖目的龟甲形状、数目与排列如图 3.7-7 所示。

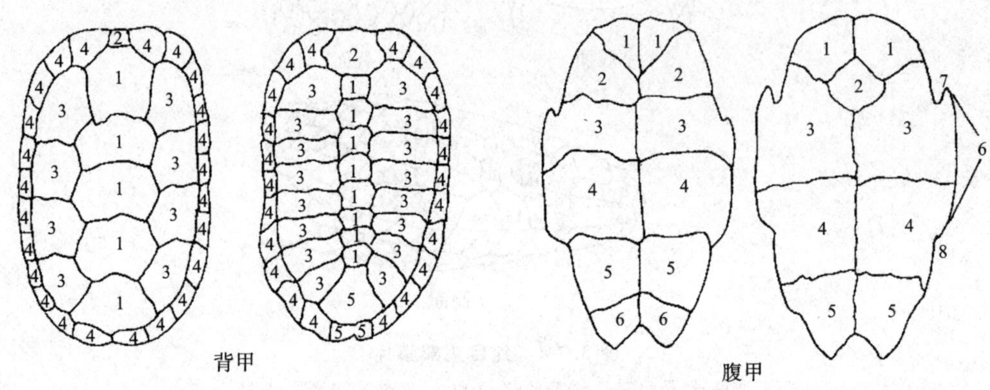

图 3.7-7　龟甲的盾片与骨板

背甲左:1. 椎盾;2. 颈盾;3. 肋盾;4. 缘盾。

背甲右:1. 椎板;2. 颈板;3. 肋板;4. 缘板;5. 臀板。

腹甲左:1. 喉盾;2. 肱盾;3. 胸盾;4. 腹盾;5. 股盾;6. 肛盾。

腹甲右:1. 上腹板;2. 内腹板;3. 舌腹板;4. 下腹板;5. 剑腹板;6. 甲桥;7. 腋凹

(三) 两栖类、爬行类标本分目和科的检索与观察

实验所用的浸制和剥制标本绝大多数均已改变原有色彩,为使学生认识动物的真实形态,可播放有关录像片、幻灯片。

1. 两栖类标本的分科检索与观察

现在生存的两栖类动物可分为 3 个目:有尾目、无尾目和无足目。

(1) 有尾目

我国有尾目分科检索表

1　眼小,无眼睑;犁骨齿一长列,与上颌齿平行成弧形;沿体侧有纵肤褶……………………………………………………………………………… 隐鳃鲵科 Cryptobranchidae

具眼睑;犁骨齿列不成长弧形;沿体侧无纵肤褶 ……………………………………… 2

2　犁骨齿或为二短列或成"U"形 ………………………………………… 小鲵科 Hynobiidae

犁骨齿成"Λ"形 ………………………………………………………… 蝾螈科 Salamandridae

大鲵 *Andras davidianus*　属隐鳃鲵科,又名娃娃鱼,是我国珍贵保护动物,为现存最大的有尾两栖类动物,最大可达 180 cm。头平坦,吻端圆,眼小,口大,四肢短而粗壮。生活时为棕

褐色，背面有深色大黑斑。

极北小鲵 *Salamandrella keyserlingii* 属于小鲵科。体较小，皮肤光滑，体侧的肋沟往下延伸至腹部。指、趾数均为 4 枚，无蹼。尾长短于头体长。

东方蝾螈 *Cynops orientalis* 属蝾螈科。头扁吻钝，吻棱显著。四脚较长而纤弱，指、趾末端尖出，无蹼。尾略短于头体长。体背粗糙，具小庞粒。腹面朱红色，杂以棕黑色斑纹。全长不及 10 cm。

(2) 无尾目

我国无尾目常见科检索表

1 舌为盘状，周围与口腔黏膜相连，不能自如伸出 …………… 盘舌蟾科 Discoglossidae
  舌不呈盘状，舌端游离，能自如伸出 …………………………………………………… 2
2 肩带弧胸型 ……………………………………………………………………………… 3
  肩带固胸型 ……………………………………………………………………………… 5
3 上颌无齿；趾端不膨大；趾间具蹼；耳后腺存在；体表具疣 ………… 蟾蜍科 Bufonidae
  上颌具齿 ………………………………………………………………………………… 4
4 趾端尖细，不具黏盘；耳后腺存在 …………………………… 锄足蟾科 Pelobatidae
  趾端膨大，呈黏盘状；耳后腺缺，大部分树栖性 ……………………… 雨蛙科 Hylidae
5 上颌无齿；趾间几无蹼；鼓膜不显 ……………………………… 姬蛙科 Microhylidae
  上颌具齿；趾间具蹼；鼓膜明显 ………………………………………………………… 6
6 趾端形直，或末端趾骨呈 T 字形 …………………………………………… 蛙科 Ranidae
  趾端膨大呈盘状，末端趾骨呈 Y 字形 ………………………… 树蛙科 Rhacophoridae

东方铃蟾 *Bombina orientalis* 属盘舌蟾科。鼓膜不存在；瞳孔三角形。体背有刺疣，上具角质细刺；背面呈灰棕色，有时为绿色；腹面具黑色、朱红色或橘黄色的花斑。

大蟾蜍 *Bufo bufo* 属蟾蜍科。体长一般在 10 cm 以上。体粗壮；皮肤极粗糙，全身分布有大小不等的圆形疣；耳后腺大而长。体色变异很大。

中国雨蛙 *Hyla chinensis* 又名华雨蛙，属雨蛙科。体细瘦，皮肤光滑。肩部具三角形黑斑，第 3 趾的吸盘大于鼓膜。生活时为绿色。体侧及股的前后缘均具有黑斑。

北方狭口蛙 *Kaloula borealis* 属姬蛙科。皮肤厚而光滑，头和口小；吻圆而短，鼓膜不显。前肢细长，后脚粗短，趾间无蹼。

金线侧褶蛙 *Pelophylax plancyi* 属蛙科。背面具侧皮褶。足跟不互交，大腿后面具明显的白色纵纹。生活时背面绿色，背侧褶及鼓膜棕黄色。

黑斑侧褶蛙 *Pelophylax nigromaculata* 属蛙科，俗称青蛙。背面具侧皮褶。足跟不互交。但大腿后面不具白色纵纹。生活时背面为黄绿色或棕灰色，具不规则的黑斑。背面中央有 1 条宽窄不一的浅色纵纹。背侧褶处黑纹浅，为黄色或浅棕色。

中国林蛙 *Rana chinensis* 属蛙科。背面具侧皮褶。两后肢细长，两足跟可互交。两肋无明显黑斑。在鼓膜处有黑色三角形斑。体背及体侧具分散的黑斑点。四肢具清晰的横纹。

牛蛙 *Rana catesbeiana* 属蛙科。体型特大，体长可达 10～20 cm。背棕色，皮肤较光滑。鼓膜大。产于北美洲，我国于 1959 年从古巴引入进行人工养殖。

斑腿树蛙 *Rhacphorus leucomystax* 属树蛙科。雌蛙大于雄蛙。皮肤背面光滑，大腿后方有网状花斑。吻棱和鼓膜显著,指吸盘较趾吸盘大。

2. 爬行纲标本的分科检索与观察

现存的爬行类动物可分为喙头目、龟鳖目、蜥蜴目、蛇目和鳄目。喙头目仅见于新西兰,其余各目在我国均有分布。

(1) 龟鳖目

我国龟鳖目常见科检索表

1 附肢无爪;背甲无角质甲,而被以软皮,并具有7纵棱;形大;海产 …………………………………… 棱皮龟科 Dermochelyidae

附肢至少各具1爪;背甲纵棱至多3条,或不具棱 …………………… 2

2 体外被角质甲 …………………… 3

体外被以革质皮 …………………… 鳖科 Trionychidae

3 附肢呈桨状;趾不明显,仅具1~2爪;形大;海产 …………………… 海龟科 Cheloniidae

附肢不呈桨状;趾明显,具4~5爪;非海产 …………………… 4

4 头大;尾长;腹甲与缘甲间具缘下甲 …………………… 平胸龟科 Platysternidae

头小;尾短;腹甲与缘甲相接,无缘下甲 …………………… 龟科 Testudinidae

棱皮龟 *Dermochelys coriacea* 属棱皮龟科。无爪,背甲无角质板而具7纵棱。

玳瑁 *Eretmochelys imbricata* 属海龟科。吻侧扁,上颌钩曲;前额鳞2对,背甲共13块,缘甲的边缘具齿状突;幼时背面甲板呈覆瓦状排列。前肢有2爪。

金龟 *Chinemys reevesii* 又名乌龟、草龟,属龟科。头颈后部被以细颗粒状的皮肤;背甲有3个脊状隆起。指、趾间全蹼。

中华鳖 *Trionyx sinensis* 又名甲鱼、团鱼,属鳖科。背腹甲不具角质板,而被以革质皮肤,背腹甲不直接相连,具肉质裙边。

(2) 蜥蜴目

我国蜥蜴目现有146种,分别隶属于8科、36属。

我国蜥蜴目常见科检索表

1 头部背面无大型成对的鳞甲 …………………… 2

头部背面有大型成对的鳞甲 …………………… 5

2 趾端大;大多无动性眼睑 …………………… 壁虎科 Gekkonidae

趾侧扁;有动性眼睑 …………………… 3

3 舌长,呈二深裂状;背鳞呈粒状;体形大 …………………… 巨蜥科 Varanidae

舌短,前端稍凹;体形适中或小 …………………… 4

4 尾上具2个背棱 …………………… 异蜥科 Xenosauridae

尾不具棱或仅有单个正中背棱 …………………… 鬣蜥科 Agamidae

5 无附肢 …………………… 蛇蜥科 Anguidae

有附肢 …………………… 6

6 腹鳞方形;股窝或鼠蹊窝存在 …………………… 蜥蜴科 Lacertidae

腹鳞圆形;股窝或鼠蹊窝缺 …………………… 石龙子科 Scincidae

壁虎 *Gekko japonicus* 又名守宫、多疣壁虎，属壁虎科。为原始的蜥蜴类，趾端具由鳞片构成的吸盘，瞳孔垂直，不具活动眼睑，身体被以小颗粒状的角质鳞。

麻蜥蜴 *Eremias arguta* 又名丽斑麻蜥，属蜥蜴科麻蜥属。背鳞不具棱；股窝 7 个或更多；背鳞小，呈颗粒状。

中国石龙子 *Eumeces chinensis* 属石龙子科。体形中等，四肢发达。体鳞圆而光滑，前后肢具 5 指(趾)，尾基部粗壮。鼓膜下陷，耳孔明显。

(3) 蛇目

我国蛇目常见科检索表

1 体小，尾极短，通身径粗一致，被覆大小一致的鳞片；眼退化呈覆盖于鳞片之下的黑点 …… 盲蛇科 Typhlopidae

体型由小到大，头尾可以区分；眼不呈覆盖于鳞片之下的黑点 …… 2

2 通身被覆小而平砌的瘤粒状鳞，环体一周超过100枚；没有腹鳞 …… 瘰鳞蛇科 Acrochordidae

通身不是小而平砌的瘤粒状鳞；躯干腹面正中一行鳞片较宽大(个别海蛇除外)…… 3

3 有后肢残余，在泄殖肛孔两侧呈“距”状构造，雄性尤明显 …… 4

没有后肢残余 …… 5

4 腹鳞仅略大于相邻背鳞；背鳞21行 …… 盾尾蛇科 Uropeltidae

腹鳞较窄，但极明显；背鳞至少 30 行 …… 蟒科 Boidae (广义)

5 上颌骨前端没有毒牙 …… 6

上颌骨前端有毒牙 …… 7

6 腹鳞较窄，不到相邻背鳞的 3 倍；顶鳞前后 2 对，其间围一枚顶间鳞 …… 闪鳞蛇科 Xenopeltidae

腹鳞宽大，宽度约与躯干径粗相等；只有一对顶鳞 …… 游蛇科 Colubridae

7 上颌骨较短，不能活动，除前端有沟牙外，其后有或无较小的上颌齿 …… 眼镜蛇科 Elapidae

上颌骨极短，可以活动，其上只有1枚管牙(及预备牙) …… 蝰科 Viperidae

蟒 *Python molurus* 属蟒科。是一种大型无毒蛇，身体背面具有大斑纹。有明显的残留后肢痕迹。

火赤链蛇 *Dinodon rufozonatum* 属游蛇科。背面为黑红交错的横斑；腹面橙黄。

黑眉锦蛇 *Elaphe taeniurus* 属游蛇科。体青绿色；背面有 4 条黑色纵纹，腹部具明显黑斑；两眼后方有黑色条纹。

眼镜蛇 *Naja naja* 属眼镜蛇科。背鳞不扩大，尾下鳞双行；颈部能扩大，背面呈现眼状斑。毒蛇。

金环蛇 *Bungarus fasciatus* 属眼镜蛇科。背鳞扩大；体表具黑色和黄色相间的环纹。毒蛇。

蝮蛇 *Agkistrodon halys* 属蝰蛇科。体呈灰色，具大的暗褐色菱形斑纹。眼与鼻孔间具颊窝。头上有大而成对的鳞片。尾骤然变细。毒蛇。

尖吻蝮 *Agkistrodon acutus* 又名五步蛇，属蝰蛇科。主要特征为吻尖上曲。颊窝明显。

背面灰褐色,有菱形方斑。毒蛇。

竹叶青 *Trimreresurus stejnegeri* 属蝰蛇科。头顶被以细鳞(无大型对称鳞)。头成三角形,颈细。周身绿色。毒蛇。

(4) 鳄目 *Grocodiliai*

体被大型坚甲;体形较大;尾部强而有力;雄性具单一交配器官。

扬子鳄 *Alligator sinensis*:吻钝圆;下颌第 4 齿嵌入上颌的凹陷内。皮肤具角质方形大鳞。前肢 5 指,后肢 4 趾。

五、作业与思考题

(1) 编写所观察到的蛙形目或蛇目中常见种类的检索表。

(2) 总结两栖纲和爬行纲各目的分类特征,掌握其中一、二点识别特征。

3.8 鸟纲和哺乳纲的分类

一、实验目的

(1) 学习鸟类和哺乳类的分类原理和方法,掌握使用检索表来鉴定动物种类。

(2) 了解鸟纲的主要类群及其特征,认识本地常见种类及有重要经济价值的鸟类。

(3) 了解哺乳纲的重要目及科的特征,认识常见的及有经济意义的哺乳类。

二、实验内容

(1) 常用鸟体测量术语、分类学上术语。

(2) 鸟类标本分目和科的检索与观察。

(3) 哺乳类鉴定术语及测量方法。

(4) 兽类标本的检索与观察。

三、实验材料与用品

鸟类和哺乳类的剥制标本和陈列标本;鸟纲和哺乳纲分类的多媒体教学课件。

体视显微镜、放大镜;多媒体教学系统;直尺、卡尺、卷尺、圆规。

四、实验方法与步骤

(一) 常用鸟体测量及分类术语(图 3.8-1、图 3.8-2)

1. 长度

全长——自嘴端至尾端的长度(是未经剥制前的量度)。

嘴峰长——自嘴基生羽处至上喙先端的直线距离。

翼长——自翼角(腕关节)至最长飞羽先端的直线距离。

尾长——自尾羽基部至最长尾羽末端的长度。

跗跖长——自跗中关节的中点,至跗跖与中趾关节前面最下方的整片鳞的下缘。

2. 体重

标本采集后所称量的重量称为体重。

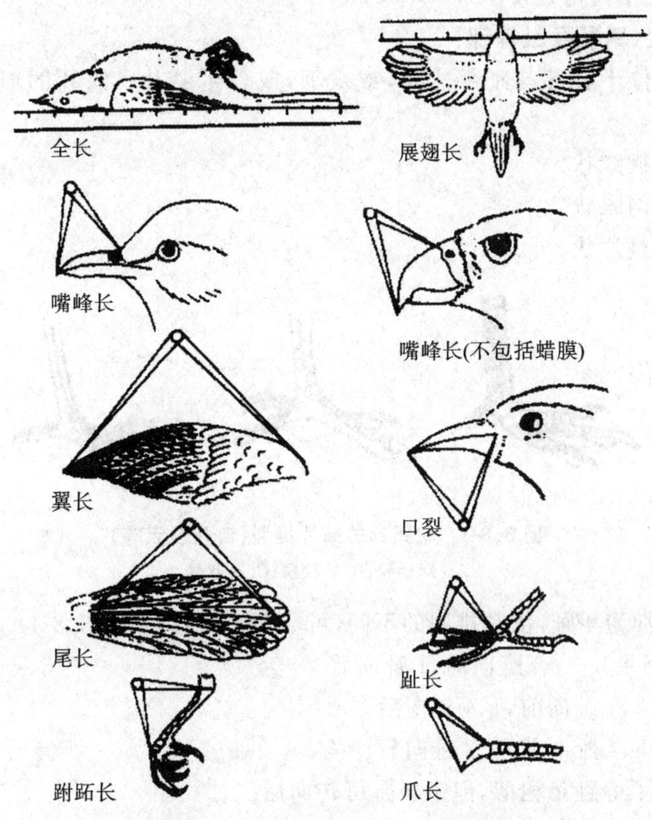

图 3.8-1 鸟体测量(自刘凌云等)

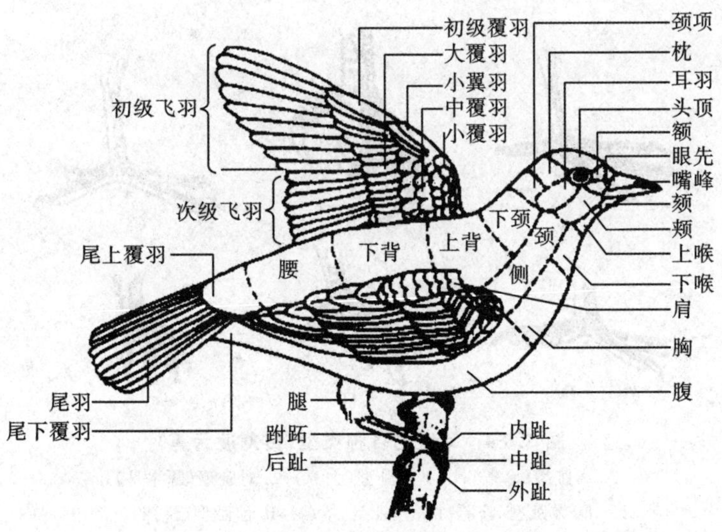

图 3.8-2 鸟体外部形态(自刘凌云等)

3. 翼

(1) 飞羽:初级飞羽(着生于掌骨和指骨)、次级飞羽(着生于尺骨)、三级飞羽(为最内侧的飞羽,着生于肱骨)。

(2) 覆羽(覆于翼的表、里两面):初级覆羽、次级覆羽(分大、中、小三种)。

(3) 小翼羽(位于翼角处)。

4. 后肢(股、胫、跗跖及趾等部)

(1) 跗跖部　位于胫部与趾部之间,或被羽,或着生鳞片。鳞片的形状可分为几种(图3.8-3)。

盾状鳞——呈横鳞状。

网状鳞——呈网眼状。

靴状鳞——呈整片状。

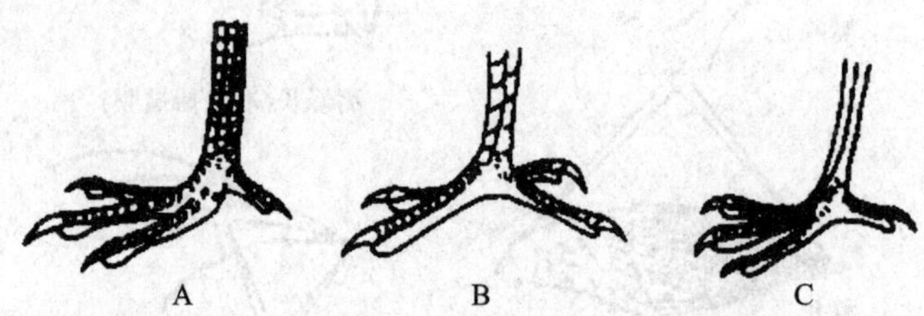

图 3.8-3　跗跖部的鳞片类型(自刘凌云等)

A. 网状鳞;B. 盾状鳞;C. 靴状鳞

(2) 趾部　通常为 4 趾,依其排列的不同,可分为下列各种(图 3.8-4)。

不等趾型(常态足)——3 趾向前,1 趾向后。

对趾型——第 2、3 趾向前,1、4 趾向后。

异趾型——第 3、4 趾向前,1、2 趾向后。

转趾型——与不等趾足相似,但第 4 趾可转向后。

并趾型——似常态足,但前 3 趾的基部并连。

前趾型——4 趾均向前方。

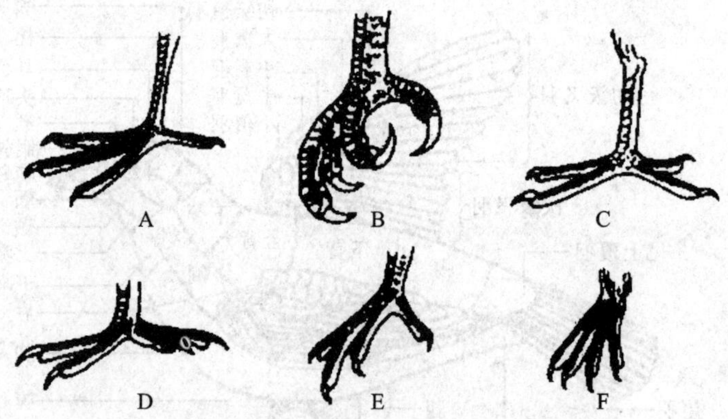

图 3.8-4　鸟趾的各种类型(自刘凌云等)

A. 离趾型(麻雀);B. 不等趾型(大鵟);C. 对趾型(啄木鸟);

D. 异趾型(咬鹃);E. 并趾型(翠鸟);F. 前趾型(雨燕)

(3) 蹼　大多数水禽及涉禽具蹼,可分以下几种。

蹼足——前趾间具发达的蹼膜。

凹蹼足——与蹼足相似,但蹼膜向内凹入。

全蹼足——4 趾间均有蹼膜相连。

半蹼足——蹼退化,仅在趾间基部存留。

瓣蹼足——趾两侧附有叶状蹼膜。

(二) 鸟类标本分目和科的检索与观察

1. 鸟类标本分目检索

根据所提供的鸟类标本,依照以下中国常见鸟类目别检索表,对其目别进行检索。

中国常见鸟类目别检索表

1 脚适于游泳;蹼较发达 …… 2
脚适于步行;蹼不发达或缺 …… 5
2 趾间具全蹼 …… 鹈形目 Pelecaniformes
趾间不具全蹼 …… 3
3 嘴通常平扁,先端具嘴甲;雄性具交接器 …… 雁形目 Anseriformes
嘴不平扁;雄性不具交接器 …… 4
4 翅尖长;尾羽正常;趾不具瓣蹼 …… 鸥形目 Lariformes
翅短圆;尾羽甚短;前趾具瓣蹼 …… 䴙䴘目 Podicipediformes
5 颈和脚均较长;胫的下部裸出;蹼不发达 …… 6
颈和脚均较短;胫全被羽;无蹼 …… 8
6 后趾发达,与前趾在同一平面上;眼先裸出 …… 鹳形目 Ciconiiformes
后趾不发达或完全退化,存在时位置较其他趾稍高;眼先常被羽 …… 7
7 翅大都短圆,第1枚初级飞羽较第2枚短;趾间无蹼,有时具瓣蹼 ……
…… 鹤形目 Gruiformes
翅大都形尖,第1枚初级飞羽较第2枚为长或等长(麦鸡属例外);趾间蹼不发达或缺
…… 鸻形目 Charadriiformes
8 嘴爪均特强锐而弯曲;嘴基具蜡膜 …… 9
嘴爪平直或稍曲;嘴基不具蜡膜(鸽形目例外) …… 10
9 蜡膜裸出;两眼侧位;外趾不能反转(鹗属例外);尾脂腺被羽 ……
…… 隼形目 Falconiformes
膜被硬须掩盖;两眼向前;外趾能反转;尾脂腺裸出 …… 鸮形目 Strigiformes
10 趾不具上列特征 …… 11
3趾向前,1趾向后(后趾有时缺少);各趾彼此分离(极少数除外) …… 15
11 足大都呈前趾型;嘴短阔而平扁;无嘴须 …… 雨燕目 Apodiformes
足不呈前趾型;嘴强而不平扁(夜鹰目例外),常具嘴须 …… 12
12 足呈对趾型 …… 13
足不呈对趾型 …… 14
13 嘴强直呈凿状;尾羽通常坚挺尖出 …… 䴕形目 Piciformes
嘴端稍曲,不呈凿状;尾羽正常 …… 鹃形目 Cuculiformes
14 嘴长或强直,或细而稍曲;鼻不呈管状;中爪不具栉缘 …… 佛法僧目 Coraciiformes
嘴短阔;鼻通常呈管状;中爪具栉缘 …… 夜鹰目 Caprimulgiformes
15 嘴基柔软,被以蜡膜;嘴端膨大而具角质(沙鸡属例外) …… 鸽形目 Columbiformes
嘴全被角质,嘴基无蜡膜 …… 16

16　后爪不较其他趾的爪为长;雄鸟常具距突 …………………… 鸡形目 Galliformes

　　后爪较其他趾的爪为长;无距突 ……………………………… 雀形目 Passeriformes

2. 鸟类代表种类标本观察

依实验室准备的我国常见鸟类或经济鸟类标本,逐一观察下列各目鸟类和代表种。

(1) 䴙䴘目 Podicipediformes　体型中等大,趾具分离的瓣蹼;后肢极度靠后;羽衣松软;尾羽短,全为绒羽,是善于游泳及潜水及潜水的游禽。

小䴙䴘 *Podiceps ruficollis*　体羽灰褐色,后脚位于身体后部,具瓣蹼。

(2) 鹈形目 Pelecaniformes　较大型的鸟类,善游。4 趾间具全蹼;嘴强大具钩,喉部具发达的喉囊;善飞的食鱼游禽。

鹈鹕 *Pelecanus roseus*　体形甚大,嘴平扁,喉囊大,直达嘴的全长。

鸬鹚 *Phalacrocorax carbo*　全身黑色,肩和翼具青铜色光泽。繁殖时期,头颈部杂有白色。

(3) 鹳形目 Ciconiiformes　大中型涉禽。颈、嘴及腿均很长,趾细长,4 趾在同一平面上(鹤类的后趾高于前 3 趾)、趾基部有蹼相连(鹤类不具蹼);眼先裸出。

鹳形目分科检索表

1　中趾爪的内侧具栉缘 ……………………………………………… 鹭科 Ardeidae

　　中趾爪的内侧不具栉缘 ……………………………………………………… 2

2　嘴粗厚而侧扁,不具鼻沟 ………………………………………… 鹳科 Ciconiidae

　　嘴呈匙状或筒状,鼻沟甚长,几伸至嘴端 …………………… 鹮科 Threskiornithidae

苍鹭 *Aedea cinerea*　较大型的鸟类。头、颈白色,冠羽黑色、上体灰色、下体白色,但颈下部和胁部有黑色;胫的裸出部分较后趾长(不包括爪)。

(4) 雁形目 Anseriformes　大中型游禽。嘴扁,边缘有栉状突起(可滤食),嘴端具嘴甲;前 3 趾具蹼,翼上常有绿色、紫色或白色的翼镜。

绿头鸭 *Anas platyrhynchos*　雌雄异色,雄鸭头,颈黑绿色,有金属光泽,颈下部有白环,胸部栗色,翼镜紫色,上下有白边,体羽大体灰褐色;雌鸭棕褐色。

豆雁 *Anser fabalis*　上体褐色,羽毛大多具浅色羽缘,尾上覆羽部分白色,下体白色;嘴黑色,近先端有一黄斑,嘴比头短。

(5) 隼形目 Falconiformes　猛禽,昼间活动。嘴弯曲,先端具利钩,便于捕食。脚强健有力,尖端有锐爪,为捕食利器,飞翔力强,视力敏锐。雌鸟较雄鸟体大。

隼形目分科检索表

上嘴每侧有单个齿状突起;鼻孔圆形,中内有骨质突起 ………………… 隼科 Falconidae

上嘴每侧有垂突或齿突;鼻孔椭圆形,中央无骨质突起 ………………… 鹰科 Accipitridae

红脚隼 *Falco vespertinus*　小型猛禽。雄鸟背羽灰色。翼下覆羽白色,腿脚红色;雌鸟稍大,下体多斑纹,腿脚黄色。

鸢 *Milvus migrans*　全身大都暗褐,翼下各具一白斑,尤其高翔时更明显;尾羽呈叉形。

(6) 鸡形目 Galliformes　适于陆栖步行,脚健壮,爪强钝,便于掘土觅食,雄性有距。上嘴弓形，利于啄食。翼短圆，不善飞翔。雄性色艳，雌雄易辨。

鸡形目分科检索表

鼻孔被羽；跗跖完全或局部被羽；无距；趾大都具栉状突 …………… 松鸡科 Tetraonidae

鼻孔裸露无羽；跗跖不被羽；雄性常有距；趾不具栉状突 ……………… 雉科 Phasianidae

环颈雉 *Phasianuscolchicus* 雄鸟具有鲜明的紫绿色颈部，且有显著的白环纹，尾羽长，具横纹。雌鸟羽色不鲜艳，不绿颈及白环纹，背部为灰色、栗子色和黑色相杂，尾羽长。

鹌鹑 *Coturnix coturnix* 体型小，头小翼短，通体褐色，杂以淡黄色斑。

(7) 鹤形目 Gruiformes 除少数类外，概为涉禽。腿、颈、啄多较长。胫下部裸出，后趾退化，如具后趾，则高于前3趾(4趾不在同一平面上)。蹼大多退化，眼先大多被羽。

鹤形目分科检索表

1 足仅具3趾 …………………………………………………………………………… 2

足具4趾 ………………………………………………………………………………… 3

2 体形大，翼长在200 mm以上；尾羽16～18枚；爪短扁如趾甲 …………… 鸨科 Otida

体形小，翼长在100 mm以下；尾羽12枚；爪小而弯曲 ………… 三趾鹑科 Turnicidae

3 头顶被羽；后趾几与前趾平置 ……………………………………………… 秧鸡科 Rallidae

头上有裸出部；后趾位置较前趾为高 ………………………………………… 鹤科 Gruidae

丹顶鹤 *Grus japonensis* 身体高大，体羽大部为白色；头顶皮肤裸露，呈朱红色，似肉冠状，故称丹顶鹤。

骨顶鸡 *Fulicaatra* 全身近黑色，头顶至嘴有一块白斑。趾具瓣蹼。

(8) 鸻形目 Charadriiformes 中小型涉禽。体多为沙土色，有保护色作用。翅尖，善飞。趾间蹼不发达或消失。

金眶鸻 *Charadrius dubius* 小型涉禽。无后趾；嘴基、前头、眼先、眼下缘到耳区等处有黑色环带；前胸上背具黑色环带。

白腰草鹬 *Tringa ochropus* 小型涉禽。前头、头顶、后颈、背和肩呈橄榄褐色，有古铜色光泽；肩和背具白斑，体其他部分羽色大都为黑褐色，也具白斑。

(9) 鸥形目 Lariformes 体大多呈银灰色。前3趾间具蹼；翅尖长，尾羽发达。海洋性鸟类，其习性近于游禽。

银鸥 *Larus argentatus* 体大，羽呈灰色，下体大都为白色；下嘴具红端。

红嘴鸥 *Larus ridibundus* 身体大部分的羽毛是白色，翼尖为黑色。头部夏季呈褐色，冬季变为白色，眼后有黑色斑点。尾羽白色。喙和脚为红色，亚成年鸟嘴尖黑色，腿部颜色较淡。

(10) 鸽形目 Columbiformes 陆禽。嘴短，基部大多柔软，鼻孔被蜡膜。腿、脚红色，4趾位于一个平面上。

沙鸡 *Syrrhaptes paradoxus* 体为沙灰色，背部杂以黑色横斑，腹部具黑斑；翼与尾均尖；嘴呈蓝灰色；跗跖和趾密被短羽，爪黑。

珠颈斑鸠 *Streptopelia chinensis* 雌雄体色相似。前头灰色，后颈有明显的珠状斑，上体褐色，下体粉红色，外侧尾羽先端白色。

(11) 鹦形目 Psittaciformes 第4趾向后转(对趾型)，攀禽；嘴基具蜡膜，坚强，端具利钩。

虎皮鹦鹉 *Melopsittacus undulatus* 形小,羽色有黄、绿、蓝和白等色。

(12) 鹃形目 Cuculiformes 对趾型。外形似隼但嘴不具钩。攀禽。许多种类为寄生性繁殖。

大杜鹃 *Cuculus canorus* 翼较长,翼缘白,具褐色横斑,腹部横斑较细。

(13) 鸮形目 Strigiformes 足外趾向后转,呈对趾型,称转趾型;眼大向前,多数具面盘;耳孔大且具耳羽。嘴、爪坚强弯曲。羽毛柔软,飞行无声。夜行性猛禽。

长耳鸮 *Asio otus* 耳羽长而显著;体背面羽橙黄色,具褐色纵纹及杂斑,腹羽杂有横斑纹。

(14) 夜鹰目 Caprimulgiformes 前趾基部并合,为并趾型;中趾爪具栉状缘,羽毛柔软,飞时无声;口宽阔,边缘具成排的硬毛状咀须。体色与树干色同。夜行性攀禽。

夜鹰 *Caprimulgus indicus* 嘴短阔,最外侧尾羽具白斑,体羽灰褐色,杂以黑色斑纹,似树皮色。

(15) 雨燕目 Apodiformes 后趾向前转,称为前趾型,嘴短阔而平扁,无口须;翼尖,善飞翔。小型攀禽。

楼燕 *Apus apus* 又名北京雨燕。体形似家燕而稍大,翼窄而长,折叠时超过尾端。体羽黑褐色。

(16) 佛法僧目 Coraciiformes 足呈并趾型。嘴长而直,有些种类的嘴弯曲。中小型攀禽。营洞巢。

佛法僧目分科检索表

1 嘴形粗厚而直 ………………………………………… 2
　嘴形细长而下曲 ………………………………………… 4
2 嘴上通常具盔突 ………………………………… 犀鸟科 Bucerotidae
　嘴上无盔突 ………………………………………… 3
3 嘴短;翅形长圆,仅有 10 枚飞羽,尾脂腺裸出 ………………… 佛法僧科 Coraciidae
　嘴长,翅形短圆,有 11 枚飞羽,尾脂腺被羽 ………………… 翠鸟科 Alcedinidae
4 头具羽冠;尾脂腺被羽,尾羽 10 枚;后爪远较中爪为长 ………… 戴胜科 Upupidae
　头无羽冠;尾脂腺裸出,尾羽 12 枚;后爪较中爪为短 ………… 蜂虎科 Meropidae

翠鸟 *Alcedo atthis* 小型鸟。嘴长直;翼短形圆,尾陷,体为翠蓝色。食鱼鸟类。

(17) 戴胜目 Upupiformes 头顶具扇形冠羽;嘴细长,栖息于山地、平原等开阔地方,尤其以林缘耕地生境较为常见。以虫类为食,在树上洞内做窝。

戴胜 *Upupa epops* 嘴细长,向下曲弯,具扇形冠羽。体羽背部淡褐色,翼和尾为黑色而带白色横斑。

(18) 鴷形目 Piciformes 足为对趾型;嘴长直,形似凿;尾羽轴坚硬而富有弹性。中小型攀禽。

绿啄食木鸟 *Picus canus* 无羽冠,上体绿色,下体灰色,无纵纹;雄体头顶红色。

斑啄木鸟 *Picoides major* 上体背面黑色带有白色斑点,腹部褐色,尾基腹面红色;雄体头后红色。

(19) 雀形目 Passeriformes 种类最多的一个目。鸣管、鸣肌复杂,善鸣啭,故又称鸣禽类。足趾3前1后，为离趾型；跗跖后缘鳞片多愈合为一块完整的鳞，称为靴状鳞。大多巧于营巢。

全世界共100个科，我国常见的雀形目鸟类约有30余科，可选看以下常见种类。

百灵 *Melanocorypha mongolica*　翼长而尖，跗跖后缘覆以横列的盾状鳞。后爪长而稍直。

家燕 *Hirundo rustica*　背羽黑色具光泽。喉栗红色，腹部乳白色。尾长而分叉深。

红尾伯劳 *Laniuscristatus*　喙似鹰嘴，头顶部淡灰色，贯眼纹黑色，眉纹白色，尾羽棕褐色。

黄鹂 *Oriolus chinensis*　全身体羽金黄色。头上有一道宽阔黑纹，翼和尾大都黑色。

八哥 *Acridootheres cristatellus*　全体羽毛黑色，有光泽。翼上的白色横斑飞翔时如"八"字。

秃鼻乌鸦 *Corvus frugilegus*　体羽全部为黑色且具光泽。成鸟嘴基部无须。

喜鹊 *Pica pica*　肩羽和两胁及腹部白色，其余体羽大部黑色而有光泽。

寿带 *Terpsiphoneparadisi*　体分栗型和白型两种。前者蓝黑色，上体自头以下为深栗红色。

斑鸫 *Turdus naumanni*　上体为棕栗色，腹部白色，眉纹棕白色。

黄腰柳莺 *Phylloscopus proregulus*　上体橄榄绿色，头顶中央有淡黄色冠纹；腰羽黄色，形成宽阔的腰带。

画眉 *Garrulaxcanorus*　眼圈白色，向后延伸白色眉状。上体几乎是橄榄褐色。为著名笼鸟。

大山雀 *Parus major*　头黑色，颊白色，故名白脸山雀。腹面白色，中央贯以显著的黑色纵纹。

麻雀 *Passer montanus*　头顶栗褐色，颊部有黑斑，背面黄褐色而有黑色纵纹，喉黑色。为各地留鸟。

黄胸鹀 *Emberiza aureola*　体型似麻雀而稍大。上体栗红色，腹部黄色，胸前有一栗色项圈。

（三）哺乳类鉴定术语及测量方法

1. 外部测量法（图3.8-5）

体长——由头的吻端至尾基的长度。

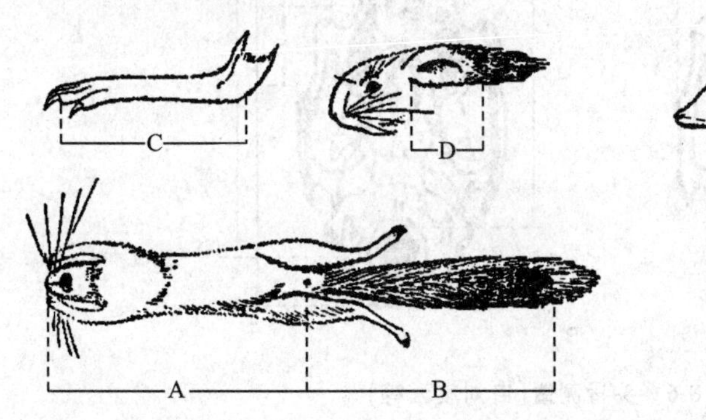

图3.8-5　哺乳类外形测量（自郑作新）

A. 体长；B. 尾长；C. 后足长；D. 耳长；E. 肩高；F. 臀高；G. 胸围；H. 腰围

尾长——由尾基至尾的尖端的长度。

耳长——由耳尖至耳着生处的长度。

后足长——后肢跗跖部连趾的全长(不计爪)。

此外,尚须鉴定性别,称量体重,并注意形体各部的一般形状、颜色(包括乳头、腺体、外生殖器等)及毛的长短、厚薄和粗细等。

2. 头骨的测量法(图 3.8-6)

颅全长——脑颅部的最大长度。

颅基长——枕髁至颅底骨前缘间的长度。

基长——枕骨大孔前缘至门牙前基部或颅底骨前端的长度。

眶鼻间长——额骨眶后突后缘至同侧鼻骨前缘间的距离。

吻宽——左右犬齿外基部间的直线距离。

颧宽——两颧外缘间的水平距离。

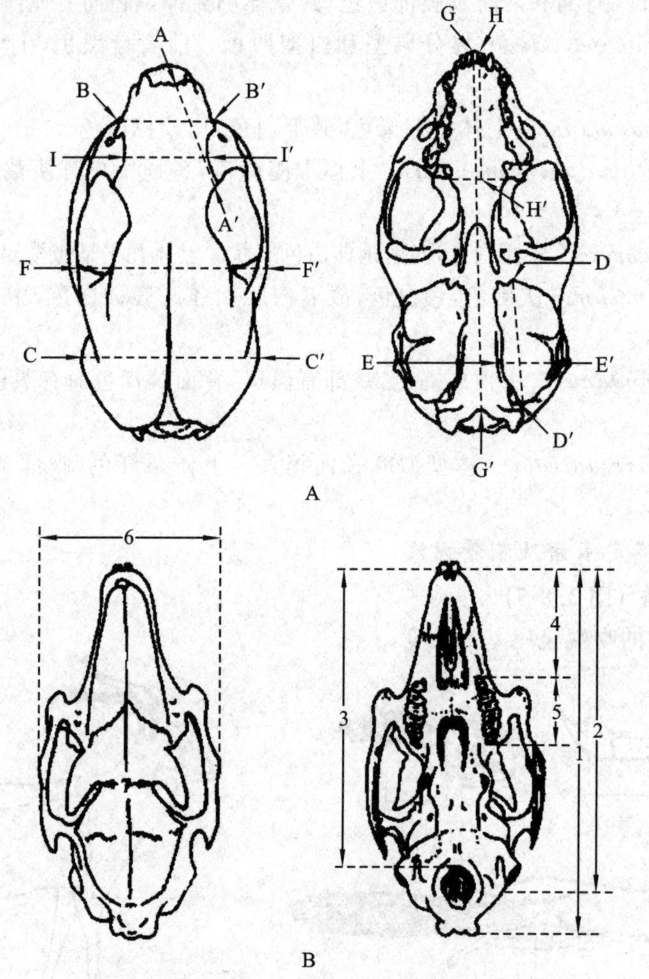

图 3.8-6 头骨测量(自刘凌云等)

A. 食肉目头骨测量:A-A′. 眶鼻间长;B-B′. 吻宽;C-C′. 后头宽;D-D′. 听泡长;E-E′. 听泡宽;F-F′. 颧宽;G-G′. 基长;H-H′. 上齿列长;I-I′. 眶间宽

B. 兔形目头骨测量:1. 颅全长;2. 颅基长;3. 基长;4. 齿隙;5. 上齿列长;6. 颧宽

眶间宽——两眶内缘间的距离。

颅宽——脑颅部的最大宽度。

听泡宽——位于枕髁前、听泡两外侧间的距离。

齿隙长——上颌犬齿虚位最大距离。

上齿列长——上齿两列的长度。

（四）兽类标本检索与观察

真兽亚纲为高等的胎生种类，具有真正的胎盘；大脑发达。现存哺乳类绝大多数种类属此亚纲，分布遍于全球。

1. 兽类标本分目检索

根据所提供的兽类标本，依照以下中国真兽亚纲常见目的检索表，对其目别进行检索。

中国真兽亚纲常见目的检索表

1	必具后肢	2
	后肢缺	12
2	前肢特别发达并具翼膜，适于飞行	翼手目 Chiroptera
	构造不适于飞行	3
3	牙齿全缺，身披鳞甲	鳞甲目 Pholidota
	有牙齿，体无鳞甲	4
4	上下颌的前方各有 1 对发达的呈锄状的门牙	5
	门牙多于 1 对，或只有 1 对而不呈锄状	6
5	上颌具 1 对门牙	啮齿目 Rodentia
	上颌具前后两对门牙	兔形目 Lagomorpha
6	四肢末端指（趾）分明，趾端有爪或趾甲	7
	四肢末端趾愈合，或有蹄	10
7	前后足蹈趾与他趾相对	灵长目 Primates
	前后足蹈趾不与他趾相对	8
8	吻部尖长，向前超出下唇甚远。正中 1 对门牙通常显然大于其他各对	食虫目 Insectivora
	上下唇通常等长，正中 1 对门牙小于其余各对	9
9	体形呈纺锤状，适于游泳；四肢变为鳍状	鳍足目 Pinnipedia
	体形通常适于陆上奔走；四肢正常；趾分离，末端具爪	食肉目 Carnivora
10	体形特别巨大，鼻长而能弯曲	长鼻目 Proboscidea
	体形巨大或中等，鼻不延长也不能弯曲	11
11	四足仅第 3 或第 4 趾大而发达	奇蹄目 Perissodactyla
	四足第 3、4 趾发达而等大	偶蹄目 Artiodactyla
12	同型齿或无齿，呼吸孔通常位于头顶，多数具背鳍；乳头腹位	鲸目 Cetacea
	多为异型齿，呼吸孔在吻前端，无背鳍；乳头胸位	海牛目 Sirenia

2. 兽类代表种类观察

(1) 食虫目 Insectivora　小型兽类。四肢短,具五趾,有利爪;体被软毛或硬棘;吻细长突出,牙齿原始,适于食虫;外耳及眼较退化。大多为夜行性。

刺猬 *Erinaceus europaeus*　体背被有棕、白相间的棘刺,其余部分具浅棕色深淡不等的细刚毛。齿式为 3·1·3·3/2·1·2·3。

鼩鼱 *Sorex araneus*　外貌似小鼠。体被有灰褐色细绒毛,尾细长具疏毛。齿式为 3·1·3·3/1·1·1·3。

缺齿鼹 *Mogera robusta*　俗名鼹鼠。适于地下生活。体粗短,密被不具毛向的绒毛;眼小;耳壳退化;锁骨发达,前肢短健,掌心向外侧翻转,具长爪。齿式为 3·1·4·3/3·0·4·3。

(2) 翼手目 Chiroptera　前肢特化,适于飞翔。具特别延长的指骨。由指骨末端至肱骨、体侧、后肢及尾之间,着生有薄而韧的翼膜,借以飞翔。第一指端或第二指端具爪。后肢短小,具长而弯的钩爪;胸骨具胸骨突起;锁骨发达;齿尖锐。

蝙蝠 *Vespertilio superans*　体小型。耳较大,眼小,吻短,前臂长 31～34 mm。体毛黑褐色。

(3) 灵长目 Primates　大多数种类拇指(蹞趾)与其他指(趾)相对;锁骨发达,手掌(跖部)具两行皮垫,利于攀缘;少数种类指(趾)端具爪,但大多具指(趾)甲。大脑半球高度发达;眼前视,视觉发达;嗅觉退化。

灵长目分科检索表

1　第 2 手指缩小,第 2 足趾具尖爪 ………………………………… 懒猴科 Lorisidae
　手指和足趾,均具扁平的指(趾)甲 ………………………………………… 2
2　前肢比后肢长 ………………………………………… 长臂猿科 Hylobatidae
　前后肢等长,或前肢较短 ………………………………… 猴科 Cercopithecidae

猕猴 *Macaca mulatta*　尾长约为体长的 1/2。颜面和耳多呈肉色;胼胝红色,体毛色棕黄。

金丝猴 *Pygathrix roxellanae*　我国名贵特产种类,分布于川南、陕南及甘南的 3000 m 高山上。体披金黄色长毛;眼圈白色;尾长;无颊囊。

(4) 鳞甲目 Pholidota　体外被覆角质鳞甲,鳞片间杂有稀疏硬毛;不具齿;舌发达;前爪极长。

穿山甲 *Manis pentadactyla*　体背面披角质鳞片,鳞片间有稀疏的粗毛。头尖长,口内无齿,舌细长,善于伸缩。主要食物为白蚁和蚂蚁。

(5) 兔形目 Lagomorpha　为中小型草食类。上颌具有 2 对前后着生的门牙,后面 1 对很小,故又称重齿类。

草兔 *Lepus capensis*　背毛土黄色,后肢长而善跳跃;耳壳长;尾短。

(6) 啮齿目(Rodentia)　在哺乳动物中啮齿目的种类和数量最多,分布遍全球。主要特征:体中小型;上下颌各具 1 对门牙,仅前面被有珐琅质;门牙呈凿状,终生生长;无犬牙(犬牙虚位);嚼肌发达,适应啮咬坚硬物质;臼齿常为 3/3(图 3.8-7)。

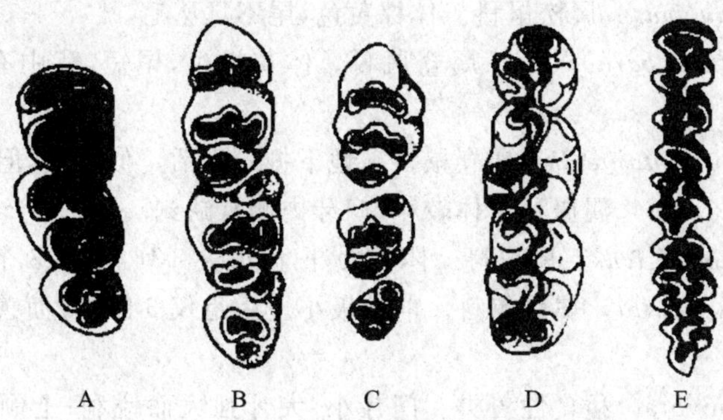

图 3.8-7 啮齿目的牙齿(自刘凌云等)

A. 竹鼠科大竹鼠；B. 鼠科褐家鼠；C. 鼠科小家鼠；

D. 仓鼠科仓鼠亚科；E. 仓鼠科田鼠亚科

啮齿目分科检索表

1 臼齿列(Pm+m)等于或多于 4/4 …………………………………………………… 2

臼齿列少于 4/4 …………………………………………………………………… 6

2 臼齿列一般 5/4,上颌第1前臼齿甚小,有的仅生4齿,身体较小或中等,眶下孔很小,尾毛蓬松 ………………………………………………………………………… 3

臼齿列 4/4,身体较大,眶下孔发达,尾毛不蓬松 ………………………………… 4

3 前后肢间有皮翼 ………………………………………………… 鼯鼠科 Petauristidae

前后肢间无皮翼 ………………………………………………………… 松鼠科 Sciuridae

4 体被长硬刺 ………………………………………………………… 豪猪科 Hystricidae

体无长硬刺 ………………………………………………………………………… 5

5 尾大而扁平,无毛而被鳞 ……………………………………………… 河狸科 Castoridae

尾甚退化 ………………………………………………………………… 豚鼠科 Caviidae

6 臼齿列 4/3 ………………………………………………………………………… 7

臼齿列 3/3 ………………………………………………………………………… 8

7 后肢较前肢长 2～2.5 倍,后足具正常发达的五趾,内趾较短,尾端无长毛束,栖于林地或草地 ……………………………………………………………… 林跳鼠科 Zapodidae

后肢较前肢长4倍,后足的2个侧趾退化甚至不存在,尾端常有长毛束,多栖于漠地 ………………………………………………………………………… 跳鼠科 Dipodidae

8 成体臼齿的咀嚼面呈条块状的孤立齿环,眼与耳均退化,尾短而无毛或仅有稀毛,适于地下生活 ……………………………………………………………… 竹鼠科 Rhizomyidae

臼齿的咀嚼面不呈条块状的孤立齿环,眼与耳正常,尾长 ……………………………… 9

9 第1、2上臼齿咀嚼面具3个纵行齿尖,每3个并列的齿尖又形成一横嵴 ………… ……………………………………………………………………………… 鼠科 Muridae

第1、2上臼齿咀嚼面的齿尖不排成3纵列 ……………………………… 仓鼠科 Cricetidae

灰鼠 *Sciurus vulgaris* 属松鼠科。夏毛褐色,冬毛灰色;尾具蓬松长毛;耳尖具丛毛。为重要毛皮兽,其皮俗称灰鼠皮。

黄鼠 *Citellus dauricus*　属松鼠科。体棕黄色,尾不具丛毛。

黑线仓鼠 *Cricetulus barabensis*　属仓鼠科。体灰褐色,尾短,背中有1条黑色背纹;具颊囊。

鼢鼠 *Myospalax fontanierii*　属仓鼠科。地下掘穴生活。似鼹鼠,但体较粗大;吻钝。

小家鼠 *Mus musculus*　属鼠科。体较小,门牙内侧有缺刻。

褐家鼠 *Rattus norvegicus*　属鼠科。体较大,臼齿齿尖3列,每列3个。

三趾跳鼠 *Dipus sagitta*　属跳鼠科。前肢极小。后足仅3趾,长而善跳跃。生活于荒漠地区。

(7) 食肉目 Carnivora　猛食性兽类。门牙小,犬牙强大而锐利;上颌最后1枚前臼齿和下颌第1枚臼齿特化为裂臼(食肉齿);指(趾)端常具有利爪,利于撕捕食物;脑及感官发达;毛厚密,且多具色泽。

食肉目分科检索表

1　体型粗壮,各足均具5趾…………………………………………………… 2
　体型细长(獾例外),后足仅4趾(鼬科、灵猫科5趾)……………………… 4
2　体较小,尾长超过体长之半,上臼齿宽度稍大于长度 …………… 浣熊科 Procyonidae
　体较大,尾短,最后的上臼齿,其最小的宽度约等于其最大的长度的1/2 ………… 3
3　吻短,体白色,四肢黑色 ……………………………… 大熊猫科 Ailuropodidae
　吻长,全身黑色或棕色 ……………………………………………… 熊科 Ursidae
4　四肢短,体型细长(獾较粗壮)……………………………………………… 5
　四肢长,体型正常……………………………………………………………… 6
5　身体一般较小。臼齿1/2,上臼齿内缘较外缘宽 ………………… 鼬科 Mustelidae
　身体一般较大。臼齿2/2或上臼齿内缘较外缘窄 ………………… 灵猫科 Viverridae
6　头部狭长。爪较钝,不能伸缩。上臼齿具明显的齿尖 ……………… 犬科 Canidae
　头部短圆。爪锐利,能伸缩。上臼齿无明显的齿尖 ……………………… 猫科 Felidae

狐 *Vulpes vulpes*　属犬科。体长,面狭吻尖;四肢较短;尾长大,超过体长的1/2,尾毛蓬松,端部白色。

黑熊 *Selenarctos thibetanus*　属熊科。吻部钝短,前肢腕垫大,与掌垫相连;胸部有规则的新月形白斑。

黄鼬 *Mustela sibirica*　属鼬科。体型细长,四肢短。颈长、头小。尾长约为体长的1/2,尾毛蓬松。背毛为棕黄色。

獾 *Meles meles*　属鼬科。鼬科中较大型种类。体躯肥壮,四肢粗短。吻尖、眼小。耳、颈、尾均短。具黑褐色与白色相杂的毛色。

果子狸 *Paguma larvata*　属灵猫科。又名花面狸。头部从吻端直到颈部后有1条白色纵纹,眼下和眼后各有一白斑。脸面部黑白相间。脚全黑。

豹猫 *Felis bengalensis*　属猫科。体形似家猫但稍大,属较粗。眼内侧有2条白色纵纹,体毛灰棕色,杂有不规则的深褐色斑纹。

(8) 鳍脚目 Pinnipedia　适于水中生活。体呈纺锤形,密被短毛。四肢鳍状,五趾间具蹼。尾短而夹于后肢间。

海豹 *Phoca vitulina* 体肥壮呈纺锤形。头圆,眼大,无外耳壳,口须长。成体背部苍灰色,杂有棕黑色斑点。

(9) 奇蹄目 Perissodactyla 草原奔跑兽类。四肢的中指(中趾)即第3指(趾)发达,指(趾)端具蹄。门牙适于切草,犬牙形状似门牙,前臼齿与臼齿形状相似,嚼面有棱脊,有磨碎食物的作用。单胃。盲肠大。可观察马或驴。

(10)偶蹄目 Artiodactyla 第3、4趾(指)同等发达,故称为偶蹄,并以此负重(第2、5趾为悬蹄)。尾短;上门牙常退化或消失,有的犬牙形成獠牙,有的退化或消失,臼齿咀嚼面突起型很复杂,不同的科因食性不同而有变化。此目种类众多。

偶蹄目分科检索表

1 上下颌均具门齿,下犬齿强大而不呈门齿状,臼齿具丘状突(丘齿型),头上无角 ……………………………………………………………………………………… 猪科 Suidae

仅下颌具门齿,下犬齿呈门齿状,臼齿具新月状脊棱(月齿型),角或有或无………… 2

2 臼齿低冠,上犬齿若存在时呈獠牙状,雄性大都具实角 …………………… 鹿科 Cervidae

臼齿高冠,无上犬齿,雄性具虚角,雌性的角或有或无 ………………… 牛科 Bovidae

野猪 *Sus scrofa* 属猪科。体形似家猪,但吻部更为突出。全被刚硬的针毛,背上鬃毛显著。毛色一般呈黑褐色。雄猪具獠牙。

麅 *Capreolus capreolus* 属鹿科。四肢细长,尾短。雄性有角,角短且分三叉。毛质粗脆,冬毛灰棕色,夏毛红棕色。臀部具白斑。

黄羊 *Procapra gutturosa* 属牛科。雌性不具角,四肢细而善奔跑。蹄窄、尾短。生活于草原及半荒漠地区。

(五) 观看鸟纲和哺乳纲分类的多媒体教学片

(1) 我国鸟类常见及重要经济种类的图片和教学影片的示范观察。

(2) 我国哺乳类常见及重要经济种类的图片和教学影片的示范观察。

五、作业与思考题

(1) 就所观察的标本,总结突胸总目中所见目的简要特征,并记录所属的标本种类名称。

(2) 总结食肉目、啮齿目和偶蹄目中重要科的主要特征,并记录所属的标本种类名称。

(3) 查阅有关参考书,把已鉴别到目的1~2种标本进一步鉴定到科、属及种。

第4章 动物生理与生态实验

本章内容涵盖从单细胞原生动物（草履虫）到无脊椎动物（河蚌和果蝇）到脊椎动物（鱼、蛙、兔和人）的生理与生态、生殖与发育等实验。通过这些实验的现象观察和原理分析，让学生亲身感受生命活动的过程及规律。

4.1 草履虫的应激性及接合生殖

一、实验目的

（1）了解草履虫对外界刺激的应激性反应。

（2）认识原生动物的有性生殖及其影响因素。

二、实验内容

（1）草履虫的应激性观察。

（2）草履虫的接合生殖观察。

（3）探讨不同因素对草履虫接合生殖的影响。

三、实验材料与用品

草履虫培养液、稻草培养液、蓝黑墨水、1%氯化钠溶液、醋酸。

体视镜、显微镜、显微数据图像采集系统；箭头镊子、棉花、载玻片、盖玻片、表面皿。

四、实验方法和步骤

（一）草履虫的应激性

1. 刺丝泡发射的反应

制备草履虫临时装片时，在盖玻片的一侧滴1滴用蒸馏水稀释20倍的蓝黑墨水，另一侧用吸水纸吸引，使蓝黑墨水浸过草履虫。在高倍镜下观察，可见刺丝已射出，在草履虫体周围呈乱丝状。★*刺丝泡有何功用？*

2. 草履虫对盐度变化的反应

配制系列浓度的氯化钠溶液：用蒸馏水稀释1%氯化钠母液，配制成0.1%、0.3%、0.5%、0.8%等系列浓度的氯化钠溶液，分别置于小试管内。并做好标记。

用不同浓度氯化钠溶液刺激草履虫：取5块载玻片，第1块滴入蒸馏水做对照，后4块分别滴入以上配制的系列浓度氯化钠溶液。再用毛细滴管吸取密集草履虫培养液，分别滴一小滴于各载玻片的溶液中；草履虫液不宜过多，以免稀释了盐溶液；各浓度氯化钠溶液中滴入草履虫液先后间隔时间需掌握好，以保证各盐度刺激草履虫 5 min 后观察；混匀，加棉花纤维和盖玻片，制成临时装片，依次置显微镜下观察。

伸缩泡收缩频率的变动：在低倍镜下选择 1 个清晰又不太活动的草履虫，转高倍镜观察其伸缩泡的收缩。用秒表记录伸缩泡的收缩周期，重复 3 次计数，取平均值，并推算每分钟伸缩泡的收缩频率。再选择 2 只草履虫，如上计数。然后计算 3 只草履虫伸缩泡的平均收缩频率。★为什么要重复计数和计算平均收缩频率？

按以上方法观察记录，计算并比较草履虫在蒸馏水和不同浓度氯化钠溶液中伸缩泡的收缩频率。★伸缩泡有何功能？

此外，还要注意观察草履虫在 0.8%氯化钠溶液中时，其体形和运动有何变化？在盖玻片一侧滴加蒸馏水，另一侧用吸水纸吸引，使蒸馏水替代 0.8%氯化钠溶液，这时观察到草履虫有何变化？★以上现象说明什么？

3. 草履虫对酸刺激的反应

配制醋酸：用滤纸过滤草履虫培养液。取冰醋酸和滤液配制浓度为 0.01%～0.02%和 0.04%～0.06%的醋酸，分别置于试管中。★为什么不用蒸馏水而用草履虫培养液的滤液配制醋酸？用 pH 试纸测草履虫培养液和所配醋酸的 pH 值。滤纸上面密集的草履虫用少量培养液收集，保存备用。

草履虫对酸刺激的反应：用滴管吸取密集草履虫的培养液滴于载玻片上，使液滴变为直径略小于载玻片宽度的一片圆形液层。将载玻片置于体视显微镜载物台中央，用毛细滴管吸取 0.01%～0.02%醋酸，轻轻滴一小滴在载玻片上的草履虫液层中央。滴加醋酸时，最好通过滴管尖端醋酸液滴与玻片上草履虫液面的接触而使酸液缓缓进入草履虫液层中央。在镜下观察草履虫运动状态，亦可肉眼观察。用 pH 试纸分别轻轻浸入液层中草履虫聚集处和滴入酸液处，检测其 pH 值。再取一块载玻片，用 0.04%～0.06%醋酸重复以上实验，观察草履虫动态并检测液层中草履虫聚集处和滴入酸液处的 pH 值。分析实验结果，说明草履虫对酸度大小的趋性。★草履虫最喜酸度是多少？

（二）草履虫的分裂生殖和接合生殖

1. 取草履虫分裂生殖和接合生殖装片，于低倍镜下观察

(1) 草履虫分裂生殖装片，观察草履虫的无性生殖是横裂还是纵裂？

(2) 草履虫接合生殖装片，观察 2 个虫体在何处接合。★接合生殖有何生物学意义？

2. 草履虫活体接合生殖的观察

采集的草履虫水样中，当食料消耗完到饥饿时，可诱导其出现接合生殖。为提高虫体的接合率，把饥饿诱导后并固定处理的大量虫体加以筛选，用 250 目的滤筛，通过轻轻摆动或上下升降，使未接合的单个虫体从筛孔中漏出一部分，而接合生殖的虫体却能够全部保留下来，如此适度操作，便可随意地富集到一定高度接合率的虫体。

取草履虫纯系浓集液至表面皿，★为何为浓集液？培养 2～5 h，每隔 1 h 置体视显微镜下观察。当许多虫体相互黏着聚集时，即为交配现象。此时加入稻草培养液，以抑制尚未接合的草履虫再发生接合生殖，从而获得同步接合生殖的草履虫，★为什么采用此方法处理？然后将此表面皿置于 22～24 ℃培养箱培养并定时取样，用 0.25%甲基绿染色制片后，于显微镜下观察接合生殖过程中细胞核的变化，记录观察到的现象并绘图或显微拍照。

3. 探讨草履虫接合生殖最佳条件

通过改变温度、培养液浓度、光照等培养条件,探讨草履虫发生接合生殖的最佳条件。

草履虫能否进行接合生殖主要取决于四个因素,即接合型、成熟度、食物和温度。

草履虫种内或繁殖群内存在不同的接合型,只有互补接合型之间才能有接合反应,进行有性生殖。属同一接合型的不同无性系之间一般不能接合。

草履虫的一个大核系的一生可分为四个阶段,即未成熟期、成熟期、衰老期和死亡期。未成熟期是指新生的大核系只经较少次数的无性分裂阶段,处于此期的草履虫即使是两个互补接合型,相混后也不会有接合反应,即使有百分率也非常低。只有达到成熟以后,互补接合型之间才可能出现接合反应,而且有较高的接合率。处于衰老期的虫体由于代谢及生理上的原因,虽属互补接合型的个体相遇,接合率也会明显降低,而且接合后的成活率也显著下降。

达到成熟期的互补接合型,能否相混后立即接合还取决于虫体的营养状况。过度饱食或过度饥饿都不能出现接合反应。因此,想得到理想的接合材料必须控制食物。只有旺盛繁殖后,由饱食转入饥饿的数小时内,两型相混才会立即发生接合。发生接合的温度为15～30 ℃,其中20～25 ℃为最佳。

五、作业与思考题

(1) 计算并比较草履虫在蒸馏水和不同浓度氯化钠溶液中伸缩泡的收缩频率。

(2) 总结草履虫对外界环境变化的各种应激反应。

(3) 草履虫有性生殖的培养条件与无性生殖的培养条件有何差别?

(4) 如何提高观察到草履虫接合生殖的概率?总结草履虫发生接合生殖的最佳条件。

4.2 河蚌的心脏搏动与水温的关系

一、实验目的

通过对不同水温下河蚌心搏频率的观察记录,了解变温动物心搏频率与温度的关系。

二、实验原理

在一定的温度范围内,河蚌的心搏频率(每分钟心跳次数)随温度的升高而增加;超过这一温度范围,当温度升高或降低到某一临界温度时,河蚌的心搏频率就会逐渐降低直至心跳停止。

三、实验材料与用品

河蚌活体标本。

解剖器具、温度计、恒温水浴锅、冰块。

四、实验方法与步骤

(一) 运动与呼吸

在安静无振动的情况下,观察生活在培养缸中的河蚌,可见河蚌左右贝壳被撑开,斧足从壳缝中伸出来。如果振动培养缸,可见河蚌斧足缩回,紧闭双壳。

在河蚌的后端用滴管轻轻注入数滴炭末水悬浮液,可看到炭末随着水流从近腹侧的入水孔被吸入蚌体内，不久又看到它随着水流从近背方的出水孔排出来。★这种水流是怎样产生的？有何生理作用？

（二）心脏搏动与水温关系

将活体河蚌置于解剖盘，轻轻敲碎并移除壳顶，或按 2.6 节的解剖方法将左壳移除，在内脏的背侧，即贝壳绞合部附近可见透明的围心腔膜，其内便是围心腔。仔细观察，可见心脏在其内搏动。

(1) 在内脏的背侧，即贝壳绞合部附近找到围心腔，仔细观察，可见心脏在其内搏动。

(2) 将河蚌置于盛有室温水的水浴锅内，让水淹没心脏，记录此温度下每分钟心搏次数（观察 30 s 心跳次数）。

(3) 将预先制好的冰块放入水浴涡内，使水温逐渐下降，直到 4 ℃左右，记录温度每降低 1 ℃时的心搏频率。此时心脏基本不跳动(心搏频率)。

(4) 调节恒温水浴锅，开始逐步加温，用温度计随时测量水温，★水温每升高 1～2 ℃，记录一次心率。随水温变化，心脏的搏动从开始到正常至停止大致经历了以下过程。

① 4～16 ℃　心脏开始跳动，但十分缓慢、微弱。随温度上升，心脏搏动的次数逐渐增加。

② 16～20 ℃　可见河蚌心脏搏动的幅度大，但频率低。

③ 20～36 ℃　河蚌心脏搏动有力，但幅度略微下降。并且随着温度的上升，心率明显加快。

④ 36～40 ℃　随温度的上升，心率开始减慢，心脏收缩的力量明显减弱，幅度也开始下降。

⑤ 40～45 ℃　随温度上升，可见心脏收缩十分微弱，搏动幅度更小。

⑥ 45～47 ℃　温度刚上升到此温度范围时，还可以看到心脏微弱而连续的搏动。随后，心脏只能间断地搏动，且随温度上升，两次搏动的间隔时间越来越长，最后心脏停止搏动，这时，即使将河蚌放回到正常水温的水中，心搏也无法恢复。

五、作业与思考题

(1) 记录不同水温下河蚌心搏频率的变化过程，绘制心搏频率与温度的关系曲线，分析心搏频率与温度的关系。

(2) 当温度升高或降低到某一临界温度时，河蚌的心搏频率为什么会逐渐降低直至心跳停止？

4.3 果蝇发育与温度定量关系的测定

一、实验目的

(1) 学习测定生物发育与温度之间定量关系的方法。

(2) 验证和加深对生物发育的有效积温法则的理解。

二、实验原理

果蝇 *Drosophila melanogaster* 是双翅目昆虫，它的生活史从受精卵开始，经过幼虫、蛹、成虫阶段，是一个完全变态的过程。果蝇体型小，在培养瓶内易于人工饲养。其繁殖力很强，在适宜的温度和营养条件下，每只受精的雌果蝇可产卵 400～500 个，每 2 个星期就可完成 1 个世代，因而在短期内就可以观察到实验结果。此外，由于有许多突变类型、具有多线染色体以及生活史的不同发育阶段具有的特点和基因组结构的特点等,果蝇已经成为生物学各研究领域中的模式生物。

有效积温法则是指昆虫完成某一发育阶段(发育历期,为 N)所需要的总热量(有效积温,effective sum of heat)为一常数 K,称为热常数(thermal constant)。通常,生物发育需要的有效积温(K)为每日平均温度(T)减去发育起点温度(threshold of development,又称生物学零度(biological zero),为 C)后的累加值,用公式 $K=N(T-C)$ 表示。

三、实验材料、仪器与试剂

果蝇野生型及不同突变型果蝇。

恒温培养箱、烘箱、双筒解剖镜、双目显微镜、放大镜、温度计、培养瓶、麻醉瓶、白瓷板、载玻片、盖玻片、毛笔、白板纸、滤纸等;乙醚、玉米粉、糖、酵母粉、丙酸、琼脂等。

四、实验方法与步骤

1. 果蝇生活史的观察

(1) 卵　成熟的雌蝇在交尾后(2～3 天)将卵产在培养基的表层。用解剖针的针尖在果蝇培养瓶内沿着培养基表面挑取一点培养基置于载玻片上,滴上一滴清水,用解剖针将培养基展开后放在显微镜的低倍镜下仔细进行观察。果蝇的卵呈椭圆形,长约 0.5 mm,腹面稍扁平,前端伸出的触丝可使其附着在培养基表层而不陷入深层。

(2) 幼虫　果蝇的受精卵经过 1 天的发育即可孵化为幼虫。果蝇的幼虫从一龄幼虫开始经两次蜕皮,形成二龄和三龄幼虫,随着发育而不断长大,三龄幼虫往往爬到瓶壁上化蛹,其长度可达 4～5 mm。幼虫一端稍尖为头部,黑点处为口器。幼虫可在培养基表面和瓶壁上蠕动爬行。

(3) 蛹　幼虫经过 4～5 天的发育开始化蛹。一般附着在瓶壁上,颜色淡黄。随着发育的继续,蛹的颜色逐渐加深,最后呈深褐色。在瓶壁上看到的几乎透明的蛹壳是羽化后遗留的蛹的空壳。

(4) 成虫　刚羽化出的果蝇虫体较长,翅膀也没有完全展开,体表未完全几丁质化,所以呈半透明乳白色。随着发育,身体颜色加深,体表完全几丁质化。羽化出的果蝇在 8～12 h 后开始交配,成体果蝇在 25 ℃条件下的寿命约为 37 天。

2. 配制培养基

培养果蝇用的容器可以是粗试管或广口瓶,这些容器及其棉塞均需在实验前进行高温灭菌才能使用。可以按如下成分进行培养基配制。

100 g 培养基含玉米粉 9 g、白糖 6 g、琼脂 0.67 g、酵母 0.7 g、丙酸 0.5 mL、水 83 mL。

配制时,先将玉米粉、糖、琼脂和水放入容器内混合,加热并不断用玻璃棒搅拌,以免煮糊。煮沸后稍待冷却,将酵母和丙酸加入,搅拌均匀即分装到经灭菌后的培养瓶内,塞上棉塞,置于温箱内备用。

★注意:分装培养基时不要把培养基倒在瓶壁上,万一倒上了,要用酒精药棉擦掉。刚配制完的培养基在放凉后瓶壁上会有水滴,放置 2～3 天,待水分蒸发后即可使用。如急用,可用酒精药棉将瓶壁上的水分擦掉。

3. 恒温培养箱的温度设定及果蝇的培养

准备 3 个人工气候箱(或恒温培养箱)。★注意:所用培养箱最好是玻璃门的,可以隔玻璃门观察,以免影响培养箱内的温度恒定。设定每个培养箱的温度使它们形成温度梯度,如 15 ℃、18 ℃、21 ℃。向新配制培养基的瓶内转接相同对数的成蝇(5 对),放置在不同温度的恒温培养箱内培养,定时(每天 2 次,上、下 各 1 次)观察记录果蝇的发育进程,统计不同温度下果蝇的发育历期(N,单位:h/d),记入表 4.3-1 中。★注意:待培养箱的温度恒定后才能开始实验。

表 4.3-1 实验结果记录表 (时间单位:h/d)

生活史阶段	15 ℃	18 ℃	21 ℃	24 ℃	27 ℃
一龄幼虫初现					
二龄幼虫初现					
三龄幼虫初现					
蛹初现					
成蝇初现					

4. 结果统计与分析

设定纵坐标和横坐标的变量,分别绘制温度-时间关系曲线、温度-发育进程关系曲线、发育进程-时间关系曲线。如以果蝇生活周期中各发育阶段为纵坐标,以时间(d)为横坐标,可以绘出不同温度条件下果蝇发育进程与时间的关系曲线,比较各曲线的变化情况,应用“直线回归法”或“加权法”计算果蝇发育的有效总积温(K)和发育起点温度(C),得出实验结论。

五、作业与思考题

(1) 你所观察的不同类型的果蝇在整个生活史历期上有什么差异?你对果蝇有哪些新了解?

(2) 观察比较所绘制的温度-时间关系曲线、温度-发育进程关系曲线、发育进程-时间关系曲线,可以分别得出哪些结论?

4.4 神经-肌肉活标本的制备及骨骼肌收缩分析

一、实验目的

(1) 掌握坐骨神经腓肠肌活标本的制备方法,掌握利用计算机生物医学信号采集处理系统记录肌肉收缩曲线的方法。

(2) 懂得如何观察并分析不同的刺激强度、频率与骨骼肌收缩形式的关系。

二、实验原理

蛙或蟾蜍等两栖类动物的一些基本生命活动及生理功能与哺乳动物近似,但其离体组织所需的条件较简单,易于控制和掌握。在任氏液的浸润下,神经肌肉标本可进行较长时间的实验观察;此外,两栖动物坐骨神经-腓肠肌标本结构简单,一个肌肉的运动单元只接受一条神经纤维支配,其间靠神经递质联系的机制也很简单,肌肉细胞体积也很大,可以插入多个电极记录。因此,在生理学实验中,常用两栖类坐骨神经-腓肠肌标本来观察研究神经-肌肉的兴奋性、刺激与反应的规律以及骨骼肌的收缩特点等。

一个有效的刺激作用于神经-肌肉标本的神经引起肌肉的收缩是一个及其复杂的生命过程。在神经-肌肉标本中经历了兴奋在神经纤维上的产生、传导,兴奋在神经-肌肉接头处的传递,肌纤维的兴奋产生、传导、兴奋-收缩偶联及肌丝相对滑行等一系列生理过程。这些活动过程关系如何,过去是很难展现和理解的,现在有了计算机生物信号采集处理系统,不仅使我们能很好地观察到它们的过程,而且还可以进一步研究不同条件下它们的变化规律。

活的神经肌肉组织具有兴奋性,能接受刺激发生兴奋反应。但刺激要引起组织兴奋,其强度和作用时间都必须达到一定的阈值(强度阈值和时间阈值)。兴奋性不同的组织其阈值大小亦不相同,兴奋性高的阈值低,因此,阈值常作为衡量组织兴奋性大小的客观指标。

用持续时间一定的单个刺激直接刺激腓肠肌时,如刺激强度太弱,不能引起肌肉收缩,只有当强度达到一定的数值时,才能引起肌肉发生最微弱的收缩,此时只是少数兴奋性最高的肌纤维产生了收缩。这种刚能引起最小反应的最小刺激强度称为阈强度,而刚达到阈强度的刺激称为阈刺激,这时引起的肌肉收缩称为阈收缩。以后随着刺激强度的增加,越来越多的肌纤维被兴奋,肌肉收缩也相应地逐步增大(阈强度以上的刺激称为阈上刺激);当刺激强度增大到某一个强度时,整块骨骼肌中所有的肌纤维均产生了兴奋,肌肉出现最大的收缩反应;此时,如再继续增大刺激强度,肌肉的收缩却不再增大。这种能使肌肉发生最大收缩反应的最小刺激强度称为最适强度。具有这种强度的刺激称为最大刺激,最大刺激引起的肌肉收缩称最大收缩。

用相继两个最大电刺激作用于肌肉,当刺激间隔大于肌肉单收缩的时间时,可出现两次波形完全分开的单收缩。当缩短刺激间隔时间使第二次刺激落在前一次收缩的舒张期时,就会使两次收缩总和起来,称为不完全复合收缩;当第二次刺激落在前一次收缩的缩短期时,则只形成一个波,看不到第一次收缩的舒张期,称为完全复合收缩,复合收缩的幅度比单收缩大。

用一串最大电刺激作用于肌肉,频率很低时(刺激间隔大于单收缩的时间),出现一连串单收缩。增大刺激频率,使后一刺激落在前一收缩的舒张期,肌肉收缩出现总和,此时记录到锯齿状曲线称为不完全强直收缩。再增大频率,使后一刺激落在前一收缩的缩短期,此时肌肉处于完全收缩的状态,不出现单收缩的痕迹,即完全强直收缩,其收缩幅度大于单收缩。在一定范围内,收缩幅度随刺激频率增加而增加。正常机体自然状态下的肌肉收缩,几乎都是强直收缩形式。

三、实验材料、仪器与试剂

蛙或蟾蜍。

生物信号采集处理系统、常用蛙类手术器械(手术剪、手术镊、手术刀、金冠剪、眼科剪、眼科镊、毁髓针、玻璃分针)、蜡盘、蛙板、固定针、锌铜弓、培养皿、滴管、吸水纸、粗棉线、蛙类生理肌槽、张力传感器、铁支架、双凹夹、神经标本屏蔽盒、电子刺激器、带电极的接线若干。

任氏液。

四、实验方法和步骤

(一)青蛙(或蟾蜍)坐骨神经-腓肠肌肌肉标本的制备

1. 双毁髓法捣毁青蛙(或蟾蜍)的脑和脊髓

取青蛙1只,用自来水冲洗干净。将青蛙俯卧于手掌中,用中指和无名指夹住两个前肢,小指压住两后肢,拇指自然放在脊柱上,食指放在双眼后方头上,向下压使头部与脊柱呈一角度,充分暴露枕骨大孔。同时,食指可以防止蟾酥喷射到实验者的身上。以双眼之间长度为边长,向尾部组成一个等边三角形,其顶点所在位置即枕骨大孔位置(图4.4-1)。

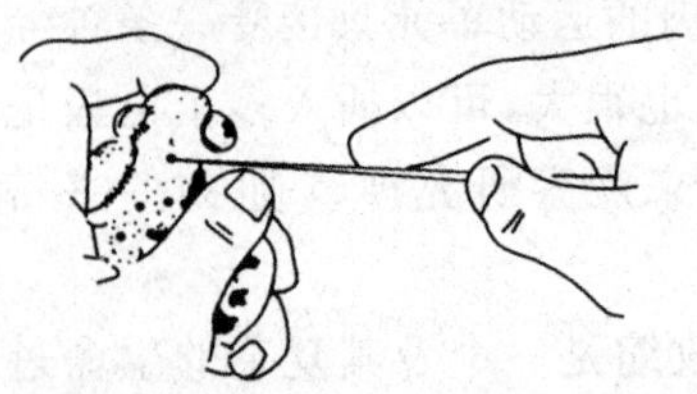

图4.4-1 破坏青蛙脑脊髓

用毁髓针自枕骨大孔垂直刺透皮肤,然后向上刺入颅腔,左右搅动捣毁脑组织。此时青蛙四肢僵直。将毁髓针退出颅腔，旋转向后刺入椎管，捣毁脊髓。青蛙下肢肌肉松软，表明脊髓损毁完全。

2. 制备后肢标本

用中式剪刀自胸髓下部剪断脊髓。手持青蛙下肢，腹部向下，使断端斜向上方，头端下垂。用手术剪沿脊柱两侧剪断腹部软组织，直至耻骨联合。然后剪除内脏和上身，保留下肢。自脊柱断端开始，剥离下肢皮肤(图 4.4-2)。

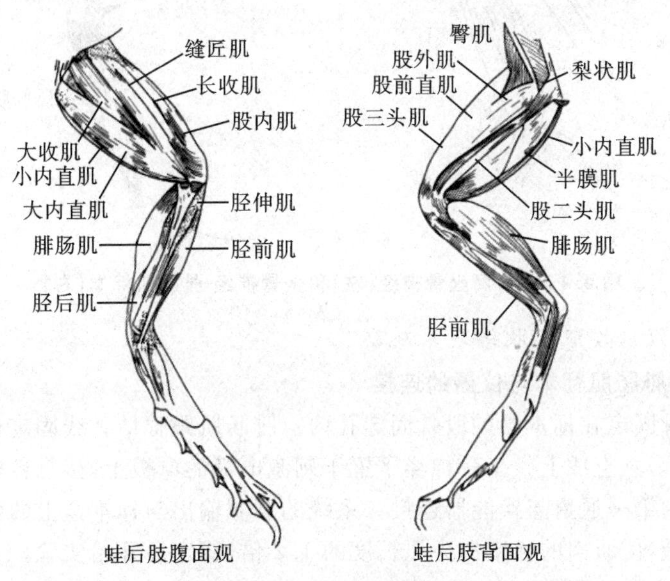

图 4.4-2　蛙后肢肌

★ 注意不能用金属器械触碰神经干，不要损伤和污染坐骨神经和肌肉组织，将剥掉皮肤的下肢标本放入盛有任氏液的培养皿中，以维持其兴奋性。洗净用过的所有器具、实验台和操作者的手。用中式剪刀沿脊柱正中线剪开，做成两个下肢标本，小心不要剪断神经。

3. 制备坐骨神经-腓肠肌标本

取一个下肢标本仰卧于蛙板上放置的玻璃板上，腓肠肌不可接触粗糙的蛙板。滴加少许任氏液于标本上。★ 在以后操作过程中，不时滴加任氏液，防止标本干燥受损。用大头针固定脊柱和后肢末端，此时清楚可见白色粗大的坐骨神经自脊柱侧面发出。用玻璃分针划开神经表面的筋膜，游离出坐骨神经干。在坐骨神经穿出脊椎处截一小段椎骨，用镊子夹住，轻轻提起神经，用眼科剪靠近神经干剪断神经分支，直到腹股沟处。

翻转标本，用玻璃分针在股二头肌和半膜肌之间分离出深部的坐骨神经。用镊子提起尾骨干，向上剪断，露出坐骨神经。提起神经，向下分离，剪断分支，一直游离至膝关节处为止。然后，分离腓肠肌肌腱，穿线结扎牢固。于结扎线远端剪断肌腱，游离出腓肠肌至膝关节处。把游离的坐骨神经搭在腓肠肌上，从膝关节周围开始剪掉大腿所有的肌肉，用粗剪刀将股骨刮干净，然后在股骨中部剪去上端股骨(留下 1.5 cm 长的股骨)，沿膝关节剪去小腿(注意保留完整的腓肠肌)。这样制得一个具有附着在股骨上的腓肠肌并带有支配腓肠肌的坐骨神经-膝关节-腓肠肌标本(图 4.4-3)。将其放入装有任氏液的培养皿中备用。

4. 标本检测

用锌铜弓迅速接触神经干，如腓肠肌发生明显而灵敏的收缩，则表示标本的兴奋性良好，即可将标本放在盛有任氏液的培养皿中，以备实验之用。

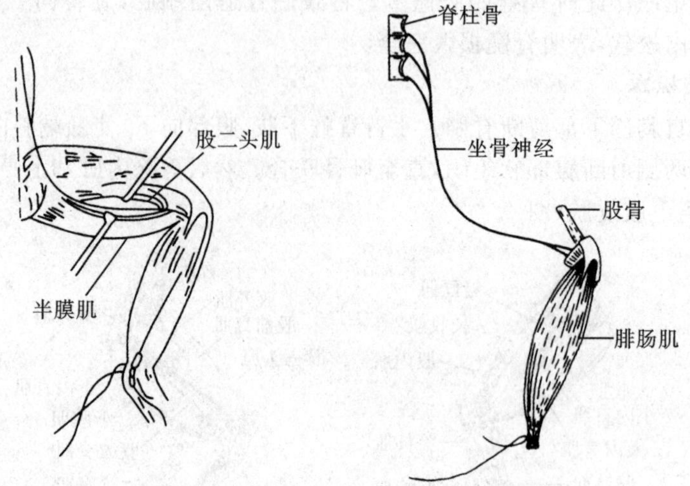

图 4.4-3　分离坐骨神经(左)和坐骨神经-腓肠肌标本(右)

(二) 刺激神经诱发肌肉收缩现象观察

1. 坐骨神经-腓肠肌标本与仪器的连接

将标本的股骨固定在标本盒的股骨固定孔内。腓肠肌跟腱结扎线固定在张力换能器的弹簧片上,使连线在一垂直线上。坐骨神经干置于刺激电极的电极上,接触良好。计算机生物信号采集处理系统的第一通道与换能器连接。系统的刺激输出与标本盒上的刺激电极相连。调节机械换能器高低,使肌肉的长度约为原长度的 1.2 倍,稳定后开始实验。

2. 观察刺激强度对骨骼肌收缩的影响

按常规进入计算机生物信号采集处理系统的工作界面,按以下提示操作。

选择:通道功能,张力;输入范围,50 Hz;时间常数,直流;低通滤波,10 Hz;50 Hz 陷波,打开。切换到刺激面板后选择:刺激方式,单刺激;幅度范围,0～5 V;幅度大小,0.02～1.5 V;波宽,0.1 ms。

推荐刺激参数如表 4.4-1 所示。

表 4.4-1　推荐刺激参数

刺激波宽	刺激时间间隔	起始刺激强度	刺激强度增量
0.1 ms	2 s	0.00 mV	20 mV

刺激强度从小到大,采集 20～30 个实验数据,存盘。然后依次找出肌肉出现第一次最小收缩反应的刺激强度(阈刺激)、阈上刺激(阈刺激至最大刺激之间,此时肌肉的收缩力量随刺激强度的加大而增强)和最大刺激(此时肌肉的收缩力量不再因刺激强度的加大而增强)。

3. 观察刺激频率对骨骼肌收缩的影响

用一个阈上刺激刺激坐骨神经,刺激频率不断增加,观察肌肉的单收缩、不完全强直收缩和完全强直收缩。

五、作业与思考题

(1) 记录刺激强度、刺激频率与骨骼肌收缩关系曲线,并分别说明刺激强度与骨骼肌收缩张力的关系、刺激频率与产生不完全强直收缩和完全强直收缩的关系。

(2) 总结神经-肌肉标本制备过程中,如何保持标本的正常机能?

(3) 分析保持神经肌肉收缩偶联过程中的关键环节,探索截瘫动物(或患者)最可能的几种原因。

4.5 神经干的复合动作电位及其传导速度测定

一、实验目的

(1) 初步熟悉电生理仪器的使用方法,了解蛙类坐骨神经干的单相、双相动作电位的记录方法,并能判别分析神经干动作电位的基本波形,测量其潜伏期、幅值以及时程。

(2) 理解兴奋传导的概念,掌握神经动作电位传导速度测定和计算的方法,以及低温对神经冲动传导速度的影响。

二、实验原理

单根神经产生和传导的动作电位是“全或无”的。对动作电位记录的方法有细胞内记录和细胞外记录,细胞内记录反映的是细胞膜内外的电位差,而细胞外记录反映的是兴奋部位和静息部位之间的电位差。蛙的坐骨神经干既有传入神经,也有传出神经,由若干兴奋性不同的神经组合在一起。在这样的一根神经干上刺激并记录其动作电位,与对单根神经纤维相比在某种意义上有很大的差别。当把神经干的中枢端搭放在一对刺激电极上,外周端搭放在一对记录电极上,刺激电极与记录电极间保持一定距离,并在它们中间靠近记录电极处放一接地的电极。在记录仪上首先能看到的是随着刺激强度的增加,幅度随之增加的双向动作电位(上半部表示负电位,下半部表示正电位)。该双向动作电位是动作电位在神经干上传导时,分别经过两个记录电极时存在于两记录电极间的电位差,是组成该神经干的若干被兴奋了的神经纤维的动作电位的总和,称为复合动作电位。如果将两个记录电极的距离逐渐拉长,则可看到双向动作电位的上下两个波峰逐渐由不对称变成对称,甚至在正负两波形之间出现 0 电位直线;如果将记录电极逐渐远离刺激电极,可发现上述记录到的单一的动作电位的波形可分解为几个波峰;如果在一对刺激电极的中间任何位置实施(机械、饱和的 KCl 溶液、麻醉或冷冻等)阻断,则在记录仪上只能见到单向复合的动作电位。

动作电位一经产生就可自动向邻近静息部位传导出去。测定神经冲动在神经干上传导的距离(d)与通过这段距离所需的时间(t),然后根据公式 $v=d/t$ 就可求出神经动作电位的传导速度。但在实际测量中,常用两对记录电极同时记录动作电位,会得到潜伏期不同的两个动作电位,通过测量两对记录电极到刺激电极间的距离之差 ΔL 和两个动作电位起点的时间间隔(即潜伏期之差)ΔT,则动作电位传导速度为 $\Delta L/\Delta T$。根据神经传播动作电位的速度,在坐骨神经干中,可分离出 A_α 和 A_β 神经纤维。蛙类坐骨神经干中以 A_α 类纤维为主,传导速度(v)为 30~40 m/s 。

刺激电极的极性、刺激电极间的距离对动作电位的产生、传导速度都有很大的影响。细胞外刺激时,有效刺激发生在阴极下。在阴极处,外加电场中和了细胞膜外的正电荷,减弱了内负外正的膜极化趋势,导致膜电位去极化(除极化),当去极化达到一定阈值时,产生动作电位;在阳极处,由于外界电场的作用,加剧了内负外正的膜极化状态,导致膜电位超极化,超极化使膜去极化阈值提高,使膜去极化达到去极化阈值的时间延长,该现象称为阳极电紧张现象。所以当靠近记录电极的刺激电极连接到刺激器的正极时,则使刺激的阈值和最大刺激提高,动作电位的传导速度降低。

三、实验材料、仪器与试剂

蛙或蟾蜍。

神经标本屏蔽盒、电子刺激器、示波器或生物信号采集处理系统、普通剪刀、手术剪、眼科镊子(或尖头无齿镊)、金属探针(解剖针)、玻璃分针、蛙板(或玻璃板)、蛙钉、细线、培养皿、滴管、双凹夹、培养皿、滤纸片、带电极的接线若干。

任氏液。

四、实验方法与步骤

1. 坐骨神经干标本的制备

制作方法与坐骨神经-腓肠肌标本制备基本相同,但无需保留股肌和腓肠肌,坐骨神经干要求尽可能长(最好不要小于 10 cm)。在脊椎附近将神经主干结扎、剪断。提起线头剪去神经干的所有分支和结缔组织,到达腘窝后可继续分离出腓神经或胫神经,在靠近趾部剪断神经。将分离下来的神经干放在蛙板上,滴加任氏液,用玻璃分针从中枢端至末梢仔细地将与坐骨神经伴行的血管与结缔组织分离出来。制备好的神经标本浸泡在任氏液中数分钟,待其兴奋性稳定后开始实验。

2. 仪器与标本的连接

(1) 实验使用的神经标本屏蔽盒内置 7 根电极(图 4.5-1),其中 S_1/S_2 为刺激电极,连接到生物信号采集系统刺激器的输出插孔,r_1/r_1'、r_2/r_2'分别为两对记录电极,分别连接到生物信号的两个记录通道内,另外在刺激电极和记录电极之间有一接地的电极。

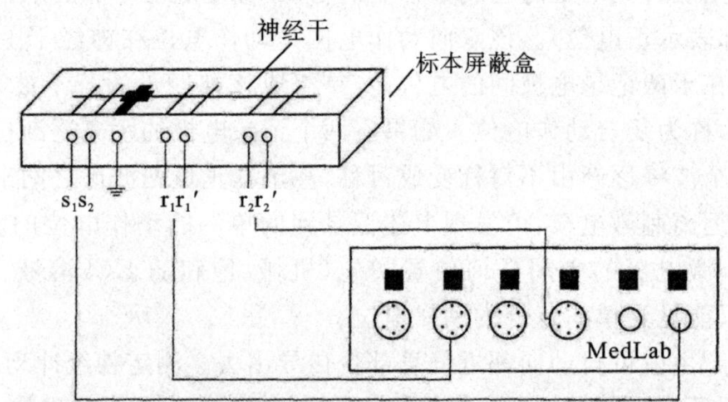

图 4.5-1 观察神经干动作电位及测定神经冲动传导速度的装置图(自杨秀平等)

(2) 用浸有任氏液的棉球擦拭神经标本屏蔽盒上的电极,标本盒内放置一块湿润的滤纸,以防标本干燥。用滤纸吸去标本过多的任氏液,将其平搭在屏蔽盒的刺激电极、接地电极和记录电极上。神经干的近中(枢)端置于刺激电极上,并确认位于远中端的刺激电极为负极、神经干的远中(枢)端置于记录电极上,记录电极与生物信号采集系统输入线的连接要保证荧光屏显示是上为负下为正的图形。

打开计算机,启动生物信号采集处理系统,进入"神经干动作电位"模拟实验菜单。

3. 观察和测定双相/单相动作电位

记录动作电位仅使用图 4.5-1 中的 r_1/r_1'一对记录电极。

(1) 调节刺激强度,观察动作电位波形的变化。读出波宽为某一数值时的阈刺激和最大刺激。

(2) 仔细观察双相动作电位的波形(图 4.5-2 左)。读出最大刺激时双相动作电位上下相的振幅和整个动作电位持续的时间。

(3) 保持大最大刺激强度,将两极记录电极 r_1 和 r_1' 间的距离逐渐扩大,观察记录到的双相动作电位的波形有无变化。

(4) 用镊子将记录电极 r_1、r_1' 之间的神经夹伤,或用一小块浸有 3 mol/L KCl 溶液的滤纸贴在第二个记录电极(r_1')处的神经干上,再进行刺激时呈现的即是单相动作电位。读出最大刺激时单相动作电位的振幅值和整个动作电位持续的时间(图 4.5-2 右)。

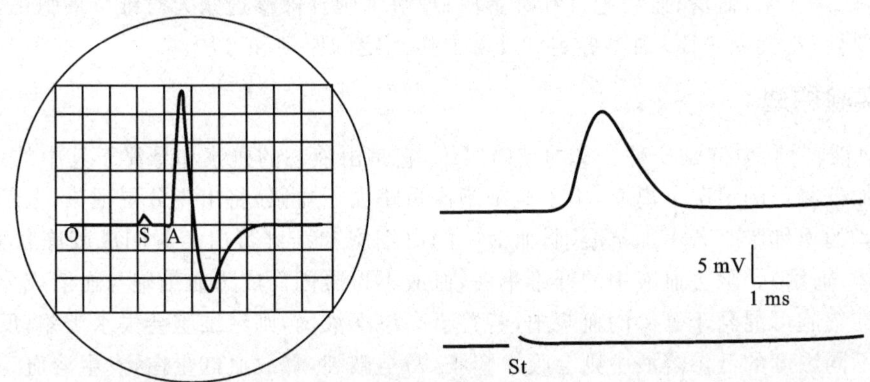

图 4.5-2 蛙坐骨神经干的双相动作电位(左)和单相动作电位(右)(自杨秀平等)

O. 触发扫描开始;S. 刺激伪迹;OS. 从触发到刺激伪迹间的延迟;A. 动作电位;St. 刺激标记

4. 复合动作电位的分离观察及其传导速度测量

(1) 换取另一根长度不小于 10 cm 的坐骨神经,按上述方法摆放在神经标本盒中。

(2) 保持最大刺激强度,改变 r_1/r_1' 与 S_2 间的距离,使记录电极远离刺激电极,观察动作电位的波形有何变化,为什么?

(3) 分别测定 A_α 和 A_β 神经纤维动作电位的振幅、潜伏期、刺激阈值和最大刺激强度。

(4) 记录神经动作电位时,同时使用 r_1/r_1' 与 r_2/r_2' 两对记录电极,按上述方法连接仪器与标本,★两对记录电极距离刺激电极不宜过远,为什么? 进入“神经干动作电位传导速度”模拟实验菜单,或在显示方式菜单中选择“比较显示方式”(可在一个通道内显示两个通道的图形)。

给予神经干最大刺激强度,可在两个通道中观察到先、后形成的两个双向动作电位波形。而后分别测量:①从刺激伪迹到两个动作电位起始点的时间,设上线为 t_1,下线为 t_2(或直接测量两个动作电位起点的间隔时间),求出它们的时间差值(t_1-t_2)。②神经标本盒中两对记录电极相应电极之间的距离 d(即 r_1 与 r_2 的间距)。

计算出该标本的动作电位传导的速度。

五、作业与思考题

(1) 动作电位具有“全或无”的特性,为什么实验中能够观察到神经干动作电位幅度随刺激强度而发生变化?

(2) 在实验中测量到双向动作电位的正相与负相是否相同? 其原因是什么?

(3) 你是否观察到了神经干动作电位的潜伏期? 为什么?

(4) 你测量到的神经干冲动的幅度与传导速度受到哪些因素的影响?

(5) 从环境温度对神经干冲动传导速度影响的角度,分析比较两栖类与哺乳类神经系统的特性区别。

4.6 血液的一般生理及血型、血压测定

一、实验目的

通过血液组成分析、红细胞渗透脆性测定、人 ABO 血型鉴定和动脉血压测定,掌握血液组成成分,区别血浆、血清、血细胞及纤维蛋白;理解细胞外液渗透张力对维持细胞正常形态与功能的重要性;掌握人 ABO 血型鉴定和动脉血压测定的原理和方法。

二、实验原理

(1) 血液特性:血液是一种广义的结缔组织,它是由液态的血浆和悬浮于其中的血细胞所组成。在加抗凝剂的情况下离心,由于血细胞比重略大于血浆,将出现分层现象,上部为血浆,下部为压紧的血细胞。若不加抗凝剂,血液中的血细胞和纤维蛋白会凝固成胶冻状血块并析出清亮液体(血清)。除去血液中的纤维蛋白,血液不再凝固而成为血细胞与血清成分。

正常红细胞可混悬于等渗的血浆中,若置于高渗溶液内,则红细胞会失水皱缩;反之,将红细胞置于不同浓度的低渗溶液中则会吸水膨胀,乃至破裂,释放血红蛋白,发生溶血。但是,红细胞膜对低渗溶液具有一定程度的抵抗力,这一特征称为红细胞的渗透脆性。红细胞对低渗溶液的抵抗力越大,红细胞在低渗溶液中越不容易发生溶血,即红细胞渗透脆性越小。将血液滴入不同的低渗溶液中,可检查红细胞膜对于低渗溶液抵抗力的大小。开始出现溶血现象的低渗溶液浓度为该血液红细胞的最小抵抗力;开始出现完全溶血时的低渗溶液浓度,则为该血液红细胞的最大抵抗力。

ABO 血型是根据红细胞表面存在的凝集原(抗原)决定的。存在 A 凝集原的称为 A 型血,存在 B 凝集原的称为 B 型血,当红细胞表面同时存在 A 和 B 凝集原时,称为 AB 型血,相反,A 和 B 凝集原都不存在时则称为 O 型血。而血清中还存在凝集素(抗体),即抗 A 凝集素和抗 B 凝集素,当 A 凝集原与抗 A 凝集素相遇或 B 凝集原与抗 B 凝集素相遇时,就会发生红细胞凝集反应。一般 A 型标准血清中含有抗 B 凝集素,B 型标准血清中含有抗 A 凝集素,因此可以用标准血清中的凝集素与被测者红细胞反应,以确定其血型。

(2) 血压特性:血压是血液在血管内流动时,作用于血管壁的压力,它是推动血液在血管内流动的动力。心室收缩,血液从心室流入动脉,此时血液对动脉的压力最高,称为收缩压。心室舒张,动脉血管弹性回缩,血液仍继续向前流动,但血压下降,此时的压力称为舒张压。动物及人的血压测定可概括为有创与无创两类。有创类需要通过手术(创伤)将压力传感器直接连通于动脉血管,虽然可直接且连续地观测血压变化,但因血管有创而仅适用于实验研究。而无创类又分为两种,即振荡法和柯氏音法,两种方法因为方便快捷而都被广泛采用。前者主要应用于各种电子血压计中,振荡法(也称示波法)血压测量是利用袖带内的各种传感器来工作的,通过充气泵向袖带内充气以阻断血管中血流和脉动的传播,再逐步对袖带放气,借助于传感器采集压力和脉搏信息,经过算法及临床经验系数进行校正就可以获得需要的收缩压、舒张压、平均压以及脉博率等结果。由于上述过程都是由设备自动完成的,所以在使用过程中人为干预很少,故因客观简便而广泛被应用于各种部位(上臂、手腕及手指等)的血压测量。而柯氏音法则由于原理直观简便,被理解测量原理的教学人员及有经验的临床医务人员所青睐。柯氏音法(也称听诊法)的原理如下:

通常血液在血管内流动时听不到声音，但如果在血管外施加压力使血管变窄，则血流通过狭窄处形成涡流可发出声音。当缠于上臂的血压计袖带内压力超过收缩压时，完全阻断了肱动脉的血流，此时在肱动脉的远端（袖带下）听不到声音，也触不到肱动脉的脉搏。当徐徐放气减小袖带内压，在其压力降低到低于肱动脉收缩压的瞬间时，血液才能通过被压迫变窄的肱动脉，形成涡流，此时能在肱动脉的远端听到声音和触到脉搏，此时袖带内压力的读数为收缩压。若继续放气，当袖带内压力等于或稍低于舒张压的瞬间时，血管内血流声音可突然由强变弱或消失，此时袖带内的压力为舒张压。

柯氏通过袖带加压和听脉搏音来测量血压解决了无创测压的方法，人们为了纪念柯氏称此法为柯氏音法。柯氏音法的优点是测量简单，但也有缺点，就是不同的人可能测出不同的结果，有时差别较大。主要原因：①医生在听音时要不断观察压力计的变化，由于人的反应不一样，在读取血压值时，有一定差距；②不同人的听力、分辨力各异，在特征音的辨别上（即时间上）有差异；③放气的快慢对读数有直接影响，国际标准放气速度为每秒3～5 mmHg，但有的医生往往放气较快，影响测量的准确度；④与医生的主观因素、熟练程度有关。

一般来说，在人工测血压时，不同的医生对同一被测人不同时间的测量结果是有差别的。通常在5～15 mmHg内认为是正常差异。

三、实验材料、仪器与试剂

家兔和人。

离心机、吸管、试管架、小试管10支、2 mL吸管2支、1% NaCl溶液、蒸馏水、滴管、小烧杯2个、竹签1束、双凹玻片（或载玻片）、一次性刺血针、玻璃蜡笔（记号笔）、酒精棉球、显微镜、血压计、听诊器。

肝素（8 U/mL）、标准血清。

四、实验方法和步骤

（一）血液的组成

（1）将8～10 mL兔血放入混有抗凝剂的锥形离心管中，3000 r/min离心30 min。观察离心管中的血液分层现象。

（2）取新鲜兔血置试管中，静置片刻，观察血清。为加速此过程，可先离心几分钟或略加温。

（3）取新鲜兔血置小烧杯中，立即用小竹刷搅动。取出竹刷，用自来水冲洗，观察纤维蛋白。

（二）红细胞渗透脆性实验

（1）将试管编号后排列在试管架上，按表4.6-1向各试管准确加入1% NaCl溶液和蒸馏水，混匀。

表4.6-1　试管加样顺序

管　号	1	2	3	4	5	6	7	8	9	10
1%NaCl/mL	1.4	1.3	1.2	1.1	1.0	0.9	0.8	0.7	0.6	0.5
蒸馏水/mL	0.6	0.7	0.8	0.9	1.0	1.1	1.2	1.3	1.4	1.5
NaCl浓度/(%)	0.70	0.65	0.60	0.55	0.50	0.45	0.40	0.35	0.30	0.25

（2）采取新鲜血液（或去纤维蛋白血），在上列试管中各加1滴，双手搓动试管使之混匀。

（3）室温下静置2 h，使细胞下沉（必要时可取一组离心沉淀，2000～3000 r/ min，3～5 min）。

(4) 根据以下实验现象进行结果判定:上层清液无色,试管下层为浑浊红色,表明没有溶血;上层清液呈淡红色,试管下层仍为浑浊红色为"不完全溶血";管内液体完全变成透明的红色,管底无细胞沉积为"完全溶血"。呈现不完全溶血的最高 NaCl 浓度为"最小抵抗",呈现完全溶血的最高 NaCl 浓度为"最大抵抗"。

★实验过程中取血、滴血、混匀时避免用力震荡,以免引起非渗透脆性溶血。

(三) 红细胞凝集现象及人 ABO 血型鉴定

(1) 取一干洁双凹玻片,在左、右上角标好"A"、"B"字样,分别滴入抗 A(即 B 型)、抗 B(即 A 型)标准血清 1 滴。

(2) 人指尖、采血针消毒,待酒精挥发后采血。用两支干净清洁竹签各蘸取一滴血液,分别与一种标准血清混匀(切勿混用),室温下静置几分钟,观察。

(3) 观察、判断:如果红细胞聚集成团,虽经振荡或轻轻搅动亦不散开,为"凝集"现象(图 4.6-1 左),红细胞散在均匀分布或虽似成团,一经振荡即散开,则为未凝集或"假凝集"。

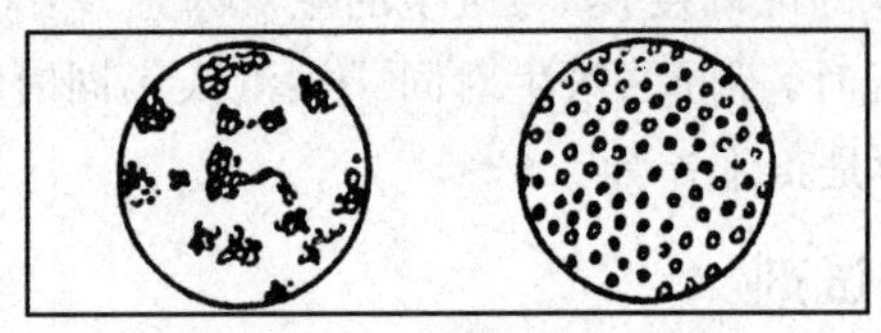

图 4.6-1 红细胞凝集实验

根据凝集现象的有无判断血型(图 4.6-2)。

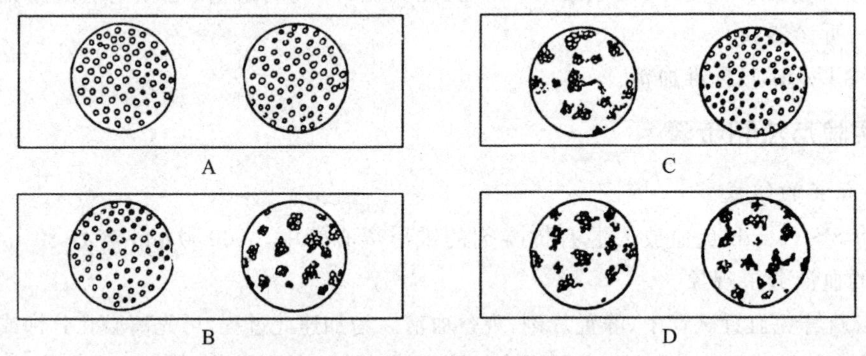

图 4.6-2 ABO 血型鉴定示意图

A 为"O"型;B 为"B"型;C 为"A"型;D 为"AB"型

每张载玻片的左侧为"抗 A"标准血清,右侧为"抗 B"标准血清

★ 注意区分血液的凝集和凝固。

血液凝集是一种血清免疫反应,当含有某一种凝集原的红细胞和抗该凝集原的凝集素相遇时,就会发生血液凝集现象。如在 ABO 血型系统中,含 A 凝集原的红细胞与含抗 A 凝集素的血清相混合时,红细胞就会集合成团,即发生了凝集反应。

血液凝固是血液从溶胶状态变成凝胶状态的过程。它的最基本的变化是血浆中溶解性的纤维蛋白原变成不溶性的纤维蛋白。然后纤维蛋白丝互相交织成网,把血细胞网罗在中间,使血液逐渐变成胶冻样的血块。最后血小板内所含的收缩性蛋白在 Ca^{2+} 的作用下回缩变硬,同时析出血清。

（四）人体动脉血压测定

1. 柯氏音法(也称听诊法)血压测量步骤

(1) 首先要求被测人静候于安静的房间里 5 min。

(2) 无论被测人采取何种体位，上臂均应置于心脏同水平位置。

(3) 采用标准袖带(宽 12～13 cm，长 35 cm)。

(4) 袖带缠于上臂，松紧适中，气囊中部正好压住动脉，气囊下端应该在肘弯上 2.5 cm。听诊器置于袖带下肘窝处动脉上，轻按使听诊器和皮肤全面接触，且不宜压得太重。

(5) 测量时快速充气，使气囊内压力达到桡动脉搏动消失后再升高 30 mmHg，然后以恒定的速率(2～6 mmHg/s)缓慢放气。对于心率缓慢者，放气速率应更慢些。

(6) 收缩压是指清晰听见第一次心搏时的压力读数，而舒张压则取脉搏声消失的读数。获得舒张压读数后，快速放气至零。

2. 振荡法(也称示波法)血压测量步骤

袖带使用与前述柯氏音法相同，开机测量则完全自动，读数明确，操作简单。

(1) 受试者脱去左或右臂衣袖，取坐位，全身放松，将袖带缠绕右上臂，带下缘至少位于肘关节上 2 cm 处。右肘关节轻度弯曲，置于实验桌上，使上臂中心部与心脏位置同高，手心向上。

(2) 将袖带接头与臂式自动电子血压计插口连接，按下血压计电源开关，这时显示日期，再次按动开关键，血压计自动完成血压测定并显示收缩压、舒张压和脉搏。

★ 注意事项：

① 袖带位置必须和心脏高度保持一致。

② 每次测量都采用同样的姿势。

③ 测量血压应在安静状态下进行。测量前深呼吸 5～6 次，保持安静状态 5～10 min 后测量。

④ 以下情况可能得不到正确的血压值：运动后、进食 1 h 内、酒后、喝咖啡和红茶后、抽烟后、喝酒后、沐浴后。

上述检测准确性将取决于压力传感器的线性程度、脉搏波识别方式、基于脉搏波的振荡趋势算法和经验系数与算法软件，无创电子血压测量设备要求其出厂前必须符合专用标准并通过临床评估方法来确认测量的准确性和使用范围。

（五）血压测量观察内容

(1) 被测人加深呼吸程度与加快呼吸频率对血压的影响：测量正常血压后，使被测人加快加深呼吸 1 min 后再测量血压值。

(2) 情绪对血压的影响：令被测人回忆其最气愤的往事后再测量其血压值。

(3) 运动对血压的影响：令被测人原地蹲起运动完成(60 次/分)连续 2 min 后再测量血压值。

(4) 冰水刺激对血压的影响：令被测人将手浸入冰浴中 1 min 后再测量血压值。

五、作业与思考题

(1) 对血液组成、红细胞渗透脆性、红细胞凝集现象及血型鉴定和血压测量结果的观察、记录或描述，并对每项实验结果加以分析。

(2) 如果只知 1 人为 A 型血，请你设计无标准血清情况下测知其他人血型方案。

(3) 柯氏音法测量血压时易受哪些因素影响，怎样提高测定的准确度与精确度？

(4) 从血压形成的原理出发，分析情绪、运动和冰浴影响血压的具体方式或途径。

4.7 心脏的收缩记录、起搏点观察和心肌特性分析

一、实验目的

(1) 通过实验观察,加深对心脏自动节律性、正常起搏点和潜在起搏点的理解。

(2) 掌握心肌的生理特性,并阐明心肌产生期前收缩的条件与代偿间歇出现的机制。

二、实验原理

两栖类动物的心脏为两心房、一心室,心脏的正常起搏点是静脉窦(人类为窦房结),静脉窦的自动节律最高,心房次之,心室最低。正常情况下,心脏的活动节律服从静脉窦的节律,其活动顺序为静脉窦、心房、心室。这种有节律的活动可以用机械方法或通过换能器记录下来,称为心搏曲线。

当人为阻断静脉窦、心房、心室之间的传导时(如结扎、低温或麻醉),则心脏的各部分表现出不同的兴奋节律。

心肌的机能特性之一是具有较长的不应期,整个收缩期和舒张早期都是有效不应期,在此期间给予任何强度的刺激,心室都不发生反应。在心肌的相对不应期(心室舒张期)给予单个阈上刺激,则可产生一次正常节律以外的收缩反应,称为期前收缩。期前收缩也有不应期,当静脉窦传来的节律性兴奋恰好落在期前收缩的不应期(收缩期)时,不能引起心室的兴奋和收缩,必须等到下一次窦房结的兴奋传到心室时才能发生,所以在期前收缩之后有较大的心室舒张期,称为代偿间歇。此外,心肌还具有"全或无"反应特征,在其他条件不变的情况下,心肌对不同强度的阈上刺激均发生同样大小的收缩反应。

三、实验材料、仪器与试剂

蛙或蟾蜍。

常用蛙类手术器械、蛙板、蛙心夹、铁支架、丝线、张力换能器、生物信号采集处理系统、任氏液。

四、实验方法与步骤

(一) 在体蛙心收缩曲线的记录

1. 在体蛙心的暴露

取蛙一只,用毁髓针通过枕骨大孔损毁脑和脊髓后,背位固定于蛙板上。★ 破坏青蛙脑和脊髓要完全,为什么? 左手持有齿镊提起胸骨剑突下端的皮肤,用手术剪剪开一个小口,然后将剪刀由切口处伸入皮下,沿左、右两侧锁骨方向剪开皮肤。将皮肤掀向头端,再用有齿镊提起胸骨剑突下端的腹肌,在腹肌上剪一口,将剪刀伸入胸腔(勿伤及心脏和血管),沿皮肤切口方向剪开胸壁,剪断左右乌喙骨和锁骨,使创口呈一倒三角形。用眼科镊提起心包膜,用眼科剪刀小心地剪开心包膜,充分暴露心脏(图 4.7-1)。

2. 观察和记录蛙心各部位(静脉窦、心房和心室)收缩的顺序

从心脏背面观察静脉窦、心房和心室的跳动,记录静脉窦、心房及心室收缩的频率(次/分)、顺序和相互关系。

3. 仪器的准备

打开计算机生物信号采集处理系统,接通张力换能器输入通道。

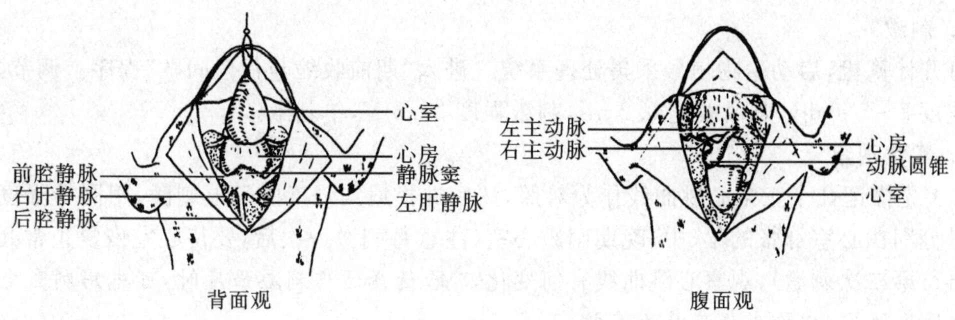

图 4.7-1 青蛙的心脏

4. 记录心搏曲线

用系线的蛙心夹夹住少许心尖部肌肉。蛙心夹的系线与张力传感器的应变梁孔连接,调节系线的拉力,使心脏的收缩活动在显示屏上出现。调整扫描速度,使心搏曲线的幅度与宽度适中,记录心搏曲线。观察辨认心房波和心室波,确定曲线哪一部分代表心室收缩,哪一部分代表心室舒张。

(二) 期前收缩与代偿间歇

1. 暴露心脏

取蛙 1 只,同步骤(一)的方法,暴露心脏。

2. 连接

将蛙心夹上的线连至张力换能器。★ 注意蛙心夹与张力换能器的连线应保持垂直,松紧适当。再将张力换能器与计算机生物信号采集处理系统连接(图 4.7-2)。刺激电极安放在心室外壁(图 4.7-3),与心室接触必须良好,要使之既不影响心搏又能同心室紧密接触。★注意安放在心室上的刺激电极应避免短路。

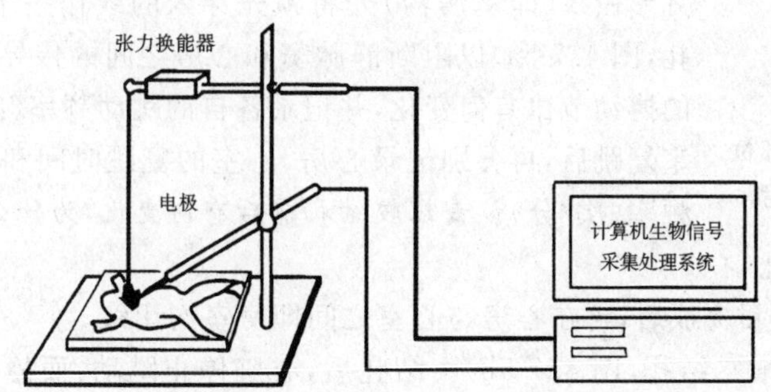

图 4.7-2 在体蛙心期前收缩和代偿间歇实验仪器连接示意图

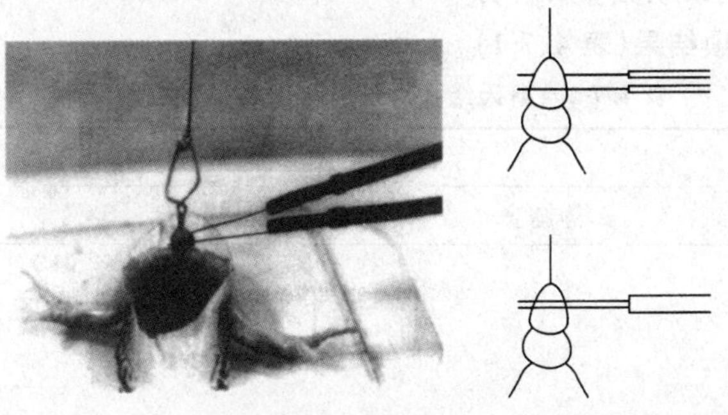

图 4.7-3 蛙类心室的期前收缩和代偿间歇实验装置

3. 刺激

打开计算机,启动生物信号采集处理系统。进入"期前收缩与代偿间歇"程序。调节参数:扫描速度 2～5 s/div,刺激波宽 0.2 ms,刺激强度 3～5 V,单刺激。

4. 实验观察

(1) 先描记几个正常心跳曲线作为对照,然后选择适当强度的阈上刺激,用同等强度单个电刺激分别在心室舒张的早、中、晚期刺激心室(注意每刺激一次后,要待心室恢复正常几个心搏后再行第二次刺激),观察心跳曲线有何变化。★ 选择适当刺激强度时,可先用刺激电极刺激青蛙腹壁肌肉,以检查强度是否有效。

(2) 以同等刺激强度,在心缩期给予心室一次刺激,观察心搏曲线是否发生变化。如图4.7-4增加刺激强度,在心缩期再给予一次刺激会有什么结果?为什么?

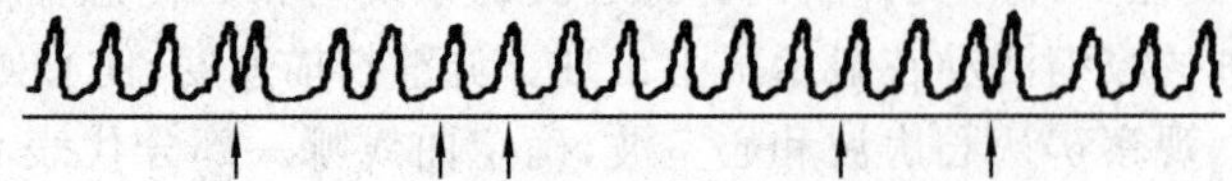

图 4.7-4 期前收缩和代偿间歇曲线

箭头表示给予刺激

(3) 在完成上述实验项目之后,如有可能,分别在期前收缩的收缩期和舒张期给予一次同等强度的电刺激,观察心搏曲线有什么变化,为什么?★ 实验过程中,应经常用任氏液湿润心脏。

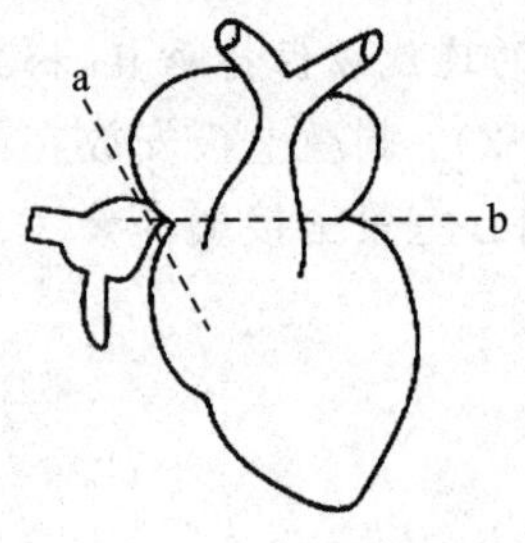

图 4.7-5 斯氏结扎部位

a. 第一结扎;b. 第二结扎

(三) 蛙心起搏点观察

1. 斯氏第一结扎

分离主动脉两分支的基部,用眼科剪在主动脉干下引一细线。将蛙心心尖翻向头端,暴露心脏背面,在静脉窦和心房交界处的半月形白线(即窦房沟)处将预先穿入的线作一结扎(即斯氏第一结扎,图 4.7-5a)以阻断静脉窦和心房之间的传导。观察蛙心各部分的搏动节律有何变化,并记录各自的跳动频率(次/分)。待心房、心室复跳后,再分别记录心房、心室的复跳时间和蛙心各部分的搏动频率(次/分)。★比较结扎前后有何变化,为什么?

2. 斯氏第二结扎

第一结扎实验项目完成后,再在心房与心室之间即房室沟用线作第二结扎(即斯氏第二结扎,图 4.7-5b)。结扎后,心脏停止跳动,而静脉窦和心房继续跳动,记录它们各自的跳动频率(次/分)。经过较长时间的间歇后,心室又开始跳动,记录心室复跳时间及蛙心各部分的跳动频率(次/分)。

3. 记录并分析各项结果(表 4.7-1)

表 4.7-1 斯氏结扎处理后心脏各部位跳动频率

实验项目	频率/(次/分)		
	静脉窦	心房	心室
正常(对照)			
第一结扎			
第二结扎			

五、作业与思考题

(1) 将蛙心起搏点观察结果记录于表4.7-1,并对实验结果进行分析。

(2) 记录期前收缩和代偿间歇曲线,并分析期前收缩和代偿间歇产生的原因。

(3) 正常情况下,两栖类动物(或哺乳类动物)的心脏起搏点是心脏的哪一部分?它为什么能控制潜在起搏点的活动?

(4) 在心脏收缩期和舒张早期给心室一个阈上刺激能否引起期前收缩?为什么?有何意义?

4.8 胃肠道运动的观察和离体小肠平滑肌的生理特性

一、实验目的

(1) 观察胃肠道的各种形式的运动,以及神经和体液因素对胃肠运动的调节。

(2) 学习离体小肠平滑肌灌流的实验方法。

(3) 证明小肠平滑肌具有自动节律性和紧张性活动,观察若干刺激对离体小肠运动的影响。

二、实验原理

动物的胃肠道由平滑肌组成。胃肠道平滑肌除具有肌肉的共性,如兴奋性、传导性和收缩性之外,尚有自己的特性,主要表现为紧张性和自动节律性收缩(其特点是收缩缓慢而且不规则),可以形成多种形式的运动,主要有紧张性收缩、蠕动。此外,胃还有明显的容受性舒张,小肠还有分节运动及摆动。在整体情况下消化管平滑肌的运动受到神经和体液的调节。动物麻醉后,这些运动依然存在。如果再刺激胃肠道的副交感神经或给胃肠道直接的化学刺激,这些运动形式会变得更加明显。兔的胃肠道运动活跃且运动形式典型,是观察胃肠运动的好材料。

如果将动物的小肠平滑肌离体,放置在各种化学成分、渗透压、pH、温度以及气体供应等因子十分接近机体的内环境的溶液中时,可保持离体小肠段长时间地存活下来,并可以观察到小肠平滑肌的自动节律性紧张性收缩、伸展性和对机械牵拉、温度刺激、化学刺激十分敏感,而对电刺激和切割刺激不敏感等一系列特性。通常用台氏液作为灌流液,将小肠段的一端固定,另一端连接张力换能器,即可通过一定的记录装置记录下小肠肌的收缩曲线。

三、实验材料、仪器与试剂

兔或豚鼠或大鼠,乌鳢。

兔手术台、哺乳动物手术器械一套、电刺激器、保护电极、纱布、索线、细线、注射器、恒温平滑肌浴槽、生物信号采集处理系统或二道记录仪、张力换能器、万能支架、螺旋夹、双凹夹、温度计、细塑料管(或橡胶管)、长滴管等。

台氏液、10^{-4} mol/L 肾上腺素(Ad)、10^{-4} mol/L 乙酰胆碱(ACh)、0.5%和10^{-4} mol/L 阿托品、20%氨基甲酸乙酯、0.9%生理盐水、1% $CaCl_2$ 溶液、1 mol/L HCl 溶液、1 mol/L NaOH 溶液等。

四、实验方法与步骤

(一) 兔胃肠运动形式的直接观察

1. 标本的制备

(1) 麻醉动物　耳缘静脉注射20%氨基甲酸乙酯(1 g/kg),将兔仰卧固定于手术台上,剪去颈部和腹部的被毛。

(2) 做气管插管术　暴露、游离出气管,并在气管下穿一较粗的线。用剪刀或专用电热丝于喉下 2～3 cm 处的两软骨环之间,横向切开气管前壁约 1/3 的气管直径,再于切口上缘向头侧剪开约 0.5 cm 长的纵向切口,整个切口呈"⊥"状。若气管内有分泌物或血液要用小干棉球拭净。然后一手提起气管下面的缚线,一手将适当口径的"Y"形气管插管斜口朝下,由切口向肺插入气管腔内,再转动插管使其斜口面朝下,用线缚结于套管的分叉处加以固定。

(3) 暴露胃肠　从剑突下,沿正中线切开皮肤,打开腹腔,即可暴露出胃肠。

(4) 分离内脏大神经　在膈下食管的末端找出迷走神经的前支,内脏大神经自膈肌从左向右下斜行进入肾上腺并分支入腹腔神经节。仔细分离其主干,连同少量周围组织一起用保护电极钩住,或下穿一条细线备用。以浸有温台氏液的纱布将肠推向右侧,在左侧腹后壁肾上腺的上方找出左侧内脏大神经,下穿一条细线备用。

(5) 腹腔灌入生理盐水　为了便于肉眼观察可用四把止血钳将腹壁切口夹住、悬挂,这样腹腔内的液体不会流出。然后将 37 ℃温热的生理盐水灌入腹腔,即可观察胃肠运动。

2. 实验观察项目

(1) 观察正常情况下胃肠运动的形式,注意胃肠的蠕动、逆蠕动和紧张性收缩,以及小肠的分节运动等。在幽门与十二指肠的接合部可观察到小肠的摆动。

(2) 用连续电脉冲(波宽 0.2 ms,强度 5 V 10～20 Hz)作用于膈下迷走神经 1～3 min,观察胃肠运动的改变,如不明显,可反复刺激几次。

(3) 用连续电脉冲(波宽 0.2 ms,强度 10 V 10～20 Hz)刺激内脏大神经 1～5 min,观察胃肠运动的变化。

(4) 向腹腔内滴加 10^{-4} mol/L 乙酰胆碱 5～10 滴,观察胃肠运动的变化。出现效应后,向腹腔内倒入 37 ℃温热的生理盐水,再用滴管或纱布吸干,这样反复冲洗几次,再进行下一项。

(5) 向腹腔内滴加 10^{-4} mol/L 肾上腺素 5～10 滴,观察胃肠运动有何变化。

(6) 耳廓外缘静脉注射阿托品 0.5 mg,再刺激膈下迷走神经 1～3 min,观察胃肠运动的变化。

★ 注意事项:

① 为了避免体温下降和胃肠表面干燥,应随时用温台氏液或温生理盐水湿润。

② 实验前 2～3 h 将兔喂饱,实验结果较好。

3. 实验结果

描述所观察到的现象,并说明产生这些现象的原因。

(二) 鱼类消化管运动的直接观察

以鱼类为实验材料,一般选用乌鳢较好。乌鳢胃肠运动较多见的是紧张性收缩及分节运动。在水温较高、饱食情况下,也可看到胃肠蠕动。

1. 实验的准备

(1) 了解乌鳢的胃肠道解剖特征　乌鳢的胃肠运动受迷走神经支配,迷走神经兴奋,胃肠紧张性收缩加强,肠分节运动明显。左、右两侧迷走神经在胃肠上的分布情况稍有不同(图4.8-1)。

左侧的迷走神经进入腹腔后,明显地分为两支,背侧的一支行走于鳔的表面,支配着鳔的运动。腹侧一支较为粗大,行走于胃壁表面。在行进的过程中有许多分支,愈到胃底分支愈多,而且有的分支通过肠系膜延伸到肝、幽门垂、肠及性腺。右侧的迷走神经进入腹腔后分成许多相互平行的分支。从背侧到腹部分别到达鳔、胃、性腺、幽门垂(2 个)、肠、胰及肝。左侧

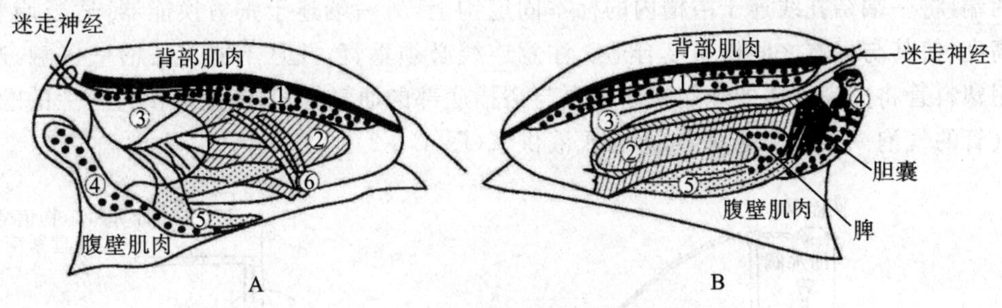

图 4.8-1 乌鳢内脏示意图(自杨秀平等)

A. 左侧观;B. 右侧观

①鳔;②小肠;③胃;④肝;⑤幽门垂;⑥性腺

和右侧迷走神经对胃肠运动的作用不同,左侧迷走神经兴奋可刺激胃肠运动加强,右侧迷走神经兴奋则抑制胃肠运动,因此分别刺激两侧迷走神经引起胃肠道收缩的时相也不同。

(2) 暴露胃肠道　用刀将活乌鳢延脑破坏;鱼右侧卧(左侧向上),从肛门插入粗剪刀向鱼的背侧剪去,至侧线下方 1/3(约 1 cm)处转向头部直至鳃腔后缘(锁骨后缘),折向下直至腹部底部。打开左侧体壁即暴露出胃,分离行走于胃壁脂肪中的迷走神经。用丝线缚一个松结,以备刺激用。

2. 实验观察项目

(1) 观察静止时胃肠的形状、位置。

(2) 用镊子夹肠(或幽门垂)壁,或在其下穿一条丝线,牵拉肠管(或幽门垂),可看到明显的分节运动。

(3) 用弱电刺激胃左侧迷走神经 1~5 min,可见胃体、胃底兴奋,收缩逐渐加强。

(4) 正值胃收缩之时,向胃肠系膜滴几滴肾上腺素,观察胃肠运动有何变化。然后再滴几滴乙酰胆碱,观察胃肠运动又有何变化。

★ 注意事项:

① 乌醴的迷走神经常行走于肠系膜中,与脂肪组织混杂在一起,因此经常误当成脂肪或结缔组织而被剔除,所以不宜选择过于肥育的标本。在气温较高或鱼饱食时也能看到胃肠的蠕动。

② 在暴露胃肠道时,有时需要剪断锁骨才能看到迷走神经主干,此时要特别注意防止将鳃剪破,引起出血。

3. 实验结果

描述所观察到的现象,并说明产生这些现象的原因。

(三) 离体小肠平滑肌的生理特性

1. 实验的准备

(1) 恒温平滑肌浴槽装置　向中央标本槽内加入台氏液至浴槽高度的 2/3 处。外部容器为水浴锅加自来水。开启电源,恒温工作点定在 38 ℃。

(2) 标本制备　观察整体消化管运动后,将胃掏出,并按自然位置摆放,辨认贲门部、胃大弯、胃小弯和幽门部。先用线将肠系膜上的大血管结扎,并剪断其与肠系膜的联系,以免在取肠管时出血过多,然后在幽门下约 8 cm 处将肠管双结扎,从中间剪断。再剪取 20~30 cm 长的十二指肠,置于 4 ℃左右的温台氏液中轻轻漂洗,可用注射器向肠腔内注入台氏液冲洗肠腔内壁,并置于低温(4~6 ℃)台氏液中备用。实验时将肠管剪成 2~3 cm 的肠段,用棉线结扎

肠段两端,将一端结扎线连于浴槽内的标本固定钩上,另一端连于张力换能器,适当调节换能器的高度,使其与标本之间松紧度合适。注意连线必须垂直,并且不能与浴槽壁接触,避免摩擦。用塑料管将充满气体的球胆或增氧泵与浴槽底部的通气管相连,调节塑料管上的螺旋夹,让通气管的气泡一个一个地逸出,为台氏液供氧(图 4.8-2)。

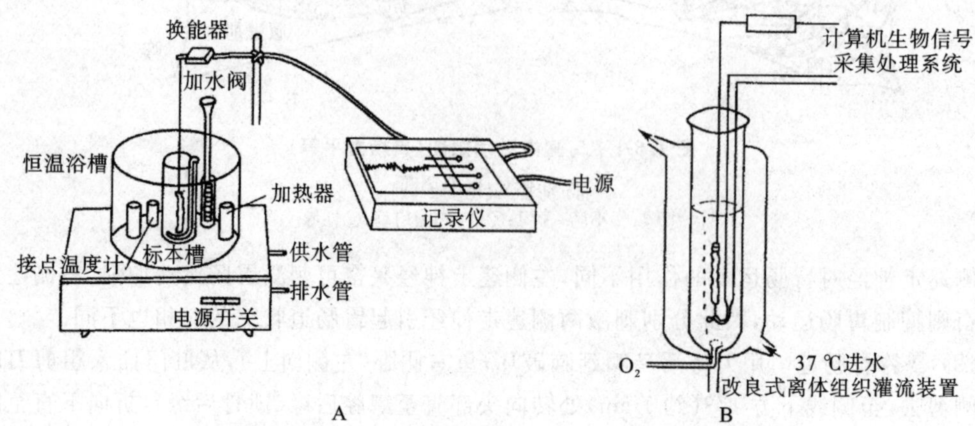

图 4.8-2 离体小肠平滑肌灌流装置(自杨秀平等)

A. 用二道记录仪进行记录;B. 用生物信号采集处理系统记录

(3) 仪器连接 张力换能器输入端与系统的第 3 通道或第 4 通道相连,进入计算机生物信号采集处理系统,选择离体小肠平滑肌的生理特性实验项目。

2. 实验观察项目

(1) 观察、记录 38 ℃台氏液中的肠段节律性收缩曲线。

(2) 观察、记录 25 ℃台氏液中的肠段节律性收缩曲线。

(3) 待中央标本槽内的台氏液的温度稳定在 38 ℃后,加 10^{-4} mol/L 肾上腺素 1～2 滴于中央标本槽中,观察肠段收缩曲线的变化。在观察到明显的作用后,用预先准备好的新鲜 38 ℃台氏液冲洗 3 次。

(4) 待肠段活动恢复正常后,再加 10^{-4} mol/L 乙酰胆碱 1～2 滴于中央标本槽中,观察肠段收缩曲线的变化。作用出现后同上法冲洗肠段。

(5) 向中央标本槽内加入 1 mol/L NaOH 溶液 1～2 滴,观察肠段收缩曲线的变化。作用出现后同上法冲洗肠段。

(6) 向中央标本槽内加入 1 mol/L HCl 溶液 1～2 滴,观察肠段收缩曲线的变化。待作用出现后同上法冲洗肠段。

(7) 向中央标本槽内加入 1% $CaCl_2$ 溶液 2～3 滴,观察肠段收缩曲线的变化。

★ 注意事项:

① 实验动物先禁食 24 h,于实验前 1 h 喂食,然后处死,取出标本,肠运动效果更好。

② 标本安装好后,应在新鲜 38 ℃台氏液中稳定 5～10 min,有收缩活动时即可开始实验。

③ 注意控制温度。加药前,要先准备好更换用的新鲜 38 ℃台氏液,每个实验项目结束后,应立即用 38 ℃台氏液冲洗,待肠段活动恢复正常后,再进行下一个实验项目。

④ 实验项目中所列举的药物剂量为参考剂量,若效果不明显,可以增补剂量,但要防止一次性加药过量。

3. 实验结果

实验结束后，汇总全班实验结果，分析讨论平滑肌收缩活动的特点，与骨骼肌、心肌收缩的异同，分析各种理化因素对平滑肌收缩的影响。

剪贴实验记录曲线(图 4.8-3)，并做好标记、注释。分析各种因素对小肠运动的影响，并简要说明其机制。

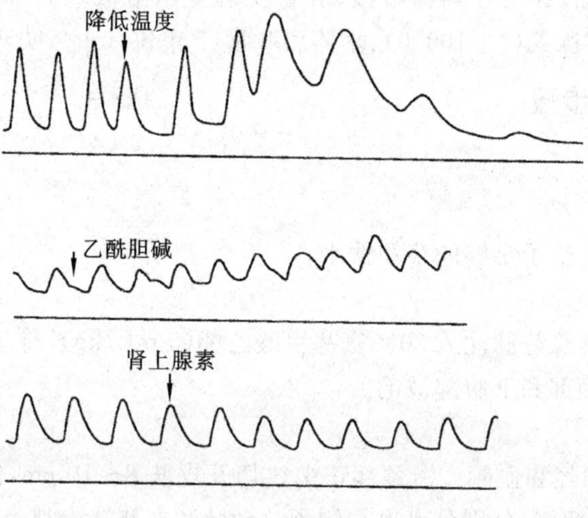

图 4.8-3 小肠平滑肌收缩曲线(自杨秀平等)

五、作业与思考题

(1) 本次实验中你看到胃和小肠有几种运动形式？这些形式与胃肠道哪些机能相适应？

(2) 电刺激膈下迷走神经或内脏大神经，胃肠运动有何变化，为什么？

(3) 胃肠上滴加乙酰胆碱或肾上腺素，胃肠运动有何变化，为什么？

(4) 为什么离体小肠具有自律性运动？试比较维持哺乳动物离体小肠平滑肌活动和维持离体蛙心活动所需的条件有何不同。

4.9 影响尿生成的因素

一、实验目的

(1) 学习用膀胱插管或输尿管插管导尿技术。

(2) 观察并分析不同生理因素对尿生成的影响，加深对尿生成调节的理解。

二、实验原理

尿生成的过程包括：肾小球的滤过作用、肾小管与集合管的重吸收作用、肾小管与集合管的分泌作用。肾小球的滤过作用取决于肾小球的有效滤过压，其大小取决于肾小球毛细血管血压、血浆的胶体渗透压和肾小囊内压；影响肾小管重吸收作用的主要是管内渗透压和肾小管上皮细胞的重吸收能力，后者又被多种激素所调节。这三个过程往往受到生理性的调节，凡影响这些过程的因素，都可以影响尿的生成而引起尿量的改变。

三、实验材料、仪器与试剂

健康的活家兔。

兔手术板、哺乳动物手术器械、记滴器、动脉插管、动脉测压管、三通、膀胱插管(或细塑料管)、小漏斗、刻度试管、2 mL 及 20 mL 注射器、压力换能器、计算机生物信号采集处理系统。

20%氨基甲酸乙酯、20%葡萄糖溶液、肝素生理盐水溶液(100 U/mL)、生理盐水、10% Na_2SO_4溶液、去甲肾上腺素(1∶10000)、垂体后叶素(5 单位/mL)、呋塞米(速尿)等。

四、实验方法与步骤

(一) 标本的制备

1. 准备

实验兔在实验前应给予足够的菜和饮水。

2. 麻醉与固定

根据动物体重沿耳缘静脉注入 20%氨基甲酸乙酯(5 mL/kg),待动物麻醉后,将其仰卧固定于手术台上。剪去颈部和下腹部被毛。

3. 手术

(1) 分离颈部的神经和血管　沿颈部正中线切开皮肤 8~10 cm,钝性分离皮下组织和肌肉,暴露气管。在气管两侧,分别分离出左侧颈总动脉和右侧迷走神经,在其下穿线备用。

(2) 颈动脉插管　在左侧颈总动脉下穿两根线,将颈总动脉近头端用线结扎,左侧的颈总动脉近心端用动脉夹夹住以阻断血流,在靠近颈总动脉头端结扎处用眼科剪将动脉管壁剪一"V"字形切口。★注意不可只剪开血管外膜,也切勿剪断整个动脉,剪口大小约为管径的一半。然后将充满抗凝素(柠檬酸钠溶液或肝素生理盐水)的动脉插管向心脏方向插入动脉 6~8 mm,用线结扎动脉于动脉插管上,并把结扎线固定在动脉插管上端的固定圈上以防插管从动脉中滑出。

(3) 插管导尿:在耻骨联合上缘向上沿正中线作长约 4 cm 的皮肤切口,沿腹白线切开腹壁(勿损伤腹腔脏器),用手轻轻将膀胱移出腹腔外,并用蘸有温热生理盐水的纱布垫上,便可进行插管。★ 注意手术动作要轻柔,腹部切口不宜过大,以免造成损伤性闭尿。插管的方法有两种,即输尿管插管导尿和膀胱插管导尿。

输尿管插管导尿:认清输尿管进入膀胱背侧部位后,细心地分离出一侧输尿管。先在靠近膀胱处穿线结扎,再在离此结扎线约 2 cm 处穿一条线,用眼科剪在管壁上剪一斜向肾侧的小切口,插入充满生理盐水的细塑料管,用缚线结扎固定(图 4.9-1)。将此导尿的塑料管连接至记滴器装置的玻管内,记录尿流量。★输尿管插管时,注意避免插入管壁和周围的结缔组织中;插管要妥善固定,不能扭曲,否则会阻碍尿的排出。

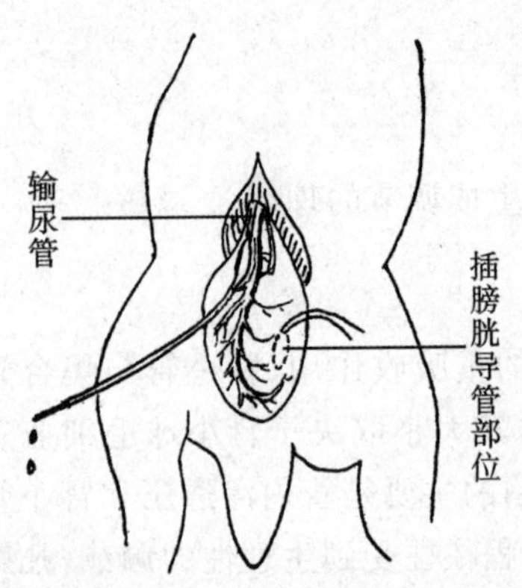

图 4.9-1　兔输尿管及膀胱导尿法

膀胱插管导尿:插管前亦应先认清膀胱和输尿管的解剖部位。用线结扎膀胱颈部,以阻断同尿道的通路。然后在膀胱顶部选择血管较少处,做一直径约 1.5 cm 的荷包缝合,在其中央沿纵向剪一小切口,插入膀胱插管(或膀胱漏斗)。把切口周围的缝线拉紧,结扎固定(图 4.9-1)。插管口最好正对输尿管在膀胱的入口处，但不要紧贴膀胱后壁而堵塞输尿管。膀胱插管的另一端则用导管连接至记滴器或刻度试管，记录尿流量。手术完毕后用温热的生理盐水纱布覆盖腹部创口。

（二）仪器连接

将压力换能器接在计算机生物信号采集处理系统的 2 通道，尿滴记录线接在记滴器上，通过记滴器与系统的 4 通道连接，描计尿的滴数（滴/分）。

（三）记录血压

手术和实验装置连接完后，轻轻取下向心端动脉夹，可见动脉血与插管内液体混合。再取下通向压力传感器的止血钳，此时显示器上出现血压的波动曲线。

（四）实验项目

调节血压通道和记录尿滴通道的扫描速度一致，同时记录正常血压与尿量。待尿流量和血压稳定后，即可进行下列各项实验。每项实验开始时，都应先记录一段尿量和血压曲线作为对照；然后进行注射或刺激，并连续记录和观察至效应明显和恢复过程。

(1) 自耳缘静脉注射 38 ℃生理盐水 30 mL，观察血压和尿量的变化。

(2) 自耳缘静脉注射 20%葡萄糖溶液 15 mL，观察血压和尿量的变化。

(3) 自耳缘静脉注射 1∶10000 去甲肾上腺素 0.5 mL，观察血压和尿量的变化。

(4) 结扎并剪断右侧迷走神经，用中等强度的连续脉冲刺激其外周端 20～30 s，使血压降低至 40～50 mmHg。观察血压和尿量的变化。★刺激迷走神经强度不宜过强，时间不宜过长，以免血压过低、心跳停止。

(5) 自耳缘静脉注射垂体后叶素 2 单位，观察血压和尿量的变化。

(6) 自耳缘静脉注射呋塞米(5 mg/kg)，观察血压和尿量的变化。

(7) 将上述实验结果填入表 4.9-1。

表 4.9-1　若干因素对家兔血压和尿量的影响

影响因素	尿量/（滴/分）		变化率/（%）	血压/mmHg		变化率/（%）
	对照	实验		对照	实验	
生理盐水						
20%葡萄糖溶液						
去甲肾上腺素						
刺激迷走神经外周端						
垂体后叶素						
呋塞米（速尿）						

★因实验要多次进行耳缘静脉注射，因此要注意保护好兔的耳缘静脉；应从耳缘静脉的远端开始注射，逐渐向耳根部推进。

★实验的顺序安排：在尿量增加的基础上进行减少尿生成的实验项目，在尿量少的基础上进行促进尿生成的实验项目；一项实验需在上一项实验作用消失，血压、尿量基本恢复正常水平时再开始。

五、作业与思考题

(1) 记录各项实验观察到的血压（包括收缩压、舒张压）和尿量变化，完成表 4.9-1，并运用相关原理分析产生这些变化的原因。

(2) 本实验中哪些作用是通过影响肾小球滤过作用或(和)肾小管和集合管的重吸收作用而影响尿量的?

4.10 脊髓反射的基本特征及其与反射弧的关系

一、实验目的

(1) 学会脊蛙标本的制作。

(2) 通过对脊蛙的屈肌反射的分析,探讨反射弧的完整性与反射活动的关系。

(3) 学习掌握反射时的测定方法,了解刺激强度和反射时的关系。

(4) 以蛙的屈肌反射为指标,观察脊髓反射中枢活动的某些基本特征,并从神经机制上进行分析。

二、实验原理

反射是指在中枢神经系统参与下,机体对内、外环境变化所作出的规律性应答。较复杂的反射需要由中枢神经系统较高级的部位整合才能完成,较简单的反射只需通过中枢神经系统较低级的部位就能完成。将动物的高位中枢切除,仅保留脊髓的动物称为脊动物。此时动物产生的各种反射活动为单纯的脊髓反射。由于脊髓已失去了高级中枢的正常调控,所以反射活动比较简单,便于观察和分析反射过程的某些特征。

反射弧是反射活动的结构基础。反射活动的完成必须有完整的反射弧结构:一般包括感受器、传入神经、神经中枢、传出神经和效应器五部分。引起反射的首要条件是反射弧必须保持完整。反射弧中任何一个部分的解剖结构和生理完整性受到破坏,反射活动就无法完成。

完成一个反射所需要的时间称为反射时。反射活动除与刺激强度有关外,还与刺激时间的长短与反射弧在中枢交换神经元的多少及有无中枢抑制有关。由于中间神经元连接的方式不同,反射活动的范围和持续时间、反射形成难易程度都不一样。

三、实验材料、仪器与试剂

蛙或蟾蜍。

蛙类手术器械、铁支柱、玻璃平皿、烧杯(500 mL)或搪瓷杯、小滤纸(约 1 cm×1 cm)、纱布、秒表、电子刺激器(1 台)、通用电极(2 个)。

硫酸溶液(0.1%、0.3%、0.5%、1%)、1%可卡因或普鲁卡因。

四、实验方法与步骤

1. 标本制备

取一只青蛙,用粗剪刀由两侧口裂剪去上方头颅,制成脊蛙。将动物俯卧位固定在蛙板上,于右侧大腿背部纵行剪开皮肤,在股二头肌和半膜肌之间的沟内找到坐骨神经干,在神经干下穿两条细线备用。将脊蛙悬挂在铁支柱上。★*制备脊蛙时,颅脑离断的部位要适当,太高时因保留部分脑组织而可能出现自主活动,太低又可能影响反射的产生。*

2. 实验项目

1) 脊髓反射的基本特征

(1) 搔扒反射　将浸有1%硫酸溶液的小滤纸片贴在青蛙的下腹部,可见四肢向此处搔扒。然后将青蛙浸入盛有清水的大烧杯中，洗掉硫酸滤纸片。

(2) 反射时的测定　在平皿内盛适量的 0.1% 硫酸溶液，将青蛙一侧后肢的一个脚趾浸入硫酸溶液中，同时按动秒表开始记录时间，当屈肌反射出现时立刻停止计时，并立即将该脚趾浸入大烧杯水中浸洗数次，然后用纱布擦干。此时秒表所示时间为从刺激开始到反射出现所经历的时间，称为反射时。用上述方法重复三次，注意每次浸入趾尖的深度要一致，相邻两次实验间隔至少要 2 s。三次所测时间的平均值即为此反射的反射时。★用硫酸溶液或浸有硫酸的纸片处理蛙的皮肤后，应迅速用自来水清洗，以清除皮肤上残存的硫酸，并用纱布擦干，以保护皮肤并防止冲淡硫酸溶液。后同。

(3) 按步骤(2)所述方法依次测定 0.3%、0.5%、1% 硫酸溶液刺激所引起的屈肌反射的反射时。比较四种浓度的硫酸溶液所测得的反射时是否相同。

(4) 反射阈刺激的测定　用单个电脉冲刺激一侧后足背皮肤，由大到小调节刺激强度，测定引起屈肌反射的阈刺激。

(5) 反射的扩散和持续时间(后放)　将一个电极放在青蛙的足面皮肤上，先给予弱的连续阈上刺激，观察发生的反应，然后依次增加刺激强度，观察每次增加刺激强度所引起的反应范围是否扩大，同时观察反应持续时间有何变化，并以秒表测量自刺激停止起，到反射动作结束之间共持续多少时间。比较弱刺激和强刺激的结果有何不同。

(6) 时间总和的测定　用单个略低于阈强度的阈下刺激，重复刺激足背皮肤，由大到小调节刺激的时间间隔(即依次增加刺激频率)，直至出现屈肌反射。

(7) 空间总和的测定　用两个略低于阈强度的阈下刺激，同时刺激后足背相邻两处皮肤(距离不超过 0.5 cm)，是否出现屈肌反射。

2) 反射弧的分析

(1) 分别将左右后肢趾尖浸入盛有 1% 硫酸溶液的平皿内(深入的范围一致)，双后肢是否都有反应？实验完后，将动物浸于盛有清水的烧杯内洗掉滤纸片和硫酸溶液，用纱布擦干皮肤。

(2) 在左后肢趾关节上做一个环形皮肤切口，将切口以下的皮肤全部剥除(趾尖皮肤一定要剥除干净)，再用 1% 硫酸溶液浸泡该趾尖，观察该侧后肢的反应。实验完后，将动物浸于盛有清水的烧杯内洗掉滤纸片和硫酸溶液，用纱布擦干皮肤。

(3) 将浸有 1% 硫酸溶液的小滤纸片贴在蛙的左后肢的皮肤上。观察后肢有何反应，待出现反应后，将动物浸于盛有清水的烧杯内洗掉滤纸片和硫酸溶液，用纱布擦干皮肤。

(4) 将右侧坐骨神经作双结扎，在两结扎线中间将神经剪断，再以硫酸溶液刺激右后肢趾尖，观察有无反应。

(5) 分别以连续电刺激(刺激波宽为 0.1 ms，刺激强度为 1～5 V，刺激频率为 50 Hz)，对右侧坐骨神经中枢端进行刺激，观察同侧和对侧后肢的反应。

(6) 以探针捣毁青蛙的脊髓后再重复步骤(5)，观察有何反应。

(7) 以上述的电刺激对右侧坐骨神经外周端进行刺激，观察同侧及对侧后肢的反应。

(8) 直接刺激右侧腓肠肌，观察其反应。

★ 电刺激时，避免皮肤干燥使电阻增大。

五、作业与思考题

(1) 描述脊髓反射基本特征的各项实验结果。

(2) 通过反射弧分析实验观察，分析脊蛙后肢屈肌反射的反射弧构成。

(3) 简述反射时与刺激强度之间的关系。

(4) 右侧坐骨神经被剪断后,动物的反射活动发生了什么变化?这是损伤了反射弧的哪一部分?

4.11 视野与盲点的测定

一、实验目的

(1) 熟悉视野计的构造和使用,学会测定视野的方法。

(2) 了解测定视野的意义。

(3) 证明盲点的存在并测定其大小。

二、实验原理

视野是单眼固定注视正前方时所能看到的空间范围,此范围又称为周边视力,也就是黄斑中央凹以外的视力。借助此种视力检查可以了解整个视网膜的感光功能,并有助于判断视觉传导通路以及视觉中枢的机能。

正常人的视力范围在鼻侧和额侧的较窄,在颞侧和下侧的较宽:颞侧 90°以上,下方约 70°,鼻侧约 65°,上方约 55°(后两者由于受鼻梁和上眼睑的影响)。在相同的亮度下,白光的亮度最大,红光次之,绿光最小。因此,不同颜色视野的大小,不仅与面部结构有关,更主要的是取决于不同感光细胞在视网膜上的分布情况。

视神经自视网膜穿出的部位没有感光细胞,外来的光线成像于此处不能引起视觉。因此,将视神经穿出视网膜的部位称为盲点。由于盲点的存在,视野中必然存在盲点的投射区域。根据物体成像的规律,通过测定盲点投射区域的位置和范围,可以依据相似三角形各对应边成定比的定理,计算出盲点所在的位置和范围。

三、实验对象、器材与用品

实验对象:人。

器材与用品:视野计,白色、红色和绿色视标,视野图纸,铅笔;白纸,铅笔,黑色和白色视标,尺子,遮眼板。

四、实验方法与步骤

(一) 视野的测定

1. 弧形视野计的结构

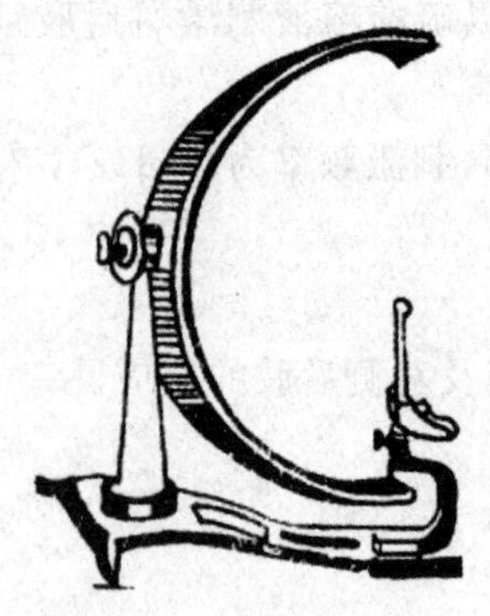

图 4.11-1 视野计的构造

弧形视野计(图 4.11-1)是一个安装在支架上的半圆形的金属弧,可围绕水平轴旋转 360°。圆弧上标有角度(即半圆弧形各点与圆心连线同半圆弧中心点与圆心连线的夹角)。

半圆弧中心的后部有标有半圆弧旋转角度的指针和分度盘,在半圆弧的对面支架上设有可以上下移动的下颌托,圆心处有眼眶托。

2. 测试准备

将视野计放在光线充足的桌台上,受试者背光而坐,把下颌放在托颌架上,眼眶下缘靠在眼眶托上。调整托颌架高度,使眼的位置处于圆心,并恰好与弧架的中心点位于同一水平面上。单眼凝视圆弧中心的小镜,另一眼遮住,光线从受试者后上方均匀射到视野计。

3. 视野测试步骤与方法

(1)先将弧架摆在水平位置。用遮眼板遮住一眼,而另一眼注视弧架的中心点。检查者持白色(或红色)视标,沿弧架内面从外周向中央慢慢移动,随时询问受检者是否看见了白色(或红色)视标。当受试者回答看到时,将视标移回一些,然后向前移,重复试一次。待得出一致结果后,将受试者刚能看到视标时视标所在的点划在视野图纸的相应经纬度上。

用同样的方法测出弧架对侧刚能看见视标之点,划在视野图纸的相应经纬度上。

(2)将弧架一次转动 30°角,重复上述测定,共操作 6 次得出 12 个点,将视野图纸上这 12 个点依次连接起来,便得出大致的白色视野图。

(3)按上述方法分别测出该侧的红色(或白色)视野。

(4)同法测出另一眼的白色、红色视野。

★注意事项:检查时一般不戴眼镜,否则会因镜框的遮挡而影响视野;在测试过程中,要求被测眼始终凝视圆弧形金属架中心固定的小圆镜(中心点),眼球不能转动,而是用余光观察视标;每做完弧的一个位置休息 2 min,测定一种颜色的视野后,应休息 5 min 后再继续测另一颜色的视野,以免因眼睛疲劳造成误差;测试视野时,色标移动速度要慢,以被测者确实看到视标为准,即测试结果必须客观;测颜色视野时,一定要看清颜色才能作为测定值。

(二) 盲点测定

1. 证明盲点的存在

在黑板上贴一张 50 cm×20 cm 的白纸,在白纸的左侧面画一个小而显眼的黑色"+"号,距"+"号右侧 25 cm 处画一个直径 5 cm 的黑色圆形色标。受试者站在距白纸 2 m 处,遮住左眼,用右眼注视正前方白纸上的"+"号,此时白纸右侧的圆形色标清楚可见。令受试者向白纸缓慢前行,在前进中圆形色标突然从受试者视野中消失,若继续缓慢前行,圆形色标又会在受试者视野中重新出现。这样可证明盲点的存在。

2. 测盲点投射区

在黑板上和眼相平行的地方划一白色"+"号,受试者立于黑板前,使眼与"+"号的距离为 50 cm。用遮眼板遮住一眼,让受试者用另一眼目不转睛地注视"+"号。实验者将白色视标由"+"号中点向所测眼的颞侧缓缓移动,到受试者刚好看不见视标时,记下视标所在位置。将视标继续缓慢向颞侧移动,直到又看见视标时记下其位置。由所记下的两个记号连线之中点起,沿着各个方向移动目标物,找出并记录视标能被看见和看不见的交界点。将所记下的各点依次连接起来,就可以形成一个大致呈圆形的圈。此圈所包括的区域即为盲点投射区域。

3. 计算

依据相似三角形的性质,参考图 4.11-2 及公式一、二,计算出盲点与中央凹的距离和盲点的直径。

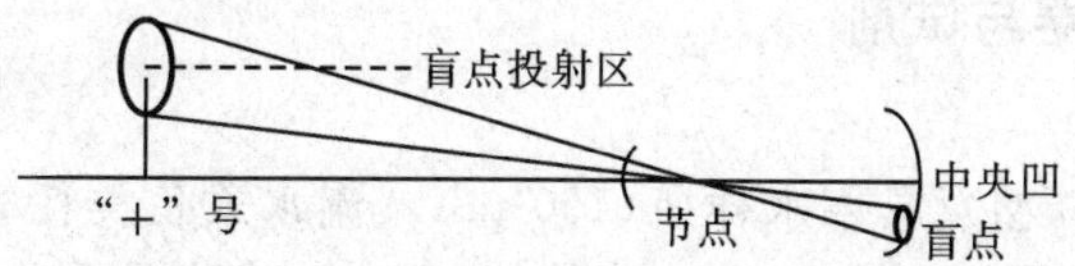

图 4.11-2 盲点与中央凹及盲点投射区示意图

公式一:盲点与中央凹的距离/盲点投射区与"+"号的距离=节点与视网膜的距离(以 15 mm 计)/节点到黑板的距离(500 mm),得到

盲点与中央凹的距离(mm)= 盲点投射区与"+"号的距离×(15/500)

公式二:盲点的直径/盲点投射区的直径 = 节点与视网膜的距离(以 15 mm 计)/节点到黑板的距离(500 mm),得到

$$盲点的直径(mm)=盲点投射区的直径\times(15/500)$$

五、作业与思考题

(1) 将你所测不同颜色的视野在视野图纸上标出(贴于实验报告上),并根据视野测定结果说明正常人视野的特点(提示:面部结构及不同颜色的视野差异)。

(2) 根据相似三角形的性质,计算盲点与中央凹的距离和盲点的直径。

(3) 讨论视野和盲点的生理意义。

4.12 鱼类耗氧率的测定及重金属离子对鳃呼吸机能的影响

一、实验目的

(1) 学习测定鱼类耗氧率的方法,观察并分析鱼类耗氧率与温度变化的关系。

(2) 学习鱼类鳃运动的描记方法,观察不同浓度硫酸铜溶液对鱼类呼吸运动机能的影响。

二、实验原理

鱼类耗氧率(oxygen-consuming rate, *R*)是指在一定温度条件下,单位体重的试验鱼单位时间内在水中自然状态下所消耗的溶解氧量,以 mg/(g·h)表示。鱼类耗氧率可以衡量鱼体能量代谢的强度,鱼体通过以有氧呼吸为基础的能量代谢越强,耗氧就越大。采用流水式实验装置,水以一定的速度流经呼吸室,由于鱼的呼吸,消耗只流经呼吸室的水中溶解氧,故可以通过测定进、出呼吸室水中的溶解氧和水流量,计算出试验鱼的耗氧率。鱼为变温动物,水环境的温度直接影响鱼的体温,进而影响酶的活性以及由酶催化的生物氧化反应,所以温度对鱼类的耗氧率影响显著,在一定温度范围内,耗氧率随水温的升高而增强。

鳃呼吸是鱼类的重要生理机能,除了进行气体交换外,鱼类在每次呼吸运动后,会出现一次洗涤运动,以清除进入口腔和鳃的异物,保证气体交换的顺利进行,洗涤运动因其特殊作用而对水环境的污染物十分敏感,其频率与污染程度密切相关。通过记录鱼类呼吸运动可以研究水环境中的污染物对鱼类呼吸机能的影响,并能作为水环境污染的指标。利用机械-电换能装置可把鳃盖的机械运动转为电信号,通过生物电信号采集系统将其记录下来。由于在洗涤运动过程中,水流入口腔后,不是像呼吸运动那样从鳃盖处流出,而是从口喷出,故在图形上可将两种运动区分开来。

三、实验材料、仪器与试剂

鲫鱼(或鲤鱼)。

溶解氧测定仪(BOD 型)、具塞水样瓶(150 mL)、流水式鱼类耗氧测定装置、恒温水槽。张力传感器,生物信号采集处理系统,15 L 水族箱,毛巾。硫酸铜原液 1 g/L。

四、实验方法与步骤

(一) 鱼类耗氧率的测定

(1) 水样瓶容积的校准 水样瓶洗净晒干之后,可直接用 500 mL 量筒定容。水的体积应

是盖上盖子后的体积。

(2) 流水式鱼类耗氧测定装置(图 4.12-1) 储水塔内盛放“去氯曝气”的自来水作为水源,呼吸室为一直径为 5 cm 的玻璃管,浸浴在恒温水槽中。

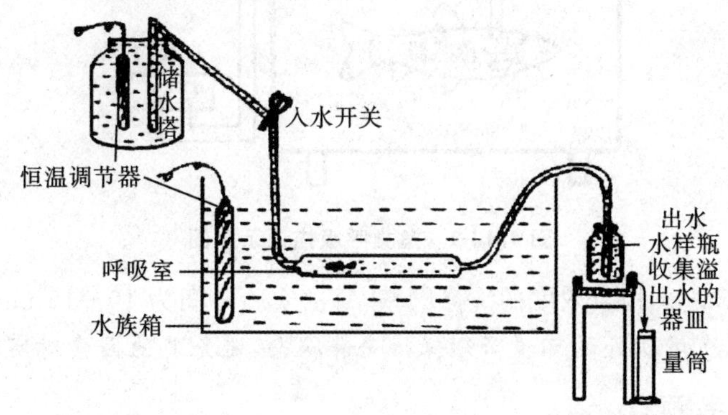

图 4.12-1 流水式鱼类耗氧测定装置示意图(自温海深等,2009)

(3) 打开试验动物玻璃管一端的橡皮塞,将一条大小适中的鱼放入玻璃管中,鱼头位于入水管的一端,套上橡皮塞。用入水开关调节水流速度,流速为 100～200 mL/min(6～12 L/h)。避免机械及强光刺激,试验前使鱼体保持安静状态 30 min 以上。

(4) 测定水流速度 采水样前用 100 mL 量筒在采水管出水口测量水流速度,采水样后再复测一次,取平均值,得流速 V(L/h)。

(5) 采水样 用预先编号的水样瓶在采水管出口处取两瓶水样。方法是将水管插到水样瓶底部,先注入少量水,将瓶子冲洗两次,然后慢慢注入水,当水样装满到溢出水样瓶瓶容积的 1/3 左右时,抽出采水管,加瓶塞,注意不应留有气泡,此为终点水样。

(6) 用虹吸法从呼吸前储水塔中采取一瓶水样作对照,即为起始水样。

(7) 用溶解氧测定仪测定水样的溶解氧(mg/L)。

(8) 调节恒温水槽的水温,从室内水温开始,每隔 2 ℃从步骤(3)处重复进行,直至试验鱼生活水温的上限。

(9) 试验结束,将鱼取出,用滤纸吸干试验鱼体表的水分,称重,得湿体重 W(g)。

(10) 鱼类耗氧率的计算 两次终点水样溶解氧含量的平均值 $Q_{终}$(mg/L)与起始水样溶解氧含量 $Q_{始}$(mg/L)之差,乘以水流速度 v(L/h),再除以体重 W(g),即为试验鱼的耗氧率 R(mg/(g·h))。

$$R=(Q_{始}-Q_{终})v/W$$

★ 实验过程中应使试验鱼保持安静状态,实验装置不应该有气泡存在,以免影响实验结果;保持水流速度均匀一致;及时记录瓶号、水温等,避免引起混乱。

(二) 不同浓度硫酸铜溶液对鱼类呼吸运动机能的影响

(1) 取 200 g 左右的鱼 1 条,放入水族箱,加上充气泵充气。

(2) 用软木塞(或泡沫塑料)和橡皮圈将机械传感器固定在鱼的头背部,传感器上的金属片上套上一圆形胶片,胶片的外缘刚好与鳃盖骨外面接触,可随鳃盖骨的张合左右摆动。传感器的输出与生物电信号采集处理系统相连(图 4.12-2)。

(3) 待鱼安静后,开始记录。观察正常情况下鱼的呼吸运动和洗涤运动,以此为对照。

(4) 在水族箱中加入 1 g/L 硫酸铜原液,使最终浓度分别为 0.1 mg/L、0.5 mg/L、

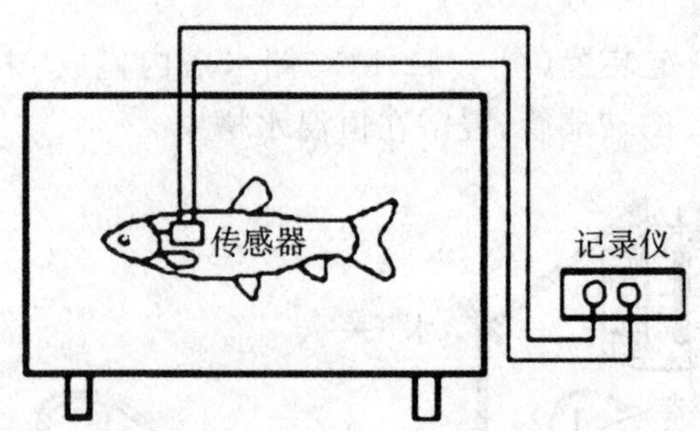

图 4.12-2　鱼类呼吸描记示意图

1 mg/L和 10 mg/L,记录相应浓度的洗涤频率,每次实验时间为 10～15 min。

★实验过程中,鱼类所处的环境必须保持安静状态,避免其他因素对实验的干扰。

五、作业与思考题

(1) 计算不同水温下的鱼类耗氧率,并作出温度与鱼类耗氧率的关系曲线。

(2) 列表记录正常情况和不同浓度硫酸铜溶液处理下,鱼的洗涤运动频率,并分析其原因。

(3) 在实验过程中,你认为鱼类耗氧率测定实验设计存在哪些可能导致实验误差的因素,可以做哪些改进使结果更能真实地反映动物的代谢水平?

(4) 鱼类的洗涤频率有何生理意义?

4.13　蛙的胚胎发育与变态观察

一、实验目的

(1) 了解蛙胚从受精卵到神经胚的一系列发育过程的形态变化、早期主要器官的形成以及由蝌蚪变成幼蛙的变态过程,加深对动物系统演化过程的理解。

(2) 了解蛙的生殖生理等基础理论,学习蛙的人工催产与授精繁殖技术。

二、实验内容

(1) 蛙胚的不同胚胎发育阶段装片及切片观察。

(2) 不同发育时期蛙的蝌蚪和幼体浸制标本观察。

(3) 蛙的胚胎发育和变态发育全程活体观察。

三、实验材料、仪器与试剂

蛙的受精卵及 2、4、8、16、32 细胞期分裂球的装片或浸制标本;囊期晚期纵切面切片,原肠胚早期和晚期正中切面切片;神经板期、神经褶期和神经管期横切面切片,3～4 mm 蛙胚的正中纵切面切片;蛙蝌蚪期至幼蛙变态过程的一系列浸制示范标本及影像资料。

性成熟的活体蛙类,如牛蛙、黑斑蛙、金线蛙、泽蛙,或蟾蜍。

普通显微镜、体视显微镜、解剖工具。丙酮、无水酒精、生理盐水、催产激素等药品。渔用催产与人工授精器具。

四、实验方法与步骤

（一）蛙的胚胎发育与变态发育标本观察

1. 受精卵观察

用滴管取一受精卵浸制标本于凹玻片中，置体视显微镜下并用细毛笔拨动卵，以便观察（以下观察亦同此）。受精卵圆球形，外裹胶膜，胶膜已吸水膨大。卵表面颜色较深的部分称为动物半球，颜色较浅的部分称为植物半球。★这与卵内物质的分布有何关系？

2. 蛙胚胎发育观察

分别取各发育时期蛙胚，放在滤纸上用眼科镊子轻轻滚动胚胎，以清除胚外胶膜，再移入培养皿内的水中，以备观察。

用滴管分别取 2～32 细胞期的蛙胚装片或浸制标本于凹玻片中，置体视显微镜下观察蛙受精卵的卵裂过程。观察方法同前。

1）卵裂

卵裂是受精卵依照一定的规律进行重复分裂的现象。蛙的卵裂为不等全裂。★注意其当前一次分裂尚未完成便开始了下一次的卵裂。

（1）2 细胞期　蛙卵的第 1 次卵裂为经裂。卵裂沟首先出现于动物极，再向植物极延伸，把受精卵分为大小相同的两个分裂球。

（2）4 细胞期　第 2 次卵裂仍为经裂。分裂面与第一次的分裂面垂直，分成大小相同的 4 个分裂球。

（3）8 细胞期　第 3 次分裂是纬裂。分裂面位于赤道面上方，与前两次的分裂面垂直，形成上下两层 8 个分裂球。★上、下层分裂球大小相同吗？

（4）16 细胞期　第 4 次分裂为经裂。由 2 个经裂面同时将 8 个分裂球分为 16 个分裂球。

（5）32 细胞期　第 5 次分裂为纬裂。由 2 个纬裂面同时把上下 2 层分裂球分成 4 层，每层仍为 8 个分裂球，共 32 个分裂球。这次分裂，上层略快于下层。以后的卵裂就不规则，同时速度也不一致，因此两栖类动物的卵裂为不等全裂。

2）囊胚

第 6 次分裂后进入囊胚早期。分别取囊胚早期和晚期的蛙胚于凹玻片中，在体视显微镜下观察其外形。注意动物半球细胞与植物半球细胞在大小、数目上有何不同。★为什么会出现这样的区别？比较囊胚和受精卵体积的大小。★卵裂有何特点？有何意义？

3）原肠胚

分别取囊胚晚期、原肠早期、中期和晚期的蛙胚于凹玻片内，于体视显微镜下观察原肠作用中胚孔的形成过程。可见在囊胚晚期胚胎在赤道下方内陷产生一弧形的浅沟，浅沟上方为一隆起的黑边，称为背唇。随原肠早期蛙胚的发育，背唇向两侧扩大，形成环状的隆起，此两侧称为侧唇，侧唇向腹面继续延伸相遇形成腹唇。由背唇、侧唇、腹唇围成的环形孔称胚孔。在原肠晚期蛙胚表面可看到胚孔逐渐缩小，由乳白的卵黄细胞所充塞，称为卵黄栓。

4）神经胚

分别取神经板期、神经褶期、神经管期蛙胚于凹玻片内，于体视显微镜下观察蛙胚整个胚体和胚孔前方背部的形态变化（图 4.13-1A、B、C）。

原肠期末，胚体保持球状。观察神经板期蛙胚，其胚体开始伸长，胚孔缩小，在胚孔前方背部细胞增厚，形成前宽后窄马蹄形的神经板。而神经褶期蛙胚神经板两侧缘细胞加厚隆起，向

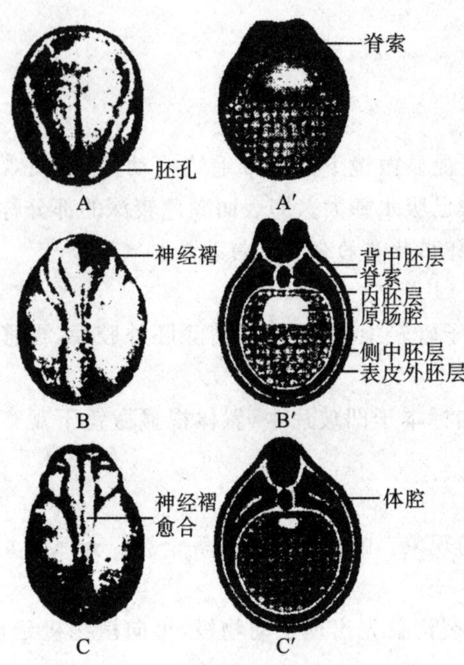

图 4.13-1　蛙神经胚的形成(自黄诗笺)

A、A′. 神经板期；B、B′. 神经褶期；C、C′. 神经管期

背方突出形成神经褶，两褶之间下陷形成神经沟。神经管期蛙胚体伸长，神经褶在背方向前伸长，同时向背中线合拢。

☆蛙神经胚玻片标本观察(图 4.13-1A′、B′、C′)。

(1) 神经板期蛙胚横切片观察　在低倍显微镜下，神经板期蛙胚横切面近似圆形；胚胎背中部的外胚层厚而平坦，此即神经板，神经板腹面中央是脊索；脊索两侧是中胚层，脊索腹面的腔为原肠腔。

(2) 神经褶期蛙胚横切片观察　神经板两侧细胞加厚向背方隆起形成神经褶，而中央则下降形成神经沟，其余部分与神经管期相似。

(3) 神经管期蛙胚横切片观察　胚胎背中央的管，即神经管。神经管与其背方的外胚层表皮已分开。神经管腹面的实心细胞团是脊索，位于脊索两侧的是中胚层，侧中胚层已出现空腔(体腔)。在脊索腹面的腔是原肠腔。★*神经管起源于哪个胚层?*

3. 不同发育时期蛙的蝌蚪和幼体浸制标本观察

刚孵化出的蝌蚪 → 具有外鳃和口部的蝌蚪 → 外鳃消失的蝌蚪 → 刚长出后肢的幼蛙 → 具有四肢和尾的幼蛙 → 尾消失的幼蛙(图 4.13-2)。

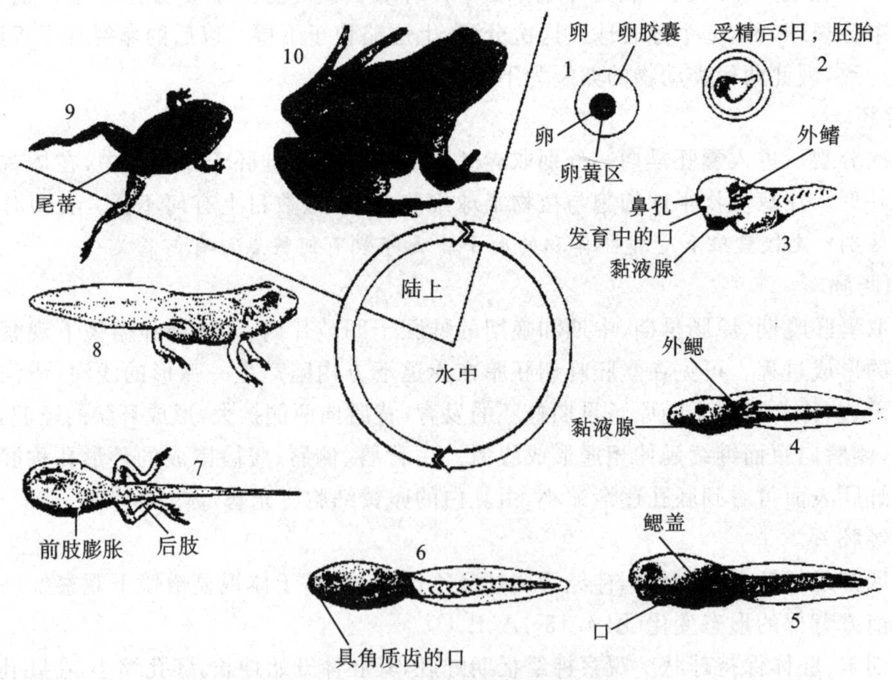

图 4.13-2　两栖类的生活史(自黄正一)

（二）蛙的胚胎发育和变态发育全程活体观察

在青蛙的繁殖季节，课外活动小组同学，事先去野外的稻田或池塘，采集蛙卵带回实验室，放到玻璃鱼缸内，模拟自然生态环境进行室内孵化。然后，参照表 4.13-1 观察蛙的胚胎发育和变态发育全过程，可以进行记时和拍照等记录。

表 4.13-1　黑斑蛙正常发育时期表（(20±0.1) ℃）

发育时期	由受精起所需时间/h	发育时期	由受精起所需时间/h
第 1 时期（受精卵）	0	第 14 时期（神经褶期）	39.1±1.3
第 2 时期（2 细胞）	2.0±0.02	第 15 时期（胚胎的转动）	41.9±1.1
第 3 时期（4 细胞）	2.7±0.09	第 16 时期（神经管期）	45.3±0.82
第 4 时期（8 细胞）	3.3±0.08	第 17 时期（尾芽期）	49.9±1.9
第 5 时期（16 细胞）	4.0±0.4	第 18 时期（肌肉感应）	60.2±1.2
第 6 时期（32 细胞）	4.6±0.3	第 19 时期（孵化）	70.4±3.0
第 7 时期（囊胚早期）	5.4±0.2	第 20 时期（心跳）	79.8±4.7
第 8 时期（囊胚中期）	8.4	第 21 时期（鳃血循环）	97.2±6.9
第 9 时期（囊胚晚期）	12.4	第 22 时期（开口期）	129.9±2.7
第 10 时期（原肠胚早期）	15.9±0.3	第 23 时期（尾血循环）	153.9±4.9
第 11 时期（原肠胚中期）	19.9±0.4	第 24 时期（鳃盖期）	160.4±3.7
第 12 时期（原肠胚晚期，卵黄栓）	21.7±0.0	第 25 时期（鳃盖右端合缝）	195.5±2.3
第 13 时期（神经板期）	32.4±1.3	第 26 时期（鳃盖封闭）	202.3±5.9

示范与拓展实验

蛙的人工催产与授精

实验前查阅文献资料，做出实验方案设计，完成实验内容。

1. 人工催产

(1) 不同催产剂组合催产效果的比较。

(2) 不同条件催产效果的比较。

2. 受精卵的获得

1）精子悬浮液的制备

杀死或麻醉一只雄性亲蛙，解剖取出精巢，将精巢轻轻地在吸水纸上滚动，除去黏附其上的血液及肠系膜等。将干净的精巢放入小烧杯或培养皿中，捣碎。加入 10 mL 左右的生理盐水，制成精子悬浮液。将乳状悬浮液静置数分钟，激活精子。

2）采卵

抓住待产雌蛙，使其背部对着手心，手指部分圈住蛙体，并刚好在前肢的后面，手指尖搁在蛙的腹部，另一手抓住并伸展蛙的两后肢（图 4.13-3）。

握蛙手指自蛙体前部开始轻微加压，然后向泄殖腔方向逐渐捏握，卵即可由泄殖孔流出。由于开始时通常会流出泄殖腔液，因此丢弃最初排出的卵粒，擦干泄殖孔周围后，再收集卵于培养皿中。

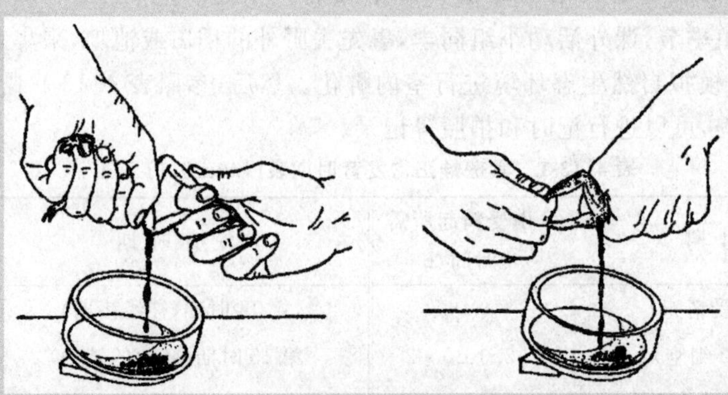

图 4.13-3　蛙卵采集(自方展强,肖智)

3) 受精

向盛卵培养皿中加入已制备好的精子悬浮液,摇匀,使精子与卵子充分接触。10～15 min 后倒出精子悬浮液并加入清水,完成受精,得到受精卵。

将受精卵移入盛有清水的培养皿中,并供给充足氧气,观察发育过程。

也可将催产后的雌、雄蛙一起放入水族箱中,让它们自行抱对产卵。但此方法需密切注意观察抱对行为,以便及时采得受精卵。否则难以准确把握受精时间。

3. 早期发育的观察

(1) 观察记录早期发育过程。

(2) 了解影响早期发育的条件因素,并加以分析。

五、作业与思考题

(1) 绘出蛙类早期发育图。

(2) 列表比较蛙蝌蚪与成体的区别。

第5章 动物生物学研究性实验

动物生物学研究性实验是综合考核学生掌握和运用所学基本理论、基本知识、基本技能及分析和解决实际问题能力的重要环节，更是培养学生创新精神、创新能力和理论联系实际、锻炼学生独立工作能力的有效手段。

5.1 研究性实验选题、设计与实施

研究性实验有一定的时段，一般包括实验的准备阶段和实施阶段。准备阶段包括研究性实验选题（研究目的）、实验方案的设计（包括实验原理、材料、仪器与试剂、方法与步骤）、实验方案的答辩与确定、实验方案的实施（包括实验准备、预试及正式实验）、实验数据的整理分析、论文（或研究报告）的撰写和审阅评价。

一、实验目的

以小组为单位，通过研究性实验选题、文献资料查阅、实验方案设计与实施，使学生熟悉研究性实验的一般程序和基本要求，训练学生的自主创新能力与动手能力，解决与动物生物学相关的一些实际问题，掌握科技论文的基本写作方法。

二、实验原理

（一）研究性实验选题

研究性实验选题也称立题，它主要来源于文献检索给予的启发、科学领域中存在的空白、以往研究中存在的矛盾与争议，等等。动物生物学研究性实验选题必须根据动物生物学的基本理论、原理或最新发现、成果，并在查阅相关文献的基础上，提出立题依据，包括研究的意义、国内外研究现状与分析，其中基础性研究选题需结合科学研究发展趋势论述其科学意义；应用性研究选题需结合国民经济和社会发展中迫切需要解决的关键科技问题论述其应用前景。

研究性实验选题必须遵循以下原则。

(1) 科学性　选题应建立在前人的科学理论和实验基础之上，要有充分的科学依据，与已有的科学理论和科学规律及定律相符。

(2)创新性　创新性即新颖、鲜明，具有自己的独到之处。创新性的前提是对有关科学发展的历史、现状和趋势的了解和掌握。要了解所选课题在学科发展中是否具有“前沿性”，尤其要了解本课题是否针对别人研究工作中的薄弱环节，课题的预期结果是否可以填补别人研究工作中的空白。创新可以是理论上的创新、实验技术方法上的创新，还可以是实验研究对象的独特性。

(3)可行性　选题时要充分考虑主、客观条件,选定的题目一定要具体和切实可行。应结合理论水平、实验条件及经费等实际情况量力而行。课题包含的内容不宜过多,最好集中解决1～2个问题,切忌包罗万象、好高骛远,盲目求大求全。

(二) 实验设计

实验设计即实验研究的计划、方案的制定,包括实验原理、实验内容、实验材料、方法步骤、实验进度等安排。实验设计是实验过程的依据、数据处理的前提,是提高实验研究质量的保证。实验设计的目的在于:①有效地控制干扰因素,保证实验数据的真实性、可靠性和精确性;②节省人力、物力、财力和时间;③尽量安排多因素、多剂量、多指标的实验,提高实验效率。

实验设计的基本原则如下。

(1) 设立对照组或对照实验　可用同一个体进行实验前后对照,也可以将同一群体随机分成对照组和实验组;除欲检验的某一种因素不同外,对照组与实验组所有其他条件都应相同。

(2) 实验条件的一致性　实验中欲检验因素本身条件必须前后一致(如生理学实验所用的刺激强度、药物的剂量、剂型、批号等),若随意改变,可能会有未受控制的因素干扰实验结果,从而造成“假象”和分析实验结果上的困难。

(3) 实验的可重复性　任何实验都必须有足够的实验次数,才能判断结果的可靠性,避免因偶然事件导致的错误结论。重复组与样本数量的确定,应根据生物统计学原理或以往的经验进行。通常设3个平行组(重复组),每组8～10个动物。

(4) 实验的随机性　随机是指在实验分组过程中,使每个动物都有均等的机会分配到任何一个组中,不受人为因素干扰,分组前严格控制动物的年龄、性别、规格、健康情况等。

(三) 实验和实验结果的观察和记录

1. 实验准备

实验准备是研究工作中非常重要的一环,是实验成败的关键之一,实验准备工作除了做理论准备外,还大致包括仪器的准备、药品的选择、实验试剂的配制、实验动物的准备等。在一般的学生实验中,实验准备工作都是由实验室教师来完成的。如果在时间和条件许可的情况下,可以让学生在实验室并在老师的指导下,亲身参与实验准备工作。这样做,一方面可使学生对实验准备工作的重要性及艰辛性有一个切身体会,另一方面也能为他们的日后工作奠定一定的基础。

2. 预试

预试是指根据实验设计要求,用较少的实验对象对主要实验方法和指标进行的初步研究。它既是对研究者的假说作初步探索和非正式的验证,同时也是对初步确定采用的实验方法和操作步骤进行演习。根据预试结果对假说、实验方法和技术操作进行必要的修订和改进,为正式实验铺平道路。

3. 实验结果的观察和记录

实验结果的观察要系统、客观、真实、精确,力戒主观片面;实验结果的原始记录要及时、完整、精确、实事求是,切忌用事后的整理记录来代替原始记录。原始记录的方式包括文字、数字、表格、图形、照片或录像带等。原始记录要写明实验日期、实验项目、实验方法、实验条件、实验者,并记录好观察测量的结果和数据等。

4. 实验结果的整理、分析、判断及结论

实验者在取得原始记录后,首先要整理原始资料,使之系统化、明确化。在对实验结果进行整理、分析、判断及结论时，要注意以下几点：①对实验数据不能随意取舍；②选用合适的统计学方法；③必须实事求是，不能按照实验者的主观偏性，人为地强求实验结果必须服从假说这个错误的观点，而应根据实验结果去修正假说，使假说上升为理论；④不要小实验下大结论；⑤不要将实验性结果引申为一般性结论，结论要留有余地，证据不充分时，不要过早地下肯定的结论；⑥作结论时不要搞错因果关系；⑦应紧紧围绕本实验得出严谨、精练、准确的结论。

（四）研究型实验报告的书写

按照一般科技论文格式进行，内容包括论文标题（题目，一般不超过 25 个汉字）、作者和班级、实验小组、摘要（一般 200～300 字，简要写明研究的目的、方法、结果、结论）与关键词（中英文）、引言（即文献综述，交代研究对象概况、国内外研究现状、研究内容和目的意义）、材料与方法、实验结果与分析、讨论、结论、致谢、参考文献。

论文表达的语言应通顺流畅，标点和语法正确，计算统计准确，结构严谨，思路清晰。

三、实验仪器、材料和试剂

根据实验选题与方案设计确定所需实验仪器、实验动物材料和试剂。

四、实验步骤和方法

（1）由教师介绍开展设计实验的目的、意义，以及从选题、设计实验、实验准备、完成实验，整理结果以至写出报告的全过程。

（2）由教师介绍本教研室的仪器设备及现有条件。力图使学生选出切合实际的课题。

（3）实验小组选择教师提供的课题或自行命题，并报老师审批。

（4）根据本组可选课题，分头查阅有关文献资料、分工负责、汇集讨论，最后写出实验设计方案，交教师审阅。

（5）以小组为单位进行实验设计方案答辩。

（6）实验设计方案的实施、完成。

五、作业与思考题

实验完成后，每个小组或每人写出一份实验报告。要求实验报告以科技论文格式书写。

知识链接与拓展

可供参考的课题

1. 校园附近水域中原生动物与水环境的关系
2. 四膜虫（或其他原生动物）毒性实验检测水的污染
3. 草履虫和栉毛虫的捕食关系及其种群数量变化
4. 草履虫种群在有限环境中的逻辑斯谛增长。
5. 水螅摄食、应激等行为学研究
6. 环境因子对水螅生殖与发育的影响
7. 血吸虫（或其他吸虫和绦虫）病的流行病及防治调查
8. 环境因子对轮虫繁殖行为的影响
9. 淡水浮游动物群落生态学研究
10. 鱼类寄生虫的分类和生态学

11. 校园人工湖野生螺类的种类与数量调查
12. 蜗牛(或其他贝类)觅食和生殖行为研究
13. 蚯蚓用于检测土壤农药污染的研究
14. 某地水蛭资源调查研究
15. 水蛭(或其他环节动物)的生态与行为学研究
16. 枝角类急性中毒实验检测水质
17. 河蟹(或其他蟹、虾)的生态与行为学研究
18. 某地蜘蛛种群(或群落)调查研究
19. 某地昆虫种群(或群落)调查研究
20. 野生果蝇的收集、培养及行为学观察
21. 蚂蚁(或其他昆虫)社会行为的观察
22. 白蚁取食行为及种群生态学
23. 校园昆虫的分类及物种多样性
24. 校园附近不同环境生物多样性的测定
25. 校园附近不同土壤中动物的测定
26. 鱼类毒性实验检测水质
27. 水污染区沉积物对水生动物急性毒性实验研究
28. 某种鱼食性及繁殖行为的观察研究
29. 某种鱼的人工繁殖研究
30. 某种两栖类动物发育的观察研究
31. 某种爬行类动物捕食、繁殖行为的观察研究
32. 校园鸟类的习性行为观察和种类调查
33. 某种哺乳动物觅食行为的观察研究
34. 特种经济动物的生物学
35. 生物电现象的观察(通过实验验证生物电现象的存在)。
36. 胃肠运动的直接观察(观察胃肠运动的各种形式,以及神经和体液对胃肠运动的调节作用)。
37. 反射弧分析(通过实验分析反射弧的组成)。
38. 鱼类耗氧量测定以及环境因子对它的影响。
39. 水产动物摄食行为以及环境因子对它的影响。
40. 光照周期和温度对鱼类繁殖行为的影响。
41. 甲状腺对蝌蚪变态的影响(了解甲状腺对动物发育的影响)。
42. 胰岛素对鱼类的血糖调节及鱼类行为观察。
43. 注射外源激素对鱼类产卵行为的作用。
44. 麻醉药对家兔动脉血压的影响。
45. 试证明温度对肌肉收缩的影响。
46. 动脉血压对尿量的影响。
47. 葡萄糖影响尿量的机制。
48. 模式动物秀丽隐杆线虫的培养与观察。

49. 软体动物齿舌的制片观察与分析。
50. 金鱼的催青和人工授精。
51. 化学物质对模式动物斑马鱼胚胎发育和运动的影响。
52. 鱼类耳石的摘取、加工与年龄鉴定。
53. 雄性激素对红细胞数量的影响。

5.2 科技文献信息检索训练

文献检索是查找信息需求相关的文献或文献的某种表现形式。

一、PubMed 检索系统

PubMed 系统是由美国国立医学图书馆(NLM)下属美国国立生物技术信息中心(NCBI)开发的基于 Web 的数据库检索系统。其主体为 MEDLINE 数据库。由于 Internet 上的检索不受时间、地点的限制，且检索功能强，加上 PubMed 用户界面友好、收录范围广、数据更新迅速、链接点多、部分文献还可以在网上免费直接获得全文，因而使得 PubMed 迅速成为网上检索生物医学文献使用率最高的 Free MEDLINE 网站。其基本的检索方式如下。

(1) 在 Internet Explorer 地址栏内输入网址 http://www.ncbi.nlm.nih.gov/PubMed。进入 PubMed 检索系统。

(2) 在 PubMed 主页的检索提问框中键入检索词，然后点击“Go”，PubMed 会根据检索词进行检索，并将检索结果逐项列出。检索词应具体，不能太宽泛，如输入“Tumor”这样的检索词会得到过多的文献，以致很难在短时间内筛选出有用的文献。可限定缩小检索范围。可采用布尔逻辑运算符进行检索限制，最常用的三种布尔逻辑运算符是 AND、OR 和 NOT。

①[AND]逻辑乘。前后所连接的词必须出现在同一条记录中。例：free radical and aging。

②[OR]逻辑加。在同一条记录中前后所连接的词中的任何一个词即可检出。例：aging and (free radical or trace element)。

③[NOT]逻辑非。从检索结果中排除含有某词的那部分文献。例：trace element and aging not zinc。还可点击检索界面左上方的“Limits”对检索字段、文献出版类型、文献发表时间、文献的作者等进行进一步限定。

(3) PubMed 系统根据时间先后显示检索的结果。PubMed 系统默认的文献检索格式为 Summary 格式，包括题名、作者、出处和 PubMed 的序列号等。另外，还可以通过检索结果显示界面左上方的“Display”下拉栏选择多种显示格式，如：Brief、Abstract、Citation 以及 MEDLINE 格式等。

(4) PubMed 检索结果中带有“Free Full Text Article”标志的记录，可直接获取许多与检索内容有关的信息，甚至获得原文。

二、中国期刊全文数据库

中国期刊全文数据库(简称 CJFD)是目前世界上最大的连续动态更新的数据库，积累全文文献 800 万篇，题录 1500 余万条，分九大专辑，126 个专题文献数据库。内容覆盖理工 A

(数理科学)、理工 B(化学化工能源与材料)、理工 C(工业技术)、农业、医药卫生、文史哲、经济政治和法律、教育和社会科学、电子技术与信息科学等多个领域。不少院校都提供了中国期刊全文数据库资源供使用。本节将主要介绍其全文数据库的检索使用方法。

(1) 登录　登录中国期刊全文数据库检索系统。

(2) 选取检索范围　在要选择的范围前选择"√",点击"检索"。例:点击理工 A 辑专栏目录,出现数学、力学等选项。

(3) 选取检索字段　在检索项的下拉框里选取要进行检索的字段,这些字段有篇名、作者、单位、关键词、摘要、基金、全文、刊名。

(4) 输入检索词　在检索词文本框里输入检索词。

(5) 进行检索　点击"检索"按钮进行检索,在页面的下方列出了检索结果。如检索结果过多,不能满足检索要求时,检索者还可以通过检索界面的"在结果中检索"功能对已经显示出来的文献作进一步的筛选,以获得满意的检索结果。

(6) 结果保存　单击需要下载的文献的标题,会出现关于该文献的详细的信息,可以存盘或者通过浏览器阅读全文。

除上述两种数据库外,读者还可以通过其他数据库进行检索,检索方式与上述的两种大同小异,西文数据库有 MEDLINE 光盘数据库、TOXLINE 光盘数据库、UMI 西文全文数据库等,中文数据库有 CBM 光盘数据库、维普数据库、万方数据库等。

参考文献

[1] 黄诗笺,卢欣.动物生物学实验指导[M].3 版. 北京:高等教育出版社,2013.

[2] 黄诗笺,卢欣,杜润蕾.动物生物学实验指导[M].4 版. 北京:高等教育出版社,2020.

[3] 刘凌云,郑光美.普通动物学实验指导[M].3 版.北京:高等教育出版社,2010.

[4] 姜乃澄,卢建平.动物学实验[M].杭州:浙江大学出版社,2010.

[5] 程红,陈茂生.动物学实验指导[M].北京:清华大学出版社,2005.

[6] 方展强,肖智.动物学实验指导[M].长沙:湖南科学技术出版社,2005.

[7] 张迎梅,包新康,高岚.动物生物学实验指导[M].兰州:兰州大学出版社,2008.

[8] 汪安泰.动物生物学实验指导[M].广州:华南理工大学出版社,2011.

[9] 路纪琪,张书杰.动物生物学与生理学实验指导[M].郑州:郑州大学出版社,2008.

[10] 胡泗才,王立屏.动物生物学实验指导[M].北京:化学工业出版社,2010.

[11] 詹永乐.动物生物学实验教程[M].合肥:安徽科学技术出版社,2007.

[12] 孙虎山.动物学实验教程[M].3 版. 北京:科学出版社,2021.

[13] 刘敬泽,吴跃峰.动物学实验教程[M].北京:科学出版社,2016.

[14] 王慧,陈万光.动物学实验指导[M].北京:中国农业大学出版社,2008.

[15] 王爱勤,李国忠.动物学实验[M].南京:东南大学出版社,2009.

[16] 王文龙.普通生物学实验[M].长沙:中南大学出版社,2005.

[17] 滕利荣,孟庆繁.生物学基础实验教程[M].3 版.北京:科学出版社,2008.

[18] 杨兴中,苏晓红.动物生物学实验与实习指导[M].西安:西北大学出版社,2007.

[19] 张金红,刁虎欣.基础生命科学导论实验[M].北京:科学出版社,2012.

[20] 陈兰英,刘瑞芳,赵安芳.现代生命科学实验[M].郑州:河南人民出版社,2009.

[21] 马雄.动物学实验指导[M].兰州:甘肃科学技术出版社,2013.

[22] 赵红雪,杨桂军.动物学实验指导[M].银川:宁夏人民教育出版社,2007.

[23] 张闰生,任淑仙,徐利生.无脊椎动物实验[M].北京:高等教育出版社,1991.

[24] 郑光美.脊椎动物学实验指导[M].北京:高等教育出版社,1991.

[25] 黄承芬,杜桂森.生物显微制片技术[M]. 北京:北京科学技术出版社,1991.

[26] 郑乐怡. 动物分类原理与方法[M]. 北京:高等教育出版社,1987.

[27] 郑乐怡,归鸿. 昆虫分类(上、下)[M]. 南京:南京师范大学出版社,1999.

[28] 江静波. 无脊椎动物学[M].2 版.北京:人民教育出版社,1995.

[29] 杨安峰. 脊椎动物学(修订本)[M].北京:北京大学出版社,1992.

[30] 徐润林. 动物学[M]. 北京:高等教育出版社, 2013.

[31] 刘凌云,郑光美. 普通动物学[M].4 版. 北京:高等教育出版社,2009.

[32] 张训蒲.普通动物学[M].2版.北京:中国农业出版社,2008.
[33] 王玢,左雪明.人体及动物生理学[M].3版.北京:高等教育出版社,2009.
[34] 梁象秋,方纪祖,杨和荃.水生生物学(形态和分类)[M].北京:中国农业出版社,1996.
[35] 赵文.水生生物学[M].北京:中国农业出版社,2005.
[36] 韩秋生,徐国成.组织胚胎学彩色图谱[M].3版.沈阳:辽宁科学技术出版社,2003.
[37] 沈韫芬.原生动物学[M].北京:科学出版社,1999.
[38] 潘炯华,张剑英,黎振昌,等.鱼类寄生虫学[M].北京:科学出版社,1990.
[39] 张剑英,邱兆祉,丁雪娟,等.鱼类寄生虫和寄生虫病[M].北京:科学出版社,1999.
[40] 孔繁瑶.家畜寄生虫学[M].北京:中国农业大学出版社,1997.
[41] 齐钟彦,马肃同.中国动物图谱:软体动物(第二册)[M].北京:科学出版社,1983.
[42] 齐钟彦,LGY,ZFS.中国动物图谱:软体动物(第三册)[M].北京:科学出版社,1986.
[43] 陈德牛,张国庆.中国动物志软体动物门腹足纲巴蜗牛科[M].北京:科学出版社,2004.
[44] 董正之.中国动物志·软体动物·头足纲[M].北京:科学出版社,1988.
[45] 王家楫.中国淡水轮虫志[M].北京:科学出版社,1961.
[46] 蒋燮治,堵南山.中国动物志淡水枝角类[M].北京:科学出版社,1979.
[47] 中国科学院动物研究所甲壳动物研究组.中国动物志淡水桡足类[M].北京:科学出版社,1979.
[48] 肖方.野生动植物标本制作[M].北京:科学出版社,1999.
[49] 王林瑶,张广学.昆虫标本技术[M].北京:科学出版社,1983.
[50] 中国野生动物保护协会.中国两栖动物图鉴[M].郑州:河南科学技术出版社,1999.
[51] 中国野生动物保护协会.中国爬行动物图鉴[M].郑州:河南科学技术出版社,2002.
[52] 赵尔宓,黄美华,宗愉,等.中国动物志·爬行纲·蛇亚目[M].北京:科学出版社,1998.
[53] 周婷.龟鳖分类图鉴[M].北京:中国农业出版社,2004.
[54] 郑作新.脊椎动物分类学[M].北京:科学出版社,1982.
[55] 邓洪平,王志坚,齐代华.生物多样性实习教程[M].重庆:西南师范大学出版社,2013.
[56] 席贻龙.无脊椎动物学野外实习指导[M].合肥:安徽人民出版社,2008.
[57] 安建梅,芦荣胜.动物学野外实习指导[M].北京:科学出版社,2008.
[58] 朱道玉,刘良国.动物学野外实习指导[M].武汉:华中科技大学出版社,2015.
[59] 王应祥.中国哺乳动物种和亚种名录与分布大全[M].北京:中国林业出版社,2003.
[60] 郑作新,寿振黄.中国动物图谱:鸟类[M].3版.北京:科学出版社,1987.
[61] 郑作新.中国鸟类系统检索[M].3版.北京:科学出版社,2002.
[62] 中国野生动物保护协会.中国鸟类图鉴[M].郑州:河南科学技术出版社,1995.
[63] 解景田,刘燕强,崔庚寅.生理学实验[M].4版.北京:高等教育出版社,2016.
[64] 温海深,张沛动,张雅萍.现代动物生理学实验技术[M].青岛:中国海洋大学出版社,2009.
[65] 王国杰.动物生理学实验指导[M].4版.北京:中国农业出版社,2011.
[66] 杨秀平.动物生理学实验[M].2版.北京:高等教育出版社,2009.
[67] 杨芳炬.机能学实验[M].成都:四川大学出版社,2010.

[68] 樊继云,冯逵,刘燕. 生理学实验与科研训练[M]. 北京:中国协和医科大学出版社,2003.

[69] 莫书荣. 实验生理科学[M]. 3 版. 北京:科学出版社,2009.

[70] 邓利. 人体及动物生理学实验指导[M]. 广州:华南理工大学出版社,2013.

[71] 付荣恕,刘林德. 生态学实验教程[M]. 2 版. 北京:科学出版社,2022.

[72] 李大鹏,肖向红. 动物生理学实验[M]. 3 版. 北京:高等教育出版社,2022.

[73] 黄韧,谭文雅,程树军. 恒河猴组织学[M]. 广州:广东科技出版社,2010.

彩色图版

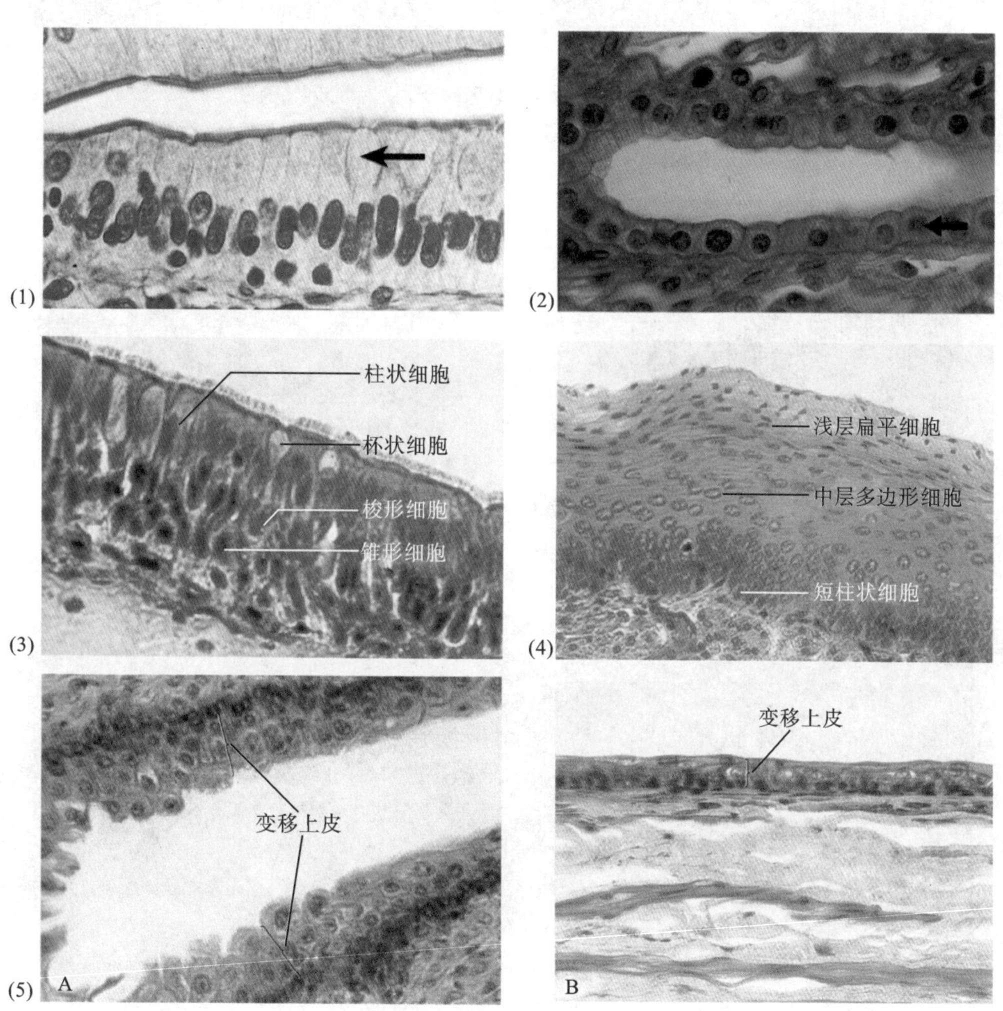

图版 1　上皮组织

(1) 单层柱状上皮(胃肠,箭头示杯状细胞);(2) 单层立方上皮(外分泌腺);(3) 假单层纤毛立方上皮(气管);(4) 复层扁平上皮组织(阴道);(5) 变移上皮(膀胱,A 示空虚时,B 示充盈时)

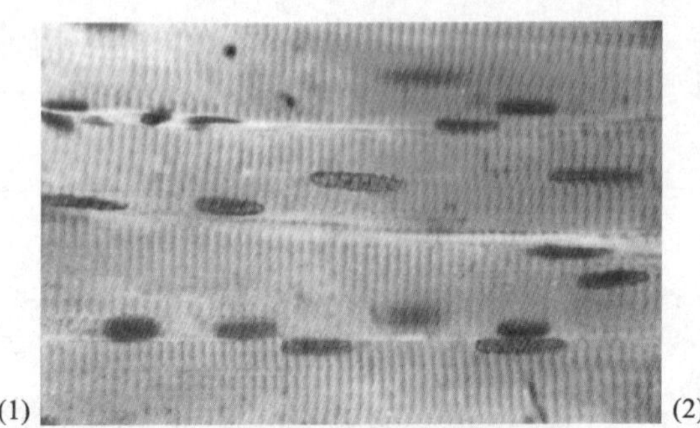

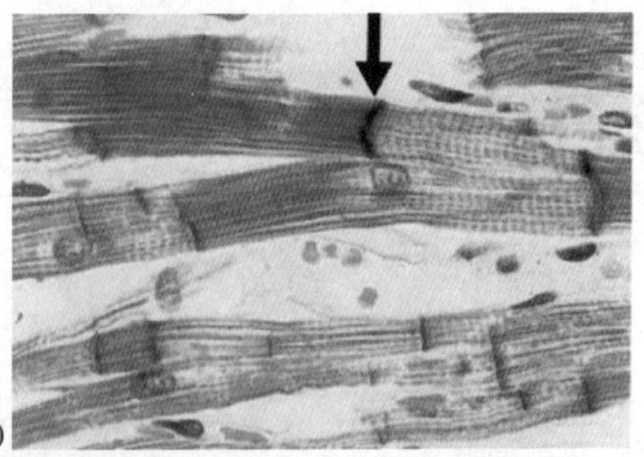

图版 2　肌肉组织

(1) 骨骼肌;(2) 心肌(箭头示闰盘)

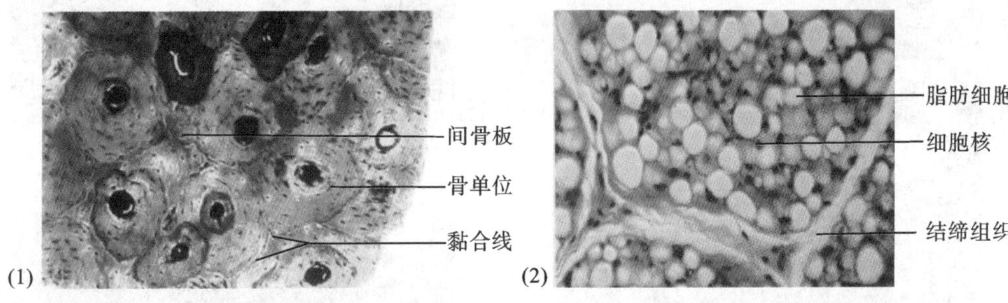

图版 3　结缔组织

(1) 骨组织;(2) 脂肪组织

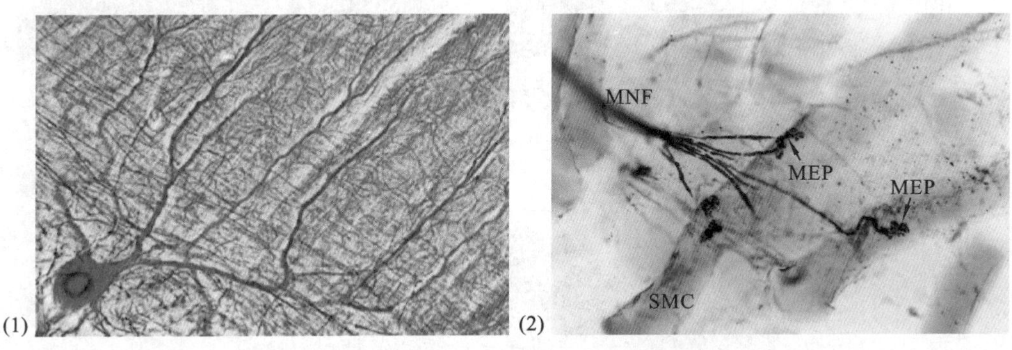

图版 4　神经组织

(1) 多极神经元;(2) 运动终板

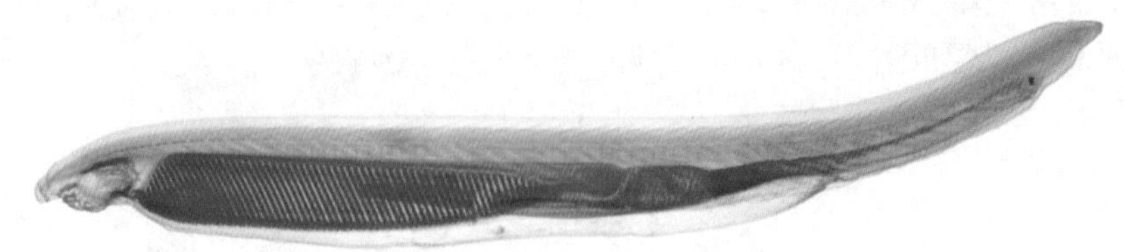

图版 5　文昌鱼幼体显微照片

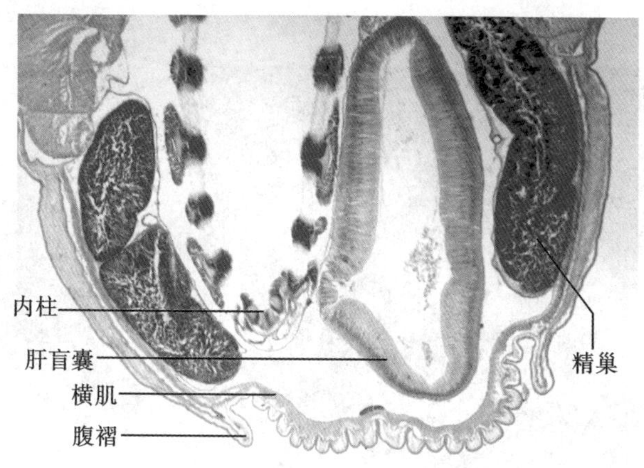

图版 6 文昌鱼雄性横切局部显微照片

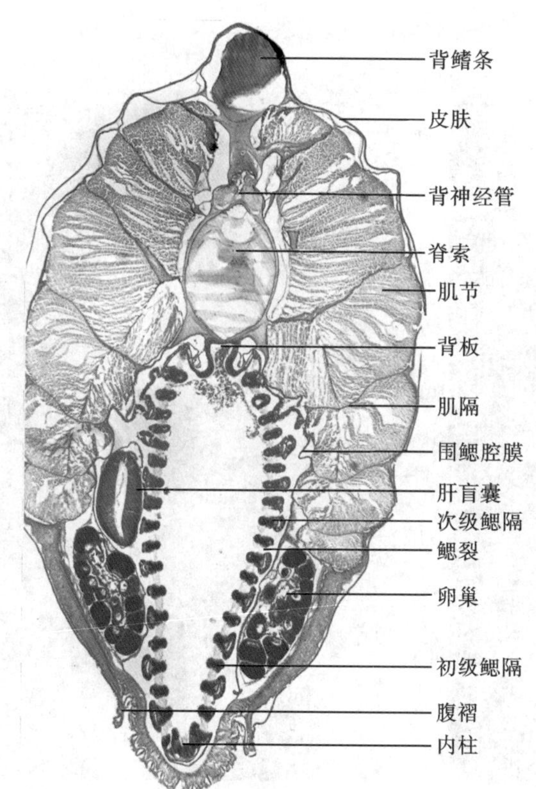

图版 7 文昌鱼雌性横切显微照片

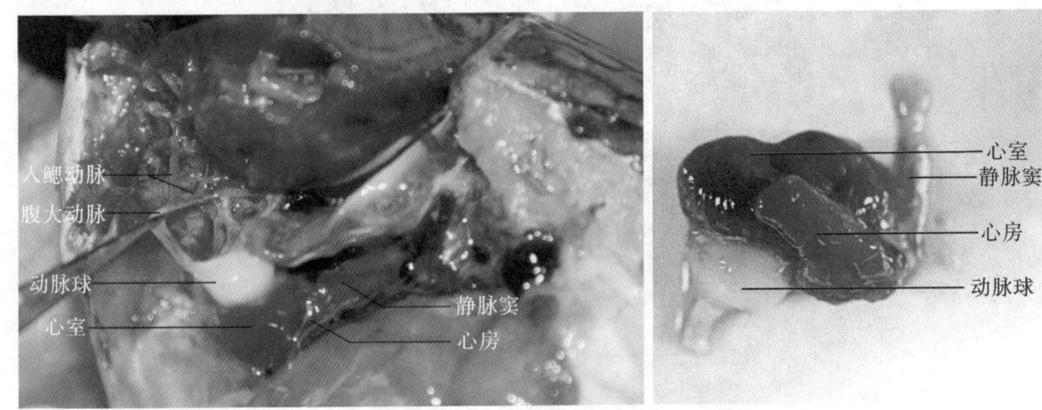

图版 8　鲤鱼的心脏照片

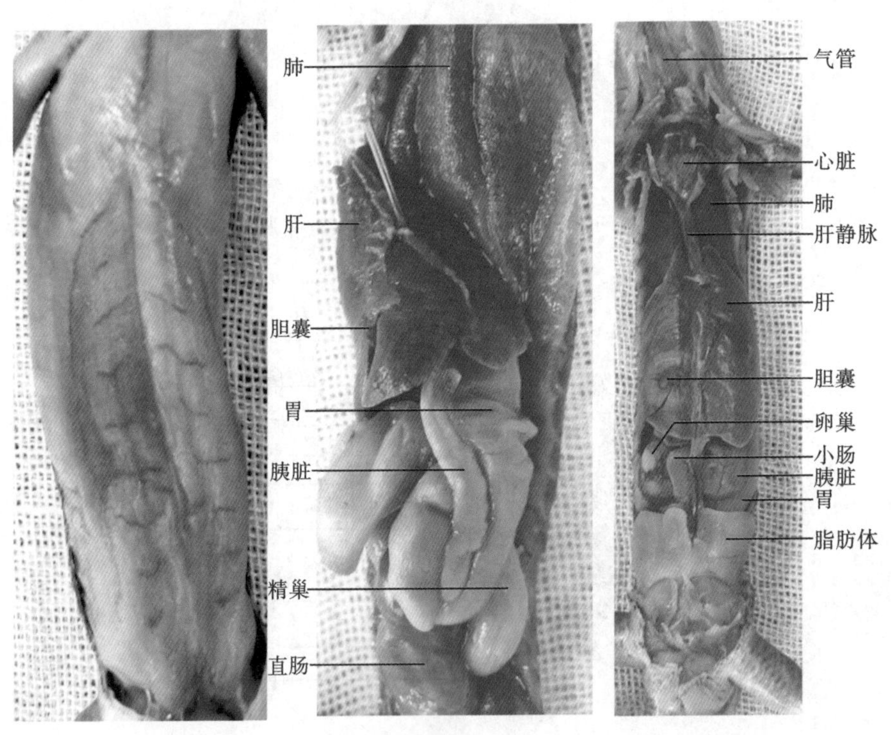

图版 9　石龙子解剖观察

左:腹部肌肉;中:内脏放大;右:雌性原位器官

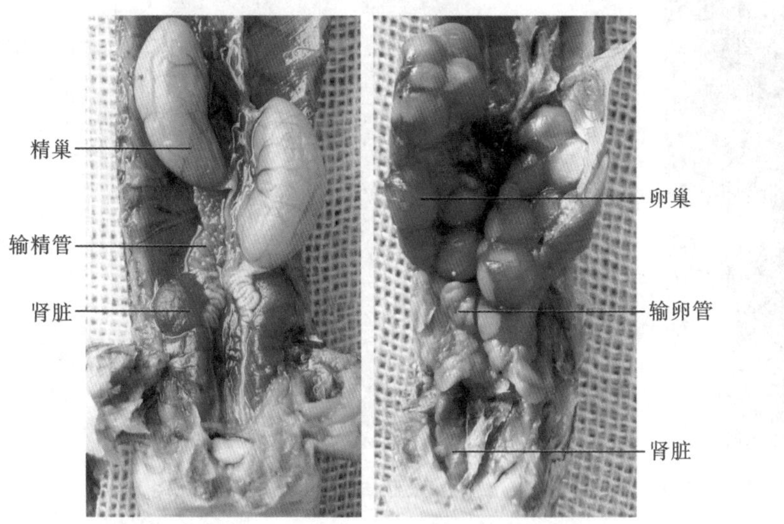

图版 10　石龙子的雌雄生殖系统

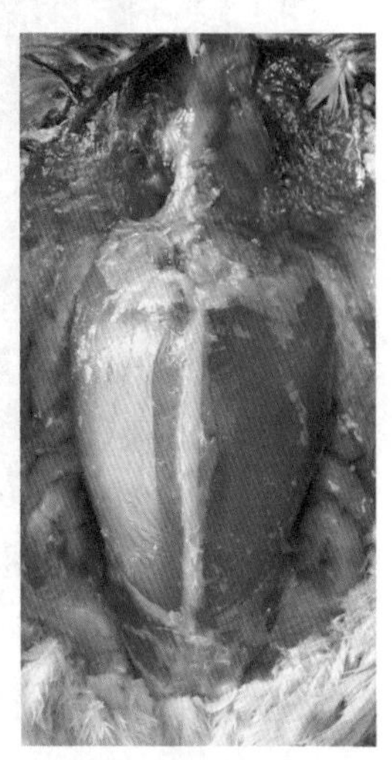

图版 11　家鸽解剖部位

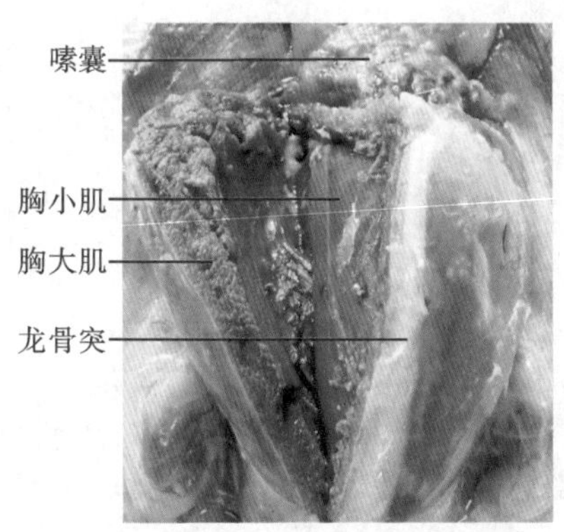

图版 12　家鸽解剖示胸部肌肉

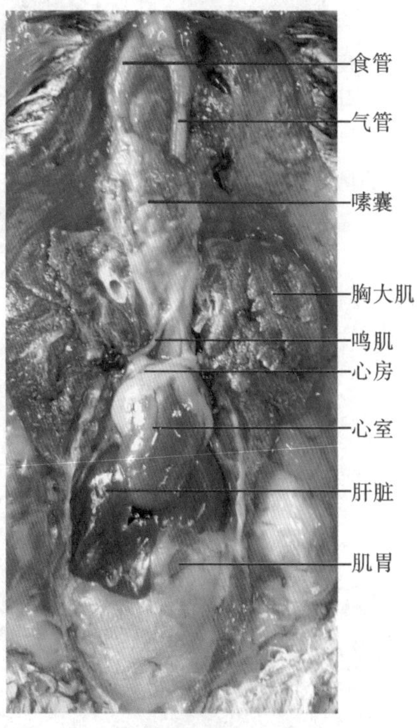

图版 13　家鸽解剖原位观察

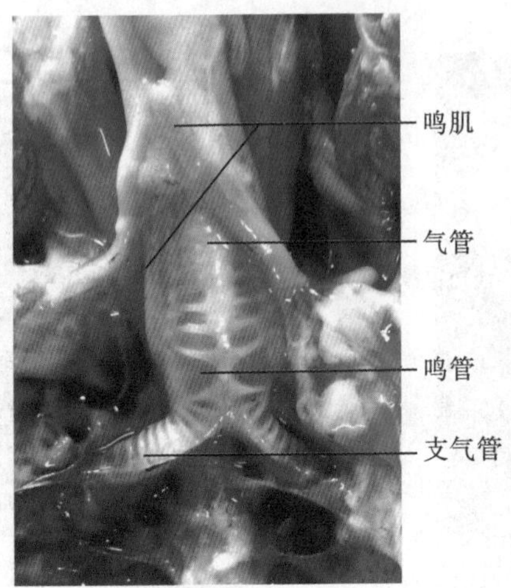

图版 14　家鸽的鸣管与鸣肌

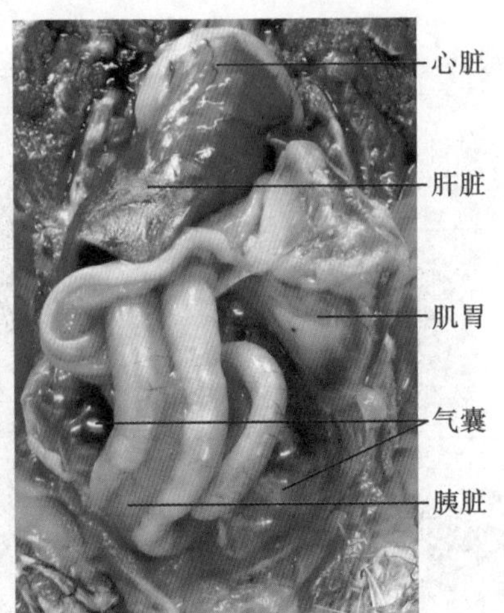

图版 15　家鸽的内脏与气囊

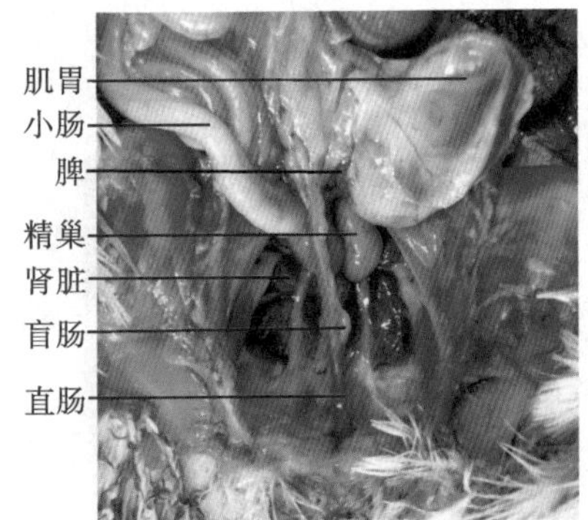

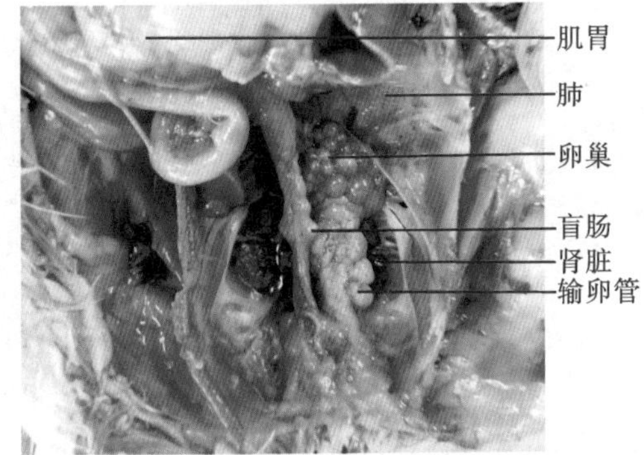

图版 16　家鸽的生殖与泄殖系统

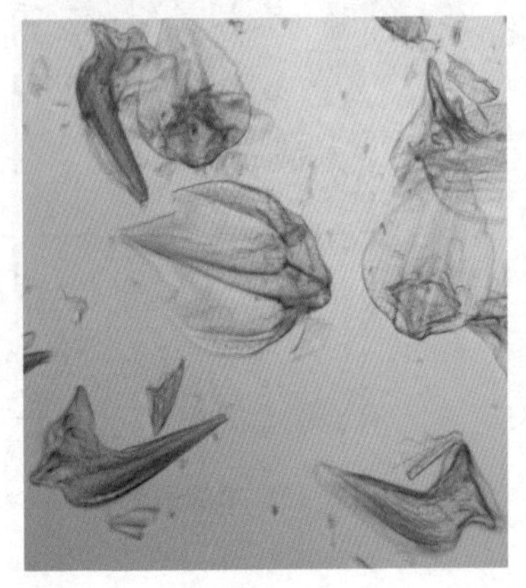

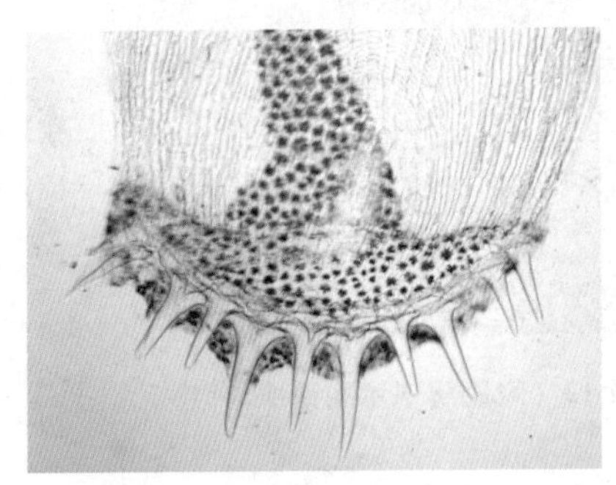

图版 17　鱼鳞片(左. 楯鳞,右. 栉鳞)

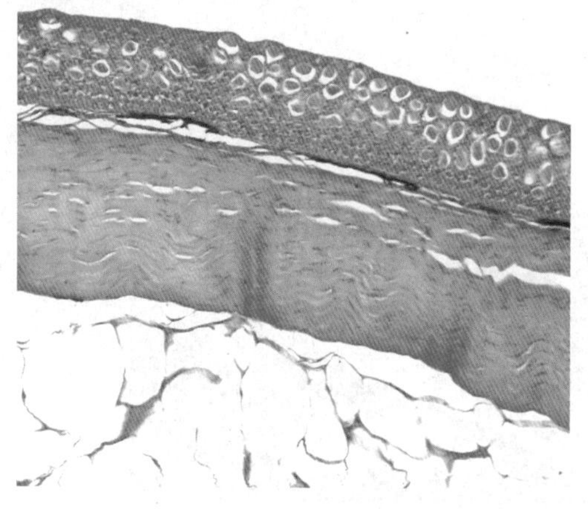

图版 18　鱼皮切片

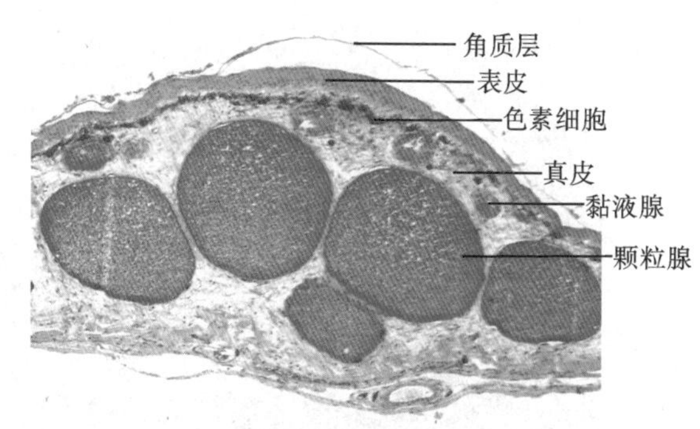

图版 19　蟾蜍背皮切片

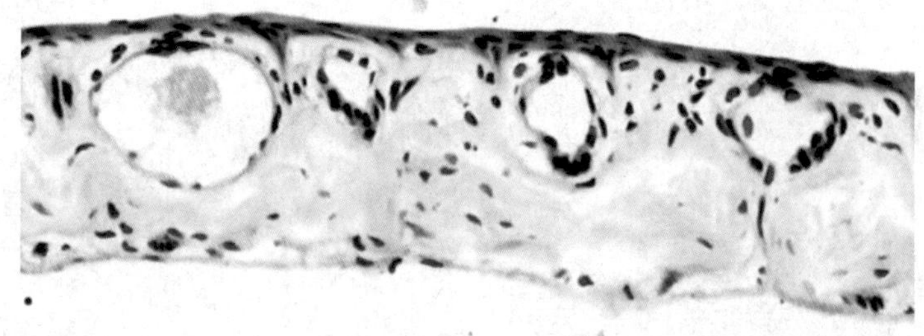

图版 20　蛙皮切片

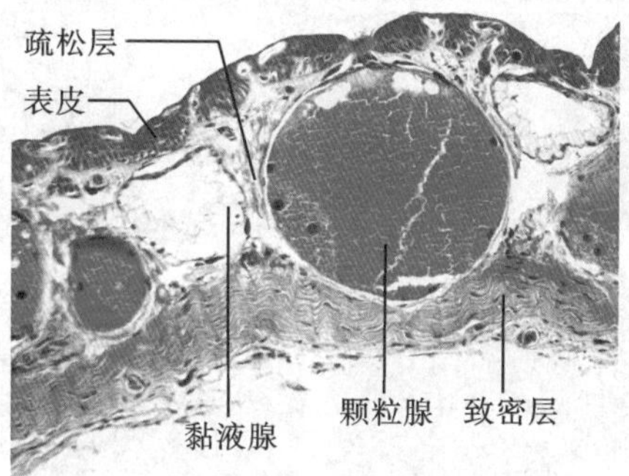

图版 21　大鲵皮肤切片

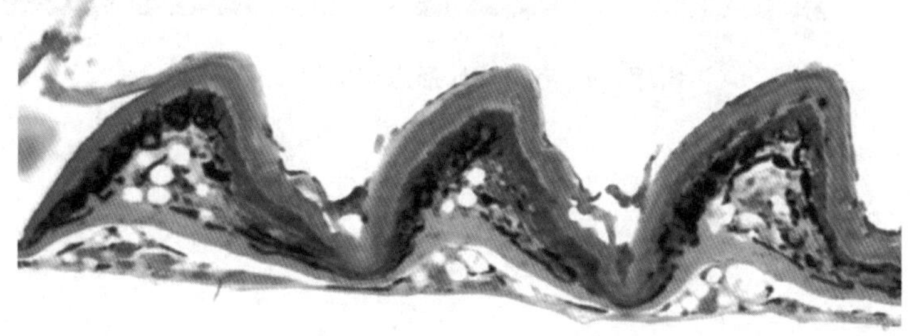

图版 22　蜥蜴皮肤切片

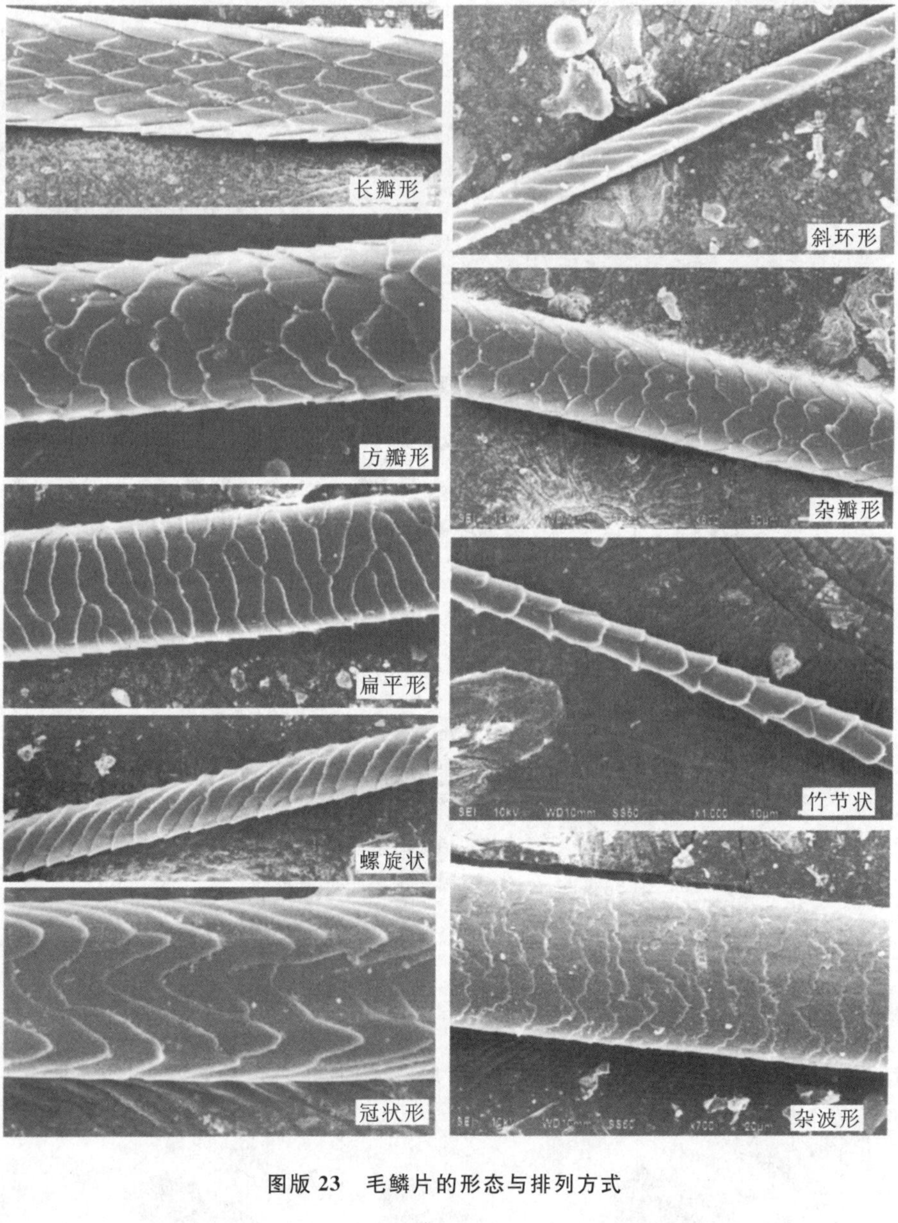

长瓣形

斜环形

方瓣形

杂瓣形

扁平形

竹节状

螺旋状

冠状形

杂波形

图版 23　毛鳞片的形态与排列方式